Oliver Passon

Quantenmechanik. Physik für Lehramtsstudierende. Band 5

De Gruyter Studium

Weitere empfehlenswerte Titel

Mechanik. Physik für Lehramtsstudierende. Band 1
Rainer Müller, 2020
ISBN 978-3-11-048961-3, e-ISBN (PDF) 978-3-11-049581-2, e-ISBN (EPUB)
978-3-11-049332-0

Elektrizität und Magnetismus. Physik für Lehramtsstudierende. Band 2
Roger Erb, 2021
ISBN 978-3-11-049558-4, e-ISBN (PDF) 978-3-11-049576-8, e-ISBN (EPUB)
978-3-11-049337-5

Optik. Physik für Lehramtsstudierende. Band 3
Johannes Grebe-Ellis, 2026
ISBN 978-3-11-049561-4, e-ISBN (PDF) 978-3-11-049578-2, e-ISBN (EPUB)
978-3-11-049333-7

Wärme und Energie. Physik für Lehramtsstudierende. Band 4
Jan-Peter Meyn, 2020
ISBN 978-3-11-049560-7, e-ISBN (PDF) 978-3-11-049579-9, e-ISBN (EPUB)
978-3-11-049334-4

Moderne Physik. Von Kosmologie über Quantenmechanik zur Festkörperphysik
Jan Peter Gehrke, Patrick Köberle, 2023
ISBN 978-3-11-125881-2, e-ISBN (PDF) 978-3-11-126057-0, e-ISBN (EPUB)
978-3-11-126144-7

Oliver Passon

Quantenmechanik

Physik für Lehramtsstudierende. Band 5

DE GRUYTER
OLDENBOURG

Autor
Priv. Doz. Dr. Oliver Passon
AG Physik und ihre Didaktik
Fakultät für Mathematik und Naturwissenschaften
Bergische Universität Wuppertal
Gaußstr. 20
42119 Wuppertal
Deutschland
passon@uni-wuppertal.de

ISBN 978-3-11-115171-7
e-ISBN (PDF) 978-3-11-115262-2
e-ISBN (EPUB) 978-3-11-115295-0

Library of Congress Control Number: 2025930560

Bibliografische Information der Deutschen Nationalbibliothek
Die Deutsche Nationalbibliothek verzeichnet diese Publikation in der Deutschen Nationalbibliografie;
detaillierte bibliografische Daten sind im Internet über
http://dnb.dnb.de abrufbar.

© 2025 Walter de Gruyter GmbH, Berlin/Boston, Genthiner Straße 13, 10785 Berlin
Coverabbildung: Arnold Sommerfeld und Niels Bohr, Foto: Deutsches Museum, München, BN 47094,
NL 89/062
Satz: VTeX UAB, Lithuania

www.degruyter.com
Fragen zur allgemeinen Produktsicherheit:
productsafety@degruyterbrill.com

Vorwort

Dieses Buch zur Quantenmechanik ist speziell an Studierende des Lehramts gerichtet. Oft bedeutet dies lediglich, dass auf komplexere und mathematisch aufwendigere Anwendungen verzichtet wird. Dies ist zweifellos sinnvoll, um Raum für andere Inhalte, wie konzeptionelle und begriffliche Grundlagen, zu schaffen. Es wäre jedoch wünschenswert, zusätzlich eine didaktische Perspektive zu integrieren, die die Bedürfnisse des schulischen Physikunterrichts berücksichtigt.

In dieser Absicht geht es mir im vorliegenden Buch vor allem um die Forderung, auch die *Nature of Science* (NOS) zum Gegenstand des naturwissenschaftlichen Unterrichts zu machen. Darunter versteht man, dass der Physikunterricht – so der verbreitete Slogan – nicht nur *von*, sondern auch *über* Physik handelt. Konkret bedeutet dies, dass nicht bloß Fachbegriffe, Theorien und experimentelle Fertigkeiten vermittelt werden, sondern zusätzlich die Lernenden auch eine Vorstellung davon erhalten, was Naturwissenschaften sind, d. h. zum Beispiel wie die historische Entstehung und Geltungsansprüche dieser speziellen Wissensform zum Unterrichtsgegenstand werden.

Die NOS-Forschung konnte zeigen, dass sich das Lernen *über* Physik nicht einfach, und sozusagen „nebenbei", durch das Lernen *von* Physik entwickelt. Vielmehr müssen diese Aspekte explizit thematisiert werden. Ein Instrument zur NOS-Integration können historische Fallstudien sein, die den Blick auf die geschichtlichen und sozialen Kontexte der Genese naturwissenschaftlicher Resultate lenken. Dieses Buch legt deshalb an ausgewählten Beispielen einen Schwerpunkt auf diese historischen Kontexte und korrigiert bei dieser Gelegenheit auch eine Vielzahl von in Lehrbüchern verbreiteten Ungenauigkeiten und Fehlern (Kapitel 1). Auf diese Weise wird in diesem Buch der frühen Quantentheorie bis ca. 1925 auch mehr Raum als sonst üblich eingeräumt (Kapitel 2).

Eine ausführlichere Behandlung der frühen Quantentheorie lässt sich auch noch anders begründen: Der schulische Physikunterricht verweilt vorrangig bei diesen Entwicklungen (lichtelektrischer Effekt, Bohr'sches Atommodell, Franck-Hertz-Versuch, Materiewellen nach de Broglie etc.).[1] Es ist fraglos wichtig, dass die Lehramtsausbildung die fachlichen Hintergründe – also zum Beispiel die Schrödingergleichung und ihre Lösungen – in größerer Tiefe behandelt, als dies in schulischen Curricula vorgesehen ist (siehe die Kapitel 3 bis 5). Es ist aber schwerlich zu begründen, dass die schulrelevanten Inhalte nicht ebenfalls von einem höheren Standpunkt aus betrachtet werden.

Die Wissenschaftsgeschichte ist jedoch nicht das einzige Werkzeug, um NOS-Inhalte zu integrieren. Die immer noch aktuelle Debatte um die Interpretation der Quantenme-

---

1 Diese Beschreibung trifft zumindest bisher zu, aber die aktuellen Bildungsstandards für die Physik (KMK, 2020) legen einen zusätzlichen Schwerpunkt auf konzeptionelle Fragen, wie Superposition und Verschränkung. Auch diese Gegenstände werden hier ausführlich behandelt.

https://doi.org/10.1515/9783111152622-201

chanik liefert weitere Beispiele dafür, wie Geltungsansprüche ausgehandelt werden und auch außerempirische Kriterien dabei eine Rolle spielen (siehe Kapitel 6).

Auf diese Weise ist ein Text entstanden, der mit voller Absicht zwischen der historischen und der systematischen Darstellung pendelt, an einigen Stellen auch wissenschaftssoziologische Aspekte thematisiert und ein ganzes Kapitel der philosophischen Debatte widmet. Dieses Buch steht somit auch quer zu der Unterteilung in Lehrbücher der Experimental- und theoretischen Physik.

Nicht gespart wurde mit Referenzen auf die Original- und Sekundärliteratur. Für die Anfängerin bzw. den Anfänger mögen diese Verweise noch nicht so relevant sein, aber zur späteren Vertiefung sind sie hoffentlich nützlich.

Leitmotiv dieser Arbeit ist also die Beobachtung, dass die Physik zwar den sichersten Wissensbestand liefert, aber dennoch von Menschen gemacht wird. Diese Botschaft sollte ebenfalls in der grafischen Gestaltung ihren Niederschlag finden. Die Abbildungen stammen entweder aus der historischen Originalliteratur oder wurden von dem Künstler Matthias Schardt gezeichnet.

Zu einzelnen Kapiteln habe ich wertvolle Anregungen von Thomas Filk, Paul Näger und Victor Gomer erhalten. Ihnen danke ich ebenso wie meinem Kollegen Thomas Quick, der große Teile des Manuskripts sorgfältig korrigiert hat.

Wuppertal, den 14.12.2024   Oliver Passon

Legende

Die Bücher der Reihe *Physik für Lehramtstudierende – vom Phänomen zum Begriff* streben eine Darstellung der Physik aus physikdidaktischer Perspektive an. Sie enthalten zur besseren Lesbarkeit und Übersicht folgende Strukturelemente.

> Physikalische Gesetze, Regeln, grundlegende Erfahrungen und zusammenfassende wichtige Aussagen sind blau unterlegt.

Sie bieten eine Orientierung bei der Prüfungsvorbereitung.

Didaktische Kommentare werden mit einem Pfeilsymbol gekennzeichnet. Dazu zählen u. a. Schülervorstellungen und Lernschwierigkeiten zum Thema, Unterschiede in Alltags- und Fachsprache, Anmerkungen zur Begriffsbildung und Fragen, mit denen man im Unterricht rechnen kann.

Der Text gibt einen Lösungsvorschlag zu dem jeweils aufgeworfenen Problem. Viele Lernschwierigkeiten lassen sich leichter bewältigen, wenn man sie kennt und vorbereitet ist, wenn sie im Unterricht auftreten.

Kommentare allgemeiner Art, die zur näheren Erläuterung des Themas dienen, werden mit einem i-Symbol gekennzeichnet.

Experimente werden im laufenden Text beschrieben oder separat mit dem Symbol Lupe bezeichnet.[2]

Alle Experimente können prinzipiell mit Schulmitteln gezeigt werden.

Aufgaben und exemplarische **Rechnungen** sind mit dem Stiftsymbol gekennzeichnet. Die skizzenhafte Lösung soll eine Kontrolle für die eigene Rechnung sein.[2]

Einige mathematische Grundlagen, insbesondere zur Vektorrechnung, sind im Anhang zusammengestellt.

---

2 Dieses Symbol wird im vorliegenden Buch nicht verwendet.

https://doi.org/10.1515/9783111152622-202

Inhalt

1 Die Physik, ihre Lehrbücher und ihre Geschichte

Dieses Kapitel reflektiert zunächst die Rolle von Lehrbüchern und der Wissenschaftsgeschichte in der Physikausbildung (Abschnitte 1.1 und 1.2). Nach einigen allgemeinen
Bemerkungen zur *Nature of Science* (Abschnitt 1.3) widme ich mich ab Abschnitt 1.4 den
typischen, und häufig problematischen, Lehrbuch-Narrativen zur Quantentheorie. Dort
steht die Frage im Zentrum, was genau unter „klassischer Physik" verstanden werden
kann – von der die Quantenmechanik ja schließlich abgegrenzt wird.

1.1 Die Physik und ihre Lehrbücher

Die Physik ist, wie alle anderen MINT-Fächer auch, eine typische Lehrbuchwissenschaft,
und dies unterscheidet sie deutlich von anderen Disziplinen, wie etwa der Philosophie
oder Germanistik. Mit anderen Worten: Praktisch kein Studierender lernt Mechanik,
Elektrodynamik oder Relativitätstheorie durch die Lektüre der historischen Quellen
bzw. originalen Forschungsarbeiten von Newton, Maxwell oder Einstein, sondern durch
Lehrbücher und Vorlesungsskripte.

Und dafür gibt es auch hervorragende Gründe. Nicht bloß in Hinsicht auf die Eleganz (oder Einfachheit) der mathematischen Darstellung haben all diese Theorien seit
ihrer Entstehung bedeutende Veränderungen erfahren – auch ihre begrifflichen Grundlagen wurden ausgeschärft und teilweise verändert. Fraglos würde James Clerk Maxwell
einige Schwierigkeiten haben, einer modernen Darstellung der nach ihm benannten
Theorie zu folgen – und das Gleiche gilt für einen heutigen Studierenden (oder Lehrenden), der Maxwells *A Treatise on Electricity and Magnetism* von 1873 liest.

Lehrbücher haben also den unbestreitbaren Vorteil, physikalische Theorien aus
der Rückschau systematisch und einheitlich darstellen zu können. Ebenso können
mithilfe von Lehrbüchern die Verbindungen zu anderen Forschungsergebnissen und
aktuellen Anwendungen behandelt werden. Das Studium aktueller Lehrbücher und
Monographien ist praktisch die einzige Möglichkeit, sich in den rasch entwickelnden
Naturwissenschaften einen ersten Überblick über den Forschungsstand einer Teil-
disziplin zu verschaffen. Erst zu einem recht späten Zeitpunkt der Ausbildung, etwa
während der Masterarbeit, wird von Studierenden erwartet, auch Publikationen in
Fachzeitschriften zu lesen.

Diese auf Lehrbüchern und modernen Praktikumsversuchen basierende Praxis ist
also ein Gebot der Lernökonomie. Sie hat jedoch ebenfalls problematische Auswirkungen, die leicht übersehen werden. Lehrbuchdarstellungen glätten den historischen Verlauf der Theorieentstehung und erzeugen ein sehr stark idealisiertes Bild der Naturwissenschaft. Ihre Resultate erscheinen durch aktuelle Lehrbücher gleichsam wie zeitlose
und absolute Wahrheiten.[1]

---

[1] Etwas ganz Ähnliches gilt für moderne Praktikumsversuche, deren Konstruktion auf die Vermeidung
von Schwierigkeiten zielt, und dadurch den ursprünglichen Charakter der Untersuchung verfälscht.

https://doi.org/10.1515/9783111152622-001

Wir erwähnten weiter oben, dass zu einem späteren Zeitpunkt der Ausbildung von Studierenden nicht bloß Lehrbücher, sondern auch Forschungsarbeiten gelesen werden. Aber auch eine solche Lektüre kann irreführend sein, denn die wissenschaftliche Veröffentlichung ist ein hochgradig formalisiertes Genre. Bereits 1963 fragte deshalb der englische Medizin-Nobelpreisträger Peter Medawar (1963) provokant und rhetorisch „Is the scientific paper a fraud?" (zu deutsch: „Ist die wissenschaftliche Veröffentlichung ein Betrug?"). Dabei dachte er nicht an wissenschaftliches Fehlverhalten wie Plagiat oder Fälschung, sondern spielte darauf an, dass die Art der Darstellung die tatsächliche Praxis der wissenschaftlichen Arbeit verdeckt.

Lehrbücher sind ein effektives Mittel zur Aneignung aktueller wissenschaftlicher Theorien. Sie neigen jedoch zu einer starken Glättung und Idealisierung der historischen Prozesse, die zur Entstehung dieser Theorien geführt haben.

Gleichzeitig – und dies scheint auf den ersten Blick widersprüchlich – pflegt unser Fach eine durchaus lebendige Erinnerungskultur. Regelmäßig werden die Jubiläen großer Entdeckungen gefeiert und viele physikalische Gesetze sind nach ihren tatsächlichen (oder angeblichen) Entdeckerinnen bzw. Entdeckern benannt.[2] Nicht zu vergessen sind die „kanonischen Experimente" der Physik (Heering, 2022), die zum festen Bestand der Ausbildung gehören. Im Falle der Quantentheorie sind dies (unter anderem) das Franck–Hertz-Experiment, der Stern–Gerlach-Versuch, der Compton-Effekt oder das Davisson–Germer-Experiment. Auch hier begegnet man den Namen von historischen Akteuren (in der Tat allesamt männlich). Diese Namen fungieren aber eher wie *Chiffren* und man darf davon ausgehen, dass zahlreiche Studierende z. B. den Franck–Hertz-Versuch (benannt nach James Franck und Gustav Hertz, siehe Abschnitt 2.7) einem fiktiven Physiker namens „Frank Hertz" zuschreiben (Espahangizi, 2009).

Der Eindruck von der Physik als einer Disziplin, die sich ihrer eigenen Geschichtlichkeit wohl bewusst ist, scheint also trügerisch. Untersuchen wir dieses Verhältnis genauer.

1.2 Die Physik und ihre Geschichte

Physiklehrbücher enthalten häufig historische Anmerkungen in ihrer Einleitung und in Schulbüchern sind die „Info-Boxen" mit geschichtlichen Hintergründen beliebt. Die Qualität dieser Exkurse ist in der Regel äußerst bescheiden und sie ähneln meistens dem, was Andrew Whitaker eine „Quasigeschichte" (*quasi-history*) genannt hat. Darunter versteht er Narrative, die den gegenwärtigen Forschungsstand als zwangsläufige

2 Man spricht in der Geschichte der Wissenschaft augenzwinkernd vom „Ersten Hauptsatz der Wissenschaftsgeschichte", und meint damit, dass (fast) kein wissenschaftliches Resultat nach seiner tatsächlichen Erstentdeckerin bzw. seinem Erstentdecker benannt ist (Hentschel, 2017, S. 113).

Folge einer kumulativen Entwicklung darstellen und zudem die jeweiligen historischen und sozialen Kontexte der Handelnden ausblenden. Whitaker (1979) deutet die geglätteten historischen Darstellungen als den Versuch, die Ereignisse in eine rationale Ordnung zu bringen, die Studierende für Prüfungszwecke leichter lernen können. In Abschnitt 1.5 werden wir konkrete Beispiele für quasi-historische Narrative der Quantentheorie betrachten.

Andrew Whitaker hat für problematische historische Darstellungen in Physiklehrbüchern den Begriff der Quasigeschichte geprägt. Er bemängelt vor allem, dass der soziale Kontext zu wenig berücksichtigt wird. Zudem leisten solche Darstellungen eine Bewertung und Beurteilung der historischen Ereignisse mithilfe von Kategorien und Begriffen der *Gegenwart*, anstatt die *damaligen* Konzepte, die ursprüngliche Motivation der Forschenden oder auch Sackgassen der Forschung zu thematisieren. Dadurch muss aber der Eindruck entstehen, dass sich die Ereignisse notwendig und unausweichlich in Richtung des gegenwärtigen Kenntnisstandes entwickelt haben. Whitaker bemerkt, dass auf diese Weise neue Entdeckungen entweder trivial oder vollkommen rätselhaft erscheinen müssen.

In der Geschichtswissenschaft spricht man in solchen Fällen von einer sogenannter „Whig-Geschichte". Dieser vom britischen Historiker Herbert Butterfield 1931 geprägte Begriff bezeichnet ganz allgemein eine Geschichtsschreibung aus der Perspektive der „Sieger". Butterfield spielte dabei auf die religiös-politische Gruppierung der „Whigs" im Großbritannien des 19. Jahrhunderts an.

Nun zielen Lehrbücher und der Physikunterricht in Schule und Universität primär auf die Vermittlung aktueller physikalischer Theorien und Praktiken. Dies – so könnte man einwenden – ist schließlich anspruchsvoll genug, und der Vorwurf einer ungenauen Darstellung der Physikgeschichte deshalb unfair. Die Funktion von historischen Anekdoten besteht ja auch häufig bloß darin, ein vermeintlich langweiliges oder trockenes Thema aufzulockern.

Der renommierte Physikhistoriker Allan Franklin (2016) diskutiert genau dieses Spannungsverhältnis und zeigt durchaus Verständnis für ungenaue oder fehlerhafte historische Darstellungen im didaktischen Kontext. Er ist jedoch der Ansicht, dass die Lehrenden die „genaue Geschichte" (*accurate history*) sehr wohl kennen sollten, und dass der Unterricht die Botschaft vermitteln solle, dass die Wissenschaft keine „ununterbrochene Kette von Erfolgen" (*unbroken string of successes*) sei. Dabei – so Franklin weiter – gehe es im Kern gar nicht um historische Genauigkeit, sondern um ein angemesseneres Bild der wissenschaftlichen Praxis:

> It is important, however, to present students with an accurate picture of the practice of science. This should include the fallibility of science. Too many textbooks show only the successes of science, with little or no mention of the failures. (Franklin, 2016, S. 49)

Es ist instruktiv, auch einen Blick auf die *Ursachen* der historischen Fehldarstellungen zu werfen. Die Gründe sind sicherlich vielfältig, etwa die Unkenntnis der Autorinnen und Autoren, die sich auf vorgeblich verlässliche Darstellungen gestützt haben, ohne die Quellen selber zu prüfen. Interessanter sind jedoch mögliche *strukturelle* Ursachen für diese Verzerrungen der Geschichte.

Bereits vor vielen Jahren hat der amerikanische Physikhistoriker Stephen Brush hier auch eine ideologische Motivation vermutet, die bewusst oder unbewusst wirksam sein könnte. Er weist nämlich darauf hin, dass das Studium der Wissenschaftsgeschichte das sorgfältig gepflegte Selbstbild widerlege, dass die Forschenden bloß „neutrale Faktensucher" seien und die Naturwissenschaft immer evidenzbasiert und im rationalen Diskurs voranschreite (Brush, 1974). Es gehört ja auch buchstäblich zum Markenzeichen der Physik, das erkennende Subjekt gleichsam „auszulöschen" und den Resultaten dadurch den Anschein der absoluten Objektivität zu geben.[3]

Auch als Folge davon, so Stephen Brush weiter, neigen Darstellungen der Physikgeschichte in Lehrbüchern dazu, eine fiktive Traditionslinie zu zeichnen, die mit Notwendigkeit zum gegenwärtigen Kenntnisstand geführt hat und dabei jeglichen sozialen Kontext, die ursprüngliche Motivation der Akteurinnen und Akteure oder wissenschaftliche Fehlschläge ignoriert.

Stattdessen gilt: Auch die robustesten Resultate der Wissenschaft sind Ergebnisse von sozialen Aushandlungsprozessen innerhalb der *scientific community*, können verändert und gegebenenfalls widerlegt werden und sind auch durch zufällige und außerfachliche Faktoren beeinflusst – alles Gesichtspunkte, die die übliche Quasigeschichte weitgehend ignoriert.[4]

Einige Autorinnen und Autoren von Lehrbüchern sind sich dabei vollkommen bewusst, dass ihre historischen Skizzen keinen Anspruch auf „Wahrheit" erheben können, und sie die tatsächliche Wissenschaftsgeschichte gar nicht kennen (Feynman, 2006, S. 6). Ein besonders instruktives Beispiel liefert der Physik-Nobelpreisträger Leon Lederman (1922–2018), der 1993 das populärwissenschaftliche Buch mit dem reißerischen Titel „The god particle" verfasste. Auch darin findet sich eine vollkommen naive Historisierung der Teilchenphysik, die eine nahezu bruchlose Entwicklungslinie von Demokrits Atomismus bis zum Standardmodell der Teilchenphysik zieht. Im Anhang dieses Buches kommentiert Lederman seinen Umgang mit der Geschichte bzw. mythischen Verzerrungen der Geschichte wie folgt:

---

3 Damit ist nicht selten die Vorstellung verknüpft, dass die Naturwissenschaften gleichsam die Werte der Aufklärung (d. h. Rationalität und Freiheit) verkörpern und somit als Motor des sozialen und wirtschaftlichen Fortschritts fungieren (Cunningham und Williams, 1993). Diese Darstellung ist sicherlich nicht völlig falsch, aber doch sehr einseitig, da sie die ebenfalls vorhandenen Risiken und Gefahren des technologischen Fortschritts ausblendet.

4 Diese Hinweise können jedoch auch missbraucht werden, um die Naturwissenschaften pauschal zu diskreditieren. Gerade in Zeiten der Corona-Pandemie und Klimakrise hat die unsachliche Wissenschaftskritik ja eine erschreckende Konjunktur erfahren. Aber die Überhöhung der wissenschaftlichen Geltungsansprüche in einem naiven Szientismus ist ebenfalls problematisch. Dazu gehört die Vorstellung einer „reinen" oder „neutralen" Wissenschaft, die lediglich den Grundsätzen der Rationalität verpflichtet ist. Wie wir an vielen Stellen dieses Buches sehen werden, ist die Geschichte der Physik auch eine Geschichte der Irrwege, enttäuschten Hoffnungen, der Missverständnisse sowie des Einflusses von institutionellen Strukturen und der sozialen, wirtschaftlichen und politischen Kontexte.

However, from the point of view of storytelling, myth-history has the great virtue of filtering out the noise of real life. [...] There may, in fact, be no source for some of the best stories in science, but they have become such a part of the collective consciousness of scientists that they are "true", whether or not they ever happened. (Lederman et al., 2006, S. 412)

Hier finden sich also explizit zwei Elemente: Zum einen das Motiv, durch geglättete Darstellungen lediglich das „Rauschen" vom eigentlichen „Signal" zu trennen.[5] Das „Rauschen" bezeichnet in diesem Zusammenhang aber gerade die zufälligen Einflüsse, die die tatsächlichen historischen Abläufe von ihrer idealisierten und geschönten Lehrbuchfassung unterscheiden. Zum anderen verblüfft Lederman seine Leserinnen und Leser mit der Behauptung, dass Ereignisse, die sich nie ereignet haben, dennoch „wahr" sein können. Er appelliert hier offenbar an einen „höheren Wahrheitsbegriff", der seine Legitimität aus dem „kollektiven Bewusstsein" der Wissenschaftsgemeinschaft zieht.

Vermutlich ohne es zu merken, gibt Lederman hier einen wertvollen Hinweis auf weitere Motive hinter diesen mythischen Verzerrungen. Seine Bemerkung über das „kollektiven Bewusstsein" der Wissenschaftlerinnen und Wissenschaftler macht die wichtige *identitätsstiftende* Funktion dieser historischen Narrative deutlich. Knapp formuliert: Diese vielen Physikerinnen und Physikern bekannten Anekdoten und (Helden-)Geschichten tragen dazu bei, sich als Teil einer eingeschworenen Gemeinschaft zu empfinden, die auch in Zukunft Großes leisten wird.

Aber es gibt nicht nur diese „nach innen" gerichtete Funktion. Gleichzeitig dienen idealisierte Darstellungen der Naturwissenschaft auch dem Zweck, die Naturwissenschaften positiv von anderen Aktivitäten abzugrenzen. Nicht selten geschieht dies in der Absicht, in der Konkurrenz um zum Beispiel materielle Ressourcen besser abzuschneiden. Der Wissenschaftssoziologe Thomas F. Gieryn hat für diese Tätigkeit den treffenden Begriff der „boundary work" geprägt (Gieryn, 1983). Diese Deutung ist im Falle von Lederman sogar äußerst naheliegend, wenn man den Anlass für das Schreiben seines Buches bedenkt. Ledermans Text hatte nämlich (in der ersten Auflage) die Absicht, die amerikanische Öffentlichkeit und die politischen Entscheidungsträger von der Sinnhaftigkeit einer Großforschungsanlage der Teilchenphysik zu überzeugen (dem sogenannten *Superconducting Super Collider*).[6]

Die idealisierten historischen Darstellungen in Physiklehrbüchern haben auch eine soziologische Funktion. Sie wirken identitätsstiftend innerhalb der *scientific community* und helfen bei der erfolgreichen Abgrenzung von anderen Wissenschaften, die um Ressourcen (z. B. Forschungsgelder) konkurrieren. Die großen Erfolge der Naturwissenschaft sind unbestritten – aber der Hang zu ihrer Mythologisierung ebenfalls.

---

5 Man beachte, dass diese Metapher aus dem Arbeitsalltag des experimentellen Teilchenphysikers Lederman stammt, der ständig Signal und Untergrund zu trennen hatte.

6 Dieser Versuch war allerdings erfolglos, und der Bau dieses Beschleunigers wurde 1993 aus verschiedenen Gründen eingestellt.

Nach diesen ausführlichen Anmerkungen zu historischen Narrativen in Lehrbüchern der Physik, kann wieder die Verbindung zur Schule hergestellt werden. Für den schulischen Physikunterricht wird nämlich schon seit vielen Jahren die Forderung erhoben, auch den Lernbereich der *Nature of Science* (NOS) zu integrieren. Darunter versteht man die Vermittlung von Metawissen über die Genese und Geltung von naturwissenschaftlichen Erkenntnissen. Zielt aber der Physikunterricht in diesem Sinne nicht bloß auf die Vermittlung von Wissen „von Physik" sondern auch „über Physik" (so der verbreitete Slogan) sind die quasi-historischen Narrative lernhinderlich. Die weiter oben zitierte Forderung Franklins, die Physik nicht als „ununterbrochene Kette von Erfolgen" darzustellen, zielt exakt in diese Richtung. Natürlich darf die Wissenschaftsgeschichte auch dazu dienen, den Unterricht unterhaltsamer und lebendiger zu gestalten, aber dies ist in einem NOS-Ansatz nicht die primäre Absicht bei ihrer Integration.

Im folgenden Abschnitt will ich einen knappen Überblick über die NOS-Debatte in der Fachdidaktik geben.

1.3 *Nature of Science* und Wissenschaftsgeschichte

1983 veröffentlichte David Wade Chambers die ersten Ergebnisse des sogenannten *Draw a scientist test* (DAST), bei dem Schülerinnen und Schüler aufgefordert werden, eine naturwissenschaftlich tätige Person zu zeichnen (Chambers, 1983).[7]

Die Resultate dieses Tests, der in der Zwischenzeit viele hundert Male mit ähnlichen Ergebnissen wiederholt wurde, zeigen in großer Mehrheit Darstellungen von weißbekittelten Männern mit wirren Haaren, die z. B. mit Reagenzgläsern explosiven Inhalts hantieren. Solche Zeichnungen sind sicherlich auch eine Folge davon, dass karikaturhafte Darstellungen besonders einfach angefertigt werden können. Gleichzeitig drückt sich in diesen Ergebnissen aber auch eine stereotype Vorstellung vom Wesen der Naturwissenschaft aus. Es dominiert die Vorstellung von Wissenschaft als einem Geschäft von weltfremden Sonderlingen, die in sozialer Vereinzelung gefährliche Tätigkeiten ausüben.

Verkannt werden dadurch die wichtigen sozialen Prozesse der wissenschaftlichen Praxis, die Diversität der in diesem Feld tätigen Personen, die Vielfalt der Arbeitsumgebungen, die Bedeutung gesellschaftlicher Kontexte und vieles mehr.

Die Integration der *Nature of Science* zielt darauf, diese stereotypen Vorstellungen aufzubrechen und durch ein angemesseneres Bild zu ersetzen. Nicht zuletzt lassen die verbreiteten Stereotype die Naturwissenschaften ja auch sehr unattraktiv erscheinen.[8]

---

7 Man beachte, dass das englische *science* die Naturwissenschaft bezeichnet. Die andere klassische Studie zu stereotypen Vorstellungen über Naturwissenschaft stammt von Margaret Mead und Rhoda Métraux und analysierte Aufsätze (Mead und Métraux, 1957).

8 Bei dieser Debatte wird jedoch meist der Ursprung dieser Stereotype nicht in den Blick genommen. Peter Weingart erinnert daran, dass sich hier eine ambivalente Einstellung zu Wissenschaft und Tech-

Die Frage, welches Bild von der Naturwissenschaft (hier also vor allem der Physik) diesen Stereotypen entgegengesetzt werden muss, ist jedoch gar nicht einfach zu beantworten und führt in komplexe Debatten der Wissenschaftstheorie. Die international einflussreichen Arbeiten von Norman Lederman und seiner Schule wählen deshalb einen sogenannten „konsensbasierten" Ansatz, der die kontroversen Themenfelder ausklammert.[9] Dies, so das Argument, sei für die Zwecke schulischer Bildung vollkommen ausreichend. Das Resultat dieser Arbeit wird in Form von „Aspektlisten" zusammengefasst (Lederman, 2007, S. 833ff):

1. Die Naturwissenschaften erfordern Kreativität und sind kein strikt regelgeleitetes Vorgehen.
2. Naturwissenschaftliche Erkenntnisse sind (auch) subjektiv und theoriegeladen. Ihre Gewinnung findet in wissenschaftlichen *communities* statt, in denen über Geltungsansprüche auch durch Prozesse der sozialen Aushandlung entschieden wird.
3. Die Naturwissenschaften sind Teil eines größeren sozialen Kontextes. Politische, sozioökonomische, religiöse oder philosophische Faktoren beeinflussen die Akteure der Naturwissenschaft – und damit auch die Naturwissenschaften selber.
4. Naturwissenschaftliches Wissen ist fallibel (d. h. kann verändert oder widerlegt werden).
5. Der Unterschied zwischen Beobachtung und Schlussfolgerung.
6. Der Unterschied zwischen Gesetzen und Theorien.

Solche Merkmalslisten übersetzen sich natürlich nicht einfach in Unterrichtsinhalte, und im Besonderen ist *nicht* daran gedacht, die Liste von Merkmalen selber zum Unterrichtsgegenstand zu machen. Vielmehr gilt es, eine Unterrichtsgestaltung zu wählen, die diese Merkmale *beispielhaft* und *explizit* illustriert.[10]

---

nik ausdrückt, die bis auf die antike Prometheus-Sage zurückverfolgt werden kann. Besonders stark ist hier der Mythos von der Erschaffung künstlichen Lebens, mit dem Alchemisten Doktor Faust als dem vielleicht bekanntesten Vertreter. Die Langlebigkeit dieser Figur im kollektiven Gedächtnis ist auch eine Folge des Konfliktes zwischen Wissenschaft und Kirche. In der christlich-romantischen Literatur des 18. Jahrhunderts richtete sich die Kritik gegen die materialistische Wissenschaft, da diese den Gottesbegriff kompromittierte und vorgeblich die Geheimnisse der göttlichen Schöpfung lüftete (Weingart, 2009, S. 390).

9 Norman Lederman darf übrigens nicht mit dem Teilchenphysiker Leon Lederman verwechselt werden, den wir im letzten Abschnitt erwähnten. Im deutschsprachigen Raum zählt Dietmar Höttecke zu einem der führenden Protagonisten der NOS-Debatte. Seine Dissertation zu diesem Themenfeld (Höttecke, 2001) ist immer noch eine wertvolle Lektüre, aber an einigen Stellen nicht mehr aktuell.

10 Ein einfach umzusetzender Vorschlag von Höttecke und Henke (2010) besteht darin, in ausgewählten Unterrichtsphasen die Ergebnisse z. B. mit folgenden Fragen zu reflektieren: „Können wir uns sicher sein, dass das Gesetz immer und überall gilt?", „Wenn allen Wissenschaftlerinnen und Wissenschaftlern die gleichen Daten zur Verfügung stehen, kommen sie dann auch alle zu den gleichen Schlüssen?", „Wem nutzt dieses Wissen und warum hat man es überhaupt herausgefunden?" oder „Was bedeuten Begriffe wie *Theorie*, *Empirie* oder *Hypothese*?".

Der konsensbasierte Ansatz ist jedoch in den letzten Jahren zunehmend kontrovers debattiert worden. Heering und Kremer (2018) geben eine glänzende Zusammenfassung der Debatte und wertvolle Hinweise für die weiterführende Lektüre. Eine gemeinsame Grundlage aller Ansätze liegt jedoch in einem spezifischen Verständnis davon, was man unter „Physik" überhaupt verstehen sollte.

Was ist Physik (nicht)?

Physik ist nicht bloß die Summe der „Formeln und Gesetze", die mithilfe einer vorgeblichen „wissenschaftlichen Methode", nur „entdeckt" zu werden brauchen. Eine solche strikte Methode, die zu sicherem Wissen führt, sowie idealerweise auch erklärt, was der Unterschied zwischen Wissenschaft und Pseudowissenschaft ist, existiert nicht. Einige Lehrbücher der Naturwissenschaft diskutieren leider noch Schemata der Art „Definiere ein Problem, formuliere eine Hypothese, sammle Daten zum Test der Hypothese, etc.". Natürlich kennt die Wissenschaft häufige Argumentationsstrategien oder Standardverfahren (also eine Reihe von wissenschaftlichen Methoden). Grundsätzlich ist sie jedoch kein schematischer Prozess und erfordert Kreativität und Originalität (McComas, 1996).

Physik ist vielmehr eine menschliche Kulturleistung. Sie wird von Menschen betrieben, die an bestimmten Orten zu einer bestimmten Zeit leben und arbeiten. Der zunächst banal klingende Hinweis auf „Orte" und „Zeiten" weist darauf hin, dass kulturelle, politische, wirtschaftliche und soziale Prozesse und Einflüsse eine Rolle spielen. Auch die Resultate der Physik sind Ergebnis von sozialen Aushandlungsprozessen innerhalb der *scientific community*, können verändert und gegebenenfalls widerlegt werden und sind auch durch kontingente (d. h. zufällige bzw. nicht notwendige) Faktoren beeinflusst. Ein offensichtlich kontingenter Einfluss ist etwa die Subjektivität, mit der die Forschenden ihre Untersuchungsgegenstände auswählen. Die Forschungsförderung hat einen zusätzlichen Anteil daran, die Bedeutung einzelner Forschungsfelder zu stärken (oder zu schwächen). Dabei spielen natürlich auch wirtschaftliche, politische oder militärische Interessen eine wichtige Rolle.

Es ist unbestritten, dass bei jeder historischen Entwicklung auch kontingente Faktoren eine Rolle spielen. Aber wie groß ist ihr Einfluss im Falle der Physik? Beeinflussen die zufälligen Faktoren lediglich den konkreten *Weg* zu einer Entdeckung, oder hätten wir auch eine andere erfolgreiche Wissenschaft entwickeln können?

Unter dem Titel *„Science as it could have been"* (Soler et al., 2015) diskutieren Wissenschaftsphilosophinnen und -philosophen dieses Problem. Einer von ihnen, Hasok Chang, bemängelt, dass die *deskriptive* Frage, ob die Wissenschaft kontingent oder notwendig sei, gar nicht beantwortet werden kann. Natürlich lassen sich einzelne Episoden aus der Physikgeschichte angeben, die die Kontingenz-These stützen. Für die Quantenmechanik etwa hat James Cushing argumentiert, dass die einflussreiche „Kopenhagener Deutung" der Theorie nur durch kontingente Faktoren ihre dominierende Stellung erlangt habe. Cushing entwickelt eine kontrafaktische Geschichte, bei der stattdessen die De-Broglie–Bohm-Theorie (siehe Kapitel 6) eine beherrschende Position erlangt hätte (Cushing, 1994). Fraglos wäre dann auch die weitere Forschungsentwicklung anders verlaufen.

Aber es lassen sich auch leicht historische Fälle angeben, bei denen die *Konvergenz* zunächst konkurrierender Ansätze zu einem allgemein akzeptierten Resultat geführt hat. Hasok Chang weist darauf hin, dass Vertreter der Kontingenz- bzw. Notwendigkeits-

These einfach die ihnen passenden Beispiele auswählen können, während die „unpassenden" Beispiele mit dem Hinweis abgetan werden, dass die zukünftige Entwicklung den jeweils erwünschten Verlauf nehmen werde (Chang, 2015, S. 360).

Chang möchte dieser Debatte deshalb eine konstruktive Wendung geben. Die Frage nach der Rolle kontingenter Faktoren deutet er als aktive Suche nach alternativen Erklärungsweisen um. Er argumentiert überzeugend, wie ein solcher *normativer* „Pluralismus" die Naturwissenschaften fördert (siehe Chang (2015) für Details und Hinweise auf die weiterführende Literatur).

1.3.1 Die Rolle der Wissenschaftsgeschichte für den Lernbereich NOS

Der Lernbereich *Nature of Science* kann auf unterschiedliche Weisen im Physikunterricht berücksichtigt werden, und nicht notwendigerweise muss dies über die Wissenschaftsgeschichte erfolgen. Aber ganz offensichtlich können authentische historische Fallstudien die Lerner dabei unterstützen, ein angemesseneres Bild von der naturwissenschaftlichen Praxis zu entwickeln – während verzerrende historische Darstellungen dazu beitragen, stereotype Vorstellungen weiter zu festigen. Zugespitzt kann man also fordern, die Wissenschaftsgeschichte entweder angemessen oder gar nicht zu behandeln.

Voraussetzung für die erfolgreiche NOS-Integration ist jedoch in jedem Fall, dass angehende und aktive Lehrkräfte *selber* ein möglichst differenziertes Verständnis der naturwissenschaftlichen Praxen und Methoden besitzen. Dass sich dieses nicht einfach aus der Lektüre von Physiklehrbüchern entwickelt, ist bereits ausführlich begründet worden (und soll in den folgenden Abschnitten mit Bezug auf die Quantentheorie noch genauer diskutiert werden).

Zum Abschluss dieses Kapitels sollen noch überblicksartig einige problematische Stereotype und historische „Mythen" erwähnt werden, die es zu vermeiden gilt. Konkrete Beispiele für ihre Verwendung werden uns an vielen Stellen begegnen, aber sie sind natürlich keineswegs auf die Quantentheorie beschränkt.[11]

Entdeckungsmythen

In der Ausbildung werden physikalische Theorien typischerweise in ihrer endgültigen Form präsentiert, d. h. die komplexen Entwicklungen bei ihrer Entstehung ausgeblendet. Besonders irreführend sind in diesem Zusammenhang romantisierende Darstellungen, die den Eindruck erwecken, die Forschenden hätten gleichsam in einem „Erweckungserlebnis" die abgeschlossene Theorie gefunden – der archimedische Heureka-Ausruf, Newtons Apfel (Fara, 2015), Einsteins jugendliche Gedankenexperimente (Nor-

---

11 Vergleiche hierzu auch die „Narrative 1–5" in Heinicke und Schlummer (2020), wo allerdings Fragen der „Fehlerkultur" im Vordergrund stehen.

ton, 2016) oder Heisenbergs Helgolandaufenthalt (siehe Abschnitt 3.2) nähren diese historisch unzutreffenden Vorstellungen. Wissenschaftliche Forschung ist komplexer und gleichzeitig ein kooperatives Unternehmen, was zum nächsten Stichwort überleitet.

Great man history

Wie in vielen Bereichen der Geschichtsschreibung findet sich auch in den Naturwissenschaften eine traditionelle Betonung einzelner Personen („großer Männer"). Dabei soll gar nicht geleugnet werden, dass z. B. Planck, Einstein oder Dirac geniale Forscher waren, deren kreative Leistung bewundert werden kann. Aber die einseitige Betonung einzelner Personen missachtet auch hier den kooperativen Aspekt der wissenschaftlichen Praxis und das Wechselspiel zwischen Theorie und Experiment. Eine wichtige Quelle stellt hier z. B. der wissenschaftliche Briefwechsel dar, der den Austausch zwischen den bekannten und vielen weniger bekannten Forschenden viel genauer beleuchtet, als die anschließenden Veröffentlichungen (von Meyenn, 1988).

Zu beobachten ist auch ganz konkret, dass die weniger bekannten Koautorinnen bzw. Koautoren von wissenschaftlichen Veröffentlichungen weniger Anerkennung für die Arbeit erfahren. Der amerikanische Soziologe Robert K. Merton (1910–2003) prägte dafür den Ausdruck „Matthäus-Effekt" (Merton, 1968). Diese Bezeichnung spielt auf einen Vers des Matthäus-Evangeliums an (Mt. 25, 29), dessen Inhalt mit „Wer hat, dem wird gegeben" zusammengefasst werden kann.

Im Grunde ist bereits das Belohnungssystem der Wissenschaften mit seinen in der Regel persönlichen Preisen und Auszeichnungen ein Teil des Problems, da dieses notwendig der *great man* bzw. *great person history* Vorschub leistet.[12] Der bekannteste Wissenschaftspreis ist sicherlich der Nobelpreis, und seine Vergabe folgt einer komplizierten Prozedur, bei der neben wissenschaftlichen Leistungen auch taktische und politische Gesichtspunkte eine Rolle spielen (Heilbron und Rovelli, 2023).

In der speziellen Ausprägung der *great **man** history* werden natürlich zusätzlich die Leistungen von Wissenschaftlerinnen marginalisiert. Bedeutende Wissenschaftlerinnen waren bis zur Mitte des 20. Jahrhunderts aufgrund von allgemeiner gesellschaftlicher Benachteiligung tatsächlich kaum anzutreffen.[13] Aber selbst dort, wo sie beitru-

---

12 Es geht aber auch anders. So vergibt beispielsweise die niederländische Wissenschaftsorganisation NWO einen *Team Science Award* an Forschungsgruppen (siehe https://www.nwo.nl/en/team-science-award).

13 Aber auch noch heute sind Frauen in den Naturwissenschaften unterrepräsentiert und der Anteil der Absolventinnen des Physikstudiums liegt in Deutschland bei 15–20 %. Dies korreliert mit den Daten von schulischen Untersuchungen – etwa zeigen Mädchen bei den PISA Ergebnissen ein geringeres Interesse an den naturwissenschaftlichen Fächern sowie schwächere Leistungen als ihre Mitschüler (ein Effekt der in Deutschland ausgeprägter ist als im internationalen Vergleich). All dies gibt Anlass für spezielle Maßnahmen zur Mädchenförderung und die Forderung nach einem gendersensiblen Physikunterricht. Wie bei der Gender-Debatte überhaupt, besteht natürlich auch hier die Gefahr, das weibliche Verhalten bloß als *Abweichung* von einer (männlich definierten) Norm aufzufassen. Dies kritisiert etwa Susanne Heinicke (2019) in ihrem lesenswerten Überblicksartikel zur Thematik.

gen, wurde (und wird) ihre Rolle oft marginalisiert und die wissenschaftliche Leistung den männlichen Kollegen zugerechnet.

Die amerikanische Historikerin Margaret Rossiter argumentiert, dass es sich dabei um eine *systematische* Nichtbeachtung handelt und hat dafür den Begriff „Matilda-Effekt" geprägt (Rossiter, 1993). Mit dieser Namensgebung spielt sie auf die amerikanische Frauenrechtlerin Matilda Gage (1826–1898) an, die bereits auf dieses Problem hingewiesen hatte. Natürlich ist diese Bezeichnung ebenfalls in Anlehnung an den oben erwähnten Matthäus-Effekt gewählt. Bekannte Beispiele sind etwa Lise Meitner (1878–1968) oder Jocelyn Bell Burnell (geboren 1943).[14] In diesem Zusammenhang von „bekannten Beispielen" zu sprechen, ist natürlich fast selbstwidersprüchlich, denn von Bedeutung sind hier ja gerade die nicht bekannten Fälle.

Auch andere Gruppen wurden (und werden) durch diese Praxis marginalisiert. Dies betrifft etwa die „vergessenen Helferinnen und Helfer", also zum Beispiel das technische Personal, das experimentelle Leistungen erst ermöglichte (Shapin, 1989).

Betonung der Theorie und die Rolle des Experiments
Die Wissenschaftstheorie ab dem Beginn des 20. Jahrhunderts weist eine starke Fokussierung auf die theoretische Physik auf, und das Experiment wird in diesem Zusammenhang häufig auf das bloße Ablesen einer Zeigerstellung reduziert. Ausgefeilte Demonstrationsexperimente, eine Entwicklung, die bis auf die Aufklärung zurückverfolgt werden kann, leisten ihren Teil bei der Verdeckung der Herausforderungen, die für die Entwicklung und Durchführung von Experimenten gemeistert werden müssen (Hentschel, 2003). Die von Falk Rieß in Oldenburg mitbegründete Forschung zur Replikation historischer Experimente hat viel dazu beigetragen, die „materielle Kultur" der Physik stärker in den Blick zu nehmen und die Rolle des praktischen und oft impliziten Wissens zu betonen (Heering, 2022).

Häufig werden Experimente auch in künstlicher Vereinzelung beschrieben, d. h. unter Vernachlässigung des Forschungsprogramms, in das sie eingebettet waren.[15] Die Rolle von experimentellen Zufallsentdeckungen sollte ebenfalls nicht überschätzt werden (Hentschel, 2003).

Noch wichtiger ist jedoch die Frage, welche Funktion das Experiment im wissenschaftlichen Erkenntnisprozess besitzt. Diese reduziert sich nicht bloß auf das „Testen von Hypothesen", und die wichtige Rolle des „explorativen Experiments" (Steinle, 2004) wird traditionell vernachlässigt. Auf diesen Aspekt werde ich noch an verschiedenen Stellen eingehen; siehe hier vor allem den Abschnitt 2.14.

---

14 Meitner wurde bei der Vergabe des Chemie-Nobelpreises an Otto Hahn 1944 für die Kernspaltung nicht berücksichtigt, obwohl sie einen bedeutenden Anteil an dieser Forschung hatte. Bell entdeckte den ersten Radio-Pulsar – der Physik-Nobelpreis 1974 ging jedoch an ihre (männlichen) Betreuer Antony Hewish und Martin Ryle.

15 Diese Kritik trifft ebenfalls auf theoretische Entdeckungen zu.

Wenden wir uns nun aber konkret der Quantenmechanik zu, die ihre ganz eigenen Mythen und historischen Narrative hervorgebracht hat.

1.4 Die Quantenphysik als Revolution

„Quantenmechanik und Relativitätstheorie waren die zwei Revolutionen in der Physik des 20. Jahrhunderts, die das Weltbild der klassischen Physik umgestürzt haben" – so oder so ähnlich formulieren zahllose Physiklehrbücher und populäre Quellen. Unbestritten ist dabei, dass die moderne Physik die Naturbeschreibung radikal verändert hat. Und dennoch ist die obige Formulierung problematisch und kann einer verzerrten Vorstellung der naturwissenschaftlichen Forschung Vorschub leisten.

Im Sinne seiner Hauptbedeutung in der politischen Geschichtsschreibung setzt eine Revolution ein *ancien Régime* voraus, d. h. einen vorrevolutionären Herrschaftszustand, der in der Regel als obrigkeitsstaatlich und unmodern charakterisiert wird. Fasst man die Quantenmechanik als wissenschaftliche Revolution auf, fällt der sogenannten „klassischen Physik" fast notwendig diese Rolle zu. Die „klassische Physik" charakterisiert man dabei in Abgrenzung von der Quantenphysik als mechanistisch, reduktionistisch und deterministisch. Häufig unterstellt man ihren damaligen Vertreterinnen und Vertretern die Überzeugung, die Physik habe kurz vor dem endgültigen Abschluss gestanden.[16] Hier wird gerne eine Anekdote zitiert, die Max Planck am 1. Dezember 1924 bei einer Gastvorlesung in München vorgetragen hat:

> Als ich meine physikalischen Studien begann und bei meinem ehrwürdigen Lehrer Philipp v. Jolly wegen der Bedingungen und Aussichten meines Studiums mir Rat erholte, schilderte mir dieser die Physik als eine hochentwickelte, nahezu voll ausgereifte Wissenschaft, die nunmehr, nachdem ihr durch die Entdeckung des Prinzips der Erhaltung der Energie gewissermaßen die Krone aufgesetzt sei, wohl bald ihre endgültige stabile Form angenommen haben würde. [...]
> Das war vor fünfzig Jahren die Anschauung eines auf der Höhe der Zeit stehenden Physikers. (Planck, 2001/1924, S. 103)

Auf den ersten Blick handelt diese Geschichte lediglich von der groben Fehleinschätzung des angesehenen Experimentalphysikers Philipp von Jolly (1809–1884). Max Planck

---

16 Vielleicht kennen einige Leserinnen und Leser auch den amerikanischen Wissenschaftshistoriker und Philosophen Thomas S. Kuhn (1922–1996) und dessen Hauptwerk „Die Struktur wissenschaftlicher Revolutionen" (Kuhn, 1976). Nach dieser einflussreichen Konzeption sind Theorien durch ein „Paradigma" charakterisiert, d. h. anerkannte Methoden und Konzepte zur Problemlösung. Die erfolgreiche Anwendung dieser Methoden zur Problemlösung definiert nach Kuhn die „Normalwissenschaft". Eine „wissenschaftliche Revolution" bedeutet nach Kuhn einen „Paradigmenwechsel", und dieser wird (stark vereinfachend) durch das gehäufte Auftreten von Anomalien, d. h. eine „Krise" des alten Paradigmas, ausgelöst. Das „Paradigma" entspricht also recht genau dem „ancien Régime" der politischen Metapher und die folgenden Bemerkungen lassen sich auf Kuhns Modell übertragen. In Abschnitt 1.4.3 werden wir uns mit dem Konzept von Kuhn noch kritisch auseinandersetzen.

berichtet hier allerdings von einem 50 Jahre zurückliegenden Ereignis, und ob sich das Gespräch tatsächlich so abgespielt hat, lässt sich nicht mehr rekonstruieren.[17]

In der häufigen Nacherzählung dieser Anekdote scheint sich aber auch das Bedürfnis einer mythologischen Überhöhung der Wissenschaftlerinnen und Wissenschaftler auszudrücken. Die Überwindung von Widerständen ist schließlich ein fester Bestandteil jeder literarischen Heldenerzählung und Planck hat gemäß dieser Erzählung eine noch größere Leistung vollbracht, indem er sich gegen die etablierte Lehrmeinung durchsetzen musste.

Die Jolly-Anekdote erfüllt aber vor allem eine Funktion: Sie verstärkt den Eindruck, dass die „klassische Physik" des späten 19. Jahrhunderts als im Wesentlichen abgeschlossen angesehen wurde.[18] Erst vor dem Hintergrund dieser Abgeschlossenheit gewinnt das Revolutionsnarrativ seine volle Schlüssigkeit, denn erst gegen eine „starre und verkrustete Herrschaft" (um in der politischen Metapher zu bleiben) kann man sich überhaupt revoltieren. Wie war es aber um diese Einheitlichkeit und Abgeschlossenheit der klassischen Physik bestellt und was bedeutet „klassische Physik" überhaupt?

1.4.1 Mythos klassische Physik und klassisches Weltbild

Bei den Grundvorlesungen zur Mechanik oder Elektrodynamik wird eher selten betont, dass es sich um „klassische Physik" handelt. Diesen Begriff verwendet man in der Regel erst, wenn man die „moderne Physik" davon abgrenzen möchte. Dann werden Sätze formuliert wie „Effekt X lässt sich mithilfe der klassischen Physik nicht erklären",

---

17 Meiner Kenntnis nach gibt es nur noch eine weitere und kaum beachtete Quelle für diese Anekdote, nämlich ein filmisches Selbstzeugnis von Planck, das im Auftrag des Reichspropagandaministeriums im Jahr 1942 für das „Filmarchiv der Persönlichkeiten" entstanden ist. Erst Anfang der 1980er Jahren wurde es in einem Archiv der DDR wiederentdeckt (Planck, 1942). Dieser ca. 20 Min. lange Film ist in der Zwischenzeit bei *YouTube* abrufbar („Max Planck – Selbstdarstellung im Filmportrait (1942)"). Zwischen Minute 7:40 und 8:55 schildert Planck dort, wie von Jolly mit ihm vor dem Wechsel nach Berlin gesprochen habe. Während der München-Vortrag also den Eindruck erweckt, das Gespräch hätte vor oder zu Beginn des Studiums stattgefunden (also 1874) führt die Bemerkung von 1942 zu einer späteren Datierung (1877 wechselte Planck für ein Jahr zum Studium nach Berlin, um – wie er selbst sagt – theoretische Physik zu studieren). Während einige Elemente beider Nacherzählungen sehr ähnlich sind, ergeben sich im Detail dennoch interessante Unterschiede. Im Film von 1942 schildert Planck das Gespräch eher als Warnung, sich auf eine unsichere Karriere in der theoretischen Physik einzulassen, da die Stellenaussichten dort ungünstig wären. Dies aus dem Mund eines Experimentalphysikers klingt viel plausibler, als die vorgebliche Warnung vor einem Physikstudium per se.

18 Eine andere bekannte Anekdote, die in der selben Absicht verwendet wird, betrifft die sogenannte „Zwei Wolken" Vorlesung, die Lord Kelvin im Jahr 1900 gehalten hat. Auch dort wurde angeblich die fast erreichte Abgeschlossenheit der klassischen Physik behauptet – bis auf eben zwei „kleine Probleme", die Kelvin metaphorisch als bloße „Wolken" verniedlicht habe. Diese Behauptung findet sich in der Kelvin-Vorlesung aber gerade nicht (Passon, 2021).

oder „Gemäß der klassischen Physik müsste eigentlich Y gelten." Neben ihren konkreten Theorien (z. B. Mechanik, Elektrodynamik, Thermodynamik und statistische Physik) wird auch ein bestimmtes *Weltbild* der klassischen Physik behauptet, das durch die Quantenphysik abgelöst worden sei. Zu seinen typischen Merkmalen gehöre der *Determinismus* und eine *mechanistische* bzw. *materialistische* Naturauffassung.

All dies ist jedoch hochgradig irreführend. Zum einen verdeckt die einheitliche Kennzeichnung „klassische Physik", dass die erwähnten Theorien um 1900 einen sehr verschiedenen Status hatten. Die Mechanik war der am sichersten etablierte Inhalt, aber verschiedene Formulierungen (als Punktmechanik, Mechanik der starren Körper oder Kontinuumsmechanik) gaben dennoch Anlass zu komplexen Debatten.[19] Die Thermodynamik und die kinetische Gastheorie gehörten im 19. Jahrhundert zu den aktuellen und kontroversen Forschungsgebieten. Die Elektrodynamik schließlich, 1864 von Maxwell begründet, befand sich gegen Ende des 19. Jahrhunderts noch in einer Phase der Konsolidierung und Verbreitung. Die Vorstellung einer einheitlichen und allgemein akzeptierten „klassischen Physik" trägt dieser Heterogenität nicht Rechnung.

⚡ Die moderne Physik wird häufig als Bruch mit der „klassischen Physik" charakterisiert. Eine einheitliche und allgemein akzeptierte „klassische" Physik gab es am Ende des 19. Jahrhunderts aber gar nicht.

Ebenso ungenau ist die Vorstellung eines allgemein anerkannten mechanistisch-deterministischen bzw. „klassischen" Weltbildes. Gerade die aufkommende Elektrodynamik inspirierte viele ihrer Anhänger zu einem „elektrodynamischen Weltbild". Hier wurde der Mechanik die Vorrangstellung abgesprochen und der Versuch unternommen, die gesamte Physik auf der Grundlage der Elektrodynamik zu formulieren (McCormmach, 1970). Eine andere explizit anti-mechanistische und anti-materialistische Anschauung wurde von den sogenannten „Energetikern" vertreten. Entwickelt von Georg Helm (1851–1923) und unter anderem von Wilhelm Ostwald (1853–1932) vertreten, sollte hier die gesamte Physik auf dem Energiekonzept gegründet werden. Diese These wurde immerhin so ernst genommen, dass sie auf der Lübecker Naturforscherversammlung 1895 zum Gegenstand einer großen Aussprache gewählt wurde. Der Verlauf dieser Debatte war für die Anhänger des Energetismus jedoch enttäuschend (Deltete, 1999).

Das mechanistische Weltbild, das durch die Quantenphysik angeblich widerlegt wurde, war also bereits vorher kompromittiert. Wie steht es aber um den Determinismus, also die These, dass der gegenwärtige Zustand der Welt mithilfe von Naturgesetzen die zukünftige Entwicklung *eindeutig* festlegt? Hat nicht der französische Mathematiker und Physiker Pierre-Simon Laplace (1749–1827) bereits Anfang des 19. Jahrhunderts eine eindeutige und klare Formulierung dieser Auffassung vorgelegt? Im Vorwort des *Essai philosophique sur les probabilités* von 1814 findet sich tatsächlich die oft zitierte Passage:

---

19 Dies gilt bis auf den heutigen Tag und ließ Mark Wilson fragen: „What is classiclal mechanics anyway?" (Wilson, 2009, 2013).

Eine Intelligenz, die in einem gegebenen Augenblick alle Kräfte kennt, mit denen die Welt begabt ist, und die gegenwärtige Lage der Gebilde, die sie zusammensetzen, und die überdies umfassend genug wäre, diese Kenntnisse der Analyse zu unterwerfen, würde in der gleichen Formel die Bewegungen der größten Himmelskörper und die des leichtesten Atoms einbegreifen. Nichts wäre für sie ungewiss, Zukunft und Vergangenheit lägen klar vor ihren Augen.

Diese übernatürliche „Intelligenz" ist auch als *Laplacescher Dämon* bekannt geworden. Dieser Determinismus war jedoch in ein spezifisches Forschungsprogramm eingebettet, dessen Grenzen bereits 1825 deutlich wurden und das anschließend nicht weiterverfolgt wurde. Vereinfacht gesagt zielte Laplace nämlich darauf, die gesamte Physik und Chemie auf die Wechselwirkung zwischen Punktteilchen zurückzuführen. Mit dem isolierten Zitat von Laplace kann also kaum ein allgemein anerkannter Determinismus des 19. Jahrhunderts begründet werden (van Strien, 2021).

Der Determinismus hatte im 19. Jahrhundert für viele eher den Status einer notwendigen „Arbeitshypothese" für die physikalische Forschung. Da deren Ergebnisse aber lediglich als vorläufig oder bloß näherungsweise richtig angesehen wurden, war er eben nicht Teil eines allgemein anerkannten „klassischen Weltbildes" (van Strien, 2021).

„Klassische" Physik und Determinismus

Interessanterweise ist es zudem äußerst fraglich, ob die Newton'sche Mechanik überhaupt eine deterministische Theorie ist. Eine unvollständige Liste der diesbezüglichen Schwierigkeiten: (i) Die Eindeutigkeit der Lösung der Newton'schen Bewegungsgleichungen setzt ein Kraftgesetz voraus, das Lipschitz-stetig ist.[20] Bereits einfache Probleme (etwa das Herabgleiten eines Körpers von einer speziell geformten Oberfläche) führen auf nicht-deterministisches Verhalten (Norton, 2008). (ii) Der Stoß von Punktteilchen führt auf Singularitäten in den Lösungen der Bewegungsgleichungen. Und schließlich (iii) konnten in der Newton'schen Gravitationstheorie Systeme konstruiert werden, in denen sich Körper in endlicher Zeit unendlich weit entfernen (Xia, 1992). Wegen der Zeitumkehrsymmetrie der Bewegungsgleichung entspricht dies einem Körper, der sich in endlicher Zeit aus dem Unendlichen nähert (die englischsprachige Literatur spricht augenzwinkernd von *space invaders*). Offensichtlich kann das Auftreten eines solchen Objekts in der Theorie nicht vorhergesagt werden.

Diese Beispiele illustrieren zudem sehr deutlich, dass auch die sogenannte „klassische Physik" voll von anspruchsvollen konzeptionellen und philosophischen Problemen ist. Viel zu leicht entsteht ja der Eindruck, dass erst durch die Relativitätstheorie und Quantenmechanik der „gesunde Menschenverstand" auf das Altenteil geschickt wurde.

Zu Beginn des 20. Jahrhundert gab es sogar einen explizit anti-deterministischen Vorschlag. Franz S. Exner (1849–1926) argumentierte auf der Grundlage der „klassischen" statistischen Mechanik, dass alle Naturgesetze in Wahrheit auf zufällige Prozesse zurückgeführt werden können. Lediglich die ungeheure Anzahl der Elementarprozesse würde im Sinne eines „Gesetzes der großen Zahl" den *Anschein* deterministischer Natur-

---

20 Die Lipschitz-Stetigkeit ist eine Verschärfung der üblichen Stetigkeit, bei der die Änderung der Funktion beschränkt ist. Ohne diese Bedingung kann die Existenz und Eindeutigkeit der Lösungen von Differentialgleichungen verloren gehen.

gesetze erzeugen. Franz S. Exner ist weitgehend in Vergessenheit geraten, aber zu seinen Schülern an der Universität Wien zählte mit Erwin Schrödinger ein Mitbegründer der Quantenmechanik. In seiner Züricher Antrittsvorlesung von 1922 vertrat Schrödinger den Anti-Determinismus seines vormaligen Lehrers.[21]

Schließlich erwähnen wir noch kurz einen Beitrag, den der britische Philosoph und Mathematiker Bertrand Russell (1872–1970) zu dieser Debatte geleistet hat. Im Jahr 1912 veröffentlichte er einen einflussreichen Aufsatz mit dem Titel „On the notion of cause" („Zum Begriff der Ursache"). Obwohl Determinismus und Kausalität (also die Verknüpfung von Ursache und Wirkung) sinnvoll unterschieden werden können, stehen sie doch in einem Zusammenhang. In diesem Aufsatz argumentierte Russell nun mit Beispielen aus der „klassischen" Mechanik und Newtons Gravitationstheorie, dass der Begriff der Kausalität in den entwickelten mathematischen Naturwissenschaften gar keinen Platz habe. Tatsächlich würden die Naturgesetze nämlich bloß *funktionale* Zusammenhänge beschreiben, und eine gesonderte „Kausalrelation" müsse nicht unterstellt werden.[22] Auch hier gilt also, dass das Konzept der „Kausalität" nicht erst durch die Quantentheorie auf den Prüfstand gestellt wurde.

Die moderne Physik wird häufig als Bruch mit einem „klassischen Weltbild" charakterisiert. Ein einheitliches und allgemein akzeptiertes „klassisches" Weltbild gab es am Ende des 19. Jahrhunderts aber gar nicht. Die Begriffe „klassisches Weltbild" bzw. „klassische Physik" verleiten zu einer einseitigen Betonung des Bruchs innerhalb der Physik am Beginn des 20. Jahrhunderts. Die wichtigen Elemente der Kontinuität werden dadurch verdeckt.

Es ist gleichzeitig eine unbestreitbare Tatsache, dass die Quantentheorie all diese Fragen verschärft und auch ganz neue und unerwartete Probleme aufgeworfen hat. Besonders im Kapitel 6 zur Philosophie der Quantentheorie werden wir uns diesem Gegenstand widmen. All diese Entwicklungen haben sich jedoch nicht vor dem Hintergrund eines einheitlichen „klassischen Weltbildes" vollzogen, und die Vorstellung einer im Bewusstsein der Zeitgenossen nahezu abgeschlossenen „klassischen Physik" ist ebenfalls unzutreffend.

Ein solches Narrativ verstärkt vielmehr eine Distanz und Entfremdung von der Quantentheorie, da diese ja scheinbar mit allen vertrauten und fest etablierten Vorstel-

---

21 Veröffentlicht wurde Schrödingers sehr lesenswerter Aufsatz erst sieben Jahre später (Schrödinger, 1929). In der Zwischenzeit war die fundamentale Rolle der Wahrscheinlichkeit in der Quantenphysik von den meisten anerkannt worden – ohne jedoch auf Exner als Vorläufer dieses Ideenkreises hinzuweisen. Diesem Umstand wollte Schrödinger mit der Veröffentlichung Abhilfe schaffen.

22 Man beachte etwa, dass physikalische Gesetzte durch *symmetrische* Gleichungen formuliert werden. Die Kausalrelation ist jedoch *unsymmetrisch*, d. h. Ursache ⇒ Wirkung, aber Wirkung ⇏ Ursache. Die Charakterisierung der „Kausalität" als bloß funktionalem Zusammenhang findet sich übrigens schon bei Ernst Mach (1838–1916). Er bemerkte in diesem Zusammenhang: „Gewisse müssige Fragen, z. B. ob die Ursache der Wirkung vorausgehe oder gleichzeitig sei, verschwinden damit von selbst" (Mach, 1872, S. 35).

lungen gebrochen hat. Tatsächlich ergeben sich (wie angedeutet) bereits innerhalb der sogenannten „klassischen Physik" interessante philosophische Probleme, und ihr Inhalt ist ja auch keineswegs so intuitiv und allgemein verständlich, wie gelegentlich behauptet.

1.4.2 Warum sprechen wir von „klassischer Physik"?

Die genauere historische Analyse macht es also unerwartet schwer, eine gehaltvolle Definition des Begriffs „klassische Physik" zu geben. In seiner üblichen Verwendung ähnelt er eher einer Karikatur der Physik des 19. Jahrhunderts. In bestimmten Kontexten ist der Gebrauch dieser Vokabel dennoch unproblematisch, und immer dann werden wir ihn im Folgenden auch verwenden.[23] Dieser „harmlose" Gebrauch versteht unter „klassischer" Physik die physikalischen Theorien vor oder unabhängig von der Quantentheorie, ohne damit einen besonderen Anspruch an Einheitlichkeit zu verbinden.

Wie ist dann aber der Begriff und die Vorstellung einer einheitlichen „klassischen Physik" überhaupt in die Welt gekommen? Richard Staley (2005) weist zunächst auf das Offensichtliche hin, dass nämlich die Begriffe „klassische" und „moderne Physik" *gleichzeitig* entstanden sind. Man könnte also pointiert formulieren, dass die modere Physik die „klassische Physik" gar nicht widerlegt, sondern erst begründet habe!

Nach Staley geht der heutige Gebrauch des Begriffs „klassische Physik" auf Max Planck zurück, der ihn 1911 auf der ersten Solvay Konferenz auch aus strategischen Gründen eingeführt hat. Gooday und Mitchell (2013) habe diese Idee aufgegriffen und weiterentwickelt. Sie heben hervor, dass die Verwendung des Begriffs „klassisch" verschiedene rhetorische Funktionen erfüllt und datieren seine endgültige Etablierung auf die 1920er und 30er Jahren. Dieser Begriff erlaubt zum Einen eine Verknüpfung der Physik mit anderen kulturellen Phänomenen – man denke etwa an klassische Musik oder Literatur. Noch wichtiger scheint aber ein anderer Aspekt. Die Entwicklung neuer Theorien wirft grundsätzlich die komplexe Frage auf, wie diese mit ihren Vorgängern zusammenhängen. Häufig kommt es auch zur Ersetzung der alten Vorstellung durch den Nachfolger. Indem hier aber die alten Theorien in den Rang der „Klassiker" erhoben wurden, anstatt sie schlicht als widerlegte Vorgänger aufzufassen, erspate man sich diese Debatte (Gooday und Mitchell, 2013, S. 729).

Der Begriff der „klassischen Physik" wurde in seiner heutigen Bedeutung erst ab 1911 verwendet und etablierte sich in den 1920er und 1930er Jahren. Er besitzt auch eine strategische Bedeutung und hatte in den Debatten eine rhetorische Funktion.

---

23 In der Regel jedoch in Anführungszeichen. Im Englischen gibt es dafür den wunderbaren Ausdruck der *scare quotes*, der leider nicht übersetzt werden kann.

1.4.3 Gab es eine Quantenrevolution?

Ohne eine gehaltvolle Definition des Begriffs „klassische Physik" kann aber die Quantentheorie auch nicht scharf von ihr abgegrenzt werden und es wird schwer, einen *Bruch* zwischen beiden auszumachen. Es stellt sich also unmittelbar die provokante Frage, ob es dann überhaupt eine Revolution der Physik zu Beginn des 20. Jahrhunderts gegeben hat. Ist die vielbeschworene Quantenrevolution vielleicht ebenfalls ein Stück Quasigeschichte?

Hier soll nun kein Streit um Worte geführt werden. Wenn man jedoch unter einer Revolution den *Umsturz* einer bestehenden Herrschaft bzw. den Wechsel eines Paradigmas versteht, ist dies in der Tat fraglich.[24] Damit zusammenhängend werden wir in Abschnitt 2.1.5 die Frage behandeln, inwiefern Max Planck tatsächlich als Begründer der Quantentheorie gelten kann.

Die Quantentheorie hat bedeutende Wandlungen unseres Naturverständnisses zur Folge (Stichworte: Unbestimmtheit, Rolle der Wahrscheinlichkeit, Superposition und Verschränkung – siehe die folgenden Kapitel), aber durch die Bezeichnung „Revolution" kann sich leicht der Blick auf isolierte Ereignisse, einzelne Personen und gewaltsame Umbrüche verengen. Zudem sind viele Interpretationsfragen der Quantentheorie Gegenstand *aktueller* Debatten (siehe Kapitel 6), was in Kuhns Terminologie die Frage aufwirft, welches „neue Paradigma" die Quantenrevolution überhaupt hervorgebracht haben soll.

Probleme der Kuhn'schen Auffassung

Das Konzept der wissenschaftlichen Revolution nach Kuhn (siehe Fußnote 16) verdient Anerkennung für die wichtige Einsicht, dass wissenschaftliche Entwicklungen nicht rein kumulativ verlaufen (Kuhn, 1976). An anderen Stellen erscheint es jedoch weniger geeignet, um auf die Theorieentwicklung angewendet zu werden.

Kuhn zufolge führen gehäufte Anomalien zu einer „Krise" des alten Paradigmas und schließlich einer „Revolution" als Paradigmenwechsel. Ob es eine solche „Krise" um 1900 überhaupt gegeben hat, ist aber tatsächlich umstritten. Suman Seth (2007) beschreibt die Kontroversen am Ende des 19. Jahrhunderts (zum Beispiel die erwähnten Diskussionen zwischen Energetikern und Anhängern der elektrodynamischen Weltsicht) als normale Debatten innerhalb der *scientific community*. Er weist in diesem Zusammenhang ebenfalls darauf hin, dass die Frage, ob ein Problem (zum Beispiel die damals neu entdeckte Radioaktivität) neue Theorien erzwingt, oder doch innerhalb der alten Vorstellungen von Materie erklärbar ist, sich immer erst in der Rückschau entscheiden lässt. Eine historische Konstellation also als „Krise eines Paradigmas" aufzu-

---

24 Vergleiche hierzu auch Heilbron (2013), der eine ähnliche Diskussion für die „wissenschaftliche Revolution" des 17./18. Jahrhunderts führt.

fassen, ist in der Regel eine *nachträglich* vorgenommene Bewertung (vgl. auch das Ende von Abschnitt 2.15).

Der Übergang zwischen „alter" und „moderner" Quantentheorie um 1925 wird ebenfalls häufig als „Revolution" im Sinne Kuhns bezeichnet. Anthony Duncan und Michel Janssen kritisieren diese Bewertung und die Konzeption Kuhns ganz grundsätzlich, weil sie die Beziehung zwischen diesen beiden Theorien ganz falsch darstelle. Auch hier lautet das Argument: Die wichtigen Aspekte der Kontinuität in der Theorieentwicklung werden dadurch verdeckt (Duncan und Janssen, 2023, S. 671ff).

Abb. 1.1: Ausschnitt des Gemäldes „Bau der Teufelsbrücke" von Carl Blechen (um 1833). Die Rundbogenkonstruktion wird durch ein Baugerüst (ein sogenanntes „Lehrgerüst") gehalten. Nach dem Aushärten kann das Gerüst entfernt werden. Duncan und Janssen beschreiben die Theorieentwicklung mit dieser Metapher.

Sie schlagen stattdessen die architektonische Metapher von *Baugerüst und Bogen* („scaffold" und „arch") vor.[25] Die moderne Quantenmechanik vergleichen sie also mit einem Bogen, der sich selber trägt. Bei seiner Betrachtung mag man sich wundern, wie er überhaupt errichtet werden konnte. Dazu brauchte es tatsächlich eine Hilfskonstruktion, ein sogenanntes „Lehrgerüst" (siehe Abbildung 1.1).[26] Im Falle der modernen Quantentheorie ab 1925 fungierte gemäß dieser Metapher die alte Quantentheorie als genau ein solches Gerüst. Ohne seine Hilfe hätte der Bogen nicht errichtet werden können – aber am fertigen Bauwerk wird es wieder entfernt.

Diese Metapher macht also plausibel, wie aus der Rückschau die „revolutionären" Brüche viel mehr ins Auge fallen und deshalb oft überbetont werden. Die *konstruktive Rolle* der Vorgänger-Theorie wird vergessen, da sie nicht sichtbar ist. So wie ein Baugerüst keine Spuren am fertigen Gebäude hinterlässt, können auch Lehrbücher der neuen Theorie auf eine Darstellung der Rolle der Vorgänger-Theorie verzichten. Die neue Theorie ist schließlich „selbsttragend", und wohl deshalb verwenden Duncan und Janssen die

---

[25] Duncan und Janssen haben eine zweibändige Geschichte der Quantenmechanik vorgelegt (Duncan und Janssen, 2019, 2023). Der erste Band deckt die Entwicklung von 1900 bis 1923 ab und trägt den Untertitel *The Scaffold*. Der zweite Band (1923–1927) hat den Untertitel *The Arch*.

[26] Die dort dargestellte (zweite) Teufelsbrücke über die Reuss in der Schöllenenschlucht im Kanton Uri ist noch erhalten und kann auf dem *Via Gottardo* (3. Etappe zwischen Göschenen und Gotthardpass) erwandert werden.

Metapher eines „Bogens". Historische Anmerkungen neigen dann fast zwangsläufig zu Verzerrungen; etwa die in Abschnitt 1.3.1 erwähnten Entdeckungsmythen oder die *great man history*. Unsere eigene Darstellung versucht an vielen Stellen, auf solche verborgenen Aspekte der Kontinuität hinzuweisen.

Diese Metapher lässt sich leicht zu einem iterativen Prozess weiterentwickeln, denn Theorien stehen schließlich in einer längeren Reihe von Vorgängern und Nachfolgern. Die alte Quantentheorie (1900–1925) fungierte für die moderne Formulierung als Hilfsgerüst – war aber selber auch erst durch die konstruktive Rolle ihrer Vorgänger-Theorien entstanden. Ebenso diente der „Bogen" der modernen Quantenmechanik als Hilfskonstruktion bei der Entwicklung der Quantenfeldtheorie. Aber Duncan und Janssen sind sich auch der Grenzen dieser Metapher bewusst. Etwa werden Gerüste errichtet, wenn der Plan des Bauwerks bereits vorliegt, während die Entwicklung physikalischer Theorien natürlich keinem fertigen Plan folgt (Duncan und Janssen, 2023, S. 683).

Die Quantentheorie als Transformationsprozess
Viel fruchtbarer scheint mir deshalb der Vorschlag, die Entwicklung der Quantentheorie als zeitlich ausgedehnten und multidisziplinären Transformationsprozess zu charakterisieren, der unser Verständnis von der Natur nachhaltig gewandelt hat. Ian Hacking (1987) hat die sogenannte „probabilistische Revolution" des 19. Jahrhunderts als eine solche *longue durée* Transformation beschrieben, die einen neuen *Denkstil* (d. h. das Argumentieren mit Wahrscheinlichkeiten) und eine neue *Sprache* (die Wahrscheinlichkeitsrechnung) hervorgebracht hat.

Der amerikanische Wissenschaftshistoriker Silvan S. Schweber (1928–2017) hat dieses Konzept auf die Quantentheorie übertragen. Schweber (2015) legt seinen Fokus dabei aber auf jüngere Entwicklungen, wie die Quantenfeldtheorie. Vieles spricht aber aus meiner Sicht dafür, die Entwicklung der gesamten Quantentheorie als solch einen ausgedehnten Prozess aufzufassen, und auf die Revolutionsmetapher zu verzichten.

1.5 Die Quasigeschichte der Quantentheorie

Wie erläutert, neigen die historischen Darstellungen der Phase um 1900 zu einer Überbetonung des Bruchs mit der vorherigen („klassischen") Physik. Die Schilderungen der sich anschließenden Entwicklung der frühen Quantentheorie neigen nun ebenfalls zu sinnentstellenden Verzerrungen. Eine typische Skizze der Entwicklung bis ca. 1925 lautet etwa:[27]

---

27 Ich verzichte hier auf die Angabe von Quellen – die Leserinnen und Leser mögen an einem beliebigen Lehrbuch überprüfen, dass diese Darstellung tatsächlich den Standard darstellt.

1. Die Quantentheorie entstand durch die Erklärung der Schwarzkörperstrahlung durch Max Planck im Jahr 1900. Um die „UV-Katastrophe" bei hohen Frequenzen zu vermeiden, musste er diskontinuierliche Energien einführen ($\epsilon = h\nu$).
2. Einstein wendete 1905 Plancks Idee auf Licht an, führte das Lichtquant ($E = h\nu$) ein und erklärte damit den photoelektrischen Effekt, der mit der Wellentheorie des Lichts nicht erklärbar ist.
3. Das Bohr'sche Atommodell 1913 kombinierte Ideen von Planck und Einstein: Elektronen können sich nur auf diskreten Bahnen aufhalten und senden beim Übergang Photonen aus, die die Bohr'sche Frequenzbedingung $\Delta E = h\nu$ erfüllen.
4. Comptons Entdeckung und Erklärung (1922/1923) des nach ihm benannten Effektes (d. h. die Wellenlängenänderung von Röntgenstrahlung bei Streuung an Elektronen) lieferte den unzweideutigen Beweis für die Lichtquantenhypothese.

Fast alles an diesem Narrativ ist falsch, ungenau oder zumindest umstritten. Plancks Motive werden hier unzutreffend porträtiert, Einsteins Arbeit von 1905 beruhte tatsächlich gar nicht auf Plancks Strahlungsgesetz, Bohrs Atommodell enthielt keine Lichtquanten und der Zusammenhang zwischen Compton-Effekt und Lichtquanten-Hypothese ist ebenfalls komplizierter. In Kapitel 2 werden diese Punkte aufgegriffen und die verbreiteten Fehler in Lehrbuchdarstellungen korrigiert. An dieser Stelle wollen wir jedoch kurz die ebenfalls strategische bzw. rhetorische Funktion dieser Quasigeschichte betrachten.

Auffällig ist nämlich, dass die obige Skizze gerade die *Kontinuität* der Entwicklung einseitig betont. Ausgehend von Plancks Energiequant $\epsilon = h\nu$ erscheinen die weiteren Schritte lediglich wie erfolgreiche *Anwendungen, Verallgemeinerungen* und *experimentelle Bestätigungen*. Dies ist aber bloß eine andere Facette der Quasi- bzw. Whig-Geschichte, die Kategorien und Begriffen der gegenwärtigen Physik verwendet, um historische Ereignisse zu beschreiben und zu bewerten (vgl. Abschnitt 1.2). Gleichzeitig – und im Sinne der *Nature of Science* Diskussion noch wichtiger – wird hier ebenfalls der unzutreffende Eindruck erweckt, dass sich die wissenschaftliche Entwicklung an dieser Stelle linear und streng kumulativ vollzogen habe.

Auf den ersten Blick mag es erstaunen, dass die Quasigeschichte manchmal zur Überbetonung der *Diskontinuität* neigt, und in anderen Fällen gerade die *Kontinuität* hervorhebt. Dieser scheinbare Widerspruch ist aber leicht aufzulösen: Falls sich in der *Rückschau* die verwendeten Konzepte als unzureichend herausgestellt haben (etwa die Materietheorien des 19. Jahrhunderts), neigt die Whig-Geschichtsschreibung zu Narrativen, die den *Bruch* betonen. Falls die Konzepte sich jedoch als Vorstufen zu unserem heutigen Verständnis erwiesen haben (wie im Falle der Lichtquanten), wird die *Kontinuität* hervorgehoben. In *beiden* Fällen erfolgt die Bewertung also ganz ahistorisch aus der Perspektive des *gegenwärtigen* Verständnisses.

Physiklehrbücher müssen und sollen nun gar keine Lehrbücher der Physikgeschichte sein und historische Genauigkeit ist sicherlich auch kein Selbstzweck.[28] Anknüpfend an unsere Diskussion in Abschnitt 1.3 wird man jedoch fordern dürfen, dass historische Darstellungen in Physiklehrbüchern den Lernenden dabei helfen, ein angemessenes Bild von Naturwissenschaften zu entwickeln. Zu diesem Verständnis gehört aber, dass in der Entwicklung der Physik immer Elemente der Diskontinuität und Kontinuität *gemeinsam* beitragen.

---

[28] Und von „historischer Wahrheit" traut man sich schon gar nicht zu sprechen, da die Auswahl und Interpretation von Quellen immer Spielräume für verschiedene Lesarten lässt (Kragh, 1987, S. 58).

2 Die frühe Quantentheorie

Die Entwicklungen der Quantentheorie zwischen 1900 und 1925 werden in der Literatur als „frühe" oder „alte" Quantentheorie bezeichnet. Damit grenzt man sie von der „modernen" Quantentheorie ab, die sich ab den Jahren 1925 und 1926 entwickelte. Dort (also ab 1925) wurden durch Heisenberg und Schrödinger die ersten geschlossenen mathematischen Formalismen der Theorie vorgelegt, die sich rasch zur immer noch aktuellen Quantenmechanik entwickelten (siehe Kapitel 3).

2.1 Das Problem der Schwarzkörperstrahlung

In der Optik unterscheidet man zwischen Selbststrahlern wie der Sonne, der Kerzenflamme oder Lampen und jenen Körpern, die das Licht der Umgebung lediglich reflektieren, wie dem Mond oder beliebigen Oberflächen. Wenn man jedoch nicht bloß die elektromagnetische Strahlung im sichtbaren Bereich betrachtet, sondern zusätzlich auch die langwellige Wärmestrahlung einbezieht, wird jeder Körper oberhalb des absoluten Nullpunkts zu einem „Selbststrahler".

Zur Untersuchung dieser Strahlung in der Thermodynamik betrachtete man im 19. Jahrhundert ein idealisiertes Objekt, das *sämtliche* Strahlung aller Wellenlängen absorbiert. Dieser sogenannte „schwarze Körper" sollte also eine Strahlung aussenden, die nur von seinem *eigenen* Zustand abhängig ist. Bereits 1859 zeigte Gustav Kirchhoff (1824–1887), dass ein schwarzer Körper im thermischen Gleichgewicht ein Spektrum haben sollte, das von seiner *Form* und seinem *Material* unabhängig ist und ausschließlich von seiner Temperatur abhängt. Diese *Universalität* machte das Spektrum des schwarzen Körpers zu einem idealen Studienobjekt der theoretischen Physik.

Die Strahlung eines schwarzen Körpers wird auch als Hohlraumstrahlung bezeichnet. Der Grund dafür ist einfach: Zur experimentellen Realisierung eines annähernd schwarzen Körpers betrachtet man einen beheizten Hohlraum, dessen Strahlung man an einer kleinen Öffnung misst. Auf diese Weise erhöht man die Absorption, da die an der Öffnung einfallende Strahlung kaum zurückreflektiert wird. Diese Idee, die bereits auf Kirchhoff zurückgeht, wurde von Wien und Lummer (1895) praktisch umgesetzt.

Gegen Ende des 19. Jahrhunderts nahm das Interesse an diesem Problem auch aus praktischen Gründen zu. Die präzisesten Messungen des Schwarzkörperspektrums wurden an der Physikalisch-Technischen Reichsanstalt in Berlin-Charlottenburg durchgeführt, zu deren Kunden auch die gerade aufkommende elektrische Beleuchtungsindustrie gehörte. Dort erhoffte man sich wertvolle Informationen für die kommerzielle Nutzung (Kragh, 2001, S. 59).

Aus diesem Wechselspiel zwischen Grundlagen- und Industrieforschung hat die Quantentheorie ihren Ursprung, denn im Jahr 1900 entdeckte Max Planck, dass die korrekte Beschreibung des Spektrums der Schwarzkörperstrahlung vorrausetzt, dass die

https://doi.org/10.1515/9783111152622-002

Abstrahlung bei der Frequenz v in *diskreten* „Energieelementen" $\epsilon = h \cdot v$ beschrieben wird. Die Konstante h bezeichnet man heute als das Planck'sche Wirkungsquantum ($h \approx 6{,}6 \cdot 10^{-34}$ Js).

2.1.1 Die verschiedenen Gesetze der Schwarzkörperstrahlung und ihr mathematischer Zusammenhang

Wenden wir uns der theoretischen Beschreibung zu und beginnen mit den drei wichtigen Strahlungsgesetzen, die in diesem Zusammenhang diskutiert werden. Sie lauten in moderner Notation:

$$\rho_{\text{Wien}}(T, v) = \frac{8\pi v^2}{c^3} \cdot \frac{hv}{\exp(\frac{hv}{k_B T})} \qquad \text{Wien'sches Gesetz} \qquad (2.1)$$

$$\rho_{\text{Planck}}(T, v) = \frac{8\pi v^2}{c^3} \cdot \frac{hv}{\exp(\frac{hv}{k_B T}) - 1} \qquad \text{Planck'sches Gesetz} \qquad (2.2)$$

$$\rho_{\text{R--J}}(T, v) = \frac{8\pi v^2}{c^3} \cdot k_B T \qquad \text{Rayleigh--Jeans-Gesetz} \qquad (2.3)$$

Dabei bezeichnet c die Lichtgeschwindigkeit (im Vakuum) und $k_B \approx 1{,}4 \cdot 10^{-23}$ J/K die Boltzmann-Konstante.

Machen wir uns zunächst klar, was diese Formeln beschreiben. Es handelt sich um die sogenannte spektrale Energiedichte, also um die Energie, die ein schwarzer Körper im thermischen Gleichgewicht im Frequenzintervall $[v, v + dv]$ pro Volumeneinheit aussendet, wenn er die absolute Temperatur T hat. Die Einheit dieser Größe ist dementsprechend $[\rho] = \frac{J}{m^3 \, Hz} = \frac{Js}{m^3}$. Den Vorfaktor $\frac{8\pi v^2}{c^3}$ haben alle Ausdrücke gemeinsam. Auf seine Bedeutung werden wir in Abschnitt 2.1.3 noch zurückkommen.

Bevor wir die Begründung dieser Gesetze diskutieren, betrachten wir ihren qualitativen Verlauf in Abbildung 2.1. Das Planck'sche Strahlungsgesetz beschreibt die Daten exzellent und kann daher auch wie eine beliebig genaue Messkurve betrachtet werden. Diese unsymmetrische Verteilung besitzt ein Maximum, das sich mit zunehmender Temperatur zu kleineren Wellenlängen (bzw. höheren Frequenzen) verschiebt. Diesen Zusammenhang werden wir in Abschnitt 2.1.2 als „Verschiebungsgesetz" präzisieren. Die eingeschlossene Fläche unter der Verteilung nimmt mit steigender Temperatur ebenfalls zu, was bedeutet, dass die Strahlungsleistung mit der Temperatur zunimmt. Dieser Zusammenhang wird (ebenfalls in Abschnitt 2.1.2) als Gesetz von Stefan–Boltzmann noch eine Rolle spielen.

Man erkennt, dass das Wien'sche Strahlungsgesetz bei höheren Frequenzen gut mit dem Planck'schen Gesetz übereinstimmt (d. h., es auch die Daten gut beschreibt), bei niedrigen Frequenzen die Energiedichte jedoch systematisch unterschätzt. Das Gesetz von Rayleigh–Jeans beschreibt hingegen den Bereich großer Wellenlängen zunehmend

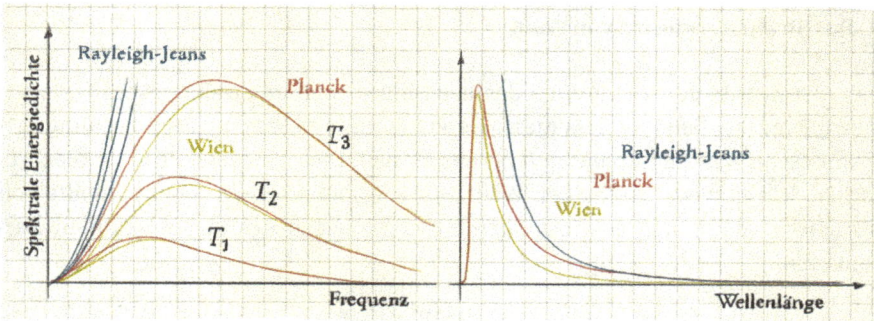

Abb. 2.1: Verschiedene Strahlungsgesetze für den Schwarzkörper als Funktion der Frequenz (links) bzw. Wellenlänge (rechts). Die y-Achse ist in beliebige Einheiten skaliert. In der linken Abbildung ist ebenfalls die Temperaturabhängigkeit angedeutet ($T_1 < T_2 < T_3$). Die Planck'sche Formel beschreibt die Daten hervorragend und kann somit ebenfalls als „beliebig genaue Messkurve" gelesen werden. Man erkennt, dass das Gesetz von Rayleigh–Jeans den Bereich großer Wellenlängen gut beschreibt, während das Wien'sche Strahlungsgesetz hingegen den Bereich großer Frequenzen gut wiedergibt.

genau, führt aber für $\lambda \rightarrow 0$ (bzw. $\nu \rightarrow \infty$) zu einer Divergenz und damit zu einer physikalisch sinnlosen Vorhersage.

Diese Beobachtungen spiegeln sich natürlich auch in der mathematischen Beschreibung wider. Für $\nu \rightarrow \infty$ wächst die Exponentialfunktion im Planck'schen Gesetz (Gleichung (2.2)) über alle Grenzen und der Term „−1" im Nenner kann vernachlässigt werden. Dann entsprechen sich das Planck'sche und das Wien'sche Gesetz (Gleichung (2.1)) aber gerade.

Das Gesetz von Rayleigh–Jeans ist ebenfalls als Grenzfall in der Planck'schen Strahlungsformel enthalten. Für große Wellenlängen (bzw. $\nu \rightarrow 0$) wird das Argument der Exponentialfunktion in Gleichung (2.2) immer kleiner, und die Näherung $e^x \approx 1 + x$ kann angewendet werden:

$$\lim_{\nu \rightarrow 0} \rho_{\text{Planck}} \approx \frac{8\pi\nu^2}{c^3} \cdot \frac{h\nu}{1 + \frac{h\nu}{k_B T} - 1}$$

$$= \frac{8\pi\nu^2}{c^3} \cdot k_B T$$

$$= \rho_{\text{R–J}}$$

Es ist also nicht verwunderlich, dass viele Lehrbücher behaupten, Planck hätte seine Formel als Interpolation zwischen den Strahlungsgesetzen von Wien und Rayleigh–Jeans erhalten. Dies ist jedoch unzutreffend, wie man bereits daran erkennen kann, dass Plancks Arbeit aus dem Jahr 1900 stammt, während das nach Lord Rayleigh und James Jeans benannte Gesetz erst 1905 veröffentlicht wurde.[1] Betrachten wir im Folgenden die Herleitungen der Strahlungsformeln genauer.

---

1 Es steckt jedoch ein Körnchen Wahrheit in dieser Behauptung; siehe Appendix A.2.

2.1.2 Das Strahlungsgesetz von Wien

Bereits 1896 wurde von Willy Wien das nach ihm benannte Strahlungsgesetz vorgeschlagen. Zunächst fällt auf, dass dieses Gesetz in unserer Fassung der Gleichung (2.1)
das Planck'sche Wirkungsquantum h bereits enthält. Dies ist jedoch unserer anachro-
nistischen Schreibweise geschuldet. Wien selbst formulierte sein Gesetz mithilfe von
zwei zunächst unbestimmten Konstanten α und β, die aus Messungen bestimmt werden mussten:

$$\rho_{\text{Wien}}(T, \nu) = \frac{8\pi\nu^3}{c^3}\alpha \cdot e^{-\frac{\beta\nu}{T}}. \tag{2.4}$$

Tatsächlich entspricht auch Gleichung (2.4) noch nicht streng der von Wien verwendeten Notation. In seiner Arbeit von 1896 formuliert er, wie damals üblich, das Gesetz in
Abhängigkeit von der Wellenlänge mit zwei Konstanten C_1 und C_2 (Wien, 1896, S. 667):

$$\rho_{\text{Wien}}(T, \lambda) = \frac{C_1}{\lambda^5}e^{-C_2/\lambda T}. \tag{2.5}$$

Wien leitete diesen Ausdruck nicht streng her, sondern motivierte eher seine mathematische Struktur aufgrund einfacher Annahmen und bereits bekannter Eigenschaften
der gesuchten Funktion. Die Exponentialfunktion begründete er mit einem Hinweis auf
die Geschwindigkeitsverteilung in der statistischen Mechanik („Maxwell–Boltzmann-
Verteilung"). Er vermutete nämlich, dass die Wellenlänge der Strahlung proportional
zur Geschwindigkeit der Strahler sei.

Gegen Ende des 19. Jahrhunderts waren außerdem zwei Eigenschaften der gesuchten spektralen Energiedichte ρ etabliert. Das sogenannte Stefan–Boltzmann-Gesetz besagte, dass die integrierte Strahlungsleistung eines schwarzen Körpers proportional zu
T^4 ist:[2]

$$\int \rho(T, \lambda)d\lambda \propto T^4. \tag{2.6}$$

Ebenfalls hatte man beobachtet, dass das Produkt aus Wellenlänge am Maximum der
Verteilung λ^{max} und zugehöriger Temperatur konstant ist:

$$\lambda_1^{\text{max}} \cdot T_1 = \lambda_2^{\text{max}} \cdot T_2. \tag{2.7}$$

Erhöht sich also die Temperatur eines schwarzen Strahlers, verschiebt sich das Maximum seines Spektrums zu kleineren Wellenlängen (bzw. zu größeren Frequenzen, siehe
Abbildung 2.1, links). Wien konnte 1893 zeigen, dass die gesuchte Energiedichte ganz allgemein nur vom Produkt $\lambda \cdot T$ (bzw. ν/T) abhängt:

---

2 Josef Stefan (1835–1893) hatte diesen Zusammenhang 1879 experimentell entdeckt, und Ludwig Boltzmann (1844–1906) begründete ihn 1884 theoretisch.

$$\rho(T, \lambda) \propto f(\lambda \cdot T). \tag{2.8}$$

Beide Beziehungen (d. h. Gleichung (2.7) und (2.8)) werden als „Wien'sches Verschiebungsgesetz" bezeichnet. Dabei ist Gleichung (2.8) die stärkere Aussage, aus der (2.7) abgeleitet werden kann. Willy Wien machte nun für ρ den Ansatz

$$\rho(T, \lambda) = F(\lambda) \cdot e^{-f(\lambda)/T} \tag{2.9}$$

mit zwei zunächst unbekannten Funktionen F und f. Das Verschiebungsgesetz legte nahe, $f(\lambda)/T$ gleich $C_2/\lambda T$ zu setzen. Gemäß dem Stefan–Boltzmann-Gesetz ist die integrierte Strahlungsleistung $\propto T^4$. Wenn aber gemäß dem Verschiebungsgesetz $T \propto \frac{1}{\lambda}$ gilt, muss der Integrand ρ von Gleichung (2.6) proportional zu $\frac{1}{\lambda^5}$ sein. Für die Funktion $F(\lambda)$ setzte er deshalb $\frac{C_1}{\lambda^5}$ an. Damit war die spektrale Energiedichte aus Gleichung (2.5) motiviert.[3]

Wiens Strahlungsformel befand sich in glänzender Übereinstimmung mit den damaligen Daten; seine theoretische Fundierung war jedoch eher dürftig. Lord Rayleigh kommentierte knapp:

> Viewed from the theoretical side, the result appears to me to be little more than a conjecture.
> (Rayleigh, 1900)

Genau aus diesem Grund legte Max Planck im Jahr 1899, also ein Jahr vor der Formulierung seines Strahlungsgesetzes, eine aus damaliger Sicht strenge Herleitung des Wien'schen Gesetzes vor (siehe Abschnitt 2.1.5 und Appendix A.2). Das Wien'sche Strahlungsgesetz erschien ihm dadurch so überzeugend, dass er der bei seiner Herleitung auftretenden Konstanten $b = 6{,}885 \cdot 10^{-34}$ Js (das spätere „Planck'sche Wirkungsquantum" h) eine fundamentale Rolle zuwies. Zusammen mit anderen Naturkonstanten erlaubt sie nämlich die Definition universeller Einheiten (heute „Planck-Einheiten" genannt) für Länge, Zeit, Masse und Temperatur (Planck, 1899).[4]

---

3 Die Leserin oder der Leser mag sich vielleicht fragen, warum der Ausdruck λ^5 im Nenner von Gleichung (2.5) auftaucht, obwohl die Formulierung von ρ als Funktion der Frequenz (Gleichung (2.4)) lediglich einen Term ν^3 im Zähler enthält. Die naive Ersetzung $\nu \longleftrightarrow \frac{c}{\lambda}$ ließe erwarten, dass beide Potenzen gleich sind. Wir betrachten jedoch spektrale *Dichten* (also Energie pro Volumen und spektraler Einheit), sodass $\rho(T, \lambda)d\lambda = \rho(T, \nu)d\nu$ zu fordern ist. Deshalb muss das infinitesimale Element $d\nu$ bzw. $d\lambda$ ebenfalls transformiert werden. Aus $\nu = \frac{c}{\lambda}$ folgt jedoch $\frac{d\nu}{d\lambda} = -\frac{c}{\lambda^2} \Rightarrow d\nu = -\frac{c}{\lambda^2}d\lambda$. Dies ist genau der zusätzliche Faktor λ^2 im Nenner von Gleichung (2.5). Das Minuszeichen drückt aus, dass die Änderungen in entgegengesetzten Richtungen verlaufen (d. h., ν wächst, wenn λ kleiner wird) und spielt hier keine Rolle (Das, 2015). Aus demselben Grund gilt für das Produkt der Maximalwerte von $\rho(\lambda)$ und $\rho(\nu)$ auch $\lambda_{\max} \cdot \nu_{\max} \neq c$. All dies ist also eine Folge der nichtlinearen Variablentransformation.

4 All dies zeigt, dass die Wien'sche Strahlungsformel bereits ein „Quantengesetz" darstellt. Nach heutigem Verständnis handelt es sich um die Näherung der Planck'schen Formel für hohe Frequenzen. Sie ist gerade dort anwendbar, wo Quanteneffekte dominieren.

2.1.3 Das Strahlungsgesetz von Rayleigh–Jeans

Dieses Strahlungsgesetz ergibt sich, wenn man den sogenannten Gleichverteilungssatz der statistischen Mechanik auf das Strahlungsfeld anwendet.

> Der **Gleichverteilungssatz** besagt, dass jeder Freiheitsgrad f eines Systems im thermischen Gleichgewicht die mittlere Energie $\frac{1}{2}k_B T$ zur Gesamtenergie beiträgt (mit der Boltzmann-Konstanten $k_B \approx 1{,}4 \cdot 10^{-23}$ J/K).

Jede Schwingungsmode der Hohlraumstrahlung verfügt jedoch über zwei Freiheitsgrade, also $f = 2 \cdot$ Modenzahl.[5] Da wir uns jedoch für die *spektrale Energiedichte* (d. h., Energie pro Volumen und Frequenz) interessieren, müssen wir ebenfalls die *spektrale Modendichte* berechnen. Dazu betrachtet man beispielsweise einen kubischen Hohlraum und berechnet die möglichen Eigenschwingungen. In einer etwas trickreichen Rechnung (siehe Appendix A.1) findet man für die Modendichte den Ausdruck $n(\nu) = \frac{8\pi\nu^2}{c^3}$. Dies ist aber gerade der gemeinsame Vorfaktor der Strahlungsgesetze (2.1)–(2.3).

Wendet man nun den Gleichverteilungssatz an, trägt jede Mode den Anteil $k_B T$ zur Energie bei und man erhält das Rayleigh–Jeans-Gesetz:

$$n(\nu) \cdot k_B T = \rho_{\text{R-J}}. \tag{2.10}$$

Wie bereits erwähnt, divergiert diese Vorhersage für hohe Frequenzen, also im UV-Bereich. Das zugrunde liegende Problem erkennt man qualitativ sofort: Da ein Feld ein System mit *unendlich* vielen Freiheitsgraden ist (und jeder Freiheitsgrad einen konstanten Summanden zur Energie beiträgt), resultiert daraus eine ebenfalls *unendlich* große Gesamtenergie:

$$\lim_{\nu' \to \infty} \int_0^{\nu'} \rho_{\text{R-J}} d\nu = \infty. \tag{2.11}$$

Die Behauptung, dass dieses Gesetz die „klassische" Vorhersage der Schwarzkörperstrahlung repräsentiert, hält sich hartnäckig. Tatsächlich war der Gleichverteilungssatz der statistischen Mechanik aber um 1900 nicht allgemein anerkannt, und seine Anwendung auf die elektromagnetische Strahlung ebenfalls umstritten.[6] Im Übrigen war bis 1900 das Wien'sche Strahlungsgesetz die allgemein anerkannte Strahlungsformel.

---

5 Dies gilt in Analogie zum eindimensionalen harmonischen Oszillator, der die beiden Freiheitsgrade x und p_x hat.

6 Aus dem Gleichverteilungssatz folgte zum Beispiel mit der Regel von Dulong–Petit eine Vorhersage für die spezifische Wärme, die in vielen Fällen den experimentellen Befunden widersprach; siehe Abschnitt 2.3.

War Plancks Arbeit also eine Reaktion auf das Scheitern des Rayleigh–Jeans-Gesetzes, wie viele Lehrbücher behaupten? Auch dies ist unzutreffend, da das besagte Gesetz erst 1905 veröffentlicht wurde. Richtig ist jedoch, dass Lord Rayleigh dieses Strahlungsgesetz in einer kurzen Veröffentlichung 1900 bereits antizipiert hat (Rayleigh, 1900). Dort blieb die Diskussion jedoch qualitativ, und zur Vermeidung der Divergenz führte er ad hoc einen exponentiellen Dämpfungsfaktor ein. Wenn sich die damalige Literatur (also zwischen 1900 und 1905) auf das „Strahlungsgesetz von Rayleigh" bezog, war immer der Ausdruck mit Dämpfungsfaktor gemeint – und nicht das Rayleigh–Jeans-Gesetz aus Gleichung (2.3). Erst fünf Jahre später wurde dieses Problem von Lord Rayleigh erneut aufgegriffen. Diese Veröffentlichung (Rayleigh, 1905) enthielt jedoch einen Rechenfehler (siehe Appendix A.1). James Jeans (1905) korrigierte diesen Lapsus, und so erhielt das Gesetz den heute üblichen Doppelnamen.

2.1.4 Das Scheitern des Wien'schen Strahlungsgesetzes

Bis Anfang 1899 galt das Wien'sche Strahlungsgesetz als experimentell glänzend bestätigt. Zudem hatte Planck 1899 eine scheinbar strenge Herleitung dieser Beziehung vorgelegt. Sie wurde in der damaligen Literatur deshalb auch gelegentlich als „Wien–Planck'sches Strahlungsgesetz" bezeichnet.

Die Ausdehnung der Messungen zu größeren Wellenlängen und höheren Temperaturen führte jedoch zu Abweichungen. Erste Hinweise auf Diskrepanzen präsentierten Otto Lummer (1860–1925) und Ernst Pringsheim (1859–1917) auf einer Sitzung der Deutschen Physikalischen Gesellschaft (DPG) in Berlin bereits im Februar 1899.

In der Sitzung vom 3. November 1899 trugen dieselben Forscher noch eindeutigere Ergebnisse vor, die aus ihrer Sicht nicht als experimentelle Fehler abgetan werden konnten (siehe Abbildung 2.2). Sie unternahmen jedoch weitere Anstrengungen, und auf der DPG-Sitzung vom 2. Februar 1900 konnten Lummer und Pringsheim weitere Messungen bei noch größeren Wellenlängen (bis 18 μm) vorstellen. Bei diesen Wellenlängen lagen die relativen Abweichungen zwischen den Daten und dem Wien'schen Strahlungsgesetz bei beeindruckenden 40–50 %. Die Autoren folgerten daraus:

> Die [...] Abweichungen zwischen der Beobachtung und der Wien–Planck'schen Formel sind [...] so gross, dass sie durch Beobachtungsfehler schlechterdings nicht erklärt werden können. [...] Es ist somit erwiesen, dass die Wien–Planck'sche Spectralgleichung die von uns gemessene schwarze Strahlung für das Gebiet von 12 μ bis 18 μ nicht darstellt. (Lummer und Pringsheim, 1900, S. 171)

Die Lage blieb dennoch unübersichtlich, da Friedrich Paschen in Hannover gleichzeitig Ergebnisse vorlegte, die mit dem Wien'schen Gesetz *übereinstimmten* (Hoffmann, 2000). Die endgültige Aufklärung gelang schließlich Heinrich Rubens (1865–1922), der ebenfalls an der Physikalisch-Technischen Reichsanstalt in Charlottenburg seine „Reststrahlmethode" zur Isolierung besonders großer Wellenlängen entwickelt hatte. Angewendet auf die Strahlung eines schwarzen Körpers konnten Rubens und Ferdinand Kurlbaum

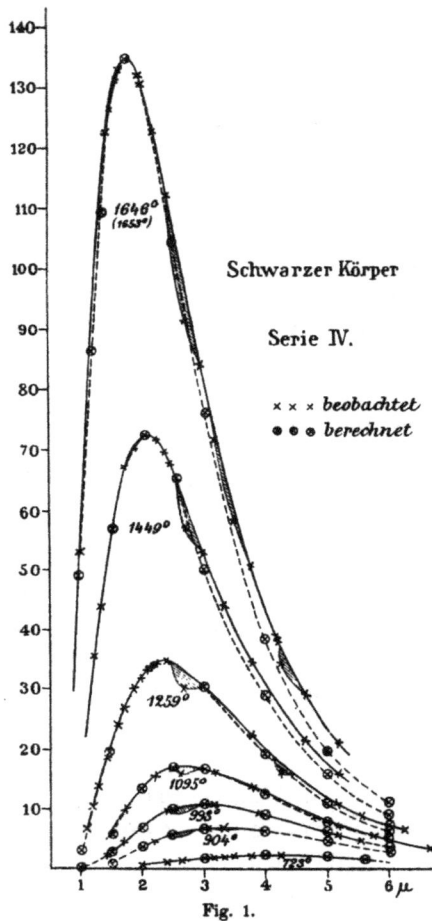

Abb. 2.2: Messungen der spektralen Energiedichte der Schwarzkörperstrahlung, die die Unzulänglichkeit des damals als gültig anerkannten Wien'schen Strahlungsgesetzes zeigen. Man erkennt, wie bei großen Wellenlängen und Temperaturen das Wien'sche Gesetz (gestrichelte Linie) systematisch unter den Messdaten (durchgezogene Linie) liegt. Es waren die Abweichungen in diesem Bereich, die Planck zur Formulierung seines Strahlungsgesetzes führten – und nicht die Divergenz des Rayleigh-Jeans-Gesetzes bei kleinen Wellenlängen (aus: Lummer und Pringsheim (1899, S. 217)).

(1857–1927) den Messbereich auf 50 μm ausweiten. Die Resultate waren eindeutig: Das Wien'sche Strahlungsgesetz konnte diese Daten nicht beschreiben.

Plancks Reaktion

Max Planck erfuhr von diesen Ergebnissen am 7. Oktober 1900 während eines privaten Besuchs des Ehepaars Heinrich und Maria Rubens (Hettner, 1922). Diese stellten natürlich auch seine eigene Herleitung des Wien'schen Gesetzes in Frage, und bereits am 19. Oktober 1900 konnte Planck in einer DPG-Sitzung über eine verbesserte Strahlungsformel vortragen. Der Titel lautete bezeichnenderweise: „Über eine Verbesserung der Wien'schen Spectralgleichung" – die Formel von Willy Wien blieb also noch der Bezugspunkt. Eine physikalische Begründung des neuen Strahlungsgesetzes konnte er in dieser Sitzung aber noch nicht vorstellen (Planck, 1900a). Diese erfolgte dann aber am

14. Dezember desselben Jahres – ein Datum, das von einigen als „Geburtstag der Quantentheorie" gefeiert wird (Planck, 1900b).[7]

Der Auslöser für Planck war nicht das Scheitern einer „klassischen" Vorhersage
Bevor wir detaillierter auf Plancks Herleitung seines Strahlungsgesetzes eingehen, wollen wir auf eine kuriose Tatsache hinweisen. Wir haben bereits erläutert, dass die Charakterisierung des Gesetzes von Rayleigh–Jeans als „klassische" Vorhersage unzutreffend ist und außerdem dieses Gesetz bei Plancks Arbeit keine Rolle spielte. Die übliche Erzählung lässt es nun so erscheinen, als wenn das Scheitern dieser „klassischen" Vorhersage für *kleine* Wellenlängen („UV Katastrophe") zur Begründung der Quantentheorie führte. Dies scheint auf den ersten Blick plausibel: Eine „Krise der alten Physik" als Auslöser für die Entwicklung einer neuen Theorie.

Tatsächlich waren es jedoch die Abweichungen zwischen den experimentellen Daten und dem Wien'schen Gesetz im Bereich *großer* Wellenlängen, die zur Begründung der Quantentheorie führten (siehe Abbildung 2.2). Nicht das Versagen der vorgeblich „klassischen" Vorhersage im UV-Bereich, sondern das Scheitern der eigentlich bereits quantentheoretischen Formel von Wien im infraroten Bereich, also dort, wo das Gesetz von Rayleigh–Jeans die Daten glänzend beschreibt, löste die Dynamik der Theorieentwicklung aus. Die übliche Erzählung ist also nicht bloß falsch, sondern verkehrt die historischen Abläufe in das genaue Gegenteil.

2.1.5 Das Strahlungsgesetz von Planck

Plancks eigene Herleitung seiner Strahlungsformel wird in Physiklehrbüchern nur selten angegeben. Zum einen verwendet sie Konzepte der Thermodynamik und statistischen Physik, die im üblichen Kanon des Physikstudiums erst *nach* der Quantenmechanik behandelt werden. Außerdem wurden in der Zwischenzeit deutlich einfachere

---

7 Diese Formulierung geht auf Sommerfelds Lehrbuch *Atombau und Spektrallinien* (1. Auflage von 1919) zurück und ist aus verschiedenen Gründen problematisch. Zum einen werden wir im Folgenden sehen, dass es eine kontroverse Debatte darüber gibt, in welchem Umfang Planck eine *physikalische* Quantisierung der Energie beabsichtigte. Aber auch unabhängig von diesem Aspekt bedeutet die Auszeichnung dieses Datums eine Herabsetzung der experimentellen Leistungen von Lummer, Pringsheim, Rubens und Kurlbaum, die Planck erst in den Stand versetzten, seine (wie auch immer gearteten) *theoretischen* Konsequenzen zu ziehen. Dieter Hoffmann (2000) hat deshalb vorgeschlagen, auch den Ort dieser „Geburt" zu verlegen – nämlich in das wenige Kilometer entfernte Optiklabor der PTR in Charlottenburg. Tatsächlich wurde keiner der erwähnten Experimentalphysiker mit dem Nobelpreis ausgezeichnet, obwohl zum Beispiel Emil Warburg 1910 das gut gewählte Trio Lummer, Wien und Planck vorschlug. Stattdessen ging der Preis 1911 an Willy Wien und 1918 an Planck. Dessen Bedeutung ist natürlich unbestritten, aber gleichzeitig begegnen uns hier zwei Tendenzen, auf die wir in Abschnitt 1.3 unter den Stichworten „great man history" und „Betonung der Theorie und die vorgebliche Einfachheit des Experiments" hingewiesen haben.

Herleitungen gefunden (zum Beispiel die Einsteinsche, die wir in Abschnitt 2.9 behandeln).[8] Deshalb sprechen gute hochschuldidaktische Gründe gegen einen historischen Zugang. Da wir nun aber ein stärkeres Interesse an der historischen Entwicklung haben, skizziere ich hier die wichtigsten Schritte der Herleitung. Viele technische Details wurden in Appendix A.2 ausgelagert.

Planck modellierte den schwarzen Körper als eine Ansammlung von geladenen harmonischen Oszillatoren. Bereits 1899 hatte er aus der Elektrodynamik einen Zusammenhang zwischen der spektralen Energiedichte ρ eines schwarzen Körpers und der mittleren Energie E dieser Oszillatoren hergeleitet:

$$\rho(T, v) = \frac{8\pi v^2}{c^3} E(T, v). \tag{2.12}$$

Das Bemerkenswerte an diesem Resultat war, dass seine Gültigkeit nicht von Details der Oszillatoren (zum Beispiel ihrer Masse oder Rückstellkraft) abhing. Allerdings war die mittlere Energie dieser Oszillatoren unbekannt.[9] Stattdessen wählte Planck einen Zugang aus der Thermodynamik, indem er die Beziehung zwischen Entropie S, Energie E und absoluter Temperatur T

$$\frac{dS}{dE} = \frac{1}{T}, \tag{2.13}$$

nutzte, um auf die Energie zu schließen. Allerdings versprach auch dieser Ansatz keinen unmittelbaren Erfolg, denn die Entropie der Oszillatoren war ebenfalls unbekannt.

Hier nun kam zum Tragen, dass die Planck'schen Untersuchungen in ein spezielles Forschungsprogramm eingebettet waren. Tatsächlich war Plancks Interesse am Problem der Schwarzkörperstrahlung bloß ein mittelbares, da sein eigentliches Ziel darin bestand, die strenge Gültigkeit des 2. Hauptsatzes der Thermodynamik nachzuweisen. Dieser besagt, dass in einem abgeschlossenen System die Entropie niemals abnehmen kann.[10]

In seiner Herleitung des Wien'schen Strahlungsgesetzes im Jahr 1899 hatte Planck an dieser Stelle argumentiert, dass die Entropiefunktion $S(E)$, die auf das Wien'sche Strahlungsgestz führt, die einzige Wahl darstelle, die mit der strengen Gültigkeit des 2. Hauptsatzes verträglich sei (siehe Appendix A.2). Auf diese Tatsache gründete sich auch die damalige Überzeugung Plancks, dass seine Herleitung des Wien'schen Strahlungsgesetzes definitiv sei.

---

8 Stöckler und Kuhn (1986) zählen alleine 24 Herleitungen der Planck'schen Strahlungsformel bis 1927, die unter anderem von Larmor, Debye, Lorentz, Einstein, Nernst, Frank, Rubinowicz, de Broglie, Pauli, Bose, Eddington und Dirac stammen.

9 Und wurde von Planck (wie in der Zwischenzeit oft genug erwähnt) nicht gemäß des Gleichverteilungssatzes gleich $k_B T$ gesetzt.

10 Darrigol (1988, S. 41) schreibt augenzwinkernd: „Planck believed in God, in Germany, and in the absolute validity of the two principles of thermodynamics.".

Als Planck im Oktober 1900 vom endgültigen Scheitern des Wien'schen Gesetzes bei großen Wellenlängen erfuhr, musste er seine Herleitung überprüfen. Tatsächlich stellte er fest, dass seine Schlussfolgerung aus dem Vorjahr voreilig gewesen war und dass eine Reihe von Strahlungsgesetzen mit der Entropievermehrung verträglich sind. Er wählte für die Entropiefunktion die einfachste Variante, die mit der Beobachtung vereinbar war, dass die Daten für große Wellenlängen den Zusammenhang $\rho \propto T$ zeigten (vgl. Appendix A.2). Dies führte ihn, ohne physikalische Begründung, auf den Ausdruck

$$\rho = \frac{8\pi\nu^3}{c^3} \frac{a}{e^{\beta\nu/T} - 1}, \tag{2.14}$$

der sich vom Wien'schen Gesetz lediglich durch die „–1" im Nenner unterscheidet (die Koeffizienten a und β entsprechen denen aus dem Wien'schen Gesetz in Gleichung (2.4)). Die Planck'sche Gleichung beschrieb dabei die Daten exakt.

Auf der Suche nach einer physikalischen Begründung
Was Planck im Oktober 1900 noch fehlte, war die physikalische Begründung dieser Beziehung, d. h. eine Motivation für die Gestalt von $S(E)$. Diese lieferte Planck in seiner Arbeit vom Dezember 1900. Da das richtige Gesetz bereits erfolgreich „erraten" worden war, konnte Planck rückwärts rechnen. Die passende Entropiefunktion $S(E)$ (Gleichung (A.18) in Appendix A.2) begründete Planck nun unter Verweis auf Ludwig Boltzmanns Arbeiten zur statistischen Mechanik. Das heißt, er verwendete die probabilistische Definition der Entropie als

$$S = k_B \log W, \tag{2.15}$$

mit W der Wahrscheinlichkeit des betreffenden Mikrozustandes (Boltzmann, 1877).[11] Dies bedeutete konkret, die Anzahl der Möglichkeiten anzugeben, mit denen die Gesamtenergie E auf die Oszillatoren verteilt werden kann. Dabei kann, wie Planck betonte, ein endliches Resultat nur erzielt werden, wenn die Energie nicht als beliebig teilbare Größe aufgefasst wird. Deshalb führte Planck ein „Energieelement" ϵ ein und fragte nach der Anzahl der Kombinationen, um P Energieelemente auf N Oszillatoren („Resonatoren" in Plancks Sprechweise) aufzuteilen. Diese Anzahl beträgt:

$$W = \frac{(P + N - 1)!}{P! \cdot (N - 1)!}. \tag{2.16}$$

Dieser komplizierte Ausdruck erschließt sich nicht auf den ersten Blick. Planck (1900b) zitierte diese Formel ohne nähere Begründung, aber 1915 gaben Paul Ehrenfest (1880–1933) und Heike Kamerlingh Onnes (1853–1926) eine wundervolle und vollkommen elementare Herleitung (Ehrenfest und Kamerlingh Onnes, 1915). Diese Autoren betrachteten die möglichen Permutationen einer Zeichenkette aus den Symbolen „ϵ" und „ | ". Eine

---

11 Die Gleichung $S = k_B \log W$ wurde in dieser Form von Planck eingeführt.

mögliche Verteilung von beispielsweise $P = 5$ Energieelementen auf $N = 4$ Resonatoren kann nämlich wie folgt dargestellt werden:

$$\epsilon\epsilon|\epsilon| \quad |\epsilon\epsilon.$$

Hier stehen *drei* senkrechte Striche für *vier* Resonatoren (also allgemein $(N-1)$ senkrechte Striche für N Resonatoren), auf die die fünf Energieelemente ϵ verteilt sind. In diesem Beispiel sind zwei Energieelemente im ersten Resonator, eins im Zweiten usw. Um die Anzahl verschiedener Kombinationen zu berechnen, muss man zunächst betrachten, wie viele Permutationen von $(P+N-1)$ Symbolen in einer solchen Zeichenkette gebildet werden können. Dies sind $(P + N - 1)!$ Stück.

Das ist aber noch nicht das gesuchte Resultat, denn vertauscht man beispielsweise zwei „ϵ" Symbole miteinander, ergibt sich keine neue Kombination. Um diese Mehrfachzählung zu vermeiden, muss also noch durch die Anzahl der Permutationen der ϵ-Zeichen ($= P!$) mal der Anzahl der Permutationen der $|$-Zeichen ($= (N - 1)!$) dividiert werden. Das ergibt dann genau den Ausdruck aus Gleichung (2.16).[12]

Im nächsten Schritt wendete Planck die Näherung $\log N! \approx \log N^N = N \log N$ an, die aus der Stirling-Formel folgt (Karbach, 2017, S. 120). Unter dieser Näherung vereinfacht sich die Wahrscheinlichkeit zu:

$$W \approx \frac{(N + P)^{N+P}}{N^N P^P}. \tag{2.17}$$

Das Einsetzen von Gleichung (2.17) in den Ausdruck $S = k_B \log W$ führt dann exakt auf die Entropiefunktion (A.18) (siehe Appendix A.2). Aus dieser konnte Planck mit den bereits diskutierten Schritten die spektrale Energiedichte berechnen:

$$\rho = \frac{8\pi v^2}{c^3} \frac{\epsilon}{e^{\epsilon/k_B T} - 1}. \tag{2.18}$$

Allerdings fehlt noch die Konstante h, um diesen Ausdruck auf die Standardform des Planck'schen Strahlungsgesetzes zu bringen. Das Wien'sche Verschiebungsgesetz (Gleichung (2.8)) besagt jedoch, dass $\rho \propto f(v/T)$ gilt. Das Energieelement ϵ muss also proportional zur Frequenz sein und Planck setzte (mit dem damaligen Wert $h = 6{,}55 \cdot 10^{-34}$ Js):

---

12 Es erstaunt, dass Planck diese *Anzahl* von unterscheidbaren Permutationen mit der Wahrscheinlichkeit identifiziert. Bei einem solchen kombinatorischen Problem würde man eher erwarten, dass die Wahrscheinlichkeit (nach Laplace) durch das Verhältnis aus den „günstigen" und den „möglichen" Kombinationen berechnet wird (für $\log W$ würde dies jedoch nur einen konstanten Summanden bedeuten). Allerdings ist auch nicht klar, auf welche Grundgesamtheit sich die Wahrscheinlichkeit bezieht – ein Aspekt der z. B. von Einstein auf der ersten Solvay-Konferenz 1911 scharf kritisiert wurde (Longair, 2013, S. 44). Und noch in einer anderen Hinsicht ist Plancks Herleitung dubios: Er verwendet das kontinuierliche Strahlungsfeld zur Herleitung von Beziehung (2.12). Dies impliziert jedoch auch eine kontinuierliche Energieverteilung, während anschließend das diskrete Energieelement ϵ eingeführt wird. Spätere Herleitungen der Planck'schen Strahlungsformel haben diese Probleme behoben.

$$\epsilon = h \cdot \nu. \hspace{4cm} (2.19)$$

Praktisch alle Lehrbücher stimmen darin überein, dass mit diesem Schritt die Quantentheorie begründet war. Diese Aussage ist in der Wissenschaftsgeschichte allerdings umstritten.

Hat Planck die Quantentheorie begründet?

Wie erwähnt, herrscht in der Lehrbuchliteratur ein breiter Konsens darüber, dass Max Plancks Einführung des „Energieelements" $\epsilon = h\nu$ im Jahr 1900 die Quantentheorie begründet hat (vgl. dazu auch Fußnote 7). Auch innerhalb der Wissenschaftsgeschichte war diese Position bis in die späten 1970er Jahre vorherrschend, bevor genauere historische Untersuchungen ein differenzierteres Bild zeichneten.

Zunächst ist festzustellen, dass Plancks Arbeit über mehrere Jahre (bis etwa 1905/1906) keine besondere Aufmerksamkeit erregte. Sein Strahlungsgesetz wurde unmittelbar als empirisch hervorragend bestätigte Formel angesehen, aber eine Debatte über diskrete „Energieelemente" fand nicht statt.[13] Auch Planck selbst legte keine weiteren Veröffentlichungen zu „Energieelementen" vor, und der renommierte Physikhistoriker Helge Kragh beschreibt die Situation mit den provokanten Worten:

> If a revolution occurred in physics in December 1900, nobody seemed to notice it. Planck was no exception, and the importance ascribed to his work is largely a historical reconstruction. (Kragh, 2000)

Betrachten wir die Argumente für diese These genauer.

Wir haben bereits auf Konsistenzprobleme in Plancks Herleitung hingewiesen, die die Rezeption sicherlich erschwert haben (siehe Fußnote 12). Viele damalige Leserinnen und Leser wussten vermutlich nicht genau, wie sie das Resultat einschätzen sollten. Auf den ersten Blick wurde hier mithilfe der bekannten Elektrodynamik, Gesetzen aus der Thermodynamik und Methoden der statistischen Physik von Boltzmann argumentiert – also keine offensichtlichen Hinweise auf „neue" Physik (geschweige denn „radikale" oder „revolutionäre" Neuerungen). Dem scheint jedoch die Einführung des Energieelements $\epsilon = h\nu$ zu widersprechen. Aber zitieren wir an dieser Stelle ausführlicher aus Plancks Arbeit vom 14. Dezember 1900:

> Wenn die Energie als uneingeschränkt teilbare Größe angesehen wird, ist die Verteilung auf unendlich verschiedene Arten möglich. Wir betrachten aber – und dies ist der wesentliche Punkt der ganzen Berechnung – E als zusammengesetzt aus einer ganz bestimmten Anzahl gleicher Teile und bedienen uns hierzu der Naturkonstanten $h = 6{,}55 \cdot 10^{-27}$ [erg × sec]. Diese Konstante mit der gemeinsamen Schwingungszahl ν der Resonatoren multipliziert ergibt das Energieelement ϵ in erg,

---

13 Interessanterweise hielt James Jeans noch einige Jahre an der Gültigkeit des Rayleigh–Jeans-Gesetzes fest. Er argumentierte, die abweichenden Messungen würden Körper betrachten, die das thermische Gleichgewicht noch nicht erreicht hätten.

und durch Division von E durch ϵ erhalten wir die Anzahl P der Energieelemente, welche unter N Resonatoren zu verteilen sind. (Planck, 1900b, S. 239f)

Bis zu dieser Stelle scheint es, als ob tatsächlich die fundamentale Diskretheit der Energie angenommen wird („der wesentliche Punkt"). Planck fährt aber unmittelbar fort:

Wenn der so berechnete Quotient (d. h. $P = E/\epsilon$, *Anmerkung OP*) keine ganze Zahl ist, so nehme man für P eine in der Nähe gelegene ganze Zahl.

Diese Formulierung scheint nun aber auszudrücken, dass die Energie gar nicht in diskreten Einheiten vorliegt, sondern lediglich für die Zwecke der Rechnung auf diskrete Intervalle verteilt wird. Mit dieser Bemerkung würde ein heutiger Studierender kaum eine Prüfung in Quantenmechanik bestehen!

Diskrete Quanten oder bloß „Zellen" im Energieraum?

Thomas S. Kuhn (1978) begründete die These, dass Planck im Jahr 1900 noch keine physikalische Quantisierung vorgenommen habe und seine Arbeit vollständig in den Kategorien der Kontinuumsphysik verstanden werden könne.[14] Diese Annahme stützt sich natürlich nicht nur auf das oben genannte Zitat, sondern auch auf eine detaillierte Analyse der von Planck verwendeten Methoden der statistischen Physik.

Auf den ersten Blick erscheint es so, als ob Planck zwischen Oktober und Dezember 1900 seine Ablehnung der kinetischen Gastheorie überwunden habe und zu einem Anhänger der statistischen Mechanik geworden sei. Gemäß dieser Auffassung kann der 2. Hauptsatz der Thermodynamik jedoch keine *strenge* Gültigkeit beanspruchen, sondern gilt ebenfalls nur statistisch. Nachweislich hat Planck aber mindestens bis 1911 an der *strengen* Gültigkeit des 2. Hauptsatzes festgehalten (Darrigol, 1988, S. 49). Offenbar hat Planck also *methodische* Anleihen bei Ludwig Boltzmann und in der statistischen Mechanik gemacht, ohne sein konzeptionelles Verständnis zu verändern.

Das kombinatorische Argument, mit dem wir Gleichung (2.16) begründet haben, scheint nahezulegen, dass tatsächlich diskrete Energien auf die Oszillatoren verteilt werden. Aber dieselbe Beziehung kann auch mit einem anderen Modell begründet werden, bei dem die *kontinuierliche* Energie auf diskrete „Zellen" im Energieraum mit der Größe $h\nu$ verteilt wird. Plancks oben zitierte Aussage über die Nichtganzzahligkeit von E/ϵ passt zu dieser Lesart (siehe auch Passon und Grebe-Ellis, 2017). Planck diskutiert beide Modelle in seinen *Vorlesungen über die Theorie der Wärmestrahlung* von 1906 und schreibt im Zusammenhang mit dem Energieverteilungsproblem explizit:

---

14 Diese These ist *viel* stärker als die in der Literatur häufig anzutreffende Bemerkung, der konservative Planck hätte die Energiequanten nur widerwillig eingeführt und anschließend versucht, sie wieder zu eliminieren. Nach Kuhn wurden 1900 die Energiequanten nicht *widerwillig*, sondern noch *gar nicht* eingeführt.

[...] da die Anzahl der Resonatoren, welche eine bestimmte Größe der Energie besitzen (besser: welche in ein bestimmtes „Energiegebiet" hineinfallen), keine vorgeschriebene ist, sondern variieren kann. (*ibid.* S. 151)

Darrigol (1988, S. 55) sieht in der in Klammern gemachten Formulierung („Energiegebiet") einen weiteren Hinweis darauf, dass Planck zu diesem Zeitpunkt überhaupt keine Diskontinuität der Energie annahm.

In dieser komplexen Debatte neigen die meisten Historikerinnen und Historiker dazu, Planck entweder ein kontinuierliches Verständnis zu unterstellen, oder seine Position als agnostisch aufzufassen. Stephen Brush übertreibt etwas, wenn er schreibt, Kuhns Interpretation „is now generally accepted by those historians of physics who have read Planck's 1900 papers" (Brush, 2015, S. 193). In den Arbeiten von Darrigol (2001), Gearhart (2002) und Badino (2015) findet sich ein guter Überblick über diese Debatte.

Im Sinne der *Nature of Science* (NOS) lässt sich festhalten, dass die Zuschreibung einer „Entdeckung" an eine einzelne Person und einen definierten Zeitpunkt meist naiv ist. Es handelt sich in der Regel um ausgedehnte Prozesse, an denen Gruppen beteiligt sind – auch wenn die Leistung einzelner dazu führen kann, die Entwicklung entscheidend in eine bestimmte Richtung zu lenken. Und genau dies scheint Plancks verdienstvolle Rolle im Falle der Quantentheorie gewesen zu sein.[15]

2.2 Einsteins Lichtquantenhypothese

Albert Einstein war einer der ersten (oder vielleicht sogar der erste), der die Diskontinuität der Energie *physikalisch* ernst nahm, und Max Planck würdigt in seinem Nobel-Vortrag vom 2. Juni 1920 dessen Rolle ganz ausdrücklich. Planck schreibt dort über die zunächst offene Frage, ob seine Herleitung der Strahlungsformel als „leere Formelspielerei" aufzufassen sei, oder ihm doch ein „wirklich physikalischer Gedanke" zugrunde liege. Und weiter (Planck, 2001/1920, S. 32):

Daß aber die Entscheidung so bald und so zweifellos fallen konnte, das verdankt die Wissenschaft nicht der Prüfung des Energieverteilungsgesetzes der Wärmestrahlung, noch weniger der von mir gegebenen speziellen Ableitung dieses Gesetzes, sondern das verdankt sie den rastlos vorwärtsdrängenden Arbeiten derjenigen Forscher, welche das Wirkungsquantum in den Dienst ihrer Untersuchungen gezogen haben.

Den ersten Vorstoß auf diesem Gebiete machte A. Einstein, [...].

---

15 Plancks außergewöhnliche Leistungen und Erfolge als Wissenschaftler stehen in einem eigentümlichen Kontrast zu dem Leid, das Max Planck (1858–1947) als Mensch erfahren musste. Bereits 1909 verstarb seine erste Ehefrau Maria Merck und er überlebte auch alle vier Kinder aus dieser Ehe. Sein Sohn Karl fiel 1916 bei Verdun, die Zwillingstöchter Emma und Greta starben 1916 und 1917 jeweils bei der Geburt ihrer ersten Kinder und Erwin wurde im Januar 1945 von den Nazis als Mitwisser des Stauffenberg-Attentats hingerichtet. Sein Sohn Hermann aus zweiter Ehe überlebte den Vater nur um wenige Jahre – er starb 1954 im Alter von 43 Jahren.

Mit dieser Bemerkung spielte Planck unter anderem auf die berühmte Veröffentlichung „Über einen die Erzeugung und Verwandlung des Lichtes betreffenden heuristischen Gesichtspunkt" an. Diese Arbeit Einsteins von 1905 wird jedoch in der Regel nicht mit diesem sperrigen Titel zitiert, sondern oft nur als „Lichtquanten-" oder „Photoeffekt-Arbeit" bezeichnet.

Fehler der üblichen Lehrbuchdarstellung

Die allermeisten Lehrbüchern behaupten nun, dass Einstein in dieser Arbeit das Planck'sche Energiequant $\epsilon = h\nu$ zum „Lichtquant" verallgemeinert habe (mit Energie $E = h\nu$) und auf diese Weise den photoelektrischen Effekt erklären konnte.[16]

Diese Beschreibung ist jedoch unzutreffend und liefert ein besonders prägnantes Beispiel für eine verzerrende Geschichtsdarstellung, die die Kumulativität der wissenschaftlichen Entwicklung überbetont. Tatsächlich bezog sich Einstein bei der Herleitung der Lichtquantenhypothese nicht auf das Planck'sche Strahlungsgesetz, und der lichtelektrische Effekt spielte ebenfalls keine besonders prominente Rolle. Schauen wir also genauer, wie Einstein (1905) argumentierte.

Einsteins Argumentation

Zunächst stellte Einstein ein Spannungsverhältnis bei der theoretischen Beschreibung von Strahlung und Materie fest. Während die Strahlung nämlich durch ein *kontinuierliches* Feld dargestellt werde, würden für Materie mit den Atomen *diskrete* Bestandteile angenommen. Dies ließe Schwierigkeiten erwarten, wenn man die Wechselwirkung zwischen Materie und Strahlung betrachte – also etwa bei der „Erzeugung und Verwandlung" von Licht, wie im Titel der Arbeit formuliert.

Einstein sah in der Schwarzkörperstrahlung ein Beispiel für ein solches Problem. Im thermischen Gleichgewicht sollte hier der Gleichverteilungssatz anwendbar sein, an dessen Gültigkeit Einstein nicht zweifelte. Zusammen mit Plancks Beziehung (2.12) – der Gleichgewichtsbedingung für die spektrale Energiedichte und die mittlere Energie der Resonatoren – folgt daraus aber das heute so bezeichnete Strahlungsgesetz von Rayleigh–Jeans:

$$\rho_\nu = \frac{8\pi\nu^2}{c^3} \frac{R}{N_A} T,$$

(2.20)

wobei $R = k_B N_A$ die Gaskonstante und N_A die Avogadrozahl ist. Dies stellt übrigens eine unabhängige Herleitung des Gesetzes von Rayleigh–Jeans (Gleichung (2.3)) dar, das mit einigem Recht auch „Rayleigh–Einstein–Jeans-Gesetz" genannt werden könnte.

Da dieses Gesetz, so Einstein weiter, zu einer Divergenz der totalen Stahlungsenergie führe (vgl. Gl (2.11)), liege hier gerade ein Beispiel für die Probleme vor, die er in der

---

16 Der photo- oder lichtelektrische Effekt besteht darin, dass Metalle unter Lichteinfall Elektronen emittieren können, deren Energie nur von der Frequenz der verwendeten Strahlung abhängt.

Einleitung seiner Arbeit skizziert habe. Die Schwarzkörperstrahlung erfordere also eine Modifikation der bisherigen Strahlungstheorie.

Die Rolle von Plancks Strahlungsgesetz

Einstein erwähnte das Planck'sche Strahlungsgesetz als eine experimentell bestätigte Beschreibung, die im Grenzwert großer Wellenlängen mit der Beziehung (2.20) übereinstimmt. In seiner weiteren Analyse bezog er sich jedoch auf das Wien'sche Strahlungsgesetz, das lediglich im Bereich großer Frequenzen gültig ist.

Einstein betrachtete nun Strahlung im Gültigkeitsbereich des Wien'schen Gesetzes innerhalb eines Volumens V_{ges} und fragte nach der Wahrscheinlichkeit W, dass diese Strahlung in ein Teilvolumen V_1 fluktuiert.[17] Diese Wahrscheinlichkeit berechnete er mithilfe der Beziehung $S = k_B \log W$ aus der Entropiefunktion, die dem Wien'schen Gesetz entspricht (siehe Abschnitt A.2). Er gelangte dadurch zu dem Ausdruck:

$$W = \left(\frac{V_1}{V_{\text{ges}}} \right)^{\frac{N_A}{R} \frac{E}{\beta \nu}}. \tag{2.21}$$

Der Exponent kann noch umgeformt werden. In der heute üblichen Schreibweise ergibt sich aus dieser Kombination von Avogadrozahl N_A, Gaskonstante $R = N_A k_B$ und dem Koeffizienten $\beta = h/k_B$ aus dem Wien'schen Strahlungsgestz:

$$W = \left(\frac{V_1}{V_{\text{ges}}} \right)^{\frac{E}{h \nu}}. \tag{2.22}$$

Aber man beachte, dass Einstein (1905) die Planck'sche Konstante h gar nicht verwendete. Diesen Ausdruck verglich Einstein mit der Wahrscheinlichkeit dafür, dass ein Gas aus n Teilchen in das betreffende Teilvolumen fluktuiert. Für ein einzelnes Teilchen ist die Wahrscheinlichkeit dafür einfach gleich der relativen Größe dieses Teilvolumens V_1/V_{ges}. Nimmt man die Wahrscheinlichkeiten der n Teilchen als unabhängig an, ergibt sich:

$$W = \underbrace{\left(\frac{V_1}{V_{\text{ges}}} \right) \cdot \left(\frac{V_1}{V_{\text{ges}}} \right) \cdots \left(\frac{V_1}{V_{\text{ges}}} \right)}_{n\text{-mal}} = \left(\frac{V_1}{V_{\text{ges}}} \right)^n. \tag{2.23}$$

Die Gleichungen (2.22) und (2.23) sind strukturgleich, und das Gleichsetzen der Exponenten führt auf die Beziehung $n = E/h\nu$ bzw. $E = nh\nu$. Dies bringt Einstein (1905, S. 143) zu der berühmten Schlussfolgerung:

> Monochromatische Strahlung von geringer Dichte (innerhalb des Gültigkeitsbereiches der Wien'schen Strahlungsformel) verhält sich in wärmetheoretischer Beziehung so, wie wenn sie

---

[17] Wie kann Strahlung in ein Teilvolumen „fluktuieren"? Gedacht ist wohl daran, dass sich in einem Teil des Raumes die Strahlung durch destruktive Interferenz auslöscht.

aus voneinander unabhängigen Energiequanten von der Größe $R\beta v/N_A$ (= hv, *Anmerkung OP*) bestünde.

Man erkennt hier, wie vorsichtig Einstein diese „Lichtquantenhypothese" formulierte. Statt zu schreiben, dass Licht aus Quanten bestehe, sprach er von einem Verhalten in „wärmetheoretischer Hinsicht", das lediglich im Gültigkeitsbereich des Wien'schen Gesetzes auftrete.

Was folgte, war die Anwendung der Lichtquantenhypothese auf physikalische Probleme. Hier wählte Einstein die „Regel von Stockes" (d. h. die Frequenzverschiebung zwischen Absorption und Emission in der Fluoreszenz), die „Erzeugung von Kathodenstrahlen durch Belichtung fester Körper" sowie die Ionisierung von Gasen durch ultraviolettes Licht.

Das zweite Beispiel behandelt also den lichtelektrischen Effekt, der alles andere als eine zentrale Stellung in dieser Veröffentlichung einnimmt.[18] Einstein schlug vor, dass die Lichtquanten die Elektronen aus dem Körper herauslösen und dabei eine Austrittsarbeit P geleistet werden müsse. In moderner Notation lautet der entsprechende Zusammenhang zwischen der kinetischen Energie der Elektronen, der Frequenz der Strahlung und der Austrittsarbeit (Einstein, 1905, S. 146):

$$E_{\text{kin}} = hv - P. \tag{2.24}$$

Für die Stoppspannung der Elektronen sollte sich als Funktion der Frequenz also ein linearer Zusammenhang ergeben. Dies ist nun genau das Verfahren zur Bestimmung des Planck'schen Wirkungsquantums, dass sich in der Schulphysik immer noch großer Beliebtheit erfreut.[19] Im Jahr 1905 war diese Messung noch nicht durchgeführt worden, aber 1916 gelang Robert Millikan (1868–1953) die experimentelle Bestätigung dieser Gleichung.

2.2.1 Rezeption der Lichtquantenhypothese

Die Lichtquantenhypothese war noch lange umstritten, und beispielsweise Planck und Bohr lehnten sie noch bis in die 1920er Jahre ab. Selbst Robert Millikan, dessen Messungen der Stoppspannung 1916 den linearen Zusammenhang aus Gleichung (2.24) bestätigen konnten, wurde dadurch nicht zu einem Anhänger der Lichtquanten (Millikan, 1916). Zum einen existierten konkurrierende Erklärungsmodelle, die zum Beispiel

---

18 Der Abschnitt zum Photoeffekt umfasst lediglich zweieinhalb Seiten dieser 17-seitigen Veröffentlichung. Allerdings nennt Einstein die experimentelle Arbeit von Philipp Lenard zu diesem Effekt „bahnbrechend".

19 Der Achsenabschnitt dieses Graphen wird häufig als Austrittsarbeit des Emitters interpretiert, während in der experimentellen Realisierung das Kontaktpotenzial aller Komponenten berücksichtigt werden muss. In Summe entspricht der Achsenabschnitt deshalb sogar eher der Austrittsarbeit des Kollektors; siehe Rudnick und Tannhauser (1976) und Lloyd (2015).

den Mechanismus der Elektronemission in den Festkörper verlegten. Zum anderen waren Interferenz- und Beugungserscheinungen überzeugende Belege für die kontinuierliche Wellennatur der Strahlung.[20] Noch 1926 charakterisierte Millikan die Messung zum lichtelektrischen Effekt als:

> [...] discovery that the energy communicated to electrons by ether waves is proportional to the frequency of the absorbed waves. (Millikan, 1926)

Zu einem späteren Zeitpunkt muss er seine Einstellung jedoch gewandelt haben. Im Jahr 1950 veröffentlichte der 82-jährige Millikan seine Autobiographie und widmete das neunte Kapitel seinen Untersuchungen zum photoelektrischen Effekt. Überschrieben ist es „The experimental proof of the existence of the photon – Einstein's photoelectric equation". Dort schilderte er die Ereignisse so, als ob er unter dem Eindruck seiner Messungen die Einstein'sche Lichtquantenhypothese akzeptiert hätte – deutete die Geschichte also gemäß der schon damals üblichen Lehrbuchdarstellung um (Millikan, 1950).[21]

Wir haben es hier also mit einem besonders prägnanten Beispiel dafür zu tun, dass auch die Aussagen der Akteurinnen und Akteure mit Vorsicht zu behandeln sind. Allem Anschein nach war der späte Millikan ganz angetan davon, als Wegbereiter der erfolgreichen Lichtquantenhypothese in die (Quasi-) Geschichte einzugehen. Diese Umdeutung der Ereignisse ist auch deshalb nicht ohne Ironie, weil mithilfe der Wellenmechanik von Schrödinger (also ab 1926) der lichtelektrische Effekt tatsächlich ohne Photonen erklärt werden kann (siehe Abschnitt 5.9.1).

Nach häufiger Darstellung war der Compton-Effekt im Jahr 1922 von großer Bedeutung für die Akzeptanz der Lichtquantenhypothese (siehe dazu Abschnitt 2.12). Kojevnikov (2002) weißt jedoch darauf hin, dass bereits ab 1918 die Veröffentlichungen zum Thema „Lichtquanten" merklich zunahmen (in Abschnitt 2.10 werden wir im Zusammenhang mit dem Doppler-Effekt Beispiele dafür kennen lernen).

All dies bietet reichhaltiges Material für den Lernbereich *Nature of Science*, und der kanadische Physikdidaktiker Stephen Klassen hat eine Einführung zum Photoeffekt entwickelt, die viele der erwähnten historischen Verzerrungen vermeidet und auf diese Weise ein angemesseneres Bild des physikalischen Forschungsprozesses im Unterricht vermittelt (Klassen, 2011).

Lichtquanten sind keine Erbsen
Kehren wir noch einmal zur breiten Ablehnung zurück, der Einsteins Lichtquantenhypothese viele Jahre begegnet ist. Diese wird oft als übertriebene Vorsicht der älteren

---

20 Man beachte zudem, dass der Nachweis der Beugung von Röntgenstrahlen durch Friedich, Knipping und Laue im Jahr 1912 (Abschnitt 2.4) eine weitere Stütze der Wellentheorie lieferte.

21 Ebenfalls behauptete Millikan aus der Rückschau von 50 Jahren, dass er bei seinem Aufenthalt in Berlin 1895 die zukünftigen Gräueltaten Deutschlands in der ersten Hälfte des 20. Jahrhundert bereits voraussehen konnte (*ibid.* S. 35). Die Verlässlichkeit von Millikans Memoiren ist auch in anderen Zusammenhängen bezweifelt worden (Perry, 2007).

Generation gedeutet. Allerdings gab es noch einen weiteren interessanten Hinweis darauf, dass die Einstein'schen Lichtquanten von 1905 problematische Eigenschaften hatten. Obwohl von Einstein 1905 unabhängig von Plancks Strahlungsgesetz hergeleitet, wurden sie rasch mit den Planck'schen „Energiequanten" $\epsilon = h\nu$ identifiziert. Einstein selbst stellte 1906 diese Verbindung her und behauptete, dass Planck implizit bereits von der Lichtquantenhypothese Gebrauch gemacht habe (Einstein, 1906).

Ehrenfest und Kamerlingh Onnes (1915) zeigten jedoch im Anhang der von uns bereits zitierten Arbeit, in der sie die kombinatorische Formel von Planck begründeten, dass diese bis auf den heutigen Tag verbreitete Gleichsetzung unzutreffend ist.

Dort betrachteten sie den einfachen Fall von drei Energieelementen ($P = 3$), die auf zwei Resonatoren ($N = 2$) verteilt werden. Die Einstein'sche Kombinatorik kennt dafür $2^3 = 8$ Möglichkeiten, da jedes der drei Energieelemente ϵ unabhängig auf die beiden Resonatoren verteilt werden kann (vgl. Gleichung (2.22)). Setzt man diese Werte jedoch in die Planck'sche Beziehung (2.16) ein, findet man lediglich vier verschiedene Möglichkeiten:

$$\frac{(3 + 2 - 1)!}{3!(2 - 1)!} = \frac{1 \cdot 2 \cdot 3 \cdot 4}{1 \cdot 2 \cdot 3} = 4. \tag{2.25}$$

Um diesen Unterschied zu verstehen, ist die grafische Notation von Ehrenfest und Kamerlingh Onnes (1915) nützlich, die wir zur Begründung von Gleichung (2.16) bereits eingeführt haben. Nach Planck sind offensichtlich die folgenden vier Fälle zu unterscheiden:

(1) $\epsilon\epsilon\epsilon$ |

(2) $\epsilon\epsilon$ | ϵ

(3) ϵ | $\epsilon\epsilon$

(4) | $\epsilon\epsilon\epsilon$

Die Einstein'sche Kombinatorik leitet sich jedoch aus einer Betrachtung ab, bei der die Elemente prinzipiell unterschieden werden können. Bezeichnen wir sie deshalb auch unterschiedlich mit ϵ_1, ϵ_2 und ϵ_3. Die $2^3 = 8$ Möglichkeiten ergeben sich daraus so:

(1) $\epsilon_1\epsilon_2\epsilon_3$ |

(2) $\epsilon_1\epsilon_2$ | ϵ_3

(3) $\epsilon_3\epsilon_1$ | ϵ_2

(4) $\epsilon_2\epsilon_3$ | ϵ_1

(5) ϵ_1 | $\epsilon_2\epsilon_3$

(6) ϵ_3 | $\epsilon_1\epsilon_2$

(7) ϵ_2 | $\epsilon_3\epsilon_1$

(8) | $\epsilon_1\epsilon_2\epsilon_3$

Die Zeilen (2)–(4) und (5)–(7) beschreiben also bei Einstein *verschiedene* Kombinationen, während bei Planck diese Fälle *zusammengefasst* werden, um Mehrfachzählungen zu vermeiden. Im Vorgriff auf die spätere Terminologie (siehe Abschnitt 5.6.4) könnte man sagen, dass diese Fälle bei Planck ununterscheidbar sind.

Ehrenfest und Kamerlingh Onnes (1915) bemerken treffend, dass Einsteins Kombinatorik notwendigerweise auf das Wien'sche Strahlungsgesetz führe (auf dem schließlich Einsteins Herleitung basierte) und dass die Planck'schen Energieelemente gerade *nicht* im Sinne der Lichtquanten aufzufassen seien.

Was hier vorliegt, ist ein faszinierendes Stück Frühgeschichte zur quantenmechanischen Ununterscheidbarkeit, und der Ausbruch des Ersten Weltkrieges unterbrach anscheinend diese Forschungslinie. Erst 1924 wurden diese Fragen durch eine Arbeit des indischen Physikers Satyendranath Bose (1894–1974) wieder aufgegriffen.[22]

Wie wir in Abschnitt 5.6.4 sehen werden, können Quanten charakteristischer Weise nicht individuiert werden, das heißt, sie besitzen keine Identität. Einstein leitete seine Lichtquanten jedoch aus der Analogie mit einem Gas ab, das aus n unterscheidbaren Elementen besteht. Das aktuelle „Photon" (ab 1927 setzt sich diese Bezeichnung durch) hat aber genau diese Eigenschaft nicht: Es ist ununterscheidbar.

Das obige Argument hat nichts an Gültigkeit eingebüßt und zeigt sehr deutlich, dass Einsteins Lichtquant nicht mit dem Photon des aktuellen fachwissenschaftlichen Verständnisses verwechselt werden darf. So radikal seine Einführung im Jahr 1905 war – in dieser Hinsicht waren und sind Einsteins Lichtquanten noch nicht revolutionär genug (siehe auch Abschnitt 5.9).

Einsteins Beiträge zur frühen Quantentheorie waren jedoch zahlreich und die nächste Anwendung betraf die spezifische Wärme.

2.3 Einsteins Theorie der spezifischen Wärme

Die spezifische Wärme, also die Energie die nötig ist, um die Temperatur einer bestimmten Stoffmenge zu verändern, ist eine Materialeigenschaft von großer technischer und wissenschaftlicher Bedeutung.

---

22 Dies führte auf die sogenannte „Bose–Einstein-Statistik" für Objekte mit ganzzahligem Spin (während Objekte mit halbzahligem Spin der sogenannten „Fermi–Dirac-Statistik" genügen). In diesem einführenden Lehrbuch können wir auf die Quantenstatistik kaum eingehen (siehe jedoch Abschnitt 5.6.4), aber der dramatische Unterschied kann bereits an unserem Beispiel erläutert werden. Verteilt man etwa nicht $P = 3$, sondern $P = 30$ „Quanten" (bei uns: Energieelemente ϵ) auf $N = 2$ Zustände, ergibt die Kombinatorik unterscheidbarer Objekte $2^{30} \approx 10^9$ verschiedene Möglichkeiten. Die Planck'sche Kombinatorik jedoch, die bereits die Bose–Einstein-Statistik antizipiert, ergibt lediglich $\frac{(32-1)!}{1!30!} = 31$ verschiedene Kombinationen. Vor allem die Häufigkeit von „gleichverteilten" Anordnungen reduziert sich ungeheuer stark, sodass die Situationen mit fast allen Quanten im selben Zustand ein größeres statistisches Gewicht erhalten. Dies beschreibt bereits qualitativ das sogenannte „Bose–Einstein-Kondensat" (Ingold, 2023).

Bereits 1819 bemerkten die französischen Naturforscher Pierre Louis Dulong (1785–1838) und Alexis Thérèse Petit (1791–1820), dass die meisten festen, monoatomaren Stoffe eine identische molare Wärmekapazität von etwa $C \approx 25 \frac{J}{mol\,K}$ haben. Diese Beobachtung wurde 1870 von Ludwig Boltzmann mithilfe des Gleichverteilungssatzes der statistischen Mechanik erklärt. Dieses Theorem besagt, dass jeder Freiheitsgrad eines Systems im thermischen Gleichgewicht die mittlere Energie $\frac{1}{2}k_B T$ zur Gesamtenergie beiträgt. Die Schwingung jedes Atoms besitzt jedoch zwei Freiheitsgrade und kann entlang von drei Raumrichtungen erfolgen. Das bedeutet eine Energie pro Atom von:

$$U = 2 \cdot 3 \cdot \frac{1}{2}k_B T = 3k_B T. \tag{2.26}$$

Leitet man diesen Ausdruck nach T ab und multipliziert mit der Avogadrokonstanten $N_A \approx 6 \cdot 10^{23} \frac{1}{mol}$, gewinnt man für die molare Wärmekapazität die „Regel von Dulong–Petit":

$$C = N_A \frac{\partial U}{\partial T} = 3\underbrace{N_A k_B}_{=R} \approx 25 \frac{J}{mol\,K}. \tag{2.27}$$

Die Größe $R = N_A k_B \approx 8{,}3 \frac{J}{mol\,K}$ bezeichnet man als „allgemeine Gaskonstante".

Bereits in den 1870er Jahren konnte Heinrich F. Weber (1843–1912) jedoch zeigen, dass einige Festkörper wie Diamant, Bor, Beryllium oder Silizium eine viel geringere spezifische Wärme aufweisen. Zudem zeigte sich eine Temperaturabhängigkeit der Wärmekapazität und lediglich für hohe Temperaturen näherte sich ihr Wert der Vorhersage von Dulong–Petit an.

Diese Abweichungen bedeuteten ein ernstes Problem für die kinetische Molekulartheorie – Maxwell bezeichnete sie 1875 als „the greatest difficulty yet encountered by the molecular theory" (zitiert nach Gearhart, 2009).[23]

Einsteins Arbeit zur spezifischen Wärme war ein erster wichtiger Schritt zur Aufklärung dieser Frage (Einstein, 1907). Er betrachtete den Festkörper ebenfalls als Kristall, in dem die Atome Gitterschwingungen ausführen. Aus Plancks Untersuchung zur Schwarzkörperstrahlung übertrug er jedoch die Idee, dass die Energien der Schwingungen nur Vielfache von $\epsilon = h\nu$ betragen können.[24] Die Frequenz ν charakterisiert also den jeweiligen Stoff.

Einstein setzte auf dieser Grundlage für die mittlere Energie der schwingenden Atome nicht $U = 3k_B T$ (wie in Gleichung (2.26)), sondern die modifizierte Planck'sche Formel:

---

23 Im selben Zusammenhang machte Lord Kelvin im Jahr 1900 sogar den Vorschlag, den Gleichverteilungssatz der kinetischen Gastheorie aufzugeben (Passon, 2021) – dieses Theorem war also alles andere als etablierte oder „klassische" Physik.

24 Unsere Notation weicht vom Original ab. Kurioserweise verwendete Einstein immer noch nicht das Wirkungsquantum h, sondern den Koeffizienten β ($= h/k_B$) aus dem Wien'schen Strahlungsgesetz. Vermutlich erleichterte diese Darstellung den Vergleich mit experimentellen Ergebnissen.

$$U = 3\frac{h\nu}{e^{h\nu/k_B T} - 1}. \tag{2.28}$$

Die grobe Vereinfachung lag jedoch darin, dass bei Einstein *alle* Atome des Festkörpers mit *derselben* Frequenz schwingen.

Die molare Wärmekapazität ergibt sich nun erneut durch die Ableitung nach der Temperatur T und Multiplikation mit N_A:

$$\begin{aligned}
C = N_A \cdot \frac{\partial U}{\partial T} &= N_A \cdot \frac{\partial}{\partial T}\frac{3h\nu}{e^{h\nu/k_B T} - 1} \\
&= 3N_A k_B \frac{x^2 e^x}{[e^x - 1]^2} \quad \text{mit } x = \frac{h\nu}{k_B T}
\end{aligned} \tag{2.29}$$

Dadurch wird die spezifische Wärme zu einer Funktion der Temperatur. Für hohe Temperaturen (genauer: $\nu/T \rightarrow 0$) nähert sich das Resultat der Regel von Dulong–Petit an – für niedrige Temperaturen (genauer: $T/\nu \rightarrow 0$) fällt die spezifische Wärme auf null.

Wie kann aber der freie Parameter ν bestimmt werden? Eine naheliegende Möglichkeit besteht darin, für einen bestimmten Messwert C^* bei einer Temperatur T^* die Gleichung

$$\frac{x^2 e^x}{[e^x - 1]^2} = \frac{C^*}{3k_B N_A} \tag{2.30}$$

nach $x = h\nu/k_B T^*$ aufzulösen und daraus die „Einsteinfrequenz" des Festkörpers ν zu berechnen. Die Abbildung 2.3 zeigt den Vergleich zwischen den Daten für Dia-

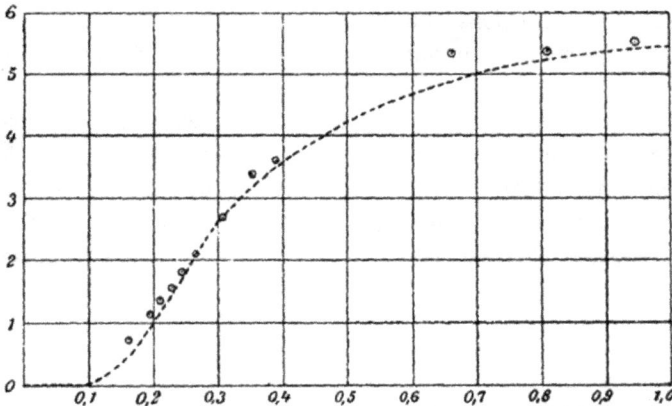

Abb. 2.3: Dargestellt ist die Temperaturabhängigkeit der spezifischen Wärme von Diamant verglichen mit Einsteins Vorhersage (aus Einstein, 1907). Auf der Abszisse ist $k_B T/h\nu$ ($= x^{-1}$ aus Gleichung (2.29)) und auf der Ordinate die spezifische Wärme in Cal/mol aufgetragen. Es gilt 1 Cal $\approx$ 4,2 J – nach Dulong–Petit also $C \approx 5{,}9$ Cal/mol. Die Daten stammen aus einer Veröffentlichung von Heinrich F. Weber – einem Lehrer Einsteins am Eidgenössischen Polytechnikum (heute ETH) Zürich (© Wiley-VCH).

mant und der Vorhersage (gestrichelte Linie) mit einer Einsteinfrequenz von ν = $27{,}2 \cdot 10^{12}$ Hz.[25]

Viel befriedigender wäre es offensichtlich, wenn die Einsteinfrequenz aus anderen bekannten Eigenschaften des Festkörpers abgeleitet werden könnte. Tatsächlich wies Einstein in seiner Arbeit von 1907 darauf hin, dass Stoffe mit kleiner Atommasse typischerweise auch eine geringere spezifische Wärme aufweisen – also in seinem Modell Gitterschwingungen mit höherer Frequenz ausführen. Einsteins Abschätzungen der Frequenz ν für verschiedene Stoffe stimmten qualitativ ebenfalls mit beobachtbaren optischen Eigenschaften (d. h. Absorptionfrequenzen) überein. Im Jahr 1911 schlug Einstein ein Verfahren vor, um die Schwingungsfrequenz ν aus der Atommasse, Dichte und Kompressibilität des Stoffens abzuschätzen (Einstein, 1911).

Wie bereits angedeutet, war dieses Modell eines Festkörpers zu einfach, um mehr als eine qualitative Übereinstimmung zu erwarten. Peter Debye sowie Max Born und Theodore von Kármán entwickelten auf verschiedenen Wegen vollständigere Modelle, die vor allem auf die Näherung einer einzigen Gitterschwingung verzichteten.

Unsere bisherige Diskussion hat sich auf *Festkörper* beschränkt. Die Regel von Dulong–Petit (oder besser: der Gleichverteilungssatz) versagt bei der Vorhersage der Wärmekapazität von *Gasen* noch spektakulärer. Bei Gasen unterscheidet man sinnvollerweise zwischen der Wärmekapazität bei konstantem Volumen C_V und konstantem Druck C_p. Es gilt $C_p > C_V$, da für die Volumenzunahme zusätzliche Energie aufgebracht werden muss.[26] Für das ideale Gas gilt der einfache Zusammenhang $C_p = C_V + R$, und das Verhältnis $\gamma = C_p/C_V$ definiert man als „Adiabatenkoeffizient". Für ein einatomiges Gas sollte es f = 6 Freiheitsgrade geben (je drei für Translation und Rotation), und somit $C_V = 3R$ bzw. $\gamma = 4/3$ gelten. Die Daten ergaben jedoch $C_V = \frac{3}{2}R$ bzw. $\gamma = 5/3$. Einatomige Gase schienen also nicht zu rotieren. Für zweiatomige Gase wie Sauerstoff oder Stickstoff ergaben sich ebenfalls Abweichungen, das heißt, Rotations- und Schwingungsfreiheitsgrade schienen sich in der spezifischen Wärme nicht auszudrücken.

Die offenen Fragen im Zusammenhang mit Rotations- und Schwingungsfreiheitsgraden von Gasen konnten erst in der vollen Quantentheorie (also ab 1925/26) befriedigend beantwortet werden. Clayton Gearhart (1996) kritisiert verbreitete ungenaue oder falsche Erklärungen in Lehrbüchern zu diesem Gegenstand. So ist der Hinweis irreführend, dass die Rotationsfreiheitsgrade nicht beitragen, weil die Atome näherungsweise punktförmig seien.

---

[25] Einstein wählte in seiner Veröffentlichung von 1907 den Wert $C^* = 2{,}661$ cal/mol von Diamant bei $T^* = 413$ K. Mit $\beta = \frac{h}{k_B} = 4{,}86 \cdot 10^{-11}$ folgt $x^{-1} = 0{,}3117$ und die Einsteinfrequenz für Diamant ergibt sich zu $\nu = 27{,}2 \cdot 10^{12}$ Hz. Man erkennt in Abbildung 2.3 schön, wie die Kurve zentral durch diesen „Stützwert" $(0{,}3117 | 2{,}661)$ verläuft.

[26] Für Flüssigkeiten und Festkörper spielt der Unterschied zwischen C_V und C_p keine große Rolle, da die Wärmeausdehnung viel geringer ist.

Das Problem der spezifischen Wärme in der frühen Quantentheorie

Warum haben wir uns so ausführlich mit dem Problem der spezifischen Wärme von Festkörpern beschäftigt? Es handelt sich nicht nur um wunderschöne Physik – interessanterweise folgt die Herleitung von Einsteins Gleichung (2.29) recht genau dem Schema, das die Literatur irrtümlich Max Planck bei der Entdeckung der Strahlungsformel für den Schwarzkörper unterstellt. Einstein erkannte die Regel von Dulong–Petit als „Grenzgesetz" (d. h. gültig für hohe Temperaturen), das bei niedrigen Temperaturen ebenso versagt, wie das Strahlungsgestz von Rayleigh–Jeans bei niedrigen Wellenlängen. Dies deutete er zutreffend als weiteren Hinweis auf das Scheitern des Gleichverteilungssatzes in der molekularen Wärmetheorie und modifizierte die Energie der Gitterschwingungen gemäß der Planck'schen Formel. Und es ist überflüssig zu betonen, dass er diese Energiequanten physikalisch ernst nahm.

Hier spielt die Regel von Dulong–Petit also tatsächlich die Rolle einer „klassischen Vorhersage", deren Scheitern zu einem quantentheoretischen Modell des Festkörpers führte.

Diese frühe Anwendung der Planck'schen Quantenbedingung auf einem anderen Forschungsfeld ist noch aus einem anderen Grund von überragender Bedeutung. Im Gegensatz zum Problem der Schwarzkörperstrahlung betraf es Fragen, die ein weites Interesse fanden. Walther Nernst (1864–1941), ein Mitbegründer der physikalischen Chemie, untersuchte zur selben Zeit die Temperaturabhängigkeit der spezifischen Wärme und war von den Einstein'schen Resultaten elektrisiert. Er wurde auch dadurch zum Initiator der Solvay-Konferenzen, die ab 1911 erheblich zur Entwicklung und Verbreitung der Quantentheorie beitrugen (Schirrmacher, 2012).

Aus chronologischen Gründen diskutieren wir aber zunächst die Beugung von Röntgenstrahlung, die 1912 nachgewiesen wurde. Ihr Zusammenhang zur Entwicklung der Quantentheorie war ein eher indirekter. Nicht zuletzt erschwerte der Nachweis, dass Röntgenstrahlung eine elektromagnetische Welle ist, die Akzeptanz der Lichtquanten-Hypothese.

2.4 Das Spektrum von Röntgenstrahlung

Im Jahr 1895 entdeckte Wilhelm Conrad Röntgen (1845–1923) bei Versuchen mit Gasentladungsröhren die heute nach ihm benannte durchdringende Strahlung, die er selbst als „X-Strahlen" bezeichnete. Die Abbildung 2.4 zeigt eine der ersten Röntgenaufnahmen.

Dabei waren die frühen Röntgenröhren noch sogenannte Ionenröhren, die lediglich auf einen Druck von ca. 10^{-1} Pa (=10^{-3} mb) evakuiert waren. Das enthaltene Restgas wurde bei ausreichender Spannung (einige kV) ionisiert, und die positiven Ionen schlugen Elektronen aus der Kathode, die an der Anode die Röntgenstrahlung erzeugten. Dieser Bautyp war bis in die 1920er Jahre verbreitet und wurde durch die sogenannte Coolidge-Röhre abgelöst. Bei dieser ab 1913 von William D. Coolidge (1873–1975) entwickelten Hochvakuum-Röntgenröhre mit einem Druck von ca. 10^{-4} Pa spielt die Ionisation des Restgases keine Rolle. Stattdessen wird die Kathode beheizt, und die austretenden, beschleunigten Elektronen erzeugen an der Anode direkt die Röntgenstrahlung. Diese immer noch aktuelle Bauform erlaubt eine viel genauere Regulierung der Strahlung.

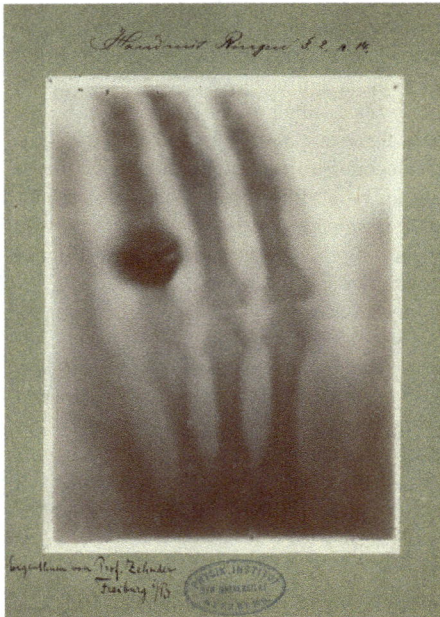

Abb. 2.4: Röntgenaufnahme der Hand von Röntgens Ehefrau, Anna Bertha Röntgen (1839–1919). Solche Bilder hatten entscheidenden Anteil an der Faszination, die diese neue Technologie unmittelbar auslöste – samt Presseberichten, öffentlichen Demonstrationen in Theatern usw. Heute würde man von erfolgreicher Wissenschaftskommunikation sprechen. Dabei mischten sich naive Heilserwartungen mit teils diffusen Ängsten (Hessenbruch, 2002). Dies alles erinnert stark an aktuelle Debatten, die die Entwicklung neuer Technologien wie beispielsweise KI oder Quantencomputer begleiten (© Deutsches Röntgenmuseum).

Betrachtet man, etwa mit einem Schulröntgengerät, das Spektrum der Wellenlängen dieser Strahlung, kann man zwei Anteile bzw. Entstehungsmechanismen unterscheiden (siehe Abbildung 2.9). Das kontinuierliche Röntgenspektrum entsteht durch Abbremsung der Elektronen am Anodenmaterial einer Röntgenröhre. Daneben kommt es auch zu Maxima bei fester Wellenlänge („charakteristisches Spektrum"). Diese werden durch hochenergetische Übergänge innerhalb des Anodenmaterials erzeugt, sind also charakteristisch für das Material der Anode, etwa Kupfer oder Molybdän.

Bis zum Beginn der 1910er Jahre war die Entstehung und Natur dieser Strahlung jedoch noch unbekannt. Zwar sprachen die Ergebnisse von Charles G. Barkla zur Polarisierbarkeit von Röntgenstrahlung für deren elektromagnetische Wellennatur, aber auch die Hypothese einer Strahlung aus materiellen Partikeln (William Henry Bragg) oder vielleicht sogar Lichtteilchen (Johannes Stark) wurde diskutiert.

2.4.1 Der Nachweis der Beugung von Röntgenstrahlung durch Laue, Knipping und Friedrich

Im Jahr 1912 regte Max Laue (ab 1913 Max *von* Laue, 1879–1960) in München die Experimente von Walter Friedrich (1883–1968) und Paul Knipping (1883–1935) an, bei denen ein Röntgenstrahl auf ein Einkristall gelenkt wurde (Friedrich et al., 1912). Eine fotografische Platte hinter dem Kristall zeichnete punktförmige Reflexe auf, deren Anordnung durch die Gitterstruktur des Kristalls und die Wellenlängen der verwendeten Strahlung festgelegt war (siehe Abbildung 2.5).

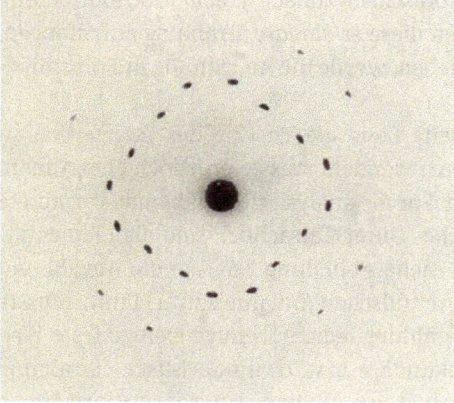

Abb. 2.5: Laue-Digramm von Zinkblende (auch als Zinksulfit oder Sphalerit bezeichnet) aus Friedrich et al. (1912, Abb. 5). Der ungebeugte Strahl in der Mitte ist von symmetrischen Reflexen umgeben, die durch die konstruktive Interferenz der Streuzentren im Kristall verursacht werden (© Wiley-VCH).

Die Idee, durch Beugungsversuche auf die Wellennatur der Röntgenstrahlen zu schließen, war keineswegs neu und bereits von Röntgen selbst versucht worden. 1899 hatten die niederländischen Physiker Hermanus Haga (1852–1936) and Cornelis Wind (1867–1911) in Groningen sogar schon die Aufweitung von Röntgenstrahlen an einem Spalt beobachtet (Haga und Wind, 1899). Diese Ergebnisse waren jedoch noch nicht eindeutig (Eckert, 2012). Es war insbesondere die *Kleinheit* der Wellenlänge von Röntgenstrahlung, die den Nachweis von Interferenz und Beugung so schwierig machte. Der entscheidende Trick bestand darin, Kristalle als gleichsam „natürliche Beugungsgitter" zu verwenden.

Der Nachweis der Röntgenbeugung
1912 wurde durch die Beugungsversuche von Laue, Friedrich und Knipping die Röntgenstrahlung als Teil des elektromagnetischen Spektrums erkannt *und* die regelmäßige Gitterstruktur des Kristalls bestätigt. Diese Forscher legten damit den Grundstein für ein neues Forschungsfeld, die Röntgenkristallographie bzw. Röntgenstrukturanalyse. Laue wurde bereits 1914 mit dem Nobelpreis für Physik ausgezeichnet.[a]

a Walter Friedrich und Paul Knipping gingen leer aus – aber immerhin teilte von Laue das Preisgeld mit seinen Mitarbeitern (Jacobi, 2014).

Bei den Versuchen von Knipping und Friedrich bestand ein wesentliches Merkmal jedoch darin, dass die Interferenz an einer regelmäßigen Struktur in *drei* Dimensionen, einem sogenannten Raumgitter, untersucht wurde. Dies macht die mathematische Analyse und die Herleitung der „Laue-Bedingung" für konstruktive Interferenz recht kompliziert (siehe Amorós et al. (1974, S. 7ff)).

Die ursprüngliche Interpretation von Laue

Für Laue war zunächst noch unklar, ob das Kristall lediglich als beugende Struktur fungiert oder auch die *Quelle* für die charakteristische Röntgenstrahlung („Fluoreszenzstrahlung") darstellt. Tatsächlich wurde der Fotoschirm zunächst nicht in Strahlrichtung *hinter*, sondern *neben* das Kristall gestellt, um diese *sekundäre* Strahlung aufzufangen. Erst nachdem diese Versuche ergebnislos blieben, wurde die Anordnung in Transmission gewählt.

Zur Analyse der Punktmuster entwickelte Laue die Theorie der Interferenz an Raumgittern. Um diese auf die Messdaten anzuwenden, musste er jedoch eine Annahme über die jeweilige Kristallstruktur treffen. Für die analysierte Zinkblende vermutete Laue fälschlicherweise ein einfaches kubisches Gitter. Tatsächlich sind die Elementarzellen hier jedoch kubisch-flächenzentriert (siehe Abbildung 2.6). Um die Anzahl und Lage der Reflexe aus Abbildung 2.5 unter dieser falschen Annahme zu erklären, musste er deshalb voraussetzen, dass die Röntgenstrahlung lediglich einige wenige feste Wellenlängen enthielt (es sich also doch um sekundäre bzw. charakteristische Strahlung handelte). Dieser Fehler sollte durch die Arbeit von William Lawrence Bragg (siehe Abschnitt 2.4.2) korrigiert werden (Robotti, 2013).

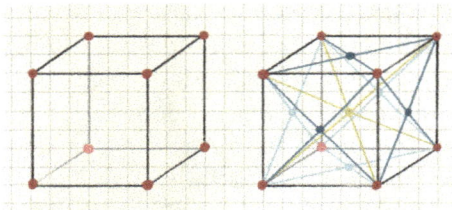

Abb. 2.6: Links: einfaches kubisches Gitter. Rechts: kubisch-flächenzentrierte Elementarzelle. Das zusätzliche Streuzentrum führt zu weiteren Netzebenen.

Laue hat später geschildert (etwa in seinem Nobelvortrag), dass die Durchführung der Versuche zunächst auf den Widerstand „etablierter Autoritäten" stieß. Damit sind sicherlich Röntgen und auch Sommerfeld gemeint, in dessen Institut für theoretische Physik die Experimente durchgeführt wurden. Zum genauen Inhalt der Einwände hat er sich jedoch nicht geäußert. Die sekundäre Röntgenstrahlung wäre aber inkohärent, d. h. nicht interferenzfähig gewesen. Falls sich die Kritik von Röntgen und Sommerfeld auf diesen Punkt bezogen haben sollte, wäre sie also durchaus berechtigt gewesen (Forman, 1969, S. 63f). Diese etwas nebulöse Andeutung von „Widerständen" deutet der Physikhistoriker Paul Forman als Teil einer typischen Legendenbildung. Wie bei Planck (vgl. die Jolly-Anekdote in Abschnitt 1.4) ist die Überwindung von Widerständen ein Teil jeder Heldenerzählung. Wir werden am Ende des folgenden Abschnitts noch einmal auf diesen Punkt zurückkommen.

2.4.2 Die Braggs

Die sich anschließenden Untersuchungen von William Henry Bragg (1862–1942) und William Lawrence Bragg (1890–1971)[27] konnten diese offenen Fragen der Analyse klären. Max Laue hatte zunächst angenommen, dass die untersuchte Röntgenstrahlung nur einige wenige feste Wellenlängen besitzt. W. L. Bragg, also der Sohn, konnte jedoch zeigen, dass die Ergebnisse, unter Annahme der richtigen Kristallstruktur, sehr wohl mithilfe eines *kontinuierlichen Spektrums* zu erklären waren. Er deutete die Interferenz als Ergebnis von *Reflexionsvorgängen* an den Netzebenen des Kristalls. Auf diese Weise wird anschaulich, wie der Kristall diskrete Wellenlängen aus dem kontinuierlichen Spektrum der Röntgenstrahlung herausfiltert. Damit erklärte sich exakt das Interferenzmuster der Untersuchungen von Laue, Knipping und Friedrich.

Die Bragg-Bedingung

Die Herleitung der sogenannten Bragg-Bedingung für konstruktive Interferenz (siehe Gleichung (2.33)) ist viel einfacher als die der Laue-Bedingung, obwohl beide Formulierungen äquivalent sind. Dies zeigten etwa die Arbeiten von Paul Peter Ewald (Amorós et al., 1974, S. 12).[28]

Nach W. L. Bragg wird ein Röntgenstrahl an parallelen „Netzebenen" im Abstand d reflektiert. Gemäß dem *Huygens'schen Prinzip* wird jedes Atom zur Quelle einer Elementarwelle, und konstruktive Interferenz tritt auf, wenn der Gangunterschied Δ ein ganzzahliges Vielfaches der Wellenlänge λ beträgt. Der Winkel zwischen dem Röntgenstrahl und der Netzebene wird *Glanzwinkel ϑ* genannt. Man beachte, dass dieser Winkel *nicht*, wie sonst in der Optik üblich, zum Lot orientiert ist. Der Abbildung 2.7 entnimmt man, dass für den Gangunterschied gilt:

$$\Delta = \overline{AB} + \overline{BC} - \overline{AE}$$
$$= 2\overline{AB} - \overline{AE}$$
$$= \frac{2d}{\sin\vartheta} - \overline{AE}. \tag{2.31}$$

Die Strecke $\overline{AE}$ kann jedoch ebenfalls durch den Glanzwinkel ϑ ausgedrückt werden: $\overline{AE} = 2\overline{AD}\cos\vartheta$. Wegen $\overline{AD} = d\frac{1}{\tan\vartheta} = d\frac{\cos\vartheta}{\sin\vartheta}$ erhält man schließlich:

---

[27] Vater und Sohn – beide erhielten den Physik-Nobelpreis 1915.

[28] Henry Moseley und Charles G. Darwin (ein Enkel des berühmten Naturforschers) gelang eine unabhängige Entdeckung dieses Zusammenhangs nur wenige Tage später. Im November 1912 machte Moseley in einem Brief an seine Mutter die folgende freche aber zutreffende Bemerkung: „Die Leute, die diese Arbeit durchführten (*Anm.* gemeint waren Friedrich, Knipping und Laue), hatten offensichtlich nicht verstanden, was da genau passierte und gaben eine offensichtlich falsche Erklärung. Nach viel Arbeit haben Darwin und ich herausgefunden, worin die eigentliche Bedeutung dieses Experiments lag [...]." (zitiert nach Roth (2020, S. 304)).

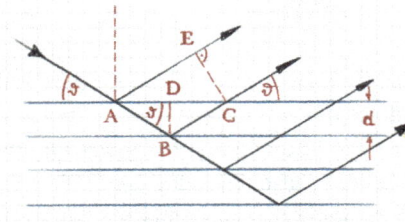

Abb. 2.7: Skizze zur Reflexion von Röntgenstrahlen an den Netzebenen eines Kristalls, um die Bragg-Bedingung (Gleichung (2.33)) zu begründen.

$$\Delta = \frac{2d}{\sin \vartheta} \underbrace{\left(1 - \cos^2 \vartheta\right)}_{= \sin^2 \vartheta} = 2d \sin \vartheta, \tag{2.32}$$

und mit $\Delta = n \cdot \lambda$ folgt die Bragg-Bedingung (Bragg, 1913b):

$$2d \sin \vartheta = n\lambda. \tag{2.33}$$

Die bereits erwähnte „Filterfunktion" ist nun anschaulich in Abbildung 2.8 dargestellt.

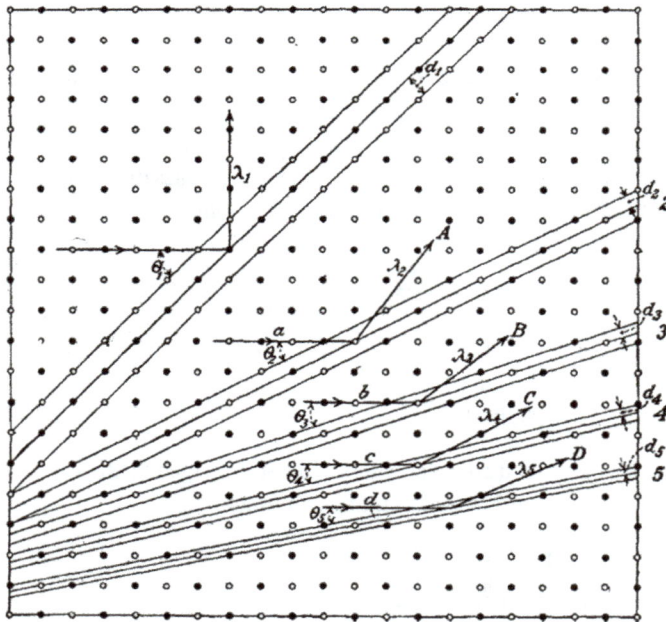

Abb. 2.8: Schematische Darstellung der „Filterfunktion" der Bragg-Reflexion am Beispiel von Kochsalz (*NaCl*). Die von links einfallende kontinuierliche Strahlung trifft auf verschiedene Netzebenen und die „passende" Wellenlänge wird unter dem doppelten Glanzwinkel zur Einfallsrichtung reflektiert. Abbildung aus Ritchmyer (1934).

Röntgenspektroskopie und Röntgenstrukturanalyse

Auf dieser Grundlage entwickelte William Henry Bragg, also der Vater, ein Röntgenspektrometer. Richtet man einen Röntgenstrahl unter einem definierten Winkel ϑ zu einer Netzebene auf ein Kristall, kann die Intensität der reflektierten Strahlung mit der entsprechenden Wellenlänge z. B. mit einem Geiger–Müller-Zählrohr gemessen werden. Indem man den Kristall schrittweise rotiert, kann mit dieser „Drehkristallmethode" das gesamte Spektrum ausgemessen werden. Diese Apparatur entspricht einem optischen Spektrometer, bei dem statt eines Gitters bzw. Prismas ein Kristall und anstelle des Teleskops ein Zählrohr verwendet wird.

Abbildung 2.9 zeigt ein solches mit der Drehkristallmethode aufgezeichnetes Spektrum einer Röntgenröhre mit Kupferanode als Funktion der Wellenlänge. Man erkennt den kontinuierlichen Teil und zwei charakteristische Linien von Kupfer bei 139 pm (K_β) und 154 pm (K_α).[29]

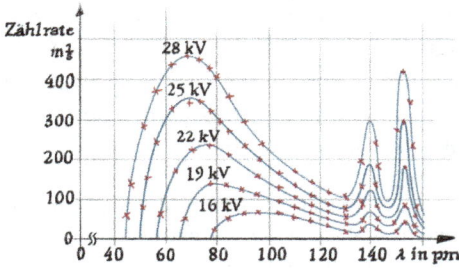

Abb. 2.9: Röntgensprektrum einer Kupferanode als Funktion der Wellenlänge. Der kontinuierliche Teil hat eine Kante bei kleinen Wellenlängen, die von der Beschleunigungsspannung abhängt. Die charakteristische Strahlung hat eine feste Wellenlänge (hier: $\lambda(K_\alpha^{Cu}) = 154$ pm und $\lambda(K_\beta^{Cu}) = 139$ pm).

Aus beiden Teilen des Spektrums lässt sich interessante Information gewinnen: Aus der minimalen Wellenlänge bzw. der maximalen Frequenz des kontinuierlichen Spektrums lässt sich das Planck'sche Wirkungsquantum berechnen. In diesem Fall wird die gesamte Energie der mit U_b beschleunigten Elektronen in Röntgenstrahlung umgesetzt, und es gilt:

$$\lambda_{min} = \frac{hc}{eU_b} \quad \text{bzw.} \quad \nu_{max} = \frac{eU_b}{h}. \tag{2.34}$$

Der charakteristische Teil des Spektrums, d. h. die diskreten Linien, deren Position von der Beschleunigungsspannung unabhängig ist, wurde von Henry Moseley (1887–1915) ab dem Jahr 1913 genauer untersucht. Er fand einen quantitativen Zusammenhang zum Kathodenmaterial, wodurch zum ersten Mal die Messung der Kernladungszahl

---

29 Achtung: Die Darstellung als Funktion der Frequenz, Energie oder des Drehwinkels ist ebenfalls üblich. Verwendet man statt der Wellenlänge die Frequenz oder die Energie, steht die K_α-Linie links von der K_β-Linie. Trägt man den Drehwinkel auf, erscheinen die höheren Ordnungen der charakteristischen Strahlung getrennt.

Z der Elemente möglich wurde (Roth, 2020). Dies beseitigte nicht nur Unstimmigkeiten im Periodensystem der Elemente, sondern stellte auch eine wichtige Bestätigung des Bohr'schen Atommodells dar. Diesem Ergebnis wenden wir uns deshalb erst in Abschnitt 2.6.4 zu, also im Anschluss an die Behandlung des Bohr'schen Atommodells.

Verwendet man Röntgenstrahlung mit fester und bekannter Frequenz, kann das Verfahren auch umgekehrt – also zur Aufklärung der Gitterstruktur – verwendet werden. Dies ist die Grundidee der sogenannten Röntgenstrukturanalyse, die auch Röntgenkristallographie genannt wird. Dieses Verfahren hat Anwendungen, die weit über die Physik hinausreichen. So können etwa auch Proteine kristallisiert werden, um ihre Struktur mithilfe der Röntgenbeugung zu bestimmen.

Der „Entdeckungsmythos" der Röntgenbeugung

Laue und andere haben in ihren historischen Nacherzählungen der Ereignisse den Eindruck erweckt, dass die Vorstellung von Kristallen als regelmäßige Gitter damals nicht weit verbreitet war. Forman (1969) argumentiert, dass es sich hierbei um einen Mythos handelt und die Annahme der regelmäßigen Gitterstruktur sogar sehr üblich war.[30] Forman korrigiert diese und andere Legenden, die die Entdeckung der Laue-Streuung umranken. Er erkennt hier die bewusste Erzeugung eines Ursprungsmythos, der in der „fraternity of christallographers" Einheit und Gemeinsamkeit stiftet:

> The function of myth, briefly, is to strengthen tradition and endow it with a greater value and prestige by tracing it back to a higher, better, more supernatural reality of initial events.
> Myth is, therefore, an indispensible ingredient of all culture. It is, as we have seen, constantly regenerated; every historical change creates its mythology, which is, however, but indirectly related to historical fact.[31] (Forman, 1969, S. 67)

Forman hat seine provokanten Thesen zum Gründungsmythos der Röntgenkristallographie bereits 1969 formuliert. Zu diesem Zeitpunkt waren die meisten Protagonisten zwar bereits verstorben, aber mit Paul P. Ewald konnte ein wichtiger Zeitzeuge, und nach Forman auch Mit-Urheber des Mythos, noch reagieren.[32] In Ewald (1969) wendet er sich vehement gegen den Vorwurf, dass – entgegen auch seiner eigenen Darstellung der historischen Abläufe – die Gitterstruktur eines Kristalls in der Physik um 1910 schon

---

30 In Abschnitt 2.3 war uns im Zusammenhang mit der spezifischen Wärme ein Beispiel dafür begegnet. Sowohl Einstein, Born oder von Kármán modellierten den Festkörper als regelmäßiges Gitter.

31 Man vergleiche hierzu auch die Anmerkungen am Ende von Abschnitt 1.2 zur soziologischen Funktion historischer Narrative sowie die Bemerkung am Ende von Abschnitt 2.4.1.

32 Paul P. Ewald (1888–1985) hatte bei Sommerfeld in München promoviert und wurde 1918 mit einer Arbeit über *Die Kristalloptik der Röntgenstrahlen* habilitiert. Im Jahr 1937 emigrierte er unter dem Druck der Nationalsozialisten und lehrte ab 1939 an der *Queen's University Belfast*. Dort gehörte John S. Bell zu seinen Schülern, den er bereits als 16-jährigen kennenlernte und förderte, als Bell die Zeit zwischen Schule und Studium mit einer Anstellung als Laborassistent überbrückte (Bernstein, 1991, S. 14). In Abschnitt 6.2 werden wir Bell wieder begegnen.

als selbstverständlich angesehen wurde. Er wirft Forman im Kern vor, die Vorläufigkeit der damaligen Begriffsbildungen zu wenig zu würdigen. Eine schöne Zusammenfassung der Debatte gibt Eckert (2012), der vor allem darauf hinweist, dass die Quellenlage keine abschließende Beurteilung zulässt.

2.4.3 Das Debye–Scherrer–Hull-Verfahren

Die Erzeugung eines Laue-Diagramms oder die Anwendung der Drehkristallmethode ist nur mit aufwendig herzustellenden Einkristallen möglich. Im Jahr 1916 konnten Peter Debye (1884–1966) und Paul Scherrer (1890–1969) in Göttingen zeigen, dass Beugungsmuster auch an Kristallpulver bzw. Polykristallen erzeugt werden können, in denen die Kristallbruchstücke („Kristalitte") vollkommen regellos orientiert sind (Debye und Scherrer, 1916). Parallel und unabhängig davon entwickelte der amerikanische Physiker Albert W. Hull (1880–1966) im Forschungslabor der *General Electric* in Schenectady (New York) diese Methode, die im Englischen „powder diffraction" genannt wird (Hull, 1917). Walter Friedrich hatte sogar schon 1913 diese spezielle Beugungserscheinung beobachtet und beschrieben (Etter und Dinnebier, 2014).

Ursprünglich war es dabei die Absicht Debyes, einen Nachweis der diskreten Bohr'schen Bahnen zu führen (Debye, 1915). Tatsächlich ist aber auch für diesen Effekt nicht die Atom-, sondern die Kristallstruktur verantwortlich, und er kann mithilfe der Bragg-Reflexion (Gleichung (2.33)) erklärt werden. Unter Bestrahlung mit Röntgenlicht einer festen Wellenlänge erfolgt die Reflexion an denjenigen Kristalitten, deren Ausrichtung *zufällig* der Bragg-Bedingung entspricht. Die konstruktiv interferierende Strahlung erfolgt längs eines Kegels um die Achse der Einstrahlung mit Öffnungswinkel 4ϑ. Steht der Nachweisschirm senkrecht zur Richtung des primären Strahls, ergeben sich dadurch kreisförmige Interferenzfiguren (siehe Abbildung 2.10).

Abb. 2.10: Interferenzmuster von polykristallinem Aluminium beim Debye–Scherrer–Hull-Verfahren. Die Interferenzmaxima liegen auf Kreisen um den Auftreffort des ungebeugten Strahls (Abbildung aus Hull, 1917 © American Physical Society).

Unbekannte Opfer der Röntgenforschung

Peter Kasten (2015) diskutiert interessante Details der damaligen Röntgenröhrentechnik. Er erinnert ebenfalls daran, dass in der Regel die notwendigen Strahlenschutzvorkehrungen noch nicht getroffen wurden. Dies betraf nicht nur die Forschenden, sondern auch die Arbeitskräfte der herstellenden Firmen, die Röntgenröhren zu Testzwecken betrieben. Auf dem Friedhof von Gehlberg in Thüringen erinnert eine Gedenktafel zum Beispiel an die Strahlenopfer der Firma Gundelach, einem der führenden Hersteller von Röntgenröhren zu Beginn des 20. Jahrhunderts.[33]

2.5 Atombegriff und Atommodelle vor Bohr

Der Begriff „Atom" in der Bedeutung als kleinster und unteilbarer Bestandteil der Materie geht auf die griechische Naturphilosophie um ca. 500 v. u. Z. zurück. Eine direkte Entwicklungslinie von Leukipp und Demokrit bis zur aktuellen Atomphysik zu ziehen, ist aber sicherlich naiv, da sich die jeweiligen Vorstellungen von „Natur" und „Naturforschung" seit dieser Zeit radikal gewandelt haben. Der antike Atomismus wurde unter anderem von Lukrez (circa 97 bis circa 55 v. u. Z.) weiterentwickelt, und die Wiederentdeckung seines Lehrgedichts *Von der Natur der Dinge* in der Renaissance spielte für die frühneuzeitliche Rezeption der Atomvorstellung eine große Rolle (Falkenburg, 2012).

Die Angst vor dem Vakuum

Bereits im 17. Jh. spekulierte Robert Boyle (1627–1691) über eine atomistische Erklärung des Luftdrucks (Brush, 2003). Dies waren erste Schritte, um die aristotelische Gleichsetzung von „Materie" und „Raumerfüllung" aufzulösen, d. h., diese Spekulationen waren eingebettet in die im 17. Jh. geführte Debatte, ob es einen leeren und von Materie nicht erfüllten Raum überhaupt geben könne. Den sogenannten „Vakuisten", die dies bejahten, standen die sogenannten „Plenisten" (von lat. *plenum*, voll) gegenüber. Die Versuche von Evangelista Torricelli (1608–1647) und Otto von Guericke (1602–1686) halfen schließlich, den *horror vacui* („Angst vor der Leere") zu überwinden (Schirrmacher, 2003).[34]

Auch bei der Untersuchung chemischer Reaktionen ergaben sich Hinweise auf einen diskreten Aufbau der Materie und John Daltons (1766–1844) *A New System of Chemical Philosophy* von 1808 postulierte explizit, dass jedes Element aus Atomen mit bestimmter Masse und Volumen bestehe. Die Klassifikation der Kristallformen im späten 18. und frühen 19. Jh. lieferte einen weiteren Hinweis auf die regelmäßige Struktur atomarer Konstituenten (Hund, 1972, S. 330).

---

33 Friedrich et al. (1912) verwendeten Röntgenröhren von Gundelach und C. H. F. Müller (*ibid. S. 314*).

34 Schirrmacher (2003) macht die geistvolle Bemerkung, dass in der anschließenden Entwicklung des Atombegriffs bis heute immer neue „Ängste" vor einer „Leere" überwunden werden mussten – bis schließlich zum „Anschauungsvakuum" der modernen Quantentheorie. Dabei bezog sich der *horror vacui* natürlich nicht auf Personen, sondern wurde „der Natur" zugesprochen.

Ende des 19. Jahrhunderts entwickelte sich durch Forscher wie James Clerk Maxwell (1831–1879) und Ludwig Boltzmann (1844–1906) die kinetische Wärmetheorie bzw. statistische Mechanik. Mit deren Hilfe sollten die thermodynamischen Gesetzmäßigkeiten auf das Verhalten von Atomen zurückgeführt werden. Die Frage, ob Atome lediglich einen hypothetischen Charakter haben, blieb jedoch noch einige Zeit kontrovers.

Zusätzlich führte die Untersuchung von Kathodenstrahlen im Jahr 1897 auf die Entdeckung des Elektrons durch Joseph John Thomson (1856–1940).[35] Ein starker Hinweis darauf, dass Elektronen ein Bestandteil des Atoms sind, war der sogenannte Zeeman-Effekt. Pieter Zeeman (1865–1943) konnte 1896 zeigen, dass sich Spektrallinien, etwa die Natrium D-Linie, in einem Magnetfeld aufspalten. 1899 gelang seinem Leidener Kollegen Hendrik Antoon Lorentz (1853–1928) die Erklärung dieses Effekts unter der Annahme, dass im Atom befindliche Elektronen die Abstrahlung verursachen. Dies unterstützte die Vorstellung, dass Atome eine Struktur besitzen.

Das „leere" Atom

Philipp Lenard (1862–1947) untersuchte Kathodenstrahlen und bemerkte, dass deren Absorptionsfähigkeit in Gasen mit zunehmender Geschwindigkeit stark abnahm (Lenard, 1903). Daraus folgerte er einen großen Abstand *zwischen* den Bestandteilen des Atoms, die Lenard „Dynamiden" nannte. Atome befanden sich also nicht nur „in der Leere", sondern waren auch selbst im Wesentlichen „leer":

> Beispielsweise ist danach der Raum, in welchem ein Kubikmeter festes Platin sich findet, leer, in dem Sinne wie etwa der von Licht durchzogene Himmelsraum leer ist, bis auf höchstenfalls ein Kubikmillimeter als gesamtes, wahres Dynamidenvolumen. (Lenard, 1903, S. 739)

Man hatte zu diesem Zeitpunkt einige Hinweise auf ihre Gestalt, aber ob Atome tatsächlich existierten, blieb umstritten. Zu den prominenten Kritikern des Atomismus zählte Ernst Mach (1838–1916), aber auch Max Planck bezweifelte zunächst ihre Existenz (Brush, 2015, S. 191).

Zum allgemeinen Durchbruch gelangte die Atomvorstellung erst mit den Arbeiten von Einstein und Marian von Smoluchowski (1872–1917) zur Brown'schen Molekularbewegung um 1905. Diese mikroskopische Bewegung, bereits 1827 von dem englischen Botaniker Robert Brown beschrieben, wurde von ihnen als atomare Schwankungserscheinung gedeutet – ein sichtbarer Effekt, der zuvor für unbeobachtbar gehaltenen Atome. Der zweite Hauptsatz der Thermodynamik wurde dadurch zu einer bloß *statistischen* Gesetzmäßigkeit degradiert (Smoluchowski, 1912).

---

35 Helge Kragh (2001, S. 38f) weißt darauf hin, dass das Elektron (wie alle physikalischen Konzepte) eine komplexe Vorgeschichte besitzt, die durch die Ausdrucksweise „entdecken" eher verdeckt bzw. trivialisiert wird. Im Falle des Elektrons reichen die Spekulationen bis in das frühe 19 Jh. zurück und sogar der Begriff „electron" wurde bereits 1891 von George Johnstone Stoney eingeführt.

Saturnische und Rosinenkuchen-Modelle

Auf dieser Grundlage entwickelten sich detaillierte Atommodelle, und bereits 1904 machten Hantaro Nagaoka (1904)[36] und J. J. Thomson komplementäre Entwürfe. Nagaoka entwickelte ein erstes Planetenmodell des Atoms, bei dem eine zentrale positive Ladung von Elektronen umkreist wird. In der damaligen Diskussion wurde dieser Vorschlag auch „saturnisches Modell" genannt, da die Elektronen das positive Zentrum gleichsam wie die Ringe des Planeten Saturn umlagern.

In Thomsons Modellatom war hingegen die positive Ladung *gleichmäßig* verteilt, und die Elektronen („negatively electrified corpuscles") steckten darin wie die Rosinen in einem Kuchenteig. Für diese Elektronen suchte Thomson eine stabile Anordnung, was auf konzentrische Ringe von Elektronen mit bestimmter Anzahl und Lage führte (Thomson, 1904).

Dieses sogenannte „Rosinenkuchen-Modell" von Thomson, das im englischen „plum pudding model" genannt wird, besaß den Vorzug größerer mechanischer Stabilität.[37] Allerdings war dies auch eine Folge davon, dass dieses Modellatom ungeheuer viele Elektronen enthielt. Thomson schätzte, dass ein Atom mit der relativen Atommasse A etwa $n = 1000 \cdot A$ Elektronen besitzt (Heilbron, 1981).

Die bekannten Versuche von Hans Geiger und Ernest Marsden im Labor von Ernest Rutherford (1871–1937) ab dem Jahr 1909 zur Streuung von α-Teilchen an Goldfolie sprachen eher für ein Planetenmodell, da auch Ablenkungen unter sehr großen Winkeln beobachtet wurden. Dies war ein Hinweis auf einen massereichen Kern. Gleichzeitig gab es Hinweise darauf, dass für den Zusammenhang zwischen Ladungszahl und Atommasse $n \approx \frac{A}{2}$ gilt, d. h. die Atommasse vollständig durch den Kern dominiert wird. Diese Vorstellungen bildeten schließlich das Atommodell von Rutherford.

---

36 Hantaro Nagaoka (1865–1950) vertiefte nach seinem Abschluss in Tokio seine Ausbildung in Europa mit Stationen in Wien und Berlin, wo er unter anderem Vorlesungen bei Boltzmann bzw. Planck hörte. Nach seiner Rückkehr 1896 wurde er Professor für theoretische Physik an der Universität Tokio und eine Gründungsfigur der modernen Physik in Japan. Inamura (2016) argumentiert, dass Nagaokas Beiträge zur Atomtheorie eine größere Anerkennung verdienen und schlägt für das spätere Rutherford–Bohr-Modell (s. u.) den Namen Nagaoka–Rutherford–Bohr-Modell vor.

37 Die Arbeit von Thomson (1904), in der das *„plum pudding"*-Modell eingeführt wurde, ist eine interessante Lektüre. Die Leserin bzw. der Leser sollte jedoch kein Kochrezept erwarten. Vielmehr handelt es sich um ein fast 30-seitiges Traktat, in dem mit anspruchsvollen mathematischen Methoden Gleichgewichtsbedingungen für das Modellatom gesucht werden. Der verniedlichende Name, der von Thomson selbst nie verwendet wurde, verdeckt diesen technischen Aspekt vollständig.

Warum aber hat sich im Deutschen die Bezeichnung „Rosinenkuchen-Modell" eingebürgert? Dazu muss man beachten, dass der britische *plum pudding* oder *Christmas pudding* nicht dem deutschen Pudding entspricht. Vielmehr handelt es sich um eine gekochte bzw. gedämpfte, kuchenähnliche Nachspeise, die Trockenobst und Nüsse enthält. Pflaumen sind übrigens gar nicht enthalten und *plum* war ursprünglich die Bezeichnung für jedes Trockenobst. Siehe https://latortadidenise.de/rich-christmas-pudding/ für weitere Informationen und ein Rezept, das ich allerdings noch nicht nachgekocht habe.

Die Größe des Atoms

Wie erwähnt, hatten alle diese Modelle Schwierigkeiten, die Stabilität der Atome zu begründen. Doch auch in einer anderen Hinsicht deutete sich die Notwendigkeit an, ein *quantentheoretisches* Atommodell zu entwickeln. Man beachte, dass mit der Konstanten Ladung e, der elektrischen Feldkonstante ϵ_0 und der Elektronenmasse m_e keine Größe mit der Dimension einer *Länge* gebildet werden kann. Die spezifische räumliche Ausdehnung des Atoms (ca. 10^{-10} m) musste in diesen Modellen daher immer „von Hand" eingeführt werden. Erst durch die Hinzunahme von Plancks Konstante h gelingt es, einen Ausdruck mit der richtigen Dimension und Größenordnung zu bilden:

$$l = \frac{\epsilon_0 h^2}{m_e e^2} \; (\approx 1{,}6 \cdot 10^{-10}). \tag{2.35}$$

Dieser indirekte Hinweis auf die Notwendigkeit einer quantentheoretischen Beschreibung wird uns in Abschnitt 2.6 schließlich zum Bohr'schen Atommodell führen. Dort werden wir sehen, dass Gleichung (2.35), bis auf einen Faktor π, genau dem Bohr'schen Radius (Gleichung (2.47)) entspricht.

Von einem Atommodell erwartet man jedoch mehr als die Berechnung der Atomgröße. Es sollte weitere bekannte Eigenschaften der Elemente erklären und idealerweise auch neue Beobachtungen vorhersagen. Ein umfangreiches experimentelles Material bezog sich auf die Spektrallinien, die angeregte Gase aussenden. Wie wir in Abschnitt 2.1 gesehen haben, ist die Strahlung eines Schwarzkörpers *unabhängig* von Form und Material des Körpers. Wir hatten dort hervorgehoben, dass gerade diese *Universalität* das Spektrum eines Schwarzkörpers zu einem idealen Gegenstand der theoretischen Analyse machte. Bei angeregten *Gasen* beobachtet man im Gegensatz zu Festkörpern das genaue Gegenteil: Jedes Element sendet ein charakteristisches und diskretes Spektrum aus. Kurioserweise ist es nun gerade diese *fehlende* Universalität des Phänomens, die im Folgenden ausgenutzt werden konnte. Bevor wir in Abschnitt 2.5.2 auf das in diesem Zusammenhang wichtige Wasserstoffspektrum eingehen, sollen jedoch zuvor einige allgemeine Bemerkungen zu Strahlungsvorgängen gemacht werden.

2.5.1 Exkurs zur akustischen und elektromagnetischen Abstrahlung

Periodische Abstrahlung, ob akustisch oder elektromagnetisch, wird in der „klassischen Physik" auf die ebenfalls periodische Bewegung des Strahlers zurückgeführt. Im akustischen Fall handelt es sich etwa um die Vibration eines Körpers (z. B. einer Gitarrensaite) oder einer Luftsäule (wie etwa in Blasinstrumenten). Elektromagnetische Strahlung entsteht durch die „Vibration" (bzw. Beschleunigung) von elektrischen Ladungen.

Gemeinsam ist beiden Phänomenen, dass die Abstrahlung aus einer Grundfrequenz v_1 und ihren ganzzahligen Vielfachen $v_m = m \cdot v_1$ (den sogenannten Oberschwingungen

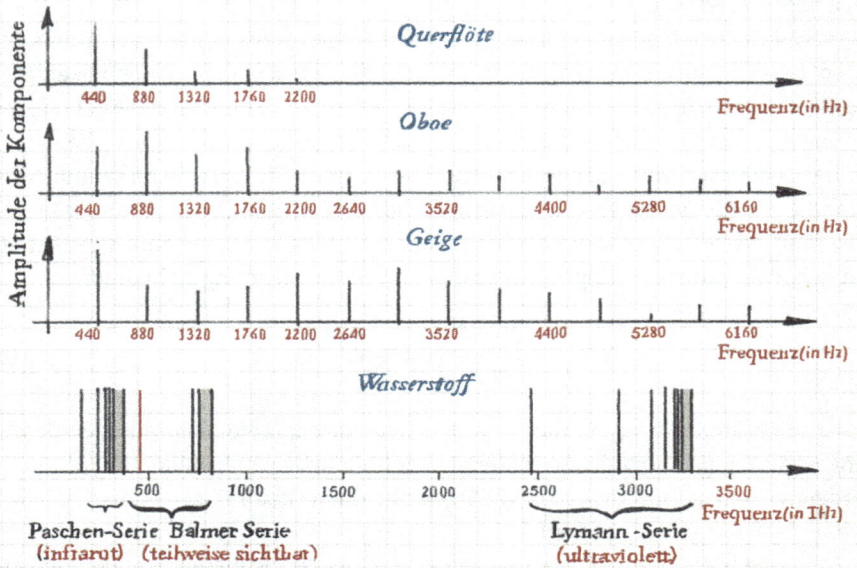

Abb. 2.11: Die oberen drei Abbildungen zeigen das Ergebnis einer Fourier-Analyse, wenn verschiedene Musikinstrumente jeweils den Kammerton a (v_1 = 440 Hz) spielen. Lediglich ganzzahlige Vielfache dieser Grundfrequenz treten auf. Das untere Diagramm zeigt das elektromagnetische Spektrum des Wasserstoffs. Man beachte die andere Skalierung der x-Achse. Gekennzeichnet sind drei „Serien" (Paschen, Balmer und Lyman). Die breiteren Bänder deuten den Bereich an, indem die Strahlung in das Kontinuum übergeht.

oder Obertönen) besteht.[38] Mithilfe der Fourier-Analyse kann dieses Strahlungsspektrum untersucht werden. Wie man in Abbildung 2.11 in den oberen drei Diagrammen erkennt, ist das jeweilige Spektrum charakteristisch für die Strahlungsquelle, hier für die Musikinstrumente Querflöte, Oboe und Geige.

Umgekehrt kann jede periodische Bewegung als Überlagerung von harmonischen Schwingungen dargestellt werden. In dieser Fourier-Summe treten natürlich ebenfalls nur die Grundfrequenz v_1 bzw. die entsprechende Kreisfrequenz $\omega_1 = 2\pi v_1$ und deren ganzzahlige Vielfache auf:

$$x(t) = \sum_{m=-\infty}^{+\infty} a_m \cdot e^{i\omega_m t}. \tag{2.36}$$

---

38 Aus den Intervallen dieser Obertöne lässt sich ein großer Teil der Musiktheorie und Harmonielehre ableiten. Leonard Bernstein hat dies 1973 in seiner *Norton lecture* in Harvard unnachahmlich vorgeführt. Diese liegen als Buchveröffentlichung vor (Bernstein, 1976), aber man sollte unbedingt den Mitschnitt auf *YouTube* anschauen. Bernstein verwendet diesen Hinweis auf die Naturgesetzlichkeit übrigens, um die tonale Musik zu verteidigen (Keiler, 1978).

Hier bezeichnet a_m die Amplitude der m-ten Oberschwingung.[39] Für die Intensität der Strahlung mit Kreisfrequenz ω_m gilt, dass sie proportional zum Quadrat der Beschleunigung ist:

$$I_m \propto (a_m \omega_m^2)^2 = a_m^2 \omega_m^4. \tag{2.37}$$

Das schwingende System erleidet dadurch einen Energieverlust, der die Bewegung nicht-periodisch macht und zu einem *kontinuierlichen* Spektrum führt. Falls dieser Verlust aber gering ist oder wie bei einem Radiosender kompensiert wird, kann dieser Effekt vernachlässigt werden.

2.5.2 Das Spektrum des Wasserstoffs

Beschreibt man nun das Wasserstoffatom als ein periodisches System, d. h., sein Elektron bewegt sich periodisch um den Kern (sozusagen das Monochord der Atomphysik), erwartet man ebenfalls ein harmonisches Spektrum, in dem lediglich ganzzahlige Vielfache einer Grundfrequenz auftreten. Wie in Abbildung 2.11 (unterstes Diagramm) zu sehen ist, widerspricht dies jedoch der Beobachtung.

Die Frequenzen sind jedoch keineswegs regellos. Konzentrieren wir uns zunächst auf die zuerst untersuchte Balmer-Serie von Frequenzen im sichtbaren Bereich. Hier wurden zunächst vier Linien entdeckt, die als H_α (rot), H_β (blaugrün), H_γ (violett) und H_δ (ebenfalls violett) bezeichnet wurden. Bereits 1885 fand Johann Jakob Balmer den folgenden numerischen Zusammenhang zwischen den Wellenlängen:

$$\lambda_\alpha = \frac{9}{5}L, \quad \lambda_\beta = \frac{16}{12}L, \quad \lambda_\gamma = \frac{25}{21}L, \quad \lambda_\delta = \frac{36}{32}L,$$

wobei $L = 3645 \cdot 10^{-8}$ cm beträgt. Dies erlaubte ihm folgende kompakte Darstellung:

$$\lambda_n = \frac{n^2}{n^2 - 4}L \quad \text{mit } n = 3, 4, 5 \text{ oder } 6. \tag{2.38}$$

Diesen Zusammenhang verallgemeinerte Johannes Rydberg 1888 zu der folgenden Beziehung:

$$\frac{1}{\lambda_{m,n}} = R\left(\frac{1}{m^2} - \frac{1}{n^2}\right) \quad \text{mit } n > m. \tag{2.39}$$

Für $m = 2$ und $n = 3, 4, \ldots$ sowie $R = 4/L$, der Rydberg-Konstanten, erhält man die Balmer-Serie. Die Lyman-Serie im Ultraviolett ($m = 1$) und die Paschen-Serie im Infrarot ($m = 3$) wurden erst in den Jahren 1906 bzw. 1908 entdeckt – eine spektakuläre Bestätigung dieser empirischen Regularität.

---

39 Damit $x(t)$ reellwertig ist, muss $a_{-m} = a_m^*$ und $\omega_m = -\omega_{-m}$ gelten.

Schließlich müssen wir an dieser Stelle noch auf eine weitere empirische Beziehung eingehen, die 1908 von Walter Ritz (1878–1909) formuliert wurde: Sein „Kombinationsprinzip" besagt, dass die Summe oder Differenz der Frequenzen zweier Spektrallinien die Frequenz einer weiteren Spektrallinie darstellt. Für Frequenzen, die gemäß der Rydberg-Formel (Gleichung (2.39)) durch zwei Indizes charakterisiert werden können, gilt insbesondere:

$$\nu_{m,k} + \nu_{k,n} = \nu_{m,n}. \tag{2.40}$$

Für die Frequenzen fand man also äußerst übersichtliche Beziehungen, was Lord Rayleigh bereits 1897 zu einer hellsichtigen Bemerkung veranlasste (Rayleigh, 1897, p. 361f):

> There is one circumstance which suggests doubts whether the analogue of radiating bodies is to be sought at all in ordinary mechanical or acoustical systems vibrating about equilibrium. For the latter […] give rise to equations involving the square of the frequency […]. On the other hand, the formulæ and laws derived from observation of the spectrum appear to introduce more naturally the first power of the frequency. For example, this is the case with Balmer's formula.

Rayleigh bemerkt hier, dass innerhalb der gewöhnlichen Akustik bzw. in Maxwells Elektrodynamik notwendig Frequenz*quadrate* auftreten, da die Beschleunigung durch die 2. Ableitung von Schwingungstermen der Art $e^{i\omega t}$ gebildet wird (vgl. Gleichung (2.37)). Das Auftreten von Beziehungen, in denen die *erste* Potenz der Frequenz eingeht, weist bereits auf einen andersartigen Mechanismus der Abstrahlung hin. Wir werden im Folgenden sehen, dass Lord Rayleigh damit wichtige Elemente der Entwicklung antizipiert hat.

2.6 Das Bohr'sche Atommodell

Niels Bohr gelang 1913 schließlich ein wichtiger Schritt zur Aufklärung der Atomstruktur und seine dreiteilige Arbeit mit dem Titel „On the Constitution of Atoms and Molecules" wird auch als *Bohr-Trilogie* bezeichnet.[40] Durch diese Arbeit wurde die Quantentheorie erst zur Atomphysik, denn bis dahin bezogen sich die erfolgreichen Anwendungen auf Probleme der Wärmestrahlung und spezifischen Wärme.[41] Die Rolle der Planck'schen

---

40 Die Grundzüge dessen, was wir heute unter dem Bohr'schen Atommodell verstehen, stellt Bohr im ersten Teil vor. Die beiden folgenden, wenig rezipierten Teile, befassen sich hauptsächlich mit Fragen der chemischen Bindung und dem Periodensystem der Elemente. Heilbron (1981) bemerkt, dass die Entstehungsgeschichte der Theorie gerade umgekehrt verlief. Hier verdeckt also die Veröffentlichung den Entdeckungszusammenhang.

41 Bohr war jedoch nicht der Erste, der das Planck'sche Wirkungsquantum im Bereich der Atomphysik anwendete. Zuvor hatten Arthur E. Haas (1884–1941) im Jahr 1910 sowie John W. Nicholson (1881–1955) ein Jahr später diese Idee entwickelt. Bohr (1913) zitiert beide Autoren, und vor allem Nicholson scheint einen gewissen Einfluss auf Bohr gehabt zu haben (siehe Duncan und Janssen (2019, S. 149ff)).

Konstante begründete Bohr explizit mit dem Dimensionsargument zur Festlegung der Atomgröße, das wir in Abschnitt 2.5 (vgl. Gleichung (2.35)) erwähnt haben:

> Whatever the alteration in the laws of motion of the electrons may be, it seems necessary to introduce in the laws in question a quantity foreign to the classical electrodynamics, i. e., Planck's constant, or as it often is called the elementary quantum of action. By the introduction of this quantity the question of the stable configuration of the electrons in the atoms is essentially changed, as this constant is of such dimensions and magnitude that it, together with the mass and charge of the particles, can determine a length of the order of magnitude required. (Bohr, 1913, S. 2)

Bohr verallgemeinerte bekanntlich das Planetenmodell von Rutherford (bzw. Nagaoka), bei dem das Elektron den massereichen Kern auf einer Kreisbahn umrundet. Die Coulombanziehung zwischen Kern und Elektron wirkt als Zentripetalkraft. Er postulierte jedoch *diskrete* Bahnen, deren Auswahl aus der Schar *kontinuierlicher* Lösungen über seine Quantisierungsbedingung für den Drehimpuls $\vec{L}$ erfolgte:

$$|\vec{L}| = |\vec{r} \times \vec{p}| = n \cdot \hbar \quad \text{mit } \hbar = \frac{h}{2\pi}. \tag{2.41}$$

Der ganzzahlige Faktor n wird als Hauptquantenzahl bezeichnet. Mit diesem Ansatz kann die Bahnfrequenz der Elektronen berechnet werden:

$$\nu_n = \frac{m_e e^4}{4h^3 \epsilon_0^2 n^3}. \tag{2.42}$$

Die Abstrahlung erfolgt jedoch *unabhängig* von dieser Bewegung des Elektrons, d. h. Bahn- und Strahlungsfrequenz sind *nicht identisch*. Bohr postulierte nämlich, dass die Strahlung mit dem Bahnwechsel ($n \to m$) eines Elektrons verknüpft ist. Er berechnete die Energie des Elektrons als Summe aus dem kinetischen und dem potenziellen Anteil, der negativ ist, da ein gebundener Zustand beschrieben wird:

$$E_n = -\frac{m_e e^4}{8\epsilon_0^2 h^2} \cdot \frac{1}{n^2}. \tag{2.43}$$

Die Energiedifferenz *zwischen* diesen Bahnen legt die Strahlungsfrequenz gemäß der „Bohr'schen Frequenzbedingung" fest:

$$\nu_{n,m} = \frac{E_n - E_m}{h}. \tag{2.44}$$

Wechselt ein Elektron auf eine „tiefere" Bahn ($n \to m$ mit $n > m$), wird Energie abgestrahlt. Umgekehrt führt die Absorption dieser Strahlung zu einer Anregung ($m \to n$) des Atoms.

Bohr betonte jedoch ausdrücklich, dass diese Abstrahlung gemäß der Wellentheorie erfolgt (Bohr, 1913, S. 19), also kein „Lichtquant" ausgesendet wird.[42] Aus Gleichung (2.44) folgt unmittelbar das Ritz'sche Kombinationsprinzip (Gleichung (2.40)). Da $E_n \propto \frac{1}{n^2}$ gilt, erhält man ebenfalls die Beziehung von Rydberg (Gleichung (2.39)), und die vormals nur empirisch bestimmte Rydberg-Konstante kann auf andere Größen zurückgeführt werden:

$$R = \frac{m_e e^4}{8\epsilon_0^2 h^3 c} \approx 1{,}10 \cdot 10^7 \, \text{m}^{-1}. \tag{2.45}$$

Statt Gleichung (2.43) kann man also auch kompakt

$$E_n = -\frac{Rhc}{n^2} \approx -13{,}6 \, \text{eV} \cdot \frac{1}{n^2} \tag{2.46}$$

schreiben. Die 13,6 eV (1 eV $= 1{,}6 \cdot 10^{-19}$ J) entsprechen somit der Ionisierungsenergie des Wasserstoffs.

Die Herleitung der Rydberg-Formel stellte einen großen Triumph des Bohr'schen Modells dar, und die Abbildung 2.12 illustriert die Entstehung der Wasserstoffserien nach Bohr noch einmal grafisch.

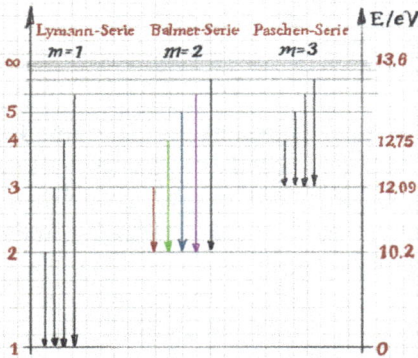

Abb. 2.12: Darstellung des Wasserstoffspektrums im Bohr'schen Atommodell. Die Frequenzen entsprechen den Übergängen zwischen stationären Zuständen fester Energie. Die Energie ist in Elektronenvolt (1 eV $= 1{,}6 \cdot 10^{-19}$ J) angegeben.

In Bohrs Modell hat das Wasserstoff keine feste Größe und sein Radius wächst mit n^2 (für $n = 1$ wird diese Größe „Bohr'scher Radius" genannt):

$$r_n = n^2 \frac{\epsilon_0 h^2}{\pi m_e e^2} \approx n^2 \cdot 0{,}53 \cdot 10^{-10} \, \text{m}. \tag{2.47}$$

---

42 Die häufige Behauptung, dass in Bohrs Modell Lichtquanten abgestrahlt werden, ist auch aus einem anderen Grund erstaunlich. Die selben Texte bemerken häufig (und zutreffend), dass Bohrs Modell rasche Anerkennung fand, während die Lichtquantenhypothese lange umstritten blieb. Dies wäre jedoch recht sonderbar, wenn Bohrs Modell die umstrittenen Lichtquanten enthalten hätte. Zusätzlich ist gut belegt, dass Bohr bis 1925 die Lichtquantenhypothese ablehnte.

Man beachte die Ähnlichkeit zu Gleichung (2.35), die allein aus Dimensionsargumenten folgt. Noch einmal sei der entscheidende Aspekt dieses Modells betont:

Bohr und das Wasserstoffspektrum

Das Spektrum des Wasserstoffs charakterisiert nach Bohr *nicht* die verschiedenen *Zustände* des Atoms, sondern die *Übergänge zwischen diesen Zuständen*. Strahlungs- und Bahnfrequenz stehen in *keinem* Zusammenhang mehr. Mit anderen Worten: Ein Atom strahlt mit der Frequenz v, obwohl innerhalb des Atoms nichts mit dieser Frequenz schwingt. Ein radikaler Schritt, den zum Beispiel Max Planck (2001/1920, S. 36) als „eine ungeheuerliche und für das Vorstellungsvermögen fast unerträgliche Zumutung" bezeichnete.[a]

———————————

a Planck fährt jedoch lapidar fort:„Aber Zahlen entscheiden [...]."

2.6.1 Das Bohr'sche Korrespondenzprinzip

Die Aussage „Bahnfrequenz $\neq$ Strahlungsfrequenz" verlangt jedoch eine wichtige Einschränkung. Für große Anregungen (und kleine Quantensprünge) nähern sich Strahlungs- und Umlauffrequenz numerisch an. Dies erkennt man aus der Rydberg-Formel (Gleichung (2.39)), die wie folgt umgeformt werden kann:

$$v_{n,m} = cR \cdot \frac{n^2 - m^2}{m^2 n^2} \tag{2.48}$$

$$= cR \cdot \frac{(n-m)(n+m)}{m^2 n^2}. \tag{2.49}$$

Bezeichnen wir die Größe des Quantensprunges $n - m \equiv \Delta n$ und nehmen $n \approx m \gg \Delta n$ an, dann gilt:

$$v_{n,m} \approx cR \cdot \frac{\Delta n \cdot 2n}{n^4} \tag{2.50}$$

$$= \frac{2cR}{n^3} \cdot \Delta n \tag{2.51}$$

Der Vorfaktor $\frac{2cR}{n^3}$ ist jedoch gerade gleich der Bahnfrequenz v_n (Gleichung (2.42)), und für $\Delta n = 2, 3, 4, \ldots$ findet man ganzzahlige Vielfache einer Grundfrequenz. Betrachten wir ein konkretes Beispiel: Berechnet man die Übergangsfrequenzen für $n = 500 \rightarrow m = 499, 498, 497, \ldots$, so gilt für die Frequenzen in guter Näherung:

$$v_{500,499} \equiv v_n$$

$$v_{500,498} = 2{,}0 \cdot v_n$$

$$v_{500,497} = 3{,}0 \cdot v_n$$

$$v_{500,496} = 4{,}0 \cdot v_n$$

Die Frequenz, die bei einem Übergang $500 \rightarrow 499$ emittiert wird, entspricht der Umlauffrequenz ν_n (Gleichung (2.42)) der n-ten bzw. m-ten Bahn (es gilt ja $n \approx m$) und die „Oktave" $2 \cdot \nu_n$ entspricht der Abstrahlung $500 \rightarrow 498$ usw. Für solch ein hoch angeregtes Atom liefert das Bohr'sche Modell somit ein *harmonisches Spektrum*, obwohl die zugrunde liegenden physikalischen Mechanismen natürlich verschieden bleiben.

Dies ist eine frühe Anwendung dessen, was später als „Korrespondenzprinzip" bezeichnet wurde, hier also die Korrespondenz zwischen der Ordnung der Obertöne im harmonischen Spektrum mit der Sprungweite Δn bei hoch angeregten Zuständen. Häufig wird das Korrespondenzprinzip lediglich als Forderung formuliert, dass die Quantentheorie im Grenzwert hoher Quantenzahlen mit der „klassischen Physik" übereinstimmt. Diese reine Konsistenzbedingung beschreibt jedoch den tatsächlichen Inhalt nur unvollständig.

> **Das Bohr'sche Korrespondenzprinzip**
> besagt nicht bloß, dass die Quantentheorie im Grenzwert großer Quantenzahlen auf die „klassischen" Vorhersagen führt. Seine Aussagen sind viel spezifischer als diese bloße Konsistenzbedingung und halfen bei der Entwicklung theoretischer Vorhersagen.

Die konkrete Funktion dieses Prinzips bei der Theorieentwicklung zeigt sich auch im folgenden Beispiel. Bei Atomspektren sind nicht nur die *Frequenzen* eine wichtige Beobachtungsgröße, sondern auch ihre *Intensitäten*. In der „klassischen" Beschreibung ist die Abstrahlung durch die periodische Bewegung verursacht, und die Intensität einer Frequenz ist mit der Amplitude des entsprechenden Terms der Fourier-Reihe verknüpft (vgl. Gleichung (2.37)).

Im Bohr'schen Atommodell tritt die Abstrahlung jedoch durch den Übergang zwischen zwei stationären Zuständen auf. Offensichtlich kann ein *einzelner* Übergang nur ein sehr schwaches Signal verursachen, und jede beobachtete Spektrallinie muss daher einer Vielzahl solcher Übergänge entsprechen. Deshalb lag es nahe, die Intensität mit der *Wahrscheinlichkeit* eines solchen Übergangs zu verknüpfen. Die Einsteinschen A-Koeffizienten (siehe Abschnitt 2.9) stellten exakt eine solche Übergangswahrscheinlichkeit dar. Sie wurden nun gemäß des Bohr'schen Korrespondenzprinzips in Beziehung zu den Koeffizienten der Fourier-Entwicklung gesetzt (Bohr, 1918). Auf diese Weise konnten sogenannte Auswahlregeln erfolgreich begründet werden.[43]

---

[43] Fedak und Prentis (2002) erläutern diese Zusammenhänge sehr verständlich und ziehen daraus auch didaktische Folgerungen. In einem üblichen Curriculum an der Universität können Übergangsraten und Auswahregeln erst zu einem späten Zeitpunkt thematisiert werden, da ihre exakte Berechnung aufwendig ist. Eine Anwendung des Korrespondenzprinzips erlaubt hier eine frühere Behandlung. In Abschnitt 3.2 werden wir zudem sehen, wie das Korrespondenzprinzip einen entscheidenden Beitrag zur Entwicklung der sogenannten Matrizenmechanik, also einer Fassung der aktuellen Quantentheorie, leistete.

Bevor wir uns in Abschnitt 2.6.3 der Verallgemeinerung des Modells durch Arnold Sommerfeld zuwenden, wollen wir die verbreitete didaktische Kritik am Bohr'schen Atommodell betrachten.

2.6.2 Didaktische Kritik am Bohr'schen Atommodell

Das Atommodell von Bohr wird häufig dafür kritisiert, dass seine Annahmen bloß ad hoc sind. In der didaktischen Literatur findet sich zudem die Kritik, dass durch seine Behandlung die Fehlvorstellung von Elektronenbahnen etabliert wird, die den weiteren Physikunterricht stabil überdauert. Vor allem deshalb wurde das Bohr'sche Atommodell bereits aus einigen Bildungsplänen gestrichen. Diese Kritik scheint mir jedoch auf einem Missverständnis zu beruhen.

Betrachten wir den Ad-hoc-Charakter seiner Postulate genauer. Die Kritik betrifft die Stabilität des Atoms, also den strahlungsfreien Umlauf der Elektronen auf den stationären Bahnen. Warum, so der häufige Einwand, verliert das Elektron nicht kontinuierlich Energie und fällt spiralförmig in den Kern? Diese Frage klärt Bohr in seinem Modell sicherlich nicht, aber der Einwand scheint zu übersehen, dass der entscheidende Punkt bei Bohr gerade darin liegt, die periodische *Bewegung* des Elektrons von seiner periodischen *Strahlung* zu trennen. Er antizipiert damit die tiefe Einsicht, dass die spätere Quantenmechanik eine Theorie der *Übergänge* von Anfangs- und Endzustand ist.

Ohne der Diskussion in Kapitel 3 umfangreich vorgreifen zu wollen, wird die Frage „Warum strahlen die Elektronen auf ihrer kontinuierlichen Bahn nicht ebenfalls kontinuierlich ab?" dort mit dem Hinweis beantwortet, dass es diese *kontinuierlichen Elektronenbahnen* gar nicht gibt. Heisenberg formulierte seine neue Quantenmechanik zwar erst 1925, doch auf der Grundlage und in Verallgemeinerung der Bohr'schen Theorie. Niemand kann Bohr ernsthaft vorwerfen, nicht bereits 1913 den Bahnbegriff abgeschafft zu haben. Seine Trennung von *Bahn*frequenz und *Strahlungs*frequenz hat diesen Schritt jedoch entscheidend vorbereitet, indem er der Bahnbewegung zunächst ihre *physikalische Bedeutung* für den Strahlungsvorgang genommen hat.

Die didaktisch motivierte Kritik am Bohr'schen Atommodell ist nicht gut begründet. Seine Postulate sind zwar ad hoc, implizieren jedoch, dass die Elektronenbahnen keine physikalische Bedeutung für die Abstrahlung haben. Damit antizipiert das Modell ein zentrales Resultat der späteren Quantentheorie, die diese Elektronenbahnen schließlich abgeschafft hat. Betont man diese fehlende Funktion der Elektronenbahnen, kann das Bohr'sche Modell die Entwicklung zur modernen Quantentheorie sogar besonders einleuchtend illustrieren.

In der Didaktik der Quantentheorie kann Bohrs Modell deshalb genau denselben Platz beanspruchen, dem man beispielsweise der Einsteinschen Lichtquantenhypothese einräumt. Beide waren historisch bedeutsam, antizipierten wichtige Entwicklungen, gelten jedoch aus Sicht der aktuellen Fachwissenschaft als unzutreffend.

Natürlich können beide Modelle auch Anlass zu einer falschen Bildhaftigkeit geben: Die Elektronenbahnen bei Bohr und das lokalisierte „Erbsen-Photon" bei Einstein. Im Unterricht gilt es, diesen Gefahren zu begegnen. Verzichtet der Physikunterricht jedoch auf die Behandlung des Bohr'schen Modells, überlässt er dieses Thema dem Chemieunterricht.

2.6.3 Das Atommodell von Bohr–Sommerfeld

Angesichts des radikalen Inhalts der Bohr'schen Postulate und der Tatsache, dass Bohr zu diesem Zeitpunkt in der wissenschaftlichen *Community* noch weitgehend unbekannt war, fielen die Reaktionen auf sein Atommodell überraschend positiv aus (Kragh, 2022). Der empirische Erfolg seines Modells verschaffte ihm unmittelbare Anerkennung, doch es gab auch Kritik und Widerstände seitens namhafter Forscher. Bereits um 1920 war die Bohr'sche Theorie jedoch vollständig akzeptiert, und schon fünf Jahre früher erachtete die „Avantgarde" der Physiker dieses Modell als unverzichtbar (Kragh, 2022, S. 163). John Heilbron (1981) hat jedoch darauf hingewiesen, dass der Ausbruch des ersten Weltkriegs eine übliche Diskussion und Meinungsbildung in der *Community* zum Bohr'sche Modell beeinträchtigte; siehe dazu auch Abschnitt 2.8.

Bei all dem sollte man bedenken, dass die Akzeptanz und Verwendung des Bohr'schen Modells nicht zwangsläufig bedeutete, dass die jeweiligen Forschenden dieses Modell auch als realistische Beschreibung des Atoms ansahen. Aber sie fanden es offenbar interessant und wichtig genug, um andere Arbeiten dafür beiseitezulegen.

Der Physikhisoriker Armin Hermann beschreibt in der Einführung zu Bohr (1964), wie insbesondere Arnold Sommerfeld (siehe Abbildung 2.13) und seine Schüler dem Bohr'schen Atommodell zum Durchbruch verhalfen.[44] Dieser Arbeit wollen wir uns nun zuwenden. Im darauf folgenden Abschnitt 2.6.4 behandeln wir dann die Arbeiten von Moseley zur charakteristischen Röntgenstrahlung, die ebenfalls zur Anerkennung des Bohr'schen Atommodells beitrugen.

Von Kreis- zu Ellipsenbahnen

Sommerfeld verallgemeinerte 1915 im Bohr–Sommerfeld-Atommodell die Bohr'schen Kreisbahnen. Analog zum Kepler-Problem der Planetenbewegung sollten die Elektronen auf *Ellipsenbahnen* den Kern im Brennpunkt umrunden. Vielleicht ist es hilfreich, einige Begriffe aus der Geometrie in Erinnerung zu rufen:

---

44 Arnold Sommerfeld (1868–1951) hat in München eine ganze Generation hochbegabter Studierender ausgebildete, darunter Hans Bethe, Peter Debye, Werner Heisenberg, Walter Heitler, Alfred Landé, Fritz London, Wolfgang Pauli und Gregor Wentzel. Viele seiner Schüler wurden später mit dem Nobelpreis geehrt. Sommerfeld selbst wurde rekordverdächtige 81-mal für diesen Preis vorgeschlagen, ohne ihn je zu erhalten (Eckert, 2013b).

Abb. 2.13: Arnold Sommerfeld (links) und Niels Bohr im Jahr 1919 bei einer Konferenz zur Atomphysik in Lund (Schweden). Organisert wurde diese Tagung von Manne Siegbahn, dem Nachfolger von Johannes (Janne) Rydberg an der Universität Lund (© Deutsches Museum München, BN47094).

Geometrie der Ellipse

Eine Ellipse hat zwei Brennpunkte (F_1, F_2) und ist als die Punktmenge definiert, deren Abstandssumme von diesen Brennpunkten (die Strecke $r + s$ in Abbildung 2.14) konstant ist. Ihre große Halbachse a ist der halbe Durchmesser längs $\overline{F_1 F_2}$ und die kleine Halbachse b ist der halbe Durchmesser, der zu a senkrecht steht und durch den Mittelpunkt verläuft. Den Abstand zwischen Brennpunkt und Mittelpunkt nennt man Exzentrizität e, die nicht mit der *numerischen* Exzentrizität $\epsilon = e/a$ verwechselt werden darf. Es gilt $\epsilon = \sqrt{a^2 - b^2}/a$ bzw. $\frac{b}{a} = \sqrt{1 - \epsilon^2}$. Die numerische Exzentrizität beschreibt also die „Kreisähnlichkeit" der Ellipse. Bei perfekter Kreisform ($a = b$) hat sie den Wert null. Je „flacher" die Ellipse (d. h. $b < a$), desto näher liegt ihr Wert bei Eins (siehe auch Abbildung 2.14).

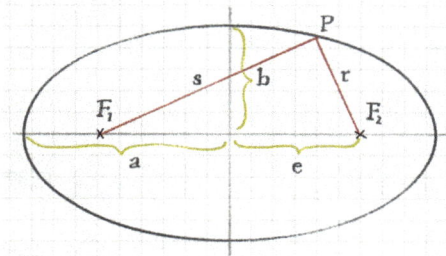

Abb. 2.14: Definition der wichtigsten Ellipsen-Parameter: Große Halbachse a, kleine Halbachse b, Exzentrizität e und Brennpunkte F_i. Die Summe der Strecken s und r ist für jeden Punkt P konstant ($= 2a$).

Eine Ellipse kann nicht mehr wie ein Kreis durch einen einzigen Parameter beschrieben werden, sondern benötigt *zwei* Größen sowie eine verallgemeinerte Quantisierungsbedingung. Aus Überlegungen von Planck über die Quantenbedingung im Phasenraum übernahm Sommerfeld für jeden Freiheitsgrad i folgende Formulierung:

$$\oint p_i dq_i = n_i h. \tag{2.52}$$

Hier bezeichnet q_i die periodische Variable und p_i den zugehörigen verallgemeinerten Impulse, d. h., es ist $p_i = \frac{\partial E_{\text{kin}}}{\partial \dot{q}_i}$, falls das Potenzial nicht von der Geschwindigkeit abhängt. Die Integration verläuft über eine volle Periode, und die Bohr'sche Drehimpulsquantisierung aus Gleichung (2.41) ist ein Spezialfall dieser Vorschrift (siehe Gleichung (2.53)).

Sommerfeld wählte ebene Polarkoordinaten als verallgemeinerte Koordinaten, d. h. die radiale Koordinate r (den Abstand zum Brennpunkt) und den Azimutwinkel ϕ (den Winkel zwischen Hauptachse und Radiusvektor r). Die zugehörigen verallgemeinerten Impulse sind $p_\phi = mr^2\dot{\phi} = L$ (der Drehimpuls) sowie $p_r = m\dot{r}$ (der lineare Impuls). Für $q = \phi$ ergibt Gleichung (2.52) unmittelbar das Bohr'sche Resultat:

$$\int_0^{2\pi} L d\phi = L \int_0^{2\pi} d\phi = 2\pi \cdot L = n_\phi \cdot h. \tag{2.53}$$

Hier bezeichnet n_ϕ also die „azimutale" oder Drehimpuls-Quantenzahl. Die Anwendung von Gleichung (2.52) auf die r-Koordinate ist schwieriger. In einer etwas verwickelten Rechnung (siehe etwa Sommerfeld (2013, S. 79)) findet man:

$$n_r \cdot h = \oint m\dot{r} dr = \int_0^{2\pi} m\dot{r} \frac{dr}{d\phi} d\phi \tag{2.54}$$

$$= 2\pi L \left(\frac{1}{\sqrt{1-\epsilon^2}} - 1 \right) \tag{2.55}$$

Die Abhängigkeit von der Exzentrizität ϵ tritt auf, da die Polardarstellung der Ellipse $r(\phi) = \frac{b^2}{a(1+\epsilon \cos\phi)}$ ausgenutzt wird. Setzt man in Gleichung (2.55) jedoch den Ausdruck $2\pi L = n_\phi h$ (Gleichung (2.53)) ein, erhält man einen wichtigen Zusammenhang zwischen den neuen Quantenzahlen und der Ellipsenform:

$$\underset{=n_\phi h}{\underline{2\pi L}} \left(\frac{1}{\sqrt{1-\epsilon^2}} - 1 \right) = n_r \cdot h \tag{2.56}$$

$$\frac{1}{\sqrt{1-\epsilon^2}} - 1 = \frac{n_r}{n_\phi} \tag{2.57}$$

$$\underset{=\frac{b}{a}}{\underline{\sqrt{1-\epsilon^2}}} = \frac{n_\phi}{n_\phi + n_r}. \tag{2.58}$$

Die Quantenzahlen sind grundsätzlich natürliche Zahlen, doch Sommerfeld schloss $n_\phi = 0$ aus, da die Ellipse dann zu einem Strich entarten würde. Dies würde bedeuten, dass das Elektron durch den Kern pendeln und ebenfalls beliebig schnell werden könne. Falls hingegen die radiale Quantenzahl n_r den Wert null hat, liegt der Spezialfall einer Kreisbahn vor. Dies erkennt man etwa durch Einsetzen von $n_r = 0$ in Gleichung (2.58), woraus $a = b$ folgt.

Von der Lösung des Kepler-Problems der Planetenbewegung ist bekannt, dass die große und die kleine Halbachse mit der Energie (E) bzw. dem Drehimpuls (L) in einem einfachen Zusammenhang stehen (Fließbach, 2009, S. 143):

$$a = -\frac{\kappa}{2E} \quad \text{und} \quad b = \frac{L}{\sqrt{-2mE}}. \tag{2.59}$$

Beim Kepler-Problem der Planetenbewegung ist κ das Produkt der Massen mit der universellen Gravitationskonstanten, d. h. $\kappa = \gamma mM$. Im Bohr–Sommerfeld-Modell gilt hingegen $\kappa = Ze^2/4\pi\epsilon_0$, da die Coulombkraft an die Stelle der Gravitation tritt.[45] Ersetzt man nun L durch $n_\phi \frac{h}{2\pi}$ und setzt die Ausdrücke (2.59) in Gleichung (2.58) ein, findet man:

$$\frac{n_\phi}{n_\phi + n_r} = \frac{b}{a} \tag{2.60}$$

$$= -\frac{2n_\phi hE}{2\pi\kappa\sqrt{-2mE}}. \tag{2.61}$$

Auflösen nach $E = E_{n_\phi,n_r}$ und Einsetzen von κ liefert das zentrale Resultat der gesamten Untersuchung:

$$E_{n_\phi,n_r} = -\frac{2\pi^2 m\kappa^2}{h^2} \cdot \frac{1}{(n_\phi + n_r)^2} \tag{2.62}$$

$$= -\frac{RhcZ^2}{(n_\phi + n_r)^2}. \tag{2.63}$$

Die Energie der Elektronen auf den Ellipsen hängt somit lediglich von der *Summe* der Quantenzahlen n_ϕ und n_r ab. Setzt man diese Summe gleich der Bohr'schen Quantenzahl $n \equiv n_\phi + n_r$, kann man die Herleitung der Balmer-Formel erfolgreich reproduzieren. Sommerfeld kommentierte diese Gleichung mit den Worten:

> Dieses Resultat ist im höchsten Grade überraschend und von schlagender Bestimmtheit. [...] Die Energie ist also eindeutig bestimmt durch die Summe der Wirkungsquanten, die wir auf die azimutale und die radiale Koordinate beliebig verteilen können. Es scheint mir ausgeschlossen, daß ein so präzises und folgenreiches Ergebnis einem algebraischen Zufall zuzuschreiben sein könnte [...]. Aus dem Energieausdruck (2.63) ergibt sich nun sofort die Balmer'sche Serie [...]. Durch Zulassung unserer quantenhaft ausgezeichneten Ellipsenbahnen hat die Serie nichts an Linienzahl gewonnen und nichts an Schärfe verloren. (Sommerfeld, 2013, S. 80f)

---

45 Es gilt hier übrigens $E < 0$, da ein Bindungszustand betrachtet wird. Der Radikant sowie die große Halbachse a sind also tatsächlich positiv.

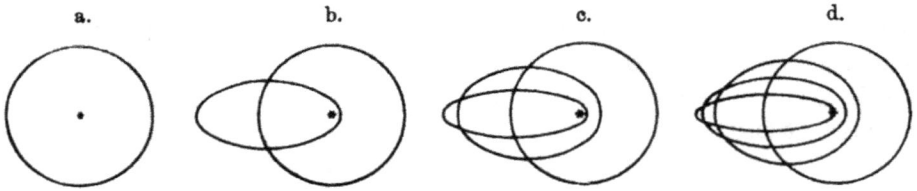

Abb. 2.15: Die elliptischen Bahnen des Wasserstoffatoms im Bohr–Sommerfeld-Modell. Von links nach rechts wächst die Hauptquantenzahl n von 1 bis 4. Die azimutale Quantenzahl n_ϕ kann die Werte 1 bis n annehmen, also a) $n = n_\phi = 1$, b) $n = 2, n_\phi = 1$ (Ellipse) und $n_\phi = 2$ (Kreis), c) $n = 3, n_\phi = 1, 2, 3$ sowie d) $n = 4, n_\phi = 1, 2, 3, 4$. Dabei hängt die Energie nur von der Hauptquantenzahl ab. Man sagt, die Energieniveaus sind n-fach entartet (Abbildung aus *Atombau und Spektrallinien*, 3. Auflage 1922, S. 272).

Bei gegebenem Wert der Hauptquantenzahl n kann die Drehimpuls-Quantenzahl n_ϕ alle ganzzahligen Werte zwischen 1 und n annehmen. Für $n_\phi = n$ bzw. $n_r = 0$ liegt der Spezialfall einer Kreisbahn vor (vgl. Abbildung 2.15).

Die Feinstruktur des Wasserstoffspektrums

Die bloße Reproduktion der Bohr'schen Resultate hätte diesem Modell jedoch sicherlich keine große Anerkennung verschafft. Ein spektakulärer Erfolg dieses Ansatzes war die Erklärung der sogenannten Feinstruktur des Wasserstoffspektrums.

Bereits 1887 hatten Albert A. Michelson (1852–1931) und Edward W. Morley (1838–1923) bei Präzisionsmessungen festgestellt, dass die H_α-Linie des Wasserstoffspektrums (siehe Abschnitt 2.5.2) tatsächlich aus zwei eng benachbarten Linien (einem sogenannten „Dublett") besteht.[46] Viele weitere Messungen bestätigten diesen Effekt und wiesen diese „Feinstruktur" auch bei anderen Linien nach. Diese Beobachtung war im Bohr'schen Atommodell nicht erklärlich – was aber zunächst niemanden zu stören schien (Kragh, 1985, S. 69).

Auf den elliptischen Bahnen mit großer Exzentrizität kann in Kernnähe eine so große Geschwindigkeit auftreten, dass relativistische Effekte relevant werden. Sommerfeld ersetzte deshalb die Elektronenmasse durch die *relativistische Masse*

$$m = \frac{m_0}{\sqrt{1 - v^2/c^2}} \tag{2.64}$$

und ermittelte die relativistische Version der Energie-Gleichung (2.63).[47] Diesen komplizierten Ausdruck wollen wir hier gar nicht angeben. Viel nützlicher ist seine Rei-

---

46 Für die Größenordnung: Die H_α-Linie hat eine Wellenlänge von $\lambda \approx 660$ nm und die Feinstruktur-Aufspaltung beträgt $\Delta\lambda \approx 10$ nm.

47 Ob es sinnvoll ist, zwischen einer Ruhemasse und einer geschwindigkeitsabhängigen „relativistischen Masse" zu unterscheiden, ist dabei umstritten. Lev Okun (1989) weist darauf hin, dass die Masse eine Invariante ist (d. h. in allen Bezugssystemen denselben Wert hat). Die Experimente, die vorgeblich die Geschwindigkeitsabhängigkeit der Masse testen, untersuchen nach Okun die Abhängigkeit des rela-

henentwicklung nach Potenzen des dimensionslosen Parameters $\alpha = \frac{1}{4\pi\epsilon_0}\frac{e^2}{\hbar c} \approx \frac{1}{137}$.
Vernachlässigt man Terme ab $\mathcal{O}(\alpha^4)$, ergibt sich (Sommerfeld, 2013, S. 49):

$$E_{n,n_\phi} = -\frac{RhcZ^2}{n^2}\left[1 + \frac{\alpha^2 Z^2}{n}\left\{\frac{1}{n_\phi} - \frac{3}{4n}\right\} + \cdots\right]. \tag{2.65}$$

Man erkennt, dass die Bahnen mit gleichem $n = n_\phi + n_r$ nun *nicht* mehr die selbe Energie aufweisen. Genau dieser Effekt erlaubt die Erklärung der Feinstruktur, und der Parameter α ist deshalb als Feinstrukturkonstante bekannt geworden.[48]

Wendet man Gleichung (2.65) zum Beispiel auf den Zustand mit $n = 2$ an, ergibt sich für die beiden Varianten (i) $n_\phi = 1$ (Ellipsenbahn) sowie (ii) $n_\phi = 2$ (Kreisbahn) folgende Energiedifferenz:

$$E_{2,2} - E_{2,1} = \frac{Rhc\alpha^2 Z^4}{2^4} = hc\Delta\lambda^{-1} \tag{2.66}$$

$$\Rightarrow \Delta\lambda^{-1} = \frac{R\alpha^2}{16} \approx 36{,}52\,\text{m}^{-1}. \tag{2.67}$$

In der letzten Umformung wurde die Kernladungszahl $Z = 1$ (Wasserstoff) gesetzt. Die etwas umständliche Darstellung als Differenz der inversen Wellenlänge λ^{-1} (auch „Wellenzahl" $\tilde{\nu}$ genannt) hat sich hier eingebürgert, aber in den historischen Quellen und der Sekundärliteratur wird diese Größe oft $\Delta\nu$ genannt, was zur Verwechslung mit der Frequenz einlädt.

Der theoretische Wert aus Gleichung (2.67) entspricht dabei sehr genau der von Paschen (1916, S. 910) gemessenen Feinstruktur-Aufspaltung:[49]

$$\Delta\lambda^{-1} = 36{,}45 \pm 0{,}45\,\text{m}^{-1}. \tag{2.68}$$

Friedrich Paschen und Sommerfeld standen in engem brieflichen Austausch, und am 21. Mai 1916 berichtete Paschen aus Tübingen:

---

tivistischen Impulses $\vec{p} = \frac{m\vec{v}}{\sqrt{1-v^2/c^2}}$ von der Geschwindigkeit. Diese interessante Interpretationsfrage der speziellen Relativitätstheorie hat aber keinen Einfluss auf Sommerfelds Betrachtungen.

48 Dabei hat diese Größe bis auf den heutigen Tag eine große Bedeutung. In der Quantenfeldtheorie des Elektromagnetismus bezeichnet α die sogenannte Kopplungskonstante. Es wurde viele Jahre lang über die mögliche Ursache davon spekuliert, dass $\alpha^{-1} \approx 137$, also scheinbar eine ganze Zahl ist (Kragh, 2003). Die Tatsache, dass Wolfgang Pauli am 5. Dezember 1958 in Zimmer Nr. 137 des Krankenhauses vom Roten Kreuz in Zürich starb, gehört zum festen Anekdotenschatz der Physik.

49 Paschen verwendete hier jedoch eine Spektrallinie des ionisierten Heliums ($\lambda = 4686$ Å). Bei der Betrachtung des wasserstoffähnlichen He$^+$ profitiert man davon, dass die Feinstruktur mit Z^4 wächst – also 16-mal größer ist als bei Wasserstoff. Zusätzlich sei angemerkt, dass beispielsweise die H_α-Linie einem Übergang ($n = 3 \rightarrow 2$) entspricht. Ihre Aufspaltung ist also die kombinierte Wirkung der Energieaufspaltung der Niveaus mit $n = 2$ und $n = 3$.

> Meine Messungen sind nun beendet und stehen überall in schönstem Einklang mit Ihren Feinstructuren. Ohne Ihre Theorie wären diese Resultate nicht gefunden worden [...].
> (Sommerfeld, 2013, S. 50)

Diese Bemerkung illustriert sehr schön das enge Wechselspiel zwischen Theorie und Experiment. Bei diesen anspruchsvollen Messungen, die zahlreiche experimentelle Fehlerquellen und offene Fragen zu Linienintensität, Auswahlregeln etc. mit sich brachten, waren Experiment und Theorie auf eine enge Kooperation angewiesen.

Die Rezeption der Sommerfeld'schen Arbeiten

Michael Eckert beschreibt in der Einleitung von Sommerfeld (2013, S. 55ff) wie euphorisch dieser Erfolg von Sommerfeld und seiner Schule von den Zeitgenossen aufgenommen wurde. Am wenigsten überrascht vielleicht die Gratulation von Bohr und Rutherford aus Manchester – obwohl auch dies in Kriegszeiten bemerkenswert war (siehe dazu auch Abschnitt 2.8). Einstein schrieb im August 1916 an Sommerfeld, dass erst durch diese Arbeit „Bohrs Idee [...] vollends überzeugend" werde (zitiert nach Sommerfeld (2013, S. 56)). Zudem bestätigte die Arbeit zur Feinstruktur die Relativitätstheorie.

In der Rückschau ist dieser Erfolg allerdings äußerst merkwürdig und wirft physikalische und wissenschaftsphilosophische Fragen auf. In der Literatur spricht man hier vom sogenannten „Sommerfeld-Rätsel", dem wir einen kleinen Exkurs widmen.

---

i **Das Sommerfeld-Rätsel**

Wie wir ab Kapitel 3 sehen werden, wurde die Quantentheorie von Bohr–Sommerfeld ab 1925 durch Matrizen- bzw. Wellenmechanik abgelöst und 1928 formulierte Paul Dirac deren relativistische Verallgemeinerung. Berechnet man mit dieser Theorie die Feinstruktur, findet man (Eisberg und Resnick, 1985, S. 286):

$$E_{n,j} = -\frac{Rhc}{n^2}\left[1 + \frac{\alpha^2}{n}\left\{\frac{1}{j+\frac{1}{2}} - \frac{3}{4n}\right\} + \cdots\right]. \qquad (2.69)$$

Dies ist jedoch identisch mit Sommerfelds Gleichung (2.65). Lediglich der Term $j + \frac{1}{2}$ ersetzt die Drehimpuls-Quantenzahl m_ϕ. Da aber der Gesamtdrehimpuls j die Werte $\frac{1}{2}, \frac{3}{2}, \frac{5}{2}, \ldots$ annimmt, durchlaufen $j + \frac{1}{2}$ und m_ϕ den gleichen Wertebereich, nämlich die natürlichen Zahlen von 1 bis n.

Diese Übereinstimmung hat nicht nur die Zeitgenossen äußerst erstaunt, denn ein zentrales Element der modernen Herleitung war Sommerfeld noch völlig unbekannt: der Spin des Elektrons (siehe Abschnitt 5.6.3). Das „Sommerfeld-Rätsel" besteht nun darin, diese Übereinstimmung zu erklären. Heisenberg (1968, S. 534) beschrieb die Situation mit den Worten:

> Aber wie durch ein Wunder hat sich Sommerfelds Formel, die auf Grund der alten, noch unzulänglichen Quantentheorie für ein kugelsymmetrisches Elektron berechnet worden war, auch als die exakte Lösung der quantenmechanischen, von Dirac entwickelten relativistischen Theorie eines Kreiselektrons bewährt.

Heisenbergs Formulierung „wie durch ein Wunder" sollte nun aber aufhorchen lassen. Nach üblichem Verständnis beruht der Erfolg wissenschaftlicher Theorien ja gerade *nicht* auf „Wundern", sondern auf ihrer – zumindest teilweisen – Übereinstimmung mit der „Realität". Diese Position wird in der philosophischen Debatte daher „wissenschaftlicher Realismus" genannt.

Der wissenschaftliche Realismus räumt zwar ein, dass auch vorläufige oder später widerlegte Theorien korrekte Vorhersagen machen können. Die Wissenschaftsgeschichte bietet dafür zahlreiche Beispiele. Zentral für diese Position ist jedoch die Forderung, dass diese Vorhersagen auf denjenigen Konzepten beruhen, die die weitere Theorieentwicklung überdauert haben. So kann z. B. der Erfolg des Bohr'schen Atommodells aus Sicht des wissenschaftlichen Realismus als Hinweis gedeutet werden, dass die diskreten Energien tatsächlich Realität haben, obwohl sich die Bahnbewegung der Elektronen später als unzutreffend herausgestellt hat. Diese Bahnbewegung spielt aber im Bohr'schen Modell (wie in Abschnitt 2.6 erläutert) lediglich eine untergeordnete Rolle.

Anders liegen die Dinge bei Sommerfelds Herleitung der Feinstruktur. Hier sind gerade die Details der Elektronenbewegung (Geschwindigkeit und Abstand vom Kern) für die Berechnung entscheidend. Praktisch keines der Elemente der ursprünglichen Herleitung hat die spätere Theorieentwicklung überdauert. Die Konzepte, die nach heutigem Verständnis die Feinstruktur erklären, waren 1916 noch allesamt unbekannt! Die einzige Gemeinsamkeit der Herleitungen besteht darin, dass die Feinstruktur in beiden Fällen einen relativistischen Effekt darstellt. Dadurch ist ihre Struktur aber keineswegs festgelegt. Allem Anschein nach heben sich bei Sommerfeld die Fehler durch die nicht berücksichtigten Effekte *zufällig* auf (Keppeler, 2004). Dann würde aber die Strategie versagen, den Erfolg dieser Theorie durch ihre Wahrheitsnähe zu erklären. Doch vielleicht gibt es ja noch „versteckte" Elemente in Sommerfelds Herleitung, die für ihren Erfolg verantwortlich sind *und* auch in der modernen Quantenmechanik Gültigkeit besitzen. Heisenberg führt nach dem oben erwähnten Zitat weiter aus:

> Es wäre eine reizvolle Aufgabe zu untersuchen, ob es sich hier wirklich um ein Wunder handelt oder ob nicht vielleicht die von Sommerfeld und Dirac gemeinsam zugrunde gelegte gruppentheoretische Struktur des Problems schon zu dieser Formel führt. (Heisenberg, 1968, S. 534)

Heisenberg selbst hat sich dieser „reizvollen Aufgabe" nicht gewidmet, doch Lawrence Biedenharn (1983) argumentiert, dass beiden Theorien eine gemeinsame Symmetriestruktur zugrunde liegt, die für die identischen Feinstrukturformeln verantwortlich ist. Dies scheint eine gute Nachricht für den wissenschaftlichen Realismus zu sein.

Doch Biedenharns Lösung des Sommerfeld-Rätsels wurde von Granovskiĭ (2004) kritisiert. Dieser Autor zeigt, meiner Meinung nach überzeugend, dass es doch ein zufälliger Fehler von Sommerfeld war, der zur „richtigen" Formel für die Feinstruktur führte. Dadurch wird die Position des wissenschaftlichen Realismus erneut empfindlich geschwächt (Vickers, 2012).

Die Richtungsquantisierung

Kehren wir noch kurz zu einigen weiteren Entwicklungen der Bohr–Sommerfeld-Theorie zurück. Während die Größen n und n_ϕ Größe und Form der Bahn bestimmen, war deren *Orientierung im Raum* zunächst noch beliebig. Dies ändert sich jedoch, wenn etwa durch ein äußeres Feld eine Richtung im Raum ausgezeichnet wird. In diesem Fall liegt also ein räumliches Problem mit drei Freiheitsgraden vor, und man muss das bisherige Vorgehen verallgemeinern, indem man von den ebenen Polarkoordinaten (r, ϕ) zu beispielsweise Kugelkoordinaten (r, ψ, θ) übergeht. Hierbei bezeichnet $0 \leq \psi \leq 2\pi$ den Azimutwinkel in der Äquatorebene, $0 \leq \theta \leq \pi$ den Polarwinkel und r wie bisher die radiale Koordinate (siehe Abbildung 2.16). Wendet man auf diese Größen die Quantisierungsregel Gleichung (2.52) an, erhält man Bestimmungsgleichungen für nun drei Quantenzahlen: n_r, n_θ sowie n_ψ.

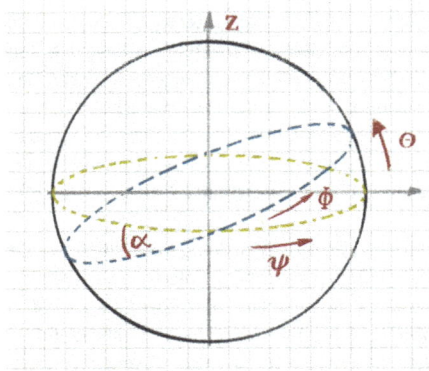

Abb. 2.16: Definition der Kugelkoordinaten ψ und θ sowie der Zusammenhang zum Azimutalwinkel ϕ der ebenen Polarkoordinaten. Man beachte, dass ψ ebenfalls ein Azimutalwinkel ist – jedoch längs der Äquatorebene. Der Winkel a gibt schließlich die Neigung der Ellipsenbahn an. Konventionell zeigt die ausgezeichnete Richtung entlang der z-Achse.

Das Resultat ist ziemlich intuitiv: Für die radiale Komponente ergibt sich kein Unterschied. Der Gesamtdrehimpuls $L = n_\phi \hbar$ spaltet sich nun jedoch je nach Neigungswinkel a der Bahn (siehe Abbildung 2.16) auf. Bezeichnen wir die jeweiligen verallgemeinerten Impulse mit L_ψ und L_θ, so gilt:

$$L_\psi = L \cdot \cos a = n_\psi \hbar \tag{2.70}$$

$$L_\theta = L \cdot (1 - \cos a) = n_\theta \hbar. \tag{2.71}$$

Vor allem die zweite Gleichung ist das Resultat einer etwas komplizierteren Integration.[50] Man kann nun leicht nachrechnen, dass aus diesen Beziehungen (sowie $L = n_\phi \hbar$) $n_\phi = n_\psi + n_\theta$ und ebenfalls

$$\cos a = \frac{n_\psi}{n_\psi + n_\theta} = \frac{n_\psi}{n_\phi} \tag{2.72}$$

folgt. Hierbei bezeichnet n_ϕ die Azimualquantenzahl des zweidimensionalen Problems. Die Neigung der Ellipse im Raum kann also ebenfalls nur diskrete Werte annehmen, und dies nannte Sommerfeld die „Richtungs-" bzw. „Raumquantisierung". Gemeint war also keine Quantisierung „des" Raums, sondern „im" Raum. Offensichtlich gilt $-1 \leq \cos a \leq +1$, woraus für die Richtungsquantenzahl n_ψ folgt, dass sie in ganzzahligen Schritten den Bereich $-n_\phi \leq n_\psi \leq +n_\phi$ durchläuft. Kontrovers wurde die Frage diskutiert, ob der Wert $n_\psi = 0$ zulässig sei. Sommerfeld ließ diesen Wert zu und n_ψ konnte somit $2n_\phi + 1$ Werte durchlaufen.

In Abwesenheit eines äußeren Feldes ist die Energie des Elektrons von all dem unabhängig, und es vergrößerte sich lediglich die Entartung der Niveaus:

$$E_{n_\psi, n_\theta, n_r} = -\frac{RhcZ^2}{(n_\psi + n_\theta + n_r)^2}. \tag{2.73}$$

---

50 Man könnte irrtümlich $L_\theta = L \sin a$ erwarten – aber wir betrachten eben kein rechtwinkliges Koordinatensystem. Aus demselben Grund findet man auch *nicht* $n_\phi = \sqrt{n_\psi^2 + n_\theta^2}$, sondern $n_\phi = n_\psi + n_\theta$!

Tab. 2.1: Quantenzahlen (QZ) der alten Quantentheorie von Bohr bzw. Bohr–Sommerfeld (vergleiche auch Abbildung 2.16 für die Definition der Kugelkoordinaten). Die azimutale oder Drehimpulsquantenzahl n_ϕ wird auch häufig (nach Bohr) mit k bezeichnet. Für die Richtungsquantenzahl n_ψ wird in der Regel die Bezeichnung m (für „magnetische Quantenzahl") verwendet. Häufig betrachtet man natürlich Übergänge der Art $n \rightarrow m$ (mit n, m Hauptquantenzahlen). Dann besteht also eine gewisse Verwechslungsgefahr mit der magnetischen Quantenzahl m. In der modernen Quantenmechanik sind die entsprechenden Größen auf den ersten Blick ganz ähnlich. Lediglich die Drehimpulsquantenzahl durchläuft die Werte $0, \ldots, n-1$ (kann also auch den Wert null annehmen) und wird zur Unterscheidung häufig mit l bezeichnet (es gilt also $l = k - 1$). Außerdem stellt der Eigendrehimpuls („Spin") einen zusätzlichen Freiheitsgrad dar, für den man eine zusätzliche Quantenzahl s einführt.

Bohr (1913)	Sommerfeld (2-dim)	Sommerfeld (3-dim)	alternative Bezeichnung
n Haupt-QZ	$n = n_r + n_\phi$	$n = n_r + n_\psi + n_\theta$	
	n_r radiale QZ	n_r radiale QZ	
	$1 \le n_\phi \le n$ azimutale QZ	$n_\phi = n_\psi + n_\theta$	k
		n_ψ Richtungs-QZ	m
		$-n_\phi \le n_\psi \le +n_\phi$	$-k \le m \le +k$

Im Abschnitt 2.11 über das Stern–Gerlach-Experiment werden wir dem Konzept der Raum- bzw. Richtungsquantisierung wieder begegnen.

Wie erwähnt, waren die Energieniveaus in diesem Modell hochgradig entartet. Dies war der Schlüssel zu weiteren Anwendungen, denn es konnte versucht werden, die Linienaufspaltung bei Zeeman- und Stark-Effekt[51] mithilfe der *Aufhebung* dieser Entartung durch äußere Felder zu erklären. Genau auf diese Weise gelang die Beschreibung des normalen Zeeman-Effekts (durch Debye und Sommerfeld), und Paul S. Epstein und Karl Schwarzschild entwickelten ebenfalls bereits 1916 auf derselben Grundlage eine erfolgreiche Theorie des Stark-Effekts.

Die Bedeutungen und Bezeichnungsweisen der verschiedenen Quantenzahlen sind in Tabelle 2.1 noch einmal übersichtlich zusammengestellt. Dort führen wir auch die üblicheren Bezeichnungen für die Quantenzahlen ein: k (statt n_ϕ) für die Drehimpuls-Quantenzahl und m (statt n_ψ) für die Richtungs- oder magnetische Quantenzahl.

Damit war ein vorläufiger (oder scheinbarer) Abschluss der Theorie erreicht, und Sommerfeld legte 1919 die erste Auflage seines Lehrbuchs *Atombau und Spektrallinien* vor. Im Vorwort schreibt er in einem feierlichen und uns heute ganz fremd gewordenen Ton:

Was wir heutzutage aus der Sprache der Spektren heraus hören, ist eine wirkliche Sphärenmusik des Atoms, ein Zusammenklingen ganzzahliger Verhältnisse, eine bei aller Mannigfaltigkeit zunehmende Ordnung und Harmonie. Für alle Zeiten wird die Theorie der Spektrallinien den Namen

---

[51] Dieser Effekt, 1913 von Johannes Stark (1874–1957) entdeckt, bezeichnet die Aufspaltung von Spektrallinien im statischen elektrischen Feld. Ebenfalls 1913 gelang dem italienischen Physiker Antonino Lo Surdo (1880–1949) der Nachweis dieses Phänomens, das in Italien deshalb unter der besseren Bezeichnung *Effetto Stark-Lo Surdo* bekannt ist (Duncan und Janssen, 2019, S. 284).

Bohrs tragen. Aber noch ein anderer Name wird dauernd mit ihr verknüpft sein, der Name Plancks. Alle ganzzahligen Gesetze der Spektrallinien und der Atomistik fließen letzten Endes aus der Quantentheorie. Sie ist das geheimnisvolle Organon, auf dem die Natur die Spektralmusik spielt und nach dessen Rhythmus sie den Bau der Atome und der Kerne regelt.

Natürlich war aber erst ein sehr vorläufiger Abschluss erreicht, und Sommerfeld fand sich in der misslichen Lage, der weiterhin stürmischen Entwicklung durch ständige Neuauflagen Rechnung tragen zu müssen. Er wurde dadurch zu einem der Chronisten dieser Entwicklung.

Die zweite Auflage von *Atombau und Spektrallinien* erschien bereits 1921 (hier jedoch hauptsächlich wegen des großen Erfolgs), gefolgt von der dritten Auflage 1922 (ca. 180 Seiten umfangreicher und mit Übersetzungen ins Englische und Französische). Die vierte Auflage folgte wiederum bloß zwei Jahre später, 1924.

Im Jahr 1929 erschien der „Wellenmechanische Ergänzungsband" (später bezeichnet als: *Atombau und Spektrallinien, 2. Band*), der die „moderne" Quantenmechanik ab 1925/26 behandelte. Erst ab der fünften Auflage (1931) hatte sich die Lage konsolidiert. Die sechste Auflage (1944) enthielt nur kleine Zusätze, und bei allen folgenden Auflagen handelt es sich im Wesentlichen um unveränderte Nachdrucke. In Eckert (2013a) wird die Entstehungsgeschichte dieses Buches und seine Wandlung zur „Bibel der modernen Physik" nachgezeichnet. Der Ursprung dieses Werks liegt interessanterweise in populären Vorträgen, die Sommerfeld während des Ersten Weltkrieges gehalten hat.

2.6.4 Henry Moseley und das Röntgenspektrum

In Abschnitt 2.4 haben wir bereits die Beugung und das Spektrum der Röntgenstrahlung behandelt. Henry („Harry") Moseley (1887–1915) konnte hier ab 1913 bedeutende Beiträge leisten, die ebenfalls zur Anerkennung des Bohr'schen Atommodells beitrugen.

Mithilfe des von William Henry Bragg entwickelten Röntgenspektrometers, untersuchte er vor allem die charakteristische Röntgenstrahlung und beseitigte Unstimmigkeiten im Periodensystem der Elemente. Gleichzeitig verdichtet sich in der Person Moseleys die Geschichte des 20. Jahrhunderts zwischen Triumph und Tragödie auf ganz anrührende Weise.[52]

Moseley hatte sein Physikstudium 1910 in Oxford abgeschlossen (siehe Abbildung 2.17) und eine Stelle an der Universität Manchester angetreten. Um seine Arbeiten einzuordnen, müssen wir etwas ausholen.

Zur damaligen Zeit erfolgte die Einordnung in das Periodensystem der Elemente (PSE) noch nicht über die Kernladungszahl, sondern über die Atommasse.[53] Für einige

---

52 Klaus Roth (2020) schildert in seinem sehr lesenswerten Aufsatz mit zahlreichen Zitaten aus dem Briefwechsel diese aufregende Geschichte. Die folgende Darstellung folgt ihm in großen Teilen.
53 Die „Ordnungszahl" gab also lediglich die Position in der Liste der Atommassen an, und besaß keine tiefere physikalische oder chemische Bedeutung.

Abb. 2.17: Henry Moseley Im Jahr 1910 im chemischen Labor des Balliol-Trinity College (Oxford). Man beachte den Schreibfehler seines Namens (Inv. 18874 © History of Science Museum, University of Oxford).

Elemente führte dies zu offensichtlichen Unstimmigkeiten, d. h. die chemischen Eigenschaften legten eine abweichende Einordnung nahe. Zum Beispiel haben Kobalt und Nickel tatsächlich die Ordnungszahlen 27 und 28, obwohl Kobalt eine etwas größere Atommasse (58,9 gegenüber 58,7) aufweist. Zu Beginn des 20. Jahrhunderts listete das Periodensystem sie also „regelwidrig". Besonders eklatant war der Fall von Kalium und Argon. Gemäß des damals üblichen Ordnungsprinzips hätte Kalium zu den Edelgasen (und Argon zu den Alkalimetallen) gezählt werden müssen! Hier lagen also offensichtliche Schwierigkeiten des PSE vor.[54]

Um 1910 konnte aus Streuversuchen abgeschätzt werden, dass die relative Atommasse etwa der doppelten Kernladungszahl entsprach:

$$A_i \approx 2 \cdot Z_i. \tag{2.74}$$

Bei im Periodensystem benachbarten Elementen erhöhte sich zudem im Mittel die relative Atommasse um zwei Einheiten:

---

[54] Man muss sich daran erinnern, dass das Periodensystem der chemischen Elemente von Dmitri Mendelejew und Lothar Meyer um 1870 entwickelt wurde, also lange bevor irgendwelche Kenntnisse über den Atombau vorlagen.

$$A_{i+1} - A_i \approx 2. \tag{2.75}$$

Bereits 1911 kombinierte der niederländische Jurist, Ökonometriker und Hobby-Physiker Antonius van den Broek (1870–1926) diese beiden Beziehungen zu der Vermutung $Z_{i+1} - Z_i = 1$ und machte den hellsichtigen Vorschlag, die Kernladungszahl Z zum Ordnungsparameter im Periodensystem zu machen (van den Broek, 1911). Allerdings fehlte zu diesem Zeitpunkt noch ein Verfahren zur Bestimmung dieser Größe. Hier nun kommt Moseley ins Spiel.

Moseley erklärt die charakteristische Röntgenstrahlung
Moseley untersuchte die charakteristische Röntgenstrahlung von zahlreichen Elementen und bemerkte, dass zwischen den Frequenzen der sogenannten K_α-Linie und A^2 ein näherungsweise linearer Zusammenhang bestand. Ihm fiel zudem auf, dass $\sqrt{\nu_{K_\alpha}}$ beim Übergang zum nächst schwereren Element *schrittweise* um den gleichen Betrag zunahm. Diese diskreten Schritte deutete er als die Zunahme der Kernladungszahl Z. Für den Zusammenhang zwischen ν_{K_α} und Z fand Moseley in guter Näherung das „Gesetz von Moseley":

$$\nu_{K_\alpha} = 0{,}75 \cdot R' \cdot (Z-1)^2 \tag{2.76}$$

mit R' der Rydbergfrequenz, d. h. $R' = cR$, mit R der Rydbergkonstanten und c der Lichtgeschwindigkeit.

Zur gleichen Zeit (und ebenfalls in Manchester) hatte Bohr jedoch sein Atommodell entwickelt, mit dem die Spektrallinien des Wasserstoffs hergeleitet werden konnten. Moseley bemerkte die Ähnlichkeit zwischen seinem Gesetz (Gleichung (2.76)) und der Rydberg-Formel (Gleichung (2.39)). Der Faktor 0,75 konnte offensichtlich als $\frac{3}{4} = \frac{1}{1^2} - \frac{1}{2^2}$ gedeutet werden, und das Gesetz von Moseley nimmt dann die folgende „Rydberg-Form" an:

$$\nu_{K_\alpha} = R' \cdot (Z-1)^2 \cdot \left(\frac{1}{1^2} - \frac{1}{2^2} \right). \tag{2.77}$$

Das Bohr'sche Atommodell beschreibt die Erzeugung der charakteristischen K_α-Strahlung also wie folgt: Zunächst wird ein Elektron des Anodenmaterials mit der Hauptquantenzahl $n = 1$ herausgeschlagen, und anschließend fällt ein Elektron mit $n = 2$ in den Grundzustand wobei die K_α-Strahlung ausgesendet wird. Dass hier nicht Z sondern $Z - 1$ auftritt, wird in der Regel als Abschirmungseffekt gedeutet, d. h. die effektive Kernladung ist um eine Einheit reduziert.[55]

---

55 Arthur M. Lesk kritisiert diese Interpretation als unplausibel. Für die Abschirmung kommt im Falle der K_α-Linie nur das verbleibende Elektron bei $n = 1$ infrage, das nach üblichem Verständnis lediglich eine Reduktion der effektiven Kernladung um ca. $0{,}3e$ bewirken kann. Stattdessen legen Näherungsverfahren der Atomphysik nahe, dass der Faktor $Z - 1$ hauptsächlich eine Folge der *reduzierten Abstoßung*

Natürlich gibt es im Röntgenspektrum nicht nur die intensive K_α-Linie, sondern auch andere diskrete und charakteristische Strahlung. Diese konnte nun ebenfalls mit Übergängen im Anodenmaterial verknüpft werden, zum Beispiel $3 \rightarrow 1$ (K_β-Linie) oder $3 \rightarrow 2$ (L_α-Linie). Und nur am Rande sei erwähnt, dass auch diese Linien eine Feinstruktur aufweisen, auf die Sommerfelds Theorie erfolgreich angewendet werden konnte (vgl. Abschnitt 2.6.3).

Diese Analyse klärte mit einem Schlag zahlreiche der beschriebenen Unstimmigkeiten des Periodensystems auf. Betrachten wir als konkretes Beispiel die Einordnung von Nickel und Kobalt, die nach ihrer Atommasse die Ordnungszahlen 27 (Ni) und 28 (Co) haben sollten. Ihre K_α-Linien bestimmte Moseley zu $\nu_{K_\alpha}(\text{Co}) = 1{,}67 \cdot 10^{18}$ Hz und $\nu_{K_\alpha}(\text{Ni}) = 1{,}80 \cdot 10^{18}$ Hz. Berechnet man nun die Kernladungszahl gemäß Gleichung (2.76) als

$$Z = \sqrt{\frac{4}{3}\frac{\nu}{R'}} + 1 \qquad (2.78)$$

(mit $R' = cR \approx 3{,}29 \cdot 10^{15}$ Hz), findet man:

$$Z_{\text{Co}} \approx 27{,}02$$
$$Z_{\text{Ni}} \approx 28{,}03.$$

Nickel und Kobalt tauschen also die Plätze und nehmen nun die Stellung im PSE ein, die ihrer chemischen Charakteristik entspricht. Die andere, eher historische Bedeutung von Moseleys Entdeckung lag in der Bestätigung des Bohr'schen Atommodells in einem Bereich, der von seinem ursprünglichen Anwendungsgebiet weit entfernt war. Moseley (1913, S. 1033) bemerkte dazu:

> This numerical agreement between the experimental values and those calculated from a theory designed to explain the ordinary hydrogen spectrum is remarkable, as the wave-lengths dealt with in the two cases differ by a factor of about 2000.

Mit anderen Worten hebt Moseley hier also hervor, dass die Anregungsenergien der inneren Elektronen im Anodenmaterial nicht im eV-Bereich (wie im Falle des Wasserstoff), sondern in der Größenordnung von keV liegen – und beide richtig vorhergesagt werden.[56]

---

der Elektronen in komplexen Atomen ist (Lesk, 1980). Auch Whitaker (1999) kritisiert die üblichen Lehrbuchdarstellungen der „Abschirmungskonstante" und entwickelt eine alternative Modellvorstellung, bei der die Abschirmung nicht den *Übergängen*, sondern den *Energieniveaus* zugeordnet wird. In jedem Fall gilt, dass das Moseley-Gesetz eher als empirische Regularität aufgefasst werden sollte.

56 Die recht genaue Berechnung der Röntgenspektren erstaunt umso mehr, da die nachfolgende Entwicklung gezeigt hat, wie unvollständig die Beschreibung komplexer Atome durch das Bohr'sche Atommodell ist. Dieser Erfolg ist tatsächlich auch eine Folge von Fehlern, die sich gegenseitig aufheben. Während nämlich die *Differenz* der Energieniveaus mit einer Genauigkeit von wenigen Prozenten be-

Harry Moseley im Ersten Weltkrieg

Bereits kurz nach dem Kriegseintritt Großbritanniens im August 1914 meldete sich Moseley freiwillig zur Armee, und seine Einheit nahm an der Schlacht von Gallipoli an der Meerenge zwischen dem Ägäischen Meer und dem Marmarameer teil. Dort starb er im Alter von 27 Jahren am 10. August 1915.

In seinem Nachruf beklagte Ernest Rutherford diesen Verlust für die Wissenschaft und kritisierte die Kurzsichtigkeit der britischen Armeeführung, ein solches wissenschaftliches Talent an der Front eingesetzt zu haben, anstatt für kriegswichtige technische Aufgaben (Rutherford, 1915). Vermutlich um seiner Anklage noch mehr Nachdruck zu verleihen, enthält sein Nachruf auch eine drastische und oft zitierte Beschreibung der Todesumstände. Demzufolge starb Moseley durch eine „bullet through the head [...] at a moment when the Turks were attacking on the flank only 200 yards away". Allerdings wurde Moseleys Leichnam nicht aufgefunden, und die genauen Umstände seines Todes sind ungeklärt (Egdell und Bruton, 2020).

Cardwell (1975) weist darauf hin, dass Moseleys Tod jedoch nicht völlig vergebens war. Sein tragisches Schicksal hatte Anteil daran, dass die *Royal Society* im Auftrag der britischen Regierung vor dem Zweiten Weltkrieg ein sogenanntes *Scientific and Technical Register* führte. Die dort verzeichneten Personen (fortgeschrittene Studierende bzw. Absolventinnen und Absolventen technischer oder naturwissenschaftlicher Studiengänge) waren vom Militärdienst befreit bzw. wurden nicht zu Kampftruppen eingezogen.

Das Andenken an Moseley

Das Gesetz von Moseley hat einen festen Platz in der Röntgen- und Atomphysik. Der hohe Stellenwert der Arbeiten zur charakteristischen Röntgenstrahlung wird auch dadurch illustriert, dass Charles Glover Barkla (1877–1944) im Jahr 1918 der Physik-Nobelpreis für ihre Entdeckung verliehen wurde. Man darf annehmen, dass Moseley ebenfalls berücksichtigt worden wäre.

Moseleys Beiträge zur Klärung der Ordnungsstruktur des Periodensystems sind von bleibender Bedeutung. Daher gibt es vor allem in der Chemie eine lebendige Erinnerungskultur, die seinem Andenken gewidmet ist. Roth (2020) beschreibt die bisher allerdings erfolglosen Initiativen, ein neu entdecktes Element nach Harry Moseley zu benennen. Dieser Schritt erscheint in der Tat überfällig.

2.7 Der Franck–Hertz-Versuch

Der von James Franck (1882–1964) und Gustav Hertz (1887–1975) im Jahr 1914 durchgeführte Versuch zu Elektronenstößen in Quecksilberdampf wird in allen Schul- und

---

rechnet werden kann, ist der Fehler bei der Vorhersage der *absoluten* Niveaus viel größer (Lesk, 1980). Ihre Berechnung gelang erst im Rahmen der modernen Quantenmechanik (Stichwort: Hartree–Fock-Methode; siehe Abschnitt 5.7), und die Situation erinnert an das „Sommerfeld-Rätsel" (Abschnitt 2.6.3).

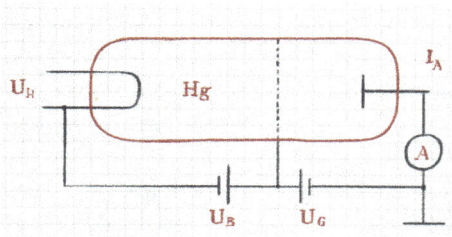

Abb. 2.18: Schematischer Aufbau des Franck–Hertz-Versuchs in seiner heute üblichen Ausführung. Die aus der Glühkathode (Heizspannung U_H) austretenden Elektronen werden in einem mit Hg-Dampf gefüllten Kolben zum Gitter mit der Spannung U_B beschleunigt. An der Anode werden sie aufgefangen, wenn sie die Gegenspannung U_G überwinden.

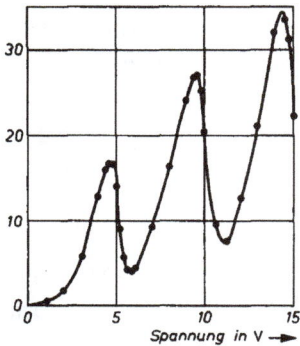

Abb. 2.19: Anodenstrom als Funktion der Beschleunigungsspannung im Franck–Hertz-Versuch mit Quecksilberdampf. Man erkennt die 4,9 V-Periodizität, die von den Autoren ursprünglich als Ionisierungsspannung gedeutet wurde (Abbildung aus Franck und Hertz, 1914 © Wiley-VCH).

Lehrbüchern zur Quantenphysik als wichtige Bestätigung des Bohr'schen Atommodells diskutiert. Hier zeigt sich (auf nicht-spektroskopische Weise) die Existenz diskreter Energieniveaus im Atom. Dieses Experiment hat ebenfalls einen festen Platz im physikalischen Praktikum der universitären Ausbildung, und Lehrmittelhersteller bieten Demonstrationsversuche für den Physikunterricht an. Historischer Kontext und fachliche Erklärung werden aber auch hier nicht selten ungenau oder falsch dargestellt.

Zunächst sollen Experiment und Ergebnis kurz geschildert werden:

Der Franck–Hertz-Versuch: Aufbau und Resultat

Ein Glaskolben ist mit Quecksilberdampf (Hg) bei niedrigem Druck gefüllt und an einem Ende befindet sich eine Glühkathode (siehe Abbildung 2.18). Die austretenden Elektronen werden mit einer regelbaren Spannungsquelle ($U_B \approx$ 0–30 V) zu einem Gitter hin beschleunigt. Die Auffangelektrode, an der der Strom gemessen wird, befindet sich hinter dem Gitter und liegt gegenüber diesem auf leicht negativem Potenzial (etwa $U_G = 1$ V). Trägt man nun den Strom an dieser Anode gegen die Beschleunigungsspannung auf, ergibt sich ein periodisches Muster von Maxima im Abstand $\Delta U \approx 4,9$ V (siehe Abbildung 2.19).

2.7.1 Interpretation des Ergebnisses

Die übliche Lehrbuch-Interpretation dieser Messergebnisse behauptet, dass die Elektronen so lange beschleunigt werden (und elastisch mit den Atomen wechselwirken), bis ihre Energie gerade ausreicht, um durch einen *inelastischen* Stoß die Hg-Atome anzuregen. Nach diesem Energieverlust können sie die Gegenspannung nicht mehr überwinden, und es kommt zu einem Abfall des Anodenstroms. Wird die Beschleunigungsspannung weiter erhöht, kann sich dieser Vorgang bei Vielfachen dieses ersten Anregungsniveaus wiederholen.[57]

Im Termschema von Quecksilber findet man tatsächlich einen Übergang bei 4,89 eV, allerdings ist dies bereits das *zweite* Anregungsniveau. Das erste Anregungsniveau liegt bei 4,67 eV und sollte nach dieser Interpretation eigentlich zuerst angeregt werden. Noch auffälliger ist diese Diskrepanz, wenn der Franck–Hertz-Versuch mit Neon als Füllgas durchgeführt wird – eine Variante, die von der Lehrmittelindustrie ebenfalls angeboten wird. Hier findet man einen Abfall des Anodenstroms im Abstand von $\Delta U \approx 18\,\text{V}$. Dieser könnte mit dem Anregungsniveau bei 18,38 eV identifiziert werden, doch erstaunlicherweise werden hierbei sogar *vier* niedrigere Anregungsniveaus (zwischen 16,62 eV und 16,85 eV) übersprungen.

Die übliche Interpretation beruht auf einem numerischen Zufall

Offensichtlich sind die zugrunde liegenden Vorgänge komplexer, und einige Mechanismen konnten tatsächlich erst in jüngster Zeit mit anspruchsvollen Methoden der statistischen Physik aufgeklärt werden. Robson et al. (2014) diskutieren diese Zusammenhänge und weisen zunächst darauf hin, dass der Energieaustausch durch inelastische Stöße zwar gering ist ($\propto m_e/m_{\text{Hg}}$), durch den viel größeren Wirkungsquerschnitt aber dennoch relevant ist.

Daraus ergibt sich eine breite Energieverteilung und eine isotrope Geschwindigkeitsverteilung der Elektronen – während die Lehrbucherklärung einen unidirektionalen und im Wesentlichen monoenergetischen Strahl annimmt. Auf diese Weise werden jedoch *verschiedene* inelastische Prozesse relevant, und die beobachtete Periodizität ergibt sich nicht durch ein einzelnes Niveau, sondern aus dem gewichteten Mittelwert *mehrerer* Anregungsenergien. Die Gewichtsfaktoren hängen dabei auch mit den Wirkungsquerschnitten dieser Prozesse zusammen. Die erste Anregungsenergie von 4,67 eV bei Quecksilber hat z. B. einen sehr kleinen Wirkungsquerschnitt. Dass die Erklärung über die Wirkungsquerschnitte alleine noch nicht ausreicht, erkennt man jedoch daran, dass bei Neon die 16,85 eV-Anregung einen bedeutend größeren Wirkungsquerschnitt als die 18,38 eV-Anregung besitzt (Robson et al., 2014).

Aus all dem folgt: Dass für Quecksilber die Periodizität von $\Delta U = 4,9\,\text{V}$ so gut zum Anregungsniveau von 4,89 eV passt, beruht auf einem numerischen Zufall.

---

57 Bei dieser Erklärung würde man eigentlich einen Abfall des Anodenstroms auf null erwarten. Dass dieser endlich bleibt, erklärt man typischerweise mit der Geschwindigkeits- bzw. Energieverteilung der Elektronen an der Glühkathode.

2.7.2 Die ursprüngliche Interpretation von Franck und Hertz

Wir haben gesehen, dass die übliche Erklärung des Franck–Hertz-Versuchs in fachlicher Hinsicht sehr ungenau ist. Sie unterscheidet sich aber ebenfalls von der Deutung, die Franck und Hertz selbst angegeben haben. Schon der Titel ihrer Arbeit „Über Zusammenstöße zwischen Elektronen und den Molekülen des Quecksilberdampfes und die Ionisierungsspannung desselben" lässt erkennen, dass die Ergebnisse von den Autoren ursprünglich anders gedeutet wurden. Franck und Hertz hatten bereits zuvor Messungen der Ionisierungsenergie durchgeführt und wollten diese nun auf Metalldämpfe ausdehnen. Das Bohr'sche Atommodell spielte in ihrer Planung keine Rolle, und von einer Überprüfung seiner Postulate kann gar keine Rede sein.[58]

Tatsächlich lehnten Franck und Hertz dieses Modell noch einige Jahre ab. Die Deutung der 4,9 eV als Ionisierungsenergie erhält zusätzliche Plausibilität, wenn man die wachsende Höhe der Maxima betrachtet (siehe Abbildung 2.19). Franck und Hertz (1914) erklärten diese durch die zusätzlichen Elektronen, die durch die Ionisierung freigesetzt werden.

Es existiert ein interessantes Dokument von Gustav Hertz aus dem Jahr 1966, in dem er auf die Zusammenarbeit mit James Franck im Jahr 1914 zurückschaut. Dort berichtete er über den zunächst nicht erkannten Zusammenhang mit dem Bohr'schen Atommodell:[59]

Die ersten Arbeiten von Bohr über die Theorie des Wasserstoffatoms war ein Jahr vor dem Abschluss unserer Arbeiten erschienen und im Kolloquium des Berliner Physikalischen Instituts lebhaft diskutiert worden. Die Tatsache, daß diese Theorie den genauen Wert der Rydberg-Konstante lieferte, war so erstaunlich, daß man sich ernstlich mit der neuen Theorie befassen mußte, obgleich das Bild des Atoms mit seinem strahlungslos umlaufenden Elektronen vom Standpunkt der klassischen Physik aus unannehmbar schien. Das Interesse konzentrierte sich damals aber ganz auf das Wasserstoffatom, und das dürfte der Grund dafür gewesen sein, daß wir die Bedeutung der neuen Theorie für die von uns untersuchten Erscheinungen nicht erkannt haben.

Die besondere Stärke von James Franck war sein wissenschaftlicher Instinkt und seine Fähigkeit, Beziehungen zwischen verschiedenartigen Erscheinungen zu erkennen. Wenn er in diesem Fall trotzdem die wahren Zusammenhänge nicht erkannte, so zeigt das besonders deutlich, wie schwer es den damaligen Physikern zunächst wurde, sich in die Bohr'schen Vorstellungen hinein zu denken. Als Franck nach Beendigung des Krieges wieder Zugang zu der inzwischen erschienenen Li-

---

58 Die Verbindung zum Bohr'schen Atommodell wurde jedoch bereits 1915 hergestellt, allerdings von Niels Bohr selbst. Die tatsächliche Ionisierungsenergie von Quecksilber beträgt übrigens ≈ 10,4 eV.

59 Dieser elf-seitige Bericht wurde auf Bitten eines Schülers von Franck, Robert L. Platzmann (1918–1973), verfasst, der damals ein dem Andenken seines Lehrers gewidmetes Buch plante. Dieses ist jedoch nicht zustande gekommen, und der Text blieb unveröffentlicht. Trotz des großen zeitlichen Abstandes erscheint er recht verlässlich. Zumindest beschreibt Hertz, dass er seine Erinnerungen noch kurz vor Francks Tod im Jahr 1964 mit ihm diskutiert (und dadurch eventuell aufgefrischt und korrigiert) habe. Gearhart (2014) hat die englische Übersetzung des Manuskripts veröffentlicht – das folgende Zitat ist mit freundlicher Genehmigung der Hertz-Erben dem deutschen Original entnommen.

teratur erlangte, erkannte er sogleich in der Bohr'schen Theorie den Schlüssel zum Verständnis unserer Versuche, und er begann sofort damit, sie unter diesem Gesichtspunkt weiterzuführen.

Der Versuch von James Franck und Gustav Hertz ist auch in technologischer Hinsicht interessant. Bleck-Neuhaus (2022) diskutiert wichtige Details, wie die Kontrolle der Kontaktspannungen oder die Rolle der verbesserten Vakuumtechnik, die den Erfolg der Messung erst ermöglichten.

Die Ergebnisse dieses Versuchs wurden von Franck und Hertz am 24. April 1914 auf einer Sitzung der Deutschen Physikalischen Gesellschaft in Berlin vorgetragen. Nur wenige Monate später kam es zu einem Ereignis von ungleich größerer Tragweite.

2.8 Historischer Einschub: Der Erste Weltkrieg und seine Folgen

Am 1. August 1914 erklärte das Deutsche Reich Russland den Krieg und am 4. August folgte die Kriegserklärung an Frankreich. Beim Angriff auf Frankreich verletzte Deutschland die Neutralität Belgiens und Luxemburgs. Dies führte zum Kriegseintritt der belgischen Garantiemacht Großbritannien – der Erste Weltkrieg hatte begonnen. Er sollte bis zum 11. November 1918 dauern und 17 Millionen Opfer fordern. Besonders verlustreich war etwa die Schlacht an der Somme im Norden Frankreichs mit über einer Million getöteten, verwundeten und vermissten Soldaten (siehe Abbildung 2.20).

In diesen Zeitraum fällt ein nicht unbedeutender Teil der Entwicklung der frühen Quantentheorie, und ihre Vollendung gelang schließlich in der unmittelbaren Nachkriegszeit. Dennoch findet dieser historische Kontext relativ wenig Beachtung – vor allem im Vergleich zum Einfluss des Zweiten Weltkriegs auf die Physikgeschichte.[60] Arne Schirrmacher (2014) fragt deshalb im Untertitel: „Warum wissen wir so wenig über den Einfluss des Ersten Weltkriegs auf die Forschung, technische Anwendungen und Karrieren in der Physik?" Auch wir können hier nur einige Schlaglichter werfen (siehe auch Kragh (2001, S. 130ff)).

Kriegsbegeisterung in Deutschland

Nach dem Kriegsausbruch kam es in Deutschland auch in der kulturellen Elite zu einer Welle der Kriegsbegeisterung. Dies drückte sich etwa im *Manifest der 93* vom September 1914 aus. In diesem Aufruf wandten sich deutsche Wissenschaftler und Künstler (in der Tat alle männlich) gegen den Vorwurf, das deutsche Heer hätte in Belgien Kulturgüter zerstört. Dort heißt es etwa:

---

[60] Erwähnenswerte Ausnahmen sind die Arbeiten von Paul Forman aus den 1970er Jahren. Die dort formulierte „Forman-These" behauptet einen engen Zusammenhang zwischen dem kulturellen Milieu der Weimarer Republik und der Entwicklung und Deutung der Quantenmechanik. Diese Position war und ist umstritten; siehe Carson et al. (2011) für die Originalliteratur und ihre Rezeptionsgeschichte.

Abb. 2.20: Ein deutscher Gefangener (Mitte, mit Stock) hilft britischen Verwundeten auf ihrem Weg zu einem Truppenverbandsplatz am 19. Juli 1916, während der Schlacht an der Somme (Quelle: gemeinfrei).

> Sich als Verteidiger europäischer Zivilisation zu gebärden, haben die am wenigsten das Recht, die sich mit Russen und Serben verbünden und der Welt das schmachvolle Schauspiel bieten, Mongolen und Neger auf die weiße Rasse zu hetzen.

Zu den Unterzeichnern gehörten auch zahlreiche Naturwissenschaftler; darunter Fritz Haber, Philipp Lenard, Walther Nernst, Wilhelm Ostwald, Max Planck, Wilhelm Röntgen und Willy Wien. Verfasser des Manifests war Ludwig Fulda, und zahlreiche Unterzeichner kannten den genauen Wortlaut nicht. Offensichtlich hatten ihnen die Namen anderer Mitunterzeichner ausgereicht, um sich dem Aufruf anzuschließen. Neben anderen distanzierte sich Planck jedoch noch während des Krieges vom Inhalt des Manifests (Metzler, 1996).[61]

Zahlreiche Physiker wurden auch zum Militärdienst einberufen und übernahmen teilweise kriegsrelevante technische Aufgaben. So gründete sich unter der Leitung von Rudolf Ladenburg eine Gruppe zur Schallortung gegnerischer Geschütze, an der unter anderem Max Born, Alfred Landé und Erwin Madelung mitarbeiteten. William H. Bragg leitete ein ähnliches Projekt in England, und in den USA kam es bereits vor dem Kriegs-

---

[61] Der deutsche Arzt und Pazifist Georg Nicolai entwarf den „Aufruf an die Europäer" in Reaktion auf das Manifest. Ihn unterzeichneten jedoch nur wenige – darunter Albert Einstein (Kragh, 2001, S. 131).

eintritt 1917 zu einer intensiven Militärforschung, die von George E. Hale und Robert A. Millikan koordiniert wurde (Hagmann, 2015).

Bekannt sind die Arbeiten von Fritz Haber zu chemischen Kampfstoffen am Kaiser-Wilhelm-Institut in Berlin-Dahlem. Für sein Projekt arbeiteten jedoch auch James Franck, Gustav Hertz, Hans Geiger, Otto Hahn und Lise Meitner. Die Beschreibung des Ersten Weltkriegs als „Krieg der Chemiker" ist also nicht ganz zutreffend (Schirrmacher, 2014).[62]

Die Folgen für die Internationalisierung der Forschung

Neben Tod, Leid und Verwüstung brachte der Krieg auch ein jähes Ende der Internationalisierung der Forschung, wie sie sich beispielsweise durch die Solvay-Konferenzen ab 1911 und die Gründung des Solvay-Instituts 1912 gerade erst entwickelte (Schirrmacher, 2012).

Dies hatte ganz konkrete Auswirkungen auf das Forschungsprogramm der Quantentheorie, etwa auf die Rezeption des 1913 veröffentlichten Bohr'schen Atommodells. Der amerikanische Wissenschaftshistoriker John Heilbron vermutet, dass der Krieg die Lebensdauer des Modells beträchtlich verlängerte, da es schlicht an Konkurrenz mangelte. Während „die Jungen" zwischen 1914 und 1918 im Militär dienten oder in der militärischen Forschung arbeiteten, konnte Sommerfeld das Bohr'sche Modell auch deshalb weiterentwickeln, weil er aus Altersgründen nicht zum Militärdienst eingezogen worden war.[63] Unterstützt wurde er dabei unter anderem von zwei Mitarbeitern, Wojciech (Adalbert) Rubinowicz (1889–1974) und Paul S. Epstein (1883–1966), die beide als „feindliche Ausländer" eingestuft waren und auf Sommerfelds Betreiben in München arbeiten konnten (Heilbron, 1981).[64]

---

62 Vaupel (2014) bezeichnet diese Formulierung als überspitzt, weißt jedoch auf die tatsächliche Schlüsselrolle der chemischen Forschung und Industrie hin. Ohne diese hätte das Deutsche Reich wohl schon 1915 kapitulieren müssen, da es durch die Seeblockade von vielen Handelswegen abgeschnitten war und zahlreiche Rohstoffe nicht eingeführt werden konnten. Ein wichtiges Beispiel war Salpeter, den Deutschland zuvor aus Chile bezogen hatte und der ein Grundstoff für stickstoffhaltige Dünge- und Explosivmittel war (*dual use* nennt man dies heute). Das Deutsche Reich hatte keine Planungen für einen langwierigen Stellungskrieg, und die Versorgung mit Munition und Sprengstoff wäre 1915 zusammengebrochen. Stattdessen wurde die Ammoniaksynthese aus atmosphärischem Stickstoff und Wasserstoff nach dem Haber–Bosch-Verfahren intensiviert und die erste großtechnische Umsetzung der Weiteroxidation zu Salpetersäure nach dem Ostwald-Verfahren entwickelt. Um den großen Bedarf an Ammoniak zu decken, wurde sogar innerhalb kürzester Zeit ein großer Industriekomplex in Leuna (Sachsen-Anhalt) errichtet. Auch auf diese Weise konnte der Krieg sinnlos in die Länge gezogen werden. Die Darstellung von Elisabeth Vaupel (2014) ist sehr kenntnisreich, aber an vielen Stellen in der Diktion aus der Täterperspektive („Not macht erfinderisch") auch verharmlosend und dadurch verstörend.

63 Allerdings war auch Sommerfeld teilweise stark in die Kriegsforschung eingebunden. Unter anderem entwickelte er Methoden zum Abhören der feindlichen Kommunikation mithilfe der Verstärkung von Bodenströmen (Kragh, 2001, S. 133).

64 Eine solche verzögerte Rezeption erlebten wohl alle Ergebnisse, deren Veröffentlichung in diese Periode fiel. Ein weiteres Beispiel ist die Arbeit von Ehrenfest und Kamerlingh Onnes (1915), die wir in

Der Krieg bedeutete aber vor allem ein abruptes Ende der Beteiligung Deutschlands an der internationalen Forschung. Gabrielle Metzler charakterisiert das *Manifest der 93* als Aufkündigung der deutschen Mitgliedschaft in der „internationalen Gelehrtenrepublik", da sich dort der deutsche Militarismus mit dem Anspruch einer führenden Stellung in der „Kulturwelt" verband. In Frankreich wurden die Unterzeichner etwa aus der *Académie des Sciences* ausgeschlossen (Metzler, 1996, S. 181). Der Chauvinismus war dabei durchaus beidseitig, und Pierre Duhem veröffentlichte 1915 unter dem Titel *La Science Allemande* eine Abrechnung mit der vorgeblich „deutschen Wissenschaft". Nach Duhem seien die Neigung zu „blutleerer Abstraktion" und „mangelndem gesunden Menschenverstand" Eigenschaften des „deutschen Geistes", die in der Wissenschaft schädlich seien.[65] Albert Einsteins Verzweiflung über die ganze Entwicklung drückte sich etwa in einem Brief an Paul Ehrenfest vom August 1915 aus:

> Ich würde so gerne etwas thun, um die Kollegen aus den verschiedenen Vaterländern zusammenzuhalten. Ist nicht das Häuflein emsiger Denkmenschen unser einziges „Vaterland", für das unsereiner etwas ernsthaftes übrig hat? Sollen auch *diese* Menschen Gesinnungen haben, die alleinige Funktion des Wohnortes sind? (Einstein, 1998, Doc. 112)

Nach dem Ersten Weltkrieg wurden Deutschland sowie Österreich, Ungarn und Bulgarien nicht in das 1919 gegründete *International Research Council* (IRC) aufgenommen, und deutschen Wissenschaftlerinnen und Wissenschaftlern war die Teilnahme an allen internationalen Konferenzen untersagt. Dieses Verbot bestand bis 1928, wurde aber im Laufe der Jahre weniger strikt durchgesetzt (Kragh, 2001, S. 144f). Als die Schwedische Akademie der Wissenschaften 1919 die Nobelpreise an Max Planck, Johannes Stark (beide Physik) und Fritz Haber (Chemie) verlieh, wurde dies vor allem in Frankreich und Belgien als provokativer Akt zur Rehabilitierung Deutschlands angesehen. Zu den aus politischen Gründen isolierten Ländern gehörte auch die Sowjetunion, und hier war die wirtschaftliche Not noch viel größer als in Zentraleuropa. Infolgedessen kam es in der Weimarer Zeit über alle ideologischen Grenzen hinweg zu zahlreichen Kooperationen zwischen deutschen und sowjetischen Forscherinnen und Forschern (Kragh, 2001, S. 148).

Der Aufstieg Kopenhagens und Wissenschaft als „Machtersatz"
Der Aufstieg Kopenhagens zu einem der Zentren der theoretischen Physik in den 1920er Jahren hing auch damit zusammen, dass Dänemark während des Ersten Weltkriegs

---

Abschnitt 2.2.1 diskutiert haben. Dort wird bereits das Konzept der „Ununterscheidbarkeit" antizipiert. Dieser Beitrag blieb jedoch zunächst folgenlos, und erst knapp zehn Jahre später wurde das Problem erneut aufgegriffen. Anlass war die Herleitung der Planck'schen Strahlungsformel mithilfe, wie wir heute sagen würden, ununterscheidbarer Lichtquanten durch den indischen Physiker Satyendranath Bose (1894–1974). Zu den ersten Kommentatoren dieses Resultats gehörte dann auch nicht ganz zufällig: Paul Ehrenfest.

65 Kragh (2001, S. 132) bemerkt die bittere Ironie, die darin liegt, dass exakt diese vorgeblichen Merkmale in der Auseinandersetzung innerhalb Deutschlands als „undeutsch" und „jüdisch" diffamiert wurden.

neutral geblieben war und einen Ort bot, an dem sich Physikerinnen und Physiker aus ehemals verfeindeten Ländern wieder treffen konnten (Kojevnikov, 2020, S. 39ff). Damit soll jedoch nicht bestritten werden, dass es auch einer charismatischen Persönlichkeit wie Niels Bohr bedurfte, um eine Gruppe begabter Mitarbeiterinnen und Mitarbeiter anzuziehen. Darüber hinaus unterhielt Bohr während und nach dem Krieg freundschaftliche Beziehungen zu seinen deutschen und österreichischen Kollegen, veröffentlichte weiterhin in deutschen Zeitschriften und nahm an nicht genehmigten Konferenzen in Deutschland teil. All dies führte dazu, dass Bohr als pro-deutsch angesehen wurde, aber offenbar verhinderte seine wissenschaftliche Stellung direkte Kritik (Kragh, 2001, S. 147).

Allerdings schadete der Boykott den boykottierenden Nationen wahrscheinlich noch mehr als umgekehrt. So litten beispielsweise die Solvay-Konferenzen von 1921 und 1923 stark unter der Abwesenheit von Teilnehmern aus den ehemaligen Mittelmächten. Deren wissenschaftliche Produktivität war erstaunlich hoch, und Kragh (2001, S. 140) weist darauf hin, dass in Deutschland die Wissenschaft gerade in dieser Krisenzeit als *Machtersatz* für den verlorenen ökonomischen, politischen und militärischen Einfluss angesehen wurde. Die „Notgemeinschaft der deutschen Wissenschaft" stellte durch Mittel aus Industrie, Reichsregierung oder internationale Spenden (z. B. von *General Electric* und der *Rockefeller Foundation*) finanzielle Ressourcen bereit. Sie schuf damit das noch heute bestehende Modell einer aus der Wissenschaft selbst verwalteten Mittelvergabe.

Der Aufstieg der „Deutschen Physik"

Wie geschildert, verstärkte der Weltkrieg Tendenzen, durch naturwissenschaftliche Forschungserfolge auch eine kulturelle Überlegenheit zu behaupten. Diese Haltung richtete sich in Deutschland jedoch nicht nur gegen das Ausland, sondern auch gegen Strömungen, die von völkischen Wissenschaftlern als zu *liberal* und *modern* gebrandmarkt wurden. Diese Kritik war deutlich antisemitisch und führte schließlich zu der reaktionären „Deutschen Physik" mit Philipp Lenard und Johannes Stark als bekanntesten Vertretern.[66] Mit dem Beginn der nationalsozialistischen Herrschaft 1933 erlangte diese Gruppe auch eine dominierende institutionelle Stellung, etwa durch Johannes Stark als Präsident der Physikalisch-Technischen Reichsanstalt, aber ihre Wurzeln reichen tief in die Zeit des Ersten Weltkrieges und der Weimarer Republik zurück.

Die verheerenden Auswirkungen der Vertreibung jüdischer Wissenschaftlerinnen und Wissenschaftler aller Fächer im Nationalsozialismus sind ebenso offensichtlich, wie die zentrale Rolle der Physik im Zweiten Weltkrieg, der dann auch als „Krieg der Physiker" bezeichnet wurde (Stichworte: Atombombe und Radar) (Kaiser, 2015).

---

66 Kragh (1985) beschreibt die Kontroversen um die Erklärung der Feinstruktur durch Sommerfeld (vgl. Abschnitt 2.6.3), die auch die Relativitätstheorie Einsteins zu bestätigen schien. Bereits ab 1917 regte sich dagegen Widerstand von reaktionären Kräften (den „Anti-Relativisten"), und im eigentlich liberalen Berlin entwickelte sich die Physikalisch-Technische Reichsanstalt zu ihrer Hochburg.

Nach diesem Exkurs fällt es nicht leicht, zur Physik zurückzukommen. Wenden wir uns mit Einsteins Strahlungstheorie einer Episode der Kriegszeit zu.

2.9 Einsteins Strahlungstheorie

Am 11. August 1916 schrieb Albert Einstein seinem Freund Michele Besso in der Schweiz:

> Es ist mir ein prächtiges Licht über die Absorption und Emission der Strahlung aufgegangen; es wird Dich interessieren. Eine verblüffend einfache Ableitung der Planck'schen Formel, ich möchte sagen *die* Ableitung. Alles ganz quantisch. (Einstein, 1998, Doc. 250)

Die hier erwähnte Herleitung des Planck'schen Strahlungsgesetzes (Einstein, 1916, 1917) findet sich auch heute noch in vielen Lehrbüchern. Sie ist nicht nur einfacher, sondern auch strenger als die Planck'sche Herleitung. Einstein betrachtet ein System mit zwei Energieniveaus E_1 und E_2 ($E_1 < E_2$). Er schreibt „Gasmoleküle", aber wir können auch an Atome im Sinne Bohrs denken. Einstein verzichtet jedoch auf jede weitere Konkretisierung der Zustände, beispielsweise als Elektronenbahnen. Einsteins Herleitung ist auch deshalb noch von Bedeutung, weil sie von solchen Details unabhängig ist.

Einstein unterscheidet nun drei Mechanismen für den Wechsel *zwischen* diesen Zuständen (siehe auch Abbildung 2.21). Er modelliert sie als Zufallsprozesse:

1. **Absorption**
   Strahlung mit der Energie $E_2 - E_1 = h\nu$ kann vom System absorbiert werden. Die Wahrscheinlichkeit für diesen Vorgang ist offensichtlich proportional zur Besetzungszahl des Ausgangszustandes N_1. Außerdem muss im Strahlungsfeld ein geeignetes Lichtquant mit der Frequenz ν zur Verfügung stehen, weshalb die zunächst unbekannte Energiedichte des Feldes $\rho(T, \nu)$ als Faktor eingeht. Somit ist die Zahl dieser Prozesse $1 \to 2$ pro Zeiteinheit:

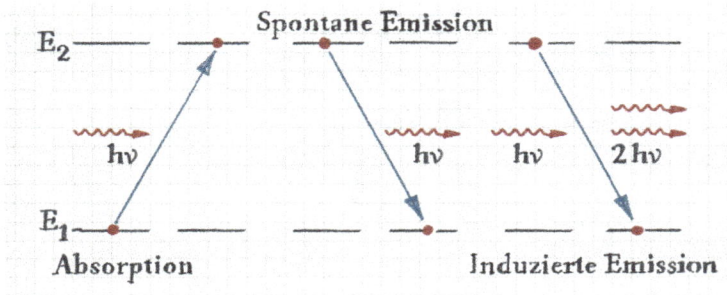

Abb. 2.21: Schematische Darstellung zur Herleitung der Planck'schen Strahlungsformel nach Einstein (1916). Betrachtet werden zwei Energieniveaus und drei mögliche Mechanismen der Wechselwirkung mit dem Strahlungsfeld.

$$dN_{12} = B_{12} \cdot \rho(T, v) \cdot N_1 \cdot dt. \tag{2.79}$$

Hier bezeichnet B_{12} einen zunächst unbekannten Proportionalitätsfaktor („Einsteins *B*-Koeffizient"). Für die zunächst ebenfalls unbekannte Energiedichte $\rho(T, v)$ wird sich am Ende der Rechnung natürlich herausstellen, dass sie der Planck'schen Strahlungsformel genügt.

2. **Spontane Emission**
Auch „ohne Anregung durch äußere Ursachen" kann es zur Emission kommen. Diesen Vorgang vergleicht Einstein mit der Abstrahlung eines Hertz'schen Dipols bzw. dem radioaktiven Zerfall. Entsprechend lautet hier die Anzahl der Prozesse $2 \to 1$ pro Zeiteinheit:

$$dN'_{21} = A_{21} \cdot N_2 \cdot dt. \tag{2.80}$$

Erneut tritt ein zunächst unbekannter Koeffizient (A_{21}) auf. Man beachte die Ähnlichkeit zum radioaktiven Zerfallsgesetz – der *A*-Koeffizient entspricht einer Zerfallskonstanten.

3. **Induzierte Emission**
Schließlich kann auch ein äußeres Strahlungsfeld die *Abregung* bewirken. Dieser Vorgang wird auch „stimulierte Emission" genannt.[67] Wie die Absorption hängt sie von der Energiedichte der Strahlung $\rho(T, v)$, der Besetzungszahl des Ausgangszustandes N_2 und einem zunächst unbekannten Koeffizienten ab:

$$dN''_{21} = B_{21} \cdot \rho(T, v) \cdot N_2 \cdot dt. \tag{2.81}$$

Diese drei Vorgänge sollen nun in einem Gleichgewichtszustand studiert werden, das heißt, Absorption sowie Emission (spontan und induziert) halten sich die Waage:

$$dN_{12} = dN'_{21} + dN''_{21} \tag{2.82}$$

$$\underbrace{N_1 \cdot B_{12} \cdot \rho(T, v)}_{\text{Absorbtion}} = \underbrace{N_2 (A_{21} + B_{21} \cdot \rho(T, v))}_{\text{Emission}}. \tag{2.83}$$

Für das Verhältnis der Besetzungszahlen findet man somit:

$$\frac{N_1}{N_2} = \frac{A_{21} + B_{21} \cdot \rho(T, v)}{B_{12} \cdot \rho(T, v)}. \tag{2.84}$$

---

67 Ob die äußere Einwirkung an- oder abregt, hängt in einer mechanischen Analogie nur von der Phase ab. Man denke etwa an die Schaukel auf dem Kinderspielplatz. Schubst man das Kind in Phase, schaukelt es höher (Absorption) – schubst man jedoch gegenphasig, verringert sich die Amplitude (stimulierte Emission).

Für diese Besetzungszahlen gilt aber ebenfalls die Boltzmann-Verteilung, also:[68]

$$\frac{N_1}{N_2} = \frac{e^{-\frac{E_1}{kT}}}{e^{-\frac{E_2}{kT}}} = e^{\frac{h\nu}{kT}} \quad \text{mit } h\nu = E_2 - E_1. \tag{2.85}$$

Einsetzen in Gleichung (2.84) und Auflösen nach $\rho(T, \nu)$ liefert dann:

$$\rho(T, \nu) = \frac{A_{21}}{B_{12} \cdot e^{\frac{h\nu}{kT}} - B_{21}}. \tag{2.86}$$

Dies ähnelt bereits sehr der Planck'schen Strahlungsformel. Wenn die Temperatur nun über alle Grenzen steigt, divergiert auch die Energiedichte $\rho(T, \nu)$. Der Nenner in Gleichung (2.86) muss daher gegen null gehen, woraus $B_{21} = B_{12}$ folgt. Dadurch ähnelt diese Gleichung dem Planck'schen Strahlungsgesetz noch mehr:

$$\rho(T, \nu) = \frac{A_{21}}{B_{21}} \cdot \frac{1}{(e^{\frac{h\nu}{kT}} - 1)}. \tag{2.87}$$

Der noch unbestimmte Vorfaktor folgt aus dem Vergleich mit dem Gesetz von Rayleigh–Jeans (Gleichung (2.3)) im Grenzfall $h\nu \ll kT$. Dann gilt $e^{h\nu/kT} \approx 1 + \frac{h\nu}{kT}$ und man findet:

$$\frac{A_{21}}{B_{21}} = \frac{8\pi h\nu^3}{c^3}. \tag{2.88}$$

Einsetzen in Gleichung (2.87) liefert dann das Planck'sche Strahlungsgesetz (Gleichung (2.2)):

$$\rho(T, \nu) = \frac{8\pi\nu^2}{c^3} \frac{h\nu}{e^{\frac{h\nu}{kT}} - 1}. \tag{2.89}$$

Verzichtet man auf den Vorgang der *stimulierten Emission*, führt diese Herleitung zum Wien'schen Strahlungsgesetz (Gleichung (2.1)). Dies erkennt man etwa, wenn man in Gleichung (2.86) den Koeffizienten $B_{21} = 0$ setzt.

Diese Herleitung der Planck'schen Strahlungsformel bleibt jedoch an einer wichtigen Stelle unvollständig. Da, wie Einstein (1917, S. 124) schreibt, noch keine „exakte Theorie der elektrodynamischen und mechanischen Vorgänge" vorliegt, können die numerischen Konstanten lediglich aus der Grenzwertbetrachtung mit dem Rayleigh–Jeans-Gesetz gewonnen werden.

---

[68] Arthur Eddington konnte zeigen, dass die Wahl des Boltzmann-Faktors $e^{E/kT}$ *keine* unabhängige Bedingung darstellt, sondern hier ebenfalls aus dem Wien'schen Verschiebungsgesetz hergeleitet werden kann (Eddington, 1925).

Die *Berechnung* der Einstein-Koeffizienten gelang tatsächlich erst mithilfe der modernen Quantentheorie (also ab 1925/26). Für den *B*-Koeffizienten (Absorption bzw. stimulierten Emission) reicht die semiklassische Näherung aus, bei der lediglich die Materie quantisiert und das Strahlungsfeld „klassisch", also kontinuierlich, beschrieben wird (siehe Abschnitt 5.9). Für den *A*-Koeffizienten, also die Rate der spontanen Emission, ist diese Näherung natürlich nicht möglich, da in *Abwesenheit* eines äußeren Feldes dieses auch nicht kontinuierlich beschrieben werden kann. Hier muss tatsächlich das Strahlungsfeld quantisiert werden, d. h., die Berechnung gelang erst im Rahmen der Quantenelektrodynamik (Dirac, 1927b).[69]

2.9.1 Bedeutung der Einstein'schen Strahlungstheorie

Einsteins Strahlungstheorie führte einige überraschende Neuerungen in die Beschreibung der Wechselwirkung zwischen Strahlung und Materie ein und leistete dadurch einen wichtigen Beitrag zur Entwicklung der Quantentheorie. Zunächst einmal enthielt Einsteins Theorie an zentraler Stelle den Wahrscheinlichkeitsbegriff, d. h. die Gleichungen (2.79)–(2.81) beschreiben die Rate von *zufälligen* Prozessen. Einstein sah darin einen Makel (Einstein, 1917, S. 127f):

> Die Schwäche der Theorie liegt einerseits darin, daß sie uns dem Anschluß an die Undulationstheorie nicht näher bringt, andererseits darin, daß sie Zeit und Richtung der Elementarprozesse dem „Zufall" überläßt; trotzdem hege ich das volle Vertrauen in die Zuverlässigkeit des eingeschlagenen Weges.

Zudem haben Duncan und Janssen (2019, S. 136) darauf hingewiesen, dass Absorption und stimulierte Emission nach „klassischem" Verständnis lediglich durch die Phase der einlaufenden Strahlung unterschieden sind – beide Prozesse sollten also mit gleicher Häufigkeit auftreten. In Einsteins Strahlungstheorie hängen die Raten für diese Prozesse aber auch vom *Anfangszustand* des Systems ab, wodurch die Absorption gegenüber der stimulierten Emission begünstigt wird (da sich in der Regel mehr Systeme im energetisch niedrigeren Zustand befinden). Eine kleine Rechnung illustriert in diesem Zusammenhang die große Bedeutung der *spontanen* Emission im Vergleich zur *stimulierten* Emission. Deren Raten sind durch A_{21} bzw. $B_{21} \cdot \rho(T, \nu)$ gegeben, und für deren Verhältnis gilt:

$$\frac{A_{21}}{B_{21} \cdot \rho(T, \nu)} = e^{h\nu/kT} - 1. \qquad (2.90)$$

---

[69] Die Quantisierung des Strahlungsfeldes führt zu sogenannten Vakuumfluktuationen. Die spontane Emission wird durch diese (mit-)ausgelöst. Man kann das, etwas vereinfacht, folgendermaßen ausdrücken: „Spontane Emission ist durch Vakuumfluktuationen stimulierte Emission". Eine knappe und didaktische Darstellung der Zusammenhänge gibt Milonni (1984). Dort wird auch geklärt, warum die Vakuumfluktuationen keine „spontane Absorption" verursachen können.

Betrachtet man vereinfacht die Sonne als thermischen Strahler mit $T = 6000\,\mathrm{K}$, ergibt sich bei $\lambda = 400\,\mathrm{nm}$ ein Verhältnis $\frac{A}{B\rho} \approx 400$ (bei $\lambda = 700\,\mathrm{nm}$ noch ≈ 30). Das sichtbare Sonnenspektrum wird also *vollständig* durch den Prozess der spontanen Emission dominiert.

Der Laser

Zu den wenigen Lichtquellen, in denen die *stimulierte Emission* dominiert, gehört der Laser (**L**ight **a**mplification by **s**timulated **e**mission of **r**adiation), dessen konzeptionelle Grundlagen ebenfalls durch Einsteins Strahlungstheorie gelegt wurden. In einem Laser befindet sich ein „laseraktives" Material zwischen zwei Spiegeln.[70] In diesem Material wird durch *spontane* Emission die *stimulierte* Emission angeregt. Gelingt es, ausreichend viele angeregte Zustände herzustellen („Besetzungsinversion"), kann es zu einer regelrechten Kettenreaktion kommen, bei der sich die stimulierte Emission selbst verstärkt. Die resultierende Strahlung zeichnet sich nicht bloß durch hohe Intensität aus, sondern besitzt auch hohe Monochromasie und Bündelung, d. h. zeitliche und räumliche Kohärenz. Diese Eigenschaft macht Laserlicht besonders geeignet für Interferenzversuche, aber natürlich hat der Laser auch unzählige technische Anwendungen.[71]

Der Impuls eines Lichtquants

Ein anderer Aspekt muss noch erwähnt werden, der in Einsteins Augen sogar bedeutender war als die oben diskutierte Herleitung der Planck-Formel. Im Zusammenhang mit der Wechselwirkung zwischen Strahlung und Materie diskutierte Einstein nicht nur die Energieerhaltung, sondern auch den Austausch von Impuls. Er ordnete dabei jedem Lichtquant einen Impuls

$$p = \frac{h\nu}{c} \tag{2.91}$$

zu, und in seinem Modell erleidet das abstrahlende System einen Rückstoß. Die Emission erfolgt also *gerichtet* und nicht in Form einer Kugelwelle. Im zweiten Teil seiner Arbeit analysierte Einstein diesen Impulsaustausch und lieferte hier sogar eine weitere Herleitung der Planck'schen Strahlungsformel (siehe Duncan und Janssen (2019, S. 138ff)). Nach Einstein war dies ein zusätzlicher Beleg für die Lichtquantenhypothese, die damals noch recht umstritten war (siehe zum aktuellen Photonbegriff aber auch Abschnitt 5.9.2).

---

[70] Laseraktive Medien können fest, flüssig oder auch gasförmig sein. Im verbreiteten roten Helium-Neon-Laser wird ein Gasgemisch verwendet. In der *Star Wars* Saga fungieren sogenannte Kyberkristalle als laseraktives Material in den Lichtschwertern (Bray et al., 2019).

[71] Siehe etwa Haken und Wolf (2013, S. 383ff) für Details zur Funktionsweise des Lasers.

2.10 Der Doppler-Effekt in der Quantentheorie

Eine interessante Episode der frühen Quantentheorie, die in der Lehrbuchliteratur meist unterschlagen wird, ist die Behandlung des Doppler-Effekts. Bekanntlich verändern sich die wahrgenommene Frequenz bzw. Wellenlänge eines Senders, wenn sich der Empfänger relativ zu ihm bewegt. Bei dem optischen (bzw. relativistischen) Doppler-Effekt spielt lediglich die Relativbewegung eine Rolle, während beim akustischen (bzw. nicht-relativistischen) Doppler-Effekt die Fälle (i) „Sender ruht und Empfänger bewegt sich" und (ii) „Sender bewegt sich und Empfänger ruht" unterschieden (bzw. kombiniert) werden können.[72]

Der akustische Doppler-Effekt
Der akustische Fall sei kurz in Erinnerung gerufen. f_S und f_E sollen die vom Sender abgestrahlte bzw. die empfangene Frequenz bezeichnen, v_E die Geschwindigkeit, mit der sich der Empfänger entfernt und c die Schallgeschwindigkeit.[73] Da sich der Empfänger entfernt, *verringert* sich die Frequenz durch die Laufzeitverlängerung. Setzt man zudem voraus, dass Bewegungs- und Ausbreitungsrichtung identisch sind, findet man:

$$f_E = f_S\left(1 - \frac{v_E}{c}\right) \quad \text{bzw.} \quad \lambda_E = \lambda_S \frac{1}{1 - \frac{v_E}{c}}. \tag{2.92}$$

Entfernt sich jedoch der Sender mit der Geschwindigkeit v_S, führt dies zu einer Vergrößerung der Wellenlänge beim Empfänger – also kommt es auch hier zu einer Frequenzverringerung:

$$\lambda_E = \lambda_S\left(1 + \frac{v_S}{c}\right) \quad \text{bzw.} \quad f_E = f_S \frac{1}{1 + \frac{v_S}{c}}. \tag{2.93}$$

Sind Bewegungs- und Ausbreitungsrichtung nicht identisch, trägt lediglich die Geschwindigkeitskomponente längs der Verbindungslinie Sender–Empfänger bei. Man muss also $\frac{v}{c}$ durch $\frac{v}{c}\cos\theta$ ersetzen, wobei θ den Winkel zwischen Bewegungs- und Ausbreitungsrichtung bezeichnet.

Die Gleichungen (2.92) und (2.93) sagen zwar beide eine Frequenzverringerung bei der Entfernung von Sender und Empfänger voraus, unterscheiden sich jedoch numerisch. Am deutlichsten sieht man dies, wenn die Geschwindigkeiten v_E bzw. v_S der Schallgeschwindigkeit entsprechen. Bei $v_E = c$ gilt dann gemäß Gleichung (2.92) $f_E = 0$.

---

72 Die Ursache für diesen Unterschied ist einfach: Die Relativitätstheorie behandelt alle Bezugssysteme gleichberechtigt und kennt keinen Zustand absoluter Ruhe. Der akustische Doppler-Effekt tritt jedoch bei mechanischen Wellen auf, und das Medium der Schallausbreitung (typischerweise Luft) zeichnet ein Bezugssystem aus, bezüglich dem sich Sender oder Empfänger in „Ruhe" befinden können.

73 Falls sich Sender und Empfänger aufeinander bewegen, muss das entgegengesetzte Vorzeichen für die Geschwindigkeiten gewählt werden.

Das Signal kann den Empfänger schließlich nicht mehr erreichen. Falls jedoch $v_S = c$ gesetzt wird, halbiert sich lediglich die empfangene Frequenz.

Der optische Doppler-Effekt

Der optische bzw. relativistische Doppler-Effekt, bei dem c also die Lichtgeschwindigkeit bezeichnet, kann aus diesen Beziehungen abgeleitet werden, wenn man den Einfluss von Zeitdilatation bzw. Längenkontraktion berücksichtigt.[74] Dabei spielt nur noch die Relativgeschwindigkeit eine Rolle ($v_E = v_S = v$), da kein Bezugssystem ausgezeichnet ist. Aus dem Bezugssystem des Empfängers beurteilt, dehnt sich die Zeit im Sendersystem und die Frequenz ($\propto 1/t$) *verringert* sich:

$$f_S \rightarrow f_S \cdot \sqrt{1 - \frac{v^2}{c^2}}. \tag{2.94}$$

Aus dem Bezugssystem des Senders betrachtet, kontrahieren die Strecken (also auch die Wellenlängen) für den Empfänger:

$$\lambda_E \rightarrow \lambda_E \cdot \sqrt{1 - \frac{v^2}{c^2}}. \tag{2.95}$$

Setzt man die relativistische Korrektur aus Gleichung (2.94) in die Gleichung (2.92) (bzw. die Korrektur aus Gleichung (2.95) in die Gleichung (2.93)) ein, findet man für beide Fälle das identische Resultat:

$$f_E = f_S \cdot \sqrt{\frac{1 - \frac{v}{c}}{1 + \frac{v}{c}}} \quad \text{bzw.} \quad \lambda_E = \lambda_S \cdot \sqrt{\frac{1 + \frac{v}{c}}{1 - \frac{v}{c}}}. \tag{2.96}$$

Dieser Effekt beschreibt etwa die Rotverschiebung von astronomischen Objekten, die sich von uns entfernen.[75]

2.10.1 Einsteins Experiment zur Entscheidung des Welle-Teilchen-Dualismus

Der Doppler-Effekt ist ein typisches Wellenphänomen (wie Interferenz und Beugung), und es stellt sich die Frage, wie die Vorstellung von Lichtquanten damit verträglich ist.

---

74 In der Relativitätstheorie gilt: „Bewegte Uhren gehen langsamer" sowie „bewegte Maßstäbe sind (in Bewegungsrichtung) verkürzt" – und zwar jeweils aus dem Ruhesystem eines Beobachters beurteilt. Genauer: Die Zeit „dehnt" sich um den Faktor $\sqrt{1 - v^2/c^2}^{-1}$, und Strecken verkürzen sich um den Faktor $\sqrt{1 - v^2/c^2}$.

75 Die *kosmologische Rotverschiebung* ist allerdings ein Effekt der Expansion des Universums, also der Raumzeit, und darf nicht mit der Rotverschiebung durch den Doppler-Effekt verwechselt werden, der aus der Bewegung *innerhalb* der Raumzeit folgt.

Tatsächlich vermutete Einstein Anfang der 1920er Jahre, dass man auf diesem Wege eine Entscheidung über die Natur der Strahlung herbeiführen könne (Einstein, 1922). Aus interessanten Gründen erfüllte sich diese Hoffnung jedoch nicht.

Einsteins Vorschlag beruhte darauf, sogenannte „Kanalstrahlen" (die historische Bezeichnung für positiv geladene Ionenstrahlung) als „Lichtquelle" zu verwenden. Lenkt man die Kanalstrahlen senkrecht zur optischen Achse, kann eine Linse deren Abstrahlung auffangen, die teilweise in Bewegungsrichtung ausgesendet wurde und teilweise entgegen der Bewegungsrichtung (siehe Abbildung 2.22).

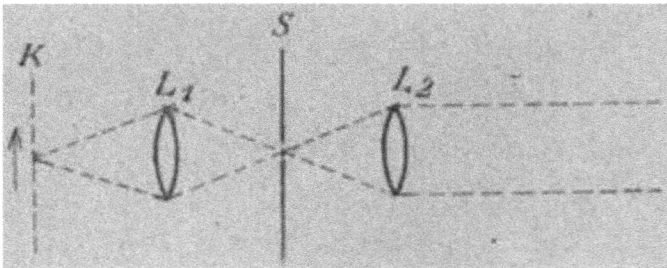

Abb. 2.22: Einsteins Vorschlag für ein Experiment, das zwischen Wellen- und Teilchenmodell des Lichts unterscheidet. Die Kanalstrahlen (K) senden Licht aus, das mit der Linse L_1 gebündelt und mit der Linse L_2 in ein paralleles Srahlenbündel verwandelt wird. Anschließend soll es durch ein dispersives Medium gelenkt werden (nicht abgebildet). Man beachte, dass das Licht teilweise in Bewegungsrichtung und teilweise gegen die Bewegungsrichtung der Kanalstrahlung ausgesendet wird. Dadurch ist in der Wellentheorie eine Rot- bzw. Blauverschiebung der Strahlung zu erwarten (Abbildung aus Einstein, 1922).

In der Wellentheorie erwartet man also ein Signal, das durch den Doppler-Effekt verschiedene Frequenzen aufweist. Nach der Bohr'schen Frequenzbedingung sollte jedoch (so Einstein) eine einheitliche Frequenz gemäß $\Delta E = h\nu$ vorliegen.

Diese Strahlung sollte anschließend durch ein dispersives Medium gelenkt werden, und Einstein argumentierte, dass die Beobachtung einer Ablenkung die Wellentheorie der Strahlung bestätigen würde – die Nichtablenkung aber für die Lichtquantenhypothese spräche. Die Geschichte dieses Experiments hat nun mehrere kuriose Wendungen:
1. Zunächst konnten Walther Bothe und Hans Geiger an der PTR in Charlottenburg zeigen, dass bei diesem Versuch keine Ablenkung der Strahlung auftritt – vorgeblich ein Hinweis auf das Scheitern der Wellentheorie und von Einstein ekstatisch aufgenommen.[76]

---

[76] Einstein schreibt an Hedwig und Max Born am 30. 12. 1921 (Einstein, 2009, Doc. 345): „Nun ist dank der vorzüglichen Mitarbeit von Geiger und Bote (*sic*) das Experiment über die Lichtemission fertig. Resultat: Die Lichtaussendung des bewegten Kanalstrahlteilchens ist streng monochromatisch, während doch nach der Undulationstheorie die Farbe der elementaren Emission nach verschiedenen Richtungen verschieden sein müsste. Damit ist sicher bewiesen, dass das Undulations-Feld keine reale Existenz

2. Bald schon erkannte Paul Ehrenfest einen Fehler in Einsteins Argument. Bei Betrachtung einer Wellengruppe (im Gegensatz zu einem unendlich ausgedehnten Wellenzug) sollte man tatsächlich auch in der Wellentheorie keine Ablenkung erwarten. Das Experiment war nach dieser Analyse also gar nicht trennscharf, um zwischen den konkurrierenden Sichtweisen zu unterscheiden.[77]
3. Schließlich zeigte Schrödinger (1922), dass der Doppler-Effekt ebenso gut mit diskreten Lichtquanten erklärt werden kann. Mit anderen Worten: Auch wenn Einsteins Berechnung der wellentheoretischen Vorhersage richtig gewesen wäre, hätte das besagte Experiment keine Entscheidung herbeiführen können.

Auf den letzten Punkt wollen wir genauer eingehen – nicht zuletzt bietet sich hier ein schulrelevanter Kontext, da der Doppler-Effekt ein etablierter Inhalt der Schulphysik ist. Interessant ist ebenfalls, dass hier ein Effekt vorliegt, der nicht *entweder* durch die Wellentheorie *oder* eine teilchenhafte Vorstellung (im Sinne des naiven Lichtquants der frühen Quantentheorie) erklärt werden kann, sondern *sowohl* eine Wellen- *als auch* eine Teilchen-Erklärung besitzt.

2.10.2 Erklärung des Doppler-Effekt mit Lichtquanten

Arnold Sommerfeld drückt in *Atombau und Spektrallinien* seine Verwunderung über die quantentheoretische Erklärung des Doppler-Effekts mit den folgenden Worten aus:

> Es erscheint fast unmöglich, den Dopplereffekt anders zu verstehen, als vom Standpunkt der klassischen Wellentheorie [...]. Demgegenüber ist es äußerst lehrreich, daß wir dieselbe Formel ebensogut vom Standpunkte der Lichtquanten verstehen können. (Sommerfeld, 1969, S. 48)

An dieser Stelle zitiert Sommerfeld Schrödingers Arbeit mit dem Titel „Dopplerprinzip und Bohr'sche Frequenzbedingung" (Schrödinger, 1922). Wir wollen stattdessen eine einfachere Herleitung vorstellen, die Enrico Fermi (1926) angegeben hat.

Fermi betrachtet darin ein Atom mit einem diskreten Energieniveau, das er w nennt. Bei einem Übergang zwischen diesem Zustand in den Grundzustand mit Energie null sendet es (im Ruhesystem) ein Lichtquant der Frequenz $v_0 = \frac{w-0}{h} = \frac{w}{h}$ aus. Nun soll jedoch angenommen werden, dass sich das angeregte Atom vor der Emission mit der Geschwindigkeit V bewegt. Seine Energie setzt sich dann aus der inneren Energie $w = hv_0$ und der Bewegungsenergie zusammen:

---

hat und dass die Bohr'sche Emission ein Momentanprozess im eigentlichen Sinne ist. Es ist das mein stärkstes wissenschaftliches Erlebnis seit Jahren."

77 Einstein schreibt an Ehrenfest am 26. 1. 1922 (Einstein, 2013, Doc. 37): „Lieber Ehrenfest! Du hattest vollkommen Recht. Heute habe ich gefunden, dass in meiner Rechnung noch ein Versehen war, nach dessen Berichtigung man findet, dass die Bewegung Strahlengang und Wellennormale gar nicht beeinflusst. Es ist aber wirklich eine hinterhältige Frage!"

$$E = h\nu_0 + \frac{1}{2}mV^2. \tag{2.97}$$

Wenn nun die Abregung erfolgt, wird ein Lichtquant ausgesendet, und der Winkel zwischen der Emissionsrichtung und der Geschwindigkeit V soll mit θ bezeichnet werden (siehe Abbildung 2.23). Wenn V' die Geschwindigkeit nach der Abstrahlung des Licht-

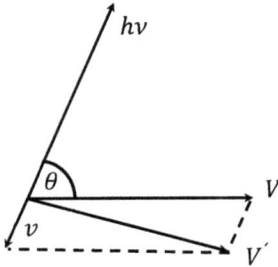

Abb. 2.23: Begründung des Doppler-Effekts mit Lichtquanten nach Fermi. Hier bezeichnet V die Geschwindigkeit des Atoms vor der Emission eines Lichtquants mit Energie $h\nu$, V' die Geschwindigkeit nach der Emission und v die Geschwindigkeitsdifferenz. Wendet man Impuls- und Energieerhaltung an, folgt die Doppler-Formel (Abbildung nach Fermi, 1926).

quants bezeichnet und $\vec{v} = \vec{V} - \vec{V}'$ die vektorielle Geschwindigkeitsdifferenz ist, folgt aus der Impulserhaltung:

$$m|\vec{v}| = \frac{h\nu}{c} \tag{2.98}$$

(mit $\frac{h\nu}{c}$ dem Impuls des Lichtquants, vgl. Gleichung (2.91)). Die Energie des Atoms ist anschließend durch die Bewegungsenergie gegeben:

$$E' = \frac{1}{2}mV'^2 = \frac{1}{2}m(V^2 + v^2 - 2vV\cos\theta). \tag{2.99}$$

Die letzte Umformug folgt dabei aus dem Kosinussatz.[78] Vernachlässigt man den Term $\propto v^2$ und berücksichtigt die Impulserhaltung (Gleichung (2.98)), gilt:

$$E' \approx \frac{1}{2}mV^2 - \underbrace{mv}_{=\frac{h\nu}{c}} V\cos\theta. \tag{2.100}$$

Aus der Energieerhaltung folgt jedoch $h\nu = E - E'$. Einsetzen der Gleichungen (2.97) und (2.100) führt auf:

$$\begin{aligned} h\nu &= E - E' \\ &= \left(\frac{1}{2}mV^2 + h\nu_0\right) - \left(\frac{1}{2}mV^2 - \frac{h\nu}{c}V\cos\theta\right) \\ &= h\nu_0 + \frac{h\nu}{c}V\cos\theta. \end{aligned} \tag{2.101}$$

---

[78] Es gilt für ein beliebiges Dreieck: $c^2 = a^2 + b^2 - 2ab\cos\gamma$. Dabei bezeichnet (wie üblich) γ den Winkel, der der Seite c gegenüberliegt.

Löst man diese Gleichung nach v_0 auf, findet man jedoch:

$$v_0 = v\left(1 - \frac{V}{c}\cos\theta\right). \tag{2.102}$$

Dies ist aber gerade die Doppler-Formel aus Gleichung (2.92) mit $f_E = v_0$ und $f_S = v$. Der Doppler-Effekt kann also auch als Folge von Energie- und Impulserhaltung bei der Emission von Lichtquanten erklärt werden und stellt keine alleinige Stütze der Wellentheorie dar.

Ein interessanter Unterschied betrifft jedoch die jeweiligen Bezugssysteme: Wir haben v_0 als Frequenz im „Ruhesystem" bezeichnet, in dem $V = 0$ gilt. In der wellentheoretischen Erklärung muss dabei nicht zwischen „vor" oder „nach" der Emission unterschieden werden, da der Sender Kugelwellen aussendet und keinen linearen Impuls erhält. In der Erklärung mit Lichtquanten ist die Aussendung jedoch *gerichtet*, und der Sender erfährt einen Rückstoß. Nach der Emission befindet er sich also nicht mehr in Ruhe.

Diese Arbeit von Fermi aus dem Jahr 1926 ist in der Literatur kaum rezipiert worden – vermutlich auch, weil sie nur auf Italienisch veröffentlicht wurde.[79] Außerdem fehlt dort der Hinweis auf Schrödinger (1922). Offensichtlich kannte Fermi im Jahr 1926 die Literatur nur unvollständig und wusste nicht, dass das Resultat bereits bekannt war.

All diese Argumente haben eine große Ähnlichkeit mit der Beschreibung des Compton-Effekts, dem wir uns in Abschnitt 2.12 zuwenden. Zunächst betrachten wir jedoch das berühmte Stern–Gerlach-Experiment.

2.11 Das Stern–Gerlach-Experiment

Im Jahr 1922 führten Otto Stern (1888–1969) und Walter Gerlach (1889–1979) das nach ihnen benannte Experiment durch (Gerlach und Stern, 1922).[80]

Im **Stern–Gerlach-Experiment** wird ein Strahl von Silberatomen im Hochvakuum durch ein inhomogenes Magnetfeld gelenkt, und auf einem Schirm die Aufspaltung in zwei Teilstrahlen beobachtet (siehe Abbildung 2.24).

---

[79] Eine sehr knappe Zusammenfassung des Resultats gibt Fermi aber auch in seinem Klassiker *Quantum Theory of Radiation* (Fermi, 1932, S. 105f). Dort findet sich jedoch ein kurioser Tippfehler: Fermi verwechselt (in unserer Schreibweise) v_0 und v und erhält dadurch statt Gleichung (2.102) die Beziehung: $v = v_0(1 + V\cos\theta/c)$.

[80] Die gemeinsame Veröffentlichung nennt Gerlach vor Stern, aber es hat sich die umgekehrte Bezeichnung eingebürgert. Tatsächlich geht die Idee und Konzeption des Versuchs auf Stern zurück, und Gerlach brachte hauptsächlich seine (wichtige) experimentelle Expertise ein (Schmidt-Böcking et al., 2016). Dies lässt die übliche Bezeichnung sinnvoll erscheinen.

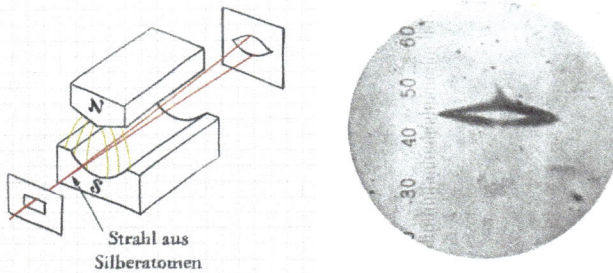

Abb. 2.24: Links: Schematischer Aufbau des Stern–Gerlach-Experiments. Rechts: Aufnahme des Schirms nach achtstündiger Bestrahlungszeit. Die Aufspaltung ist nicht ganz symmetrisch, da der obere Polschuh schneidenartig ausgeführt ist und zu einem irregulären Magnetfeld führt. Zu den Seiten fällt das Magnetfeld ab, und die Teilstrahlen bleiben ungetrennt (Abbildung aus Gerlach und Stern, 1922 © Springer Nature).

Stern und Gerlach führten diesen Versuch durch, um die 1916 von Sommerfeld und Debye vorgeschlagene Hypothese der „Richtungsquantisierung" zu überprüfen (vgl. Abschnitt 2.6.3). Gemäß dieser Annahme sollte der Drehimpuls relativ zur Magnetfeldachse nur diskrete Raumrichtungen aufweisen. Eine rotierende Ladung q (mit $q = -e$ und Drehimpuls $\vec{L}$) erzeugt ein magnetisches Dipolmoment:

$$\vec{\mu} = -\frac{e}{2m_e}\vec{L}. \tag{2.103}$$

In einem *inhomogenen* Magnetfeld erfährt ein magnetischer Dipol eine ablenkende Kraft, deren Richtung von der Orientierung des Dipolmoments (d. h. auch der Richtung des Drehimpulses) abhängt.[81] Bezeichnet z die Richtung zwischen Nord- und Südpol, gilt:

$$F_z = \mu_z \frac{\partial B}{\partial z}. \tag{2.104}$$

Gemäß der „klassischen" Vorhersage sollten die magnetischen Momente kontinuierlich und zufällig orientiert sein, und es sollte sich lediglich eine Aufweitung des Strahls ergeben. Die beobachtete Aufspaltung in zwei Teilstrahlen entsprach hingegen der quantentheoretischen Vorhersage von diskreten Orientierungen des Drehimpulses bzw. des magnetischen Moments:

---

[81] In einem *homogenen* Magnetfeld wirkt keine Kraft auf einen Dipol, da sich die Anziehung bzw. Abstoßung beider Pole gegenseitig aufheben. Bestenfalls können die Dipole rotiert werden. Man beachte zudem, dass der Stern–Gerlach-Versuch nicht mit Elektronen durchgeführt werden kann, da hier die zusätzliche Lorentzkraft den Effekt verdeckt. Bei den neutralen Silberatromen tritt diese Komplikation nicht auf. In der Literatur wird dies manchmal übersehen, und einige Quellen diskutieren einen vorgeblichen „Stern–Gerlach-Versuch mit Elektronen".

$$\mu_z = -\underbrace{\frac{e\hbar}{2m_e}}_{=\mu_B} \cdot m. \qquad\qquad (2.105)$$

Schließlich gilt hier für die Richtungs- bzw. magnetische Quantenzahl $m = \pm 1$.[82] Die Größe $\mu_B \approx 9{,}3 \cdot 10^{-24}$ J/T wird als „Bohr'sches Magneton" bezeichnet. Die Autoren resümierten das Resultat ihrer Untersuchung somit (Gerlach und Stern, 1922, S. 352):[83]

> Wir erblicken in diesen Ergebnissen den direkten experimentellen Nachweis der Richtungsquantelung im Magnetfeld.

Schon am Morgen des 8. Februar 1922 hatte Gerlach seinem Doktoranden Wilhelm Schütz den Auftrag gegeben, ein Telegramm an Otto Stern in Rostock zu senden.[84] Der Text lautete schlicht: „Bohr hat doch recht!" (Schütz, 1969).

Reaktionen auf das Resultat von Stern und Gerlach

Obwohl (oder weil?) dieses Resultat der quantentheoretischen Vorhersage entsprach, gab es Rätsel auf. Zur Erklärung wurde ein dynamischer Mechanismus gesucht, der die magnetischen Momente parallel bzw. antiparallel zum Feld ausrichten konnte.

Einstein bemerkte in einem Brief an Max Born, dass dieser Vorgang „von Rechts-Wegen (sic) mehr als 100 Jahre dauern" müsste (Schmidt-Böcking et al., 2016, S. 338). Natürlich dauert die Durchführung des Experiments keine 100 Jahre – die Platte wurde vielmehr für acht Stunden bestrahlt, und die Verweilzeit der einzelnen Silberatome im Magnetfeld, d. h. die relevante Zeitskala, betrug bei einer Geschwindigkeit von ca. 550 $\frac{m}{s}$ lediglich 10^{-4} s. Einstein und Ehrenfest (1922) diskutierten in einer kurzen Veröffentlichung die theoretischen Probleme, die das Experiment dadurch aufwarf.

Einsteins sofortige Reaktion auf diese Arbeit ist nicht zufällig. Otto Stern war sein Assistent in Prag und Zürich gewesen, und die Durchführung des Experiments wurde auf Einsteins Veranlassung auch durch das Kaiser-Wilhelm-Institut finanziell unterstützt.

---

82 Das Übergangsmetall Silber aus der ersten Nebengruppe besitzt die Ordnungszahl 47, d. h. ein einzelnes Valenzelektron auf der äußersten Schale (siehe Abschnitt 5.7). Für dessen Drehimpuls nahm man $k = 1$ an. Die magnetische Quantenzahl m kann dann die Werte von $-k$ bis $+k$ durchlaufen. Tatsächlich war es zu diesem Zeitpunkt kontrovers, ob die magnetische Quantenzahl dabei auch den Wert $m = 0$ annehmen konnte – also eine Aufspaltung in drei Linien zu erwarten wäre. Bohr hatte jedoch für die bloß *zweifache* Aufspaltung argumentiert (Schmidt-Böcking et al., 2016, S. 336f).

83 Die erste Beobachtung der Aufspaltung gelang Gerlach bei einer Mesung in der Nacht vom 7. auf den 8. Februar 1922 (Dienstag auf Mittwoch). In dieser Zeit kam es in Frankfurt zu einem erheblichen Kälteeinbruch mit Temperaturen von −25 °C. Trageser (2022, S. 45) spekuliert darüber, dass dieser Umstand den erfolgreichen Ausgang begünstigt haben könnte, da die Kühlung der Apparatur eine kritische Komponente darstellte.

84 Otto Stern hatte 1921 einen Ruf an die Universität Rostock angenommen und konnte dem Frankfurter Institut anschließend nur kurze Besuche abstatten. Die letzte Phase der Versuchsdurchführung lag daher in den Händen von Walter Gerlach.

An dieser Stelle sollte vielleicht – im Vorgriff auf spätere Kapitel – bemerkt werden, dass die Frage nach einem *dynamischen Mechanismus*, der die Momente parallel oder antiparallel zu den magnetischen Kraftlinien ausrichtet, in der modernen Quantenmechanik *nicht* beantwortet wird. Es wird sich nämlich zeigen, dass die Quantenmechanik keine raumzeitliche Beschreibung für den Vorgang zwischen „Präparation" und „Messung" liefert. Konkret: Gemäß der modernen Quantenmechanik existieren gar keine Bahnen für die Silberatome im Magnetfeld. An der Frage, ob dieser Verzicht endgültig ist, entzünden sich immer noch aktuelle Debatten um die Interpretation der Quantenmechanik (siehe Kapitel 6).

2.11.1 Die aktuelle Erklärung des Stern–Gerlach-Experiments

Aus der Rückschau ist die ursprüngliche Interpretation des Resultats jedoch unzutreffend, und die Bedeutung und Bewertung des Stern–Gerlach-Experiments hat sich in der anschließenden Entwicklung stark gewandelt. Lehrbuchdarstellungen tragen diesem Umstand oft nicht Rechnung und vermischen die aktuelle Bedeutung des Experiments mit seinem historischen Kontext. Im Vorgriff auf unsere Diskussion von Bahndrehimpuls und Spin in der modernen Quantenmechanik wollen wir einige Aspekte dieser Wandlung bereits hier kurz skizzieren (siehe die Abschnitte 5.6.1 und 5.6.3).

Nach heutigem Verständnis besitzt das Valenzelektron des Silberatoms keinen Bahndrehimpuls, und die Aufspaltung des Strahls folgt aus der Wechselwirkung zwischen Magnetfeld und dem *Eigen*drehimpuls (dem sogenannten *Spin*) des Valenzelektrons $s = \frac{1}{2}$. Aus der Azimutalquantenzahl k des Bohr–Sommerfeld-Modells (siehe Tabelle 2.1) wurde in der modernen Quantentheorie die Bahndrehimpulsquantenzahl l. Während k in ganzzahligen Schritten die Werte 1 bis n durchlief, nimmt l die Werte 0 bis $n-1$ an (kurz: $l = k - 1$). Die magnetische Quantenzahl m der modernen Quantenmechanik läuft in ganzzahligen Schritten von $-l$ bis $+l$ (einschließlich $m = 0$). Sie kann also $2l+1$ Werte annehmen, während in der alten Quantentheorie kontrovers diskutiert wurde, ob der Wert $m = 0$ zulässig sei. Bohr schloss den Wert aus und nahm deshalb bloß $2k$ Einstellungsmöglichkeiten für m an.

Für den Eigendrehimpuls gelten entsprechende Regeln, aber hier treten *halbzahlige* Quantenzahlen auf. Deshalb erfolgt die Aufspaltung gemäß $2s + 1$ mit $s = \frac{1}{2}$ in *zwei* Teilstrahlen – wie von Stern und Gerlach beobachtet.

Der Elektronenspin wurde jedoch erst 1925 durch die niederländischen Physiker George E. Uhlenbeck und Samuel A. Goudsmit vorgeschlagen (siehe Abschnitt 5.6.3). Die gelegentlich anzutreffende Behauptung, dass Stern und Gerlach den Spinfreiheitsgrad entdeckt hätten, ist in diesem Sinne also unzutreffend.

Vier Fehler und ein Glücksfall

Wir erwähnt, ordnet man in der Bohr–Sommerfeld-Theorie dem Valenzelektron im Grundzustand den Bahndrehimpuls $k = 1$ zu. Nach heutigem Verständnis hätte ein solcher Drehimpuls also zu einer Aufspaltung in $2k + 1 = 3$ Teilstrahlen führen müssen. Dieser zusätzliche dritte Teilstrahl durchquert das Magnetfeld unabgelenkt (aus Gleichung (2.105) folgt $\mu_z = 0$ bei $m = 0$) und hätte leicht die beobachtbare Aufspaltung in diskrete Auftrefforte verdecken können. Friedrich und Herschbach (1998, S. 184) bemerken, dass in diesem Fall Stern und Gerlach gerade die „klassische" Vorhersage bestätigt hätten. Die Wahl von Silberatomen muss deshalb als besonders glücklicher Zufall gewertet werden.

Dass das Experiment die von der alten Quantentheorie vorhergesagte Aufspaltung in zwei Strahlen bestätigte, liegt also daran, dass die falsche Voraussetzung ($k = 1$) im Rahmen einer „falschen" Theorie (Bohr–Sommerfeld) analysiert wurde.

Die Geschichte der sich gegenseitig aufhebenden Fehler ist sogar noch etwas komplexer: Für den Zusammenhang zwischen Spin und magnetischem Moment gilt nicht Gleichung (2.103), sondern $\vec{\mu}_s = -g_s \frac{q}{2m_e} \vec{s}$. Hier bezeichnet g_s den sogenannten Landé-Faktor, der für das Elektron ≈ 2 beträgt. Stern und Gerlach konnten mit ihrer Apparatur tatsächlich nicht nur die Aufspaltung beobachten, sondern auch das magnetische Moment bestimmen. Sie fanden dafür das Bohr-Magneton μ_B, weil sich die unberücksichtigten Faktoren $s = \frac{1}{2}$ und $g_s \approx 2$ näherungsweise aufheben.

Das richtige Experiment zur falschen Theorie

Auf diese Weise erlangt das Stern–Gerlach-Experiment auch eine kuriose wissenschaftstheoretische Stellung. Es wurde als *experimentum crucis* (also „Entscheidungsexperiment") zwischen „klassischer" Physik und der damaligen Quantentheorie konzipiert und widerlegte tatsächlich die Auffassung eines kontinuierlich verteilten magnetischen Moments. Gleichzeitig waren seine Ergebnisse im Einklang mit der Richtungsquantisierung nach Sommerfeld. Diese vorgeblich bestätigte Auffassung musste jedoch ab 1925 ebenfalls revidiert werden. Die Messergebnisse des theoriegeleiteten Stern–Gerlach-Experiments erwiesen sich jedoch als robust gegenüber diesem Wandel der theoretischen Grundlagen. Nach Weinert (1995) war das Stern–Gerlach-Experiment deshalb das „richtige Experiment zur falschen Theorie".

2.11.2 Adolf Schmidt, der vergessene Helfer

Neben der Bedeutung des Experiments für die weitere Entwicklung der Quantentheorie spielte dieser Versuch auch eine wichtige technologische Rolle. Es handelt sich um eine frühe Anwendung der sogenannten Molekularstrahl- bzw. Atomstrahl-Methode, die von Stern ab 1918 entwickelt wurde und wichtige Anwendungen z. B. in der physikalischen Chemie hat.

Bei der Verfeinerung bzw. Umsetzung dieser Methode hatte der Theoretiker Stern nicht nur die Mithilfe des erfahrenen Experimentalphysikers Gerlach, sondern beide konnten ebenfalls die Mitarbeit des äußerst begabten Mechanikers Adolf Schmidt (1893–1971) nutzen. Mit einer Festveranstaltung in der Frankfurter Paulskirche feierte die Deutsche Physikalische Gesellschaft im Februar 2022 das 100-jährige Jubiläum des Stern–Gerlach-Experiments. In seinem Vortrag würdigte Horst Schmidt-Böcking auch die Rolle von Adolf Schmidt. Allerdings war es ihm nicht gelungen, eine Fotografie des Feinmechanikermeisters des Physikalischen Instituts in Frankfurt ausfindig zu machen. Und so prangte auf der Folie zwischen den Porträts von Stern und Gerlach ein schwarzer Kreis, der seinen Kopf symbolisieren sollte.[85] Man erkennt daran die Schwierigkeit, an die in Abschnitt 1.3 erwähnten „vergessenen Helfer" (bzw. „Helferinnen") zu erinnern. Aber warum nicht zukünftig vom Stern–Gerlach–Schmidt-Experiment sprechen?

Otto Stern floh 1933 vor den Nazis in die USA und nahm in Pittsburgh eine Professur an. Im Jahr 1939 wurde ihm die US-amerikanische Staatsbürgerschaft verliehen und 1944 erhielt er den Physik-Nobelpreis (für 1943). Die offizielle Begründung erwähnte nicht das Stern–Gerlach–Schmidt-Experiment, sondern seine Verdienste um die Entwicklung der Molekularstrahlmethode sowie die Entdeckung des magnetischen Moments des Protons. In seiner Laudatio erwähnte der schwedische Physiker Erik Hulthén jedoch das Stern–Gerlach–Schmidt-Experiment (allerdings unter der damals üblichen Bezeichnung als „Stern–Gerlach-Experiment") prominent. Man darf also annehmen, dass die Begründung des Preises auch strategisch motiviert war, denn die Vergabe an Walter Gerlach sollte offensichtlich vermieden werden. Dieser war in Deutschland verblieben und ab 1943 Leiter des Uranprojekts des Deutschen Reiches.

Wenden wir uns nun einem weiteren kanonischen Experiment der Quantentheorie zu, nämlich den Arbeiten von Arthur H. Compton.

2.12 Der Compton-Effekt

Ab 1920 untersuchte Arthur H. Compton (1892–1962) an der Washington University in St. Louis (Missouri, USA) die Streuung von Röntgenstrahlung an Graphit.[86] Mithilfe eines Bragg-Spektrometers (siehe Abschnitt 2.4.2) bestimmte er die Frequenzspektren der ungestreuten und gestreuten Strahlung und beobachtete eine Verschiebung zwischen ihnen, die vom Streuwinkel abhing (Abbildung 2.25).

Gemäß der damals akzeptierten Auffassung sollte die „Streuung" von Röntgenstrahlung jedoch eine Folge der erzwungenen Schwingungen sein, die die Elektronen des

---

85 Siehe https://www.youtube.com/watch?v=Ta498mdAKX4 für die Aufzeichnung der Veranstaltung. Der „schwarze Kreis" ist ab 54:25 min zu sehen.

86 Warum untersuchte Compton dies überhaupt? Diese Frage wird in systematischen Darstellungen selten gestellt, ist aber für den Lernbereich *Nature of Science* von Bedeutung. Comptons Forschungsprogramm wurde durch eine Untersuchung von Charles Barkla aus dem Jahr 1917 ausgelöst, bei der Barkla eine geringere Absorption von Röntgenstrahlen an Aluminium festgestellt hatte, als nach der damals akzeptierten Streutheorie von J. J. Thompson zu erwarten war. Eine Reihe von Experimenten und theoretischen Spekulationen führte schließlich zur Entdeckung des „Compton-Effekts". Der sogenannte Welle-Teilchen-Dualismus des Lichts spielte für seine Motivation keine Rolle (Stuewer, 2000).

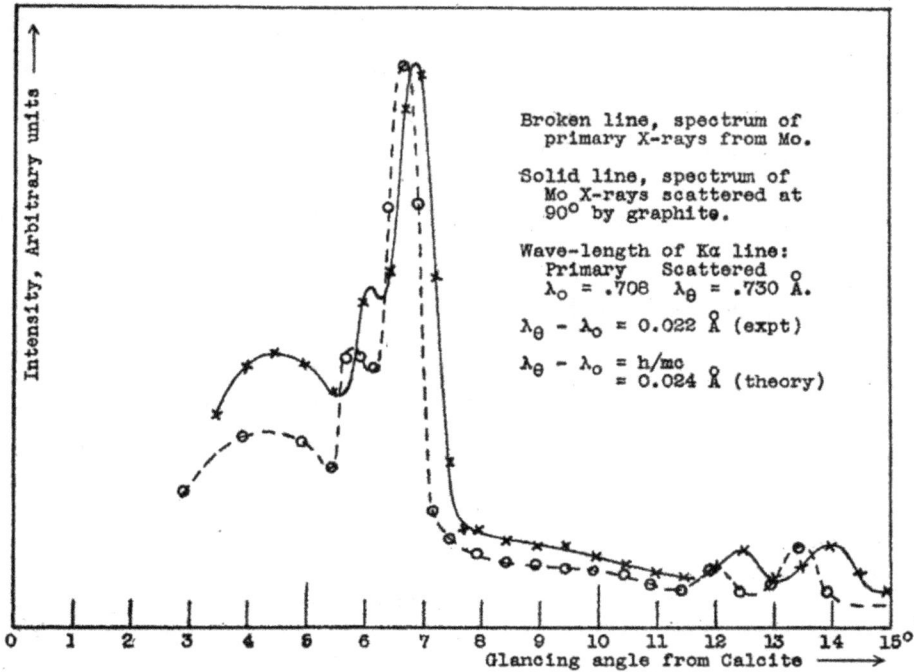

Broken line, spectrum of
primary X-rays from Mo.

Solid line, spectrum of
Mo X-rays scattered at
90° by graphite.

Wave-length of Kα line:
Primary   Scattered
λ_0 = .708 λ_θ = .730 Å.

$\lambda_\theta - \lambda_0$ = 0.022 Å (expt)

$\lambda_\theta - \lambda_0 = h/mc$
= 0.024 Å (theory)

Intensity, Arbitrary units ⟶

Glancing angle from Calcite ⟶

Abb. 2.25: Spektrum der ungestreuten (gestrichelte Linie) und gestreuten (volle Linie) Röntgenstrahlung bei einem Streuwinkel von $\theta = 45°$. Die Skalen weichen voneinander ab, da die ungestreute Strahlung eine viel größere Intensität aufweist (Abbildung aus Compton, 1923 © American Physical Society).

Targets ausführen. Eine Veränderung von Frequenz oder Wellenlänge war damit nicht vereinbar (Compton, 1923, S. 485).

Comptons anfängliche Erklärungen mithilfe des Doppler-Effekts waren nicht ganz befriedigend, und 1923 konnte er diese Beobachtung dadurch deuten, dass er die Wechselwirkung zwischen Strahlung und Materie als einen relativistischen und elastischen Stoß von Punktteilchen beschrieb (Compton, 1923). Unabhängig von Compton gab Peter Debye eine praktisch identische Erklärung des Effekts. Im Gegensatz zu Compton zitierte Debye dabei Einsteins Lichtquantenhypothese.

Comptons Argument findet sich auch heute noch in vielen Lehrbüchern. Das einlaufende Lichtquant hat den Impuls $\frac{h\nu_0}{c}$ und streut am Elektron. Anschließend ist sein Impuls $\frac{h\nu_\theta}{c}$, mit dem Streuwinkel θ, und das Elektron erhält einen Rückstoß. Sein relativistischer Impuls $\frac{m_e \beta c}{\sqrt{1-\beta^2}}$ folgt mit $\beta = \frac{v}{c}$ aus der Impulserhaltung:[87]

---

[87] Diese Rechnung entspricht der Herleitung von Gleichung (2.99) und verwendet ebenfalls den Kosinussatz.

$$\left(\frac{m_e \beta c}{\sqrt{1 - \beta^2}} \right)^2 = \left(\frac{h\nu_0}{c} \right)^2 + \left(\frac{h\nu_\theta}{c} \right)^2 + 2\frac{h\nu_0}{c} \cdot \frac{h\nu_\theta}{c} \cos \theta. \tag{2.106}$$

Diese Gleichung enthält mit ν_θ und β zwei Unbekannte, aber die relativistische Energie-erhaltung liefert noch eine zweite Bedingung:

$$h\nu_\theta = h\nu_0 - m_e c^2 \left(\frac{1}{\sqrt{1 - \beta^2}} - 1 \right). \tag{2.107}$$

Löst man diese Gleichungen nach ν_θ, findet man:

$$\nu_\theta = \frac{\nu_0}{1 + \alpha(1 - \cos \theta)} \quad \text{mit } \alpha = \frac{h\nu_0}{m_e c^2}. \tag{2.108}$$

Üblicher ist jedoch die Darstellung in der Wellenlänge λ. Hier gilt:

$$\Delta\lambda = \lambda_\theta - \lambda_0 = \frac{h}{m_e c}(1 - \cos \theta). \tag{2.109}$$

Der Term $\frac{h}{m_e c}$ wird auch als Compton-Wellenlänge λ_C bezeichnet. Sie beträgt für das Elektron $\lambda_C \approx 2{,}4 \cdot 10^{-12}$ m, kann aber natürlich für jedes massive Teilchen berechnet werden. Bei der Streuung unter $\theta = 90°$ entspricht die Zunahme der Wellenlänge gerade $\Delta\lambda = \lambda_C$.[88] Durch die Kleinheit der Compton-Wellenlänge wird auch verständlich, warum dieser Effekt nur bei kurzwelliger Röntgenstrahlung beobachtet werden kann. Weiterhin wird für die Rechnung ein freies Elektron vorausgesetzt. Dies ist näherungsweise erfüllt, wenn die Energie der Röntgenstrahlung sehr viel größer als die Bindungsenergie ist. Die Verwendung von leichten Elementen wie Kohlenstoff verbessert diese Näherung.

Der Compton-Effekt bzw. seine oben skizzierte Erklärung hatte einigen Einfluss auf die Rezeption der Lichtquantenhypothese (vgl. Abschnitt 2.2.1). Diese wurde zwar bereits ab 1918 zunehmend ernst genommen, aber der Compton-Effekt überzeugte weitere Skeptiker von der Existenz der Lichtquanten (Brush, 2015, S. 198ff).

2.12.1 Aktuelle Erklärung des Compton-Effekts

Die ursprüngliche Erklärung des Compton-Effekts stellt ein typisches Produkt der frühen Quantentheorie dar. Aus heutiger Sicht ist die Beschreibung der Wechselwirkung

---

88 Anschaulich argumentiert hängt die Compton-Wellenlänge mit der maximalen Lokalisierbarkeit eines Objekts zusammen, da ein Lichtquant mit der Wellenlänge λ_C gerade die Ruheenergie des Elektrons hat: $h\nu_C = m_e c^2$. Ab der halben Compton-Wellenlänge ist die Photonenergie so groß, dass „Paarerzeugung" möglich wird – die Strahlung also keinen Aufschluss über den Ort des Elektrons liefern kann.

zwischen Röntgenstrahlung und Materie als „elastischer Stoß" zwischen „punktförmigen Elektronen" und „Lichtquanten" so überholt, wie das Bohr'sche Atommodell oder die Richtungsquantisierung im Bohr–Sommerfeld-Modell. Dass sie trotzdem noch in vielen Lehrbüchern unkritisch zitiert wird, ist äußerst erstaunlich.

Als Arthur Compton 1927 der Physik-Nobelpreis verliehen wurde, lautete die Begründung daher auch: „[...] für die Entdeckung des nach ihm benannten Effekts", und seine *Erklärung* fand keine Erwähnung. Dass dies kein Zufall war, zeigt die folgende Bemerkung, die der schwedische Physiker Manne Siegbahn als Vertreter des Nobel-Komitees in seiner Laudatio am 10. Dezember 1927 machte (Siegbahn, 1927):

> Der Compton-Effekt hat sich durch die jüngsten Entwicklungen der Atomtheorie von der ursprünglichen, auf einer Korpuskular-Theorie basierenden Erklärung gelöst. Die neue Wellenmechanik führt in der Tat als logische Konsequenz zur mathematischen Grundlage der Compton-Theorie. Damit hat der Effekt eine akzeptable Verbindung mit anderen Beobachtungen im Bereich der Strahlung gewonnen.

Damit spielte Siegbahn, der 1924 selbst den Physik-Nobelpreis für Arbeiten zur Röntgenstreuung erhalten hatte, auf die 1926 von Schrödinger formulierte Wellenmechanik an, die eine von Lichtquanten unabhängige Erklärung der Compton-Streuung ermöglicht (Kuhn und Strnad, 1995, S. 221). In Abschnitt 5.9 werden wir diese „semiklassische" Theorie betrachten, bei der lediglich die Materie quantenmechanisch behandelt wird, und die Strahlung weiterhin als kontinuierliche Welle beschrieben wird. Mit dieser Methode kann auch der lichtelektrische Effekt behandelt werden (siehe Abschnitt 5.9.1).

Siegbahns Bemerkung drückt natürlich den Kenntnisstand von 1927 aus, und feinere Details des Compton-Effekts können tatsächlich erst mithilfe einer Quantentheorie der elektromagnetischen Strahlung erklärt werden. In dieser Quantenelektrodynamik (QED) erhält der Begriff des „Photons" seine aktuelle fachwissenschaftliche Bedeutung, aber dieses Photon der QED ist eben kein lokalisiertes Objekt (siehe hierzu Abschnitt 5.9.2).

2.13 Louis de Broglies Materiewellen

Die wichtigen Beiträge von Louis de Broglie (1892–1987) zur Quantentheorie entstanden nicht in einem der damaligen Forschungszentren, wie etwa Kopenhagen, Göttingen oder München, sondern wurden in relativer Isolation in Paris geleistet.[89]

De Broglies Arbeiten sind eine anspruchsvolle Lektüre und kombinieren relativistische und quantentheoretische Argumente. Zwischen 1923 und 1928 legte er mehrere und sich teilweise revidierende Formulierungen seiner Theorie vor (Brown und Mar-

---

[89] Sein älterer Bruder Maurice de Broglie (1875–1960) war jedoch ein angesehener Experimentalphysiker und wirkte als Sekretär bei der ersten Solvay-Konferenz 1911. In dieser Funktion bereitete er die Veröffentlichung des Konferenzbandes vor, wodurch sein jüngerer Bruder bereits früh in Kontakt mit den Problemen der Quantenphysik kam.

tins, 1984). Im Folgenden skizziere ich nur die Grundidee seiner Dissertation und die Herleitung der bekannten De-Broglie-Wellenlänge.

Der Ausgangspunkt seiner Promotion von 1924 war die Zuordnung einer „innerer Frequenz" ν_0 zu einem Elektron mithilfe der Gleichung (de Broglie, 1924, S. 33):

$$m_0 c^2 = h\nu_0. \tag{2.110}$$

In dieser Beziehung werden auf eine fast schon naiv anmutende Weise die beiden bekanntesten Formeln der modernen Physik, $E = h\nu$ und $E = mc^2$, gleichgesetzt.[90]

Allerdings fällt auf, dass diese Gleichung anscheinend nicht in allen Bezugssystemen gelten kann, da Masse und Frequenz unterschiedlich transformieren (siehe auch Gleichung (2.94) in unserer Diskussion des Doppler-Effekts):

$$m = \frac{m_0}{\sqrt{1 - \beta^2}} \tag{2.111}$$

$$\nu = \nu_0 \cdot \sqrt{1 - \beta^2} \quad \text{mit } \beta = \frac{v}{c}. \tag{2.112}$$

Aber – so mag man sich fragen – was soll die Frequenz in Gleichung (2.110) überhaupt bedeuten? De Broglie argumentierte an dieser Stelle, dass die Energie eines Elektrons nicht punktförmig konzentriert sei, sondern im gesamten elektrischen Feld dieser Ladung ausgebreitet. Er schrieb:

> Was das Elektron als Energieatom (*atome d'énergie*) auszeichnet, ist nicht der kleine Platz, den es im Raum einnimmt – ich wiederhole, es nimmt den gesamten Raum ein – sondern die Tatsache, dass es unteilbar […] ist, dass es eine Einheit bildet. (de Broglie, 1924, S. 34)

Zur Beschreibung dieses „ausgedehnten" Elektrons postulierte er eine „Materiewelle", für die jedoch Phasen- und Gruppengeschwindigkeit unterschieden werden müssen. Für die Frequenz ν, die gemäß: $V = \lambda \cdot \nu$ in die Definition der Phasengeschwindigkeit V eingeht, kam er zum „richtigen" Transformationsverhalten, wenn man zur Gruppengeschwindigkeit v den Zusammenhang $V = c^2/v$ annahm (Helrich, 2021, S. 126ff).

Mit dieser Frequenz gilt also in allen Bezugssystemen die Gleichung (2.110), bzw. nach der Frequenz ν aufgelöst:

$$\nu = \frac{mc^2}{h}. \tag{2.113}$$

Multipliziert man diese Gleichung mit λ, kann man die linke Seite durch die Phasengeschwindigkeit $V = \frac{c^2}{v}$ ersetzen. Division durch c^2 und Sortieren der Terme liefert dann mit $p = mv$:

$$\lambda = \frac{h}{p}. \tag{2.114}$$

---

90 Wie bereits erwähnt (siehe Fußnote 47), ist das Konzept einer relativistischen Masse umstritten. Okun (1989) weist darauf hin, dass die Masse eine Invariante ist, die Energie jedoch vom Bezugssystem abhängt. Man sollte nach Okun deshalb nicht $E = m_0 c^2$, sondern $E_0 = mc^2$ schreiben.

Dies ist die berühmte De-Broglie-Wellenlänge λ_{dB}, die jedem Materieteilchen mit Impuls p zugeordnet ist.[91] Auf diese Weise wurde von Louis de Broglie der „Welle-Teilchen-Dualismus" erweitert: Nicht nur Lichtwellen schienen auch „Teilcheneigenschaften" zu haben, sondern auch Materieteilchen „Welleneigenschaften". Man kann also in Analogie zu Einsteins Lichtquanten-Hypothese von de Broglies „Materiewellen-Hypothese" sprechen.

Besonders einfach, aber dennoch eindrucksvoll, war der Zusammenhang zum Bohr'schen Atommodell. Für dessen stationäre Kreisbahnen gilt: $|L| = r \cdot p = n \cdot \frac{h}{2\pi}$ (Gleichung (2.41)). Für den Umfang $U = 2\pi r$ kann man daher schreiben:

$$U_n = n \cdot \frac{h}{p}$$
$$= n \cdot \lambda_{dB}. \tag{2.115}$$

Man gewinnt dadurch eine Stabilitätsbedingung für die Bohr'schen Bahnen, da ihr Umfang gerade einem ganzzahligen Vielfachen der De-Broglie-Wellenlänge des umlaufenden Elektrons entspricht. Die stationären Zustände entsprechen also „stehenden Materiewellen".

2.13.1 Bedeutung der Materiewellen-Hypothese

Die Arbeiten von Louis de Broglie hatten einen entscheidenden Einfluss auf die weitere Entwicklung der Quantentheorie, und bereits 1929 erhielt er den Physik-Nobelpreis „für seine Entdeckung der Wellennatur des Elektrons."

Diese rasche Entwicklung soll kurz skizziert werden. Paul Langevin, ein enger Freund Einsteins und Mitglied der Promotionskommission von de Broglie, berichtete Einstein bei einem Treffen der *Commission internationale de coopération intellectuelle*[92] in Genf im Juli 1924 von der Arbeit zu Materiewellen. Auf Veranlassung Langevins sandte de Broglie noch im selben Monat ein Exemplar der Dissertation an Einstein (Wheaton, 1983, S. 297). De Broglies erfolgreiche Verteidigung der Promotion erfolgte am 25. November, und erst anschließend (am 16. Dezember) reagierte Einstein brieflich

---

91 Brown und Martins (1984, S. 1133) weisen darauf hin, dass Arthur H. Compton bereits 1923 *exakt* diese Gleichung formuliert hat. Er verallgemeinerte dazu die Sommerfeld'sche Quantisierungsbedingung auf nicht-periodische Vorgänge und musste zu diesem Zweck die Periodizität der geradlinigen Bewegung postulieren. Compton sprach darüber auf einem Treffen der *American Physical Society* am 1. Dezember 1923 und publizierte die Ergebnisse nicht. Lediglich die kurze Zusammenfassung wurde im *Physical Review* veröffentlicht – sie enthält aber bereits die Gleichung (2.114) und ist im Appendix von Brown und Martins (1984) abgedruckt. Zu keinem Zeitpunkt beanspruchte Compton jedoch die Priorität für diese Entdeckung.

92 Diese Einrichtung des Völkerbundes diente der Koordinierung des internationalen wissenschaftlichen Austauschs und wurde 1946 durch die Unesco ersetzt.

auf die Arbeit. Wir erwähnen hier die genaue Chronologie, denn in der Literatur findet sich gelegentlich die Behauptung, die Dissertation de Broglies sei erst durch die Intervention Einsteins akzeptiert worden. Diese Legende wurde wohl auch von Louis de Broglie selbst verbreitet. Einsteins Reaktion war jedoch tatsächlich überschwänglich: „Er hat einen Zipfel des grossen Schleiers gelüftet" (Einstein, 2015, Doc. 398).

Erwin Schrödinger erfuhr durch Einstein von de Broglies Arbeit und las sie im Oktober 1925. Am 23. November 1925 hielt Schrödinger in Zürich ein Seminar über die Ideen von de Broglie (Moore, 1989, S. 192). Bei dieser Gelegenheit bemerkte Peter Debye, dass dieser Ansatz doch „kindisch" sei, und es notwendig wäre, eine zugrunde liegende *Wellengleichung* zu formulieren (Kragh, 1982, S. 157). Dieser Einwand hat vermutlich eine Rolle dabei gespielt, dass Schrödinger ab Dezember 1925 nach einer solchen Wellengleichung suchte – ein Unternehmen, das schließlich zur Schrödingergleichung und einer Formulierung der modernen Quantenmechanik führte (siehe Abschnitt 3.3).[93]

2.13.2 Experimenteller Nachweis der Materiewellen

Die experimentelle Bestätigung der Materiewellen-Hypothese erfolgte 1927 durch zwei Arbeitsgruppen: Clinton Davisson und Lester Germer in New York sowie George Thomson und Alexander Reid in Aberdeen (Schottland). Im Jahr 1937 erhielten Davisson und Thomson den Physik-Nobelpreis für diese Leistung.

Davisson und Germer (1927, S. 722) verwendeten ein Nickelkristall unter anderem als Reflexionsgitter und beobachteten beispielsweise bei einer Beschleunigungsspannung von U_b = 54 V ein Beugungsmaximum erster Ordnung (n = 1) unter ϑ = 50° (siehe Abbildung 2.26). Die „Gitterkonstante" des Ni-Kristalls beträgt bei der verwendeten Orientierung des Kristalls d = 2,15 Å (1 Å = 10^{-10} m), woraus

$$n \cdot \lambda = d \sin \vartheta = 1,65 \, \text{Å} \tag{2.116}$$

folgt. Verwendet man die De-Broglie-Beziehung (Gleichung (2.114)), bestätigt man diesen Wert in guter Näherung:

$$\lambda_{\text{db}} = \frac{h}{p} = \frac{h}{\sqrt{2meU_b}} \approx 1,67 \, \text{Å}. \tag{2.117}$$

Das konkurrierende Experiment von Thomson und Reid arbeitete mit „schnellen" Elektronen ($U_b \approx$ 10–60 kV) in Transmission durch ein polykristallines Material. Sie verwendeten also das Debye–Scherrer–Hull-Verfahren (vgl. Abschnitt 2.4.3) und beobachteten die charakteristischen Beugungsringe (siehe Abbildung 2.27). Die De-Broglie-Wellenlänge hatte hier Werte zwischen $\lambda_{\text{db}} \approx$ 0,05 Å (60 kV) und $\lambda_{\text{db}} \approx$ 0,1 Å (10 kV).

---

[93] Joas und Lehner (2009) bezweifeln vor dem Hintergrund von Schrödingers Vertrautheit mit der Wellentheorie jedoch, dass es dieses Hinweises von Debye überhaupt bedurft hätte. Jammer (1966, S. 255) bemerkt, dass sowohl Peter Debye, als auch Erwin Madelung, nach einer solchen Wellengleichung suchten.

Misst man die Spannung in Volt, gilt für Elektronen die nützliche (nicht-relativistische) Näherung

$$\lambda_{dB} = \sqrt{150/U_b}\text{Å}. \qquad (2.118)$$

Bei einer Beschleunigungsspannung von 150 V beträgt die De-Broglie-Wellenlänge des Elektrons als gerade 1 Å.

Nicht nur in physikalischer Hinsicht waren diese beiden Experimente komplementär zueinander. Davisson arbeitete in der Industrieforschung bei *Western Electric* (ab 1925 *Bell Telephone Laboratories*, kurz *Bell Labs*) in New York City und hatte ursprünglich gar keine Kenntnis von de Broglies Theorie. Im Gegensatz dazu forschte Thomson an der Universität Aberdeen und hatte das Experiment explizit als Test der Materiewellen-Hypothese geplant. Einige weitere Details dieser Parallelentdeckung sollen kurz geschildert werden.

Die Frühphase der Arbeiten von Davisson

Die Arbeiten von Clinton J. Davisson (1881–1958) zur Emission von Sekundärelektronen in Vakuumröhren begannen um 1920, damals unter Mitarbeit von Charles H. Kunsman (1890–1970). Diese Forschung war ein Schwerpunkt der *Bell Labs*, denn vor der Entwicklung des Transistors stellten Vakuumröhren das wichtigste elektronische Bauteil dar.[94]

Angeregt durch überraschende Merkmale in der Winkelverteilung von an Metall reflektierten Elektronen starteten sie ein weiteres Projekt. Das Ziel war es, die Atomstruktur in Analogie zu den Streuversuchen mit α-Teilchen an Goldfolie von Geiger und Marsden (Abschnitt 2.5) aufzuklären. Elektronen wurden in diesem Experiment also als *Werkzeug* verwendet, und eine Untersuchung ihrer Eigenschaften war nicht Teil des ursprünglichen Forschungsprogramms.

Nachgewiesen wurden die an polykristallinen Metallen reflektierten Elektronen mithilfe eines Faraday-Bechers, der um das *target* rotierte. Durch eine geeignete Gegenspannung wurden nur solche Elektronen aufgezeichnet, deren Energie dem Primärstrahl entsprach – also reflektierte Primärstrahlung. Die Resultate erschienen jedoch unbefriedigend, und Davisson stellte die Versuche 1923 sogar ein, bevor sie ein Jahr später – diesmal zusammen mit Lester H. Germer (1896–1971) – wieder aufgenommen wurden (Gehrenbeck, 1978).

Zwei Ereignisse beeinflussten die Entwicklung maßgeblich. Sie liefern Beispiele für die Rolle von Zufällen sowie die Bedeutung des wissenschaftlichen Austauschs auf Konferenzen (also einer sozialen Komponente der Forschungsarbeit).

---

94 Der erste funktionsfähige Transistor wurde 1947 ebenfalls an den *Bell Labs* entwickelt. Diese Forschung an Halbleiterbauelementen profitierte enorm von den Arbeiten während des Zweiten Weltkrieges auf diesem Gebiet (Riordan et al., 1999).

Ein Laborunfall und ein Sommerurlaub

Im Jahr 1925 kam es im Labor von Clinton Davisson zu einem Unfall, bei dem eine Nickelprobe stark oxidierte. Die durch Ausglühen gereinigte Probe ergab eine Winkelverteilung mit ausgeprägteren Maxima. Die mikroskopische Untersuchung zeigte, dass sich das polykristalline Nickel zwar nicht in einen Einkristall umgeformt hatte, jedoch nun ausgedehntere Nickelkristalle vorlagen, deren Größe dem Strahldurchmesser entsprach. Dadurch wurde deutlich, dass die Untersuchungsmethode gar nicht Aufschluss über den atomaren Aufbau der Probe, sondern über ihre Kristallstruktur gab.[95] Den Sommerurlaub 1926 verbrachte Davisson zusammen mit seiner Frau Charlotte, der Schwester seines Doktorvaters Owen Willans Richardson (1879–1959), in England. Dort nutze er im August 1926 die Gelegenheit zur Teilnahme am Treffen der *British Association for the Advancement of Science* (BAAS) in Oxford. Zu seiner Überraschung wurden dort seine und Kunsmans Messungen von 1923 als vorläufiger Beleg für die Materiewellen-Hypothese von de Broglie und Schrödinger diskutiert.[96]

Davisson stand dieser Interpretation seiner Messungen zwar skeptisch gegenüber, aber die Diskussionen veranlassten ihn, die Arbeiten von de Broglie und Schrödinger zu studieren. Offenbar waren sie ihm zu diesem Zeitpunkt noch unbekannt.[97] Zudem passte diese Deutung zu den noch unveröffentlichten Resultaten, die mit der durch den Laborunfall modifizierten Probe gewonnen worden waren. Erst durch diesen Hinweis wurden die Untersuchungen zu einem Test der Materiewellen-Theorie. Am 26. November 1926 schrieb Davisson an Richardson:

> In particular I think that I know the sort of experiment we should make with our scattering apparatus to test the theory. (zitiert nach Russo (1981, S. 145))

Zur Unterstützung stellten die *Bell Labs* mit Chester Calbick (1905–1990) sogar eine zusätzliche Arbeitskraft bereit. Anfang 1927 gelangen schließlich verbesserte Messungen, die eine Beugung der Elektronen entsprechend der De-Broglie-Wellenlänge bestätigten (siehe Abbildung 2.26).

Die vollständige Veröffentlichung erschien erst im Dezember 1927, aber eine vorläufige Ankündigung der Ergebnisse gaben Davisson und Germer bereits am 16. April 1927 in der Zeitschrift *Nature*. Dies folgte einer üblichen Praxis: Ankündigung in der „*Letter*

---

95 Davisson und Germer schildern diesen Vorfall ausführlich und dramatisch in der Einleitung ihrer Veröffentlichung (Davisson und Germer, 1927). Er ereignete sich am 5. Februar 1926 und die neuen Messungen starteten am 6. April. Zunächst wichen die Daten nicht ab – erst bei Versuchen am 12. und 14. Mai ergaben sich die erwähnten Änderungen (Russo, 1981, S. 139).

96 Das 49. Treffen der BAAS fand vom 4. bis zum 11. August 1926 statt. Der betreffende Vortrag wurde von Max Born am 10. August gehalten und anschließend in *Nature* veröffentlich (Born, 1927). Dort bezieht sich Born auf eine Überlegung von Walter Elsasser (1925) zur Elektronenbeugung.

97 Russo (1981, S. 144) berichtet, dass Davisson sich in Oxford von seinem Schwager eine Kopie der Schrödinger-Arbeit sowie ein deutsches Wörterbuch lieh. Die Schiffspassage zurück nach Amerika nutzte er zur Lektüre.

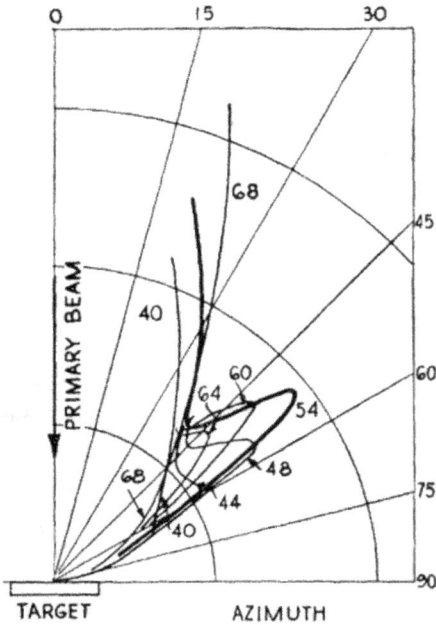

Abb. 2.26: Beispiel für die (ziemlich unübersichtliche) Darstellung der Ergebnisse von Davisson und Germer aus der Originalveröffentlichung. Der Abstand zwischen dem Auftreffort des *primary beam* am *Target* zu den Punkten der Messkurve gibt die Stärke des Kollektorstroms in der jeweiligen Richtung an. Dargestellt sind die Resultate für verschiedene Beschleunigungsspannungen (U_b = 40–68 V). Bei U_b = 54 V erkennt man unter ϑ = 50° ein Maximum der Reflexion (Abbildung aus Davisson und Germer, 1927 © American Physical Society).

to the Editor" Rubrik von *Nature* mit anschließender ausführlicher Veröffentlichung in einer Fachzeitschrift. Ein Grund für diese Vorankündigung war die Klärung von Prioritätsansprüchen, denn Davisson hatte in Oxford erfahren, welch großes Interesse diese Fragen in Europa erregten.[98]

Die Rezeption des Davisson–Germer-Experiments

Bereits die Vorankündigung von Davisson und Germer im April 1926 führte zur praktisch sofortigen Akzeptanz der Materiewellen-Hypothese. Dass die ausführliche Zeitschriftenveröffentlichung der Resultate gar nicht abgewartet wurde, kommentiert Gehrenbeck (1978, S. 40) augenzwinkernd wie folgt:

> It appears that physicists were willing to accept the experimental evidence for electron waves almost before those experiments were performed!

Dies wurde natürlich durch die Tatsache begünstigt, dass die Wellenmechanik von Schrödinger bereits vorlag (und ebenfalls ungeheuer rasch allgemein akzeptiert wurde).

---

[98] So arbeitete zum Beispiel Otto Sterns Gruppe in Hamburg mithilfe der Molekularstrahlmethode an diesem Problem. Stern schrieb 1926: „Eine Frage von größter prinzipieller Bedeutung ist die nach der realen Existenz der De Broglie-Wellen [...] Diesbezügliche hier ausgeführte Versuche haben bisher noch kein Resultat ergeben." (Stern, 1926, S. 762f).

Ohne es zu wissen, standen Davisson und Germer tatsächlich in einem Kopf-an-Kopf-Rennen mit einem anderen Forscherteam. In Aberdeen arbeiteten George P. Thomson und sein Student Alexander Reid ebenfalls an einem Experiment zur Elektronenbeugung.[99] Ihre Ergebnisse wurden nur zwei Monate später, am 18. Juni 1927, ebenfalls in *Nature* angekündigt (Thomson und Reid, 1927). Wie verlief der Weg zu dieser Entdeckung?

Materiewellenforschung in der schottischen Provinz

George P. Thomson (1892–1975) kannte die Arbeiten von de Broglie bereits seit 1925. In einer früheren Veröffentlichung (Thomson, 1925) hatte er sogar versucht, eine Verbindung der Materiewellen zu einer Spekulation seines Vaters J. J. herzustellen. Die Arbeiten zur Beugung von Materiewellen begann Thomson jedoch erst im Herbst 1926, ebenfalls angeregt durch das *Meeting* in Oxford und den dortigen Vortrag von Max Born (ein damaliges Treffen von Davisson und Thomson ist nicht überliefert). Wie war es Thomson jedoch möglich, den jahrelangen Vorsprung von Davisson aufzuholen – zumal ihm lediglich die bescheidenen Ressourcen einer schottischen Provinzuniversität zur Verfügung standen?[100]

Der rasche Erfolg von Thomson ist auch dem Umstand geschuldet, dass bereits existierende Apparaturen lediglich modifiziert werden mussten. Zuvor hatte Thomson mit positiven Ionenstrahlen gearbeitet und im Wesentlichen musste nur die Polarität vertauscht werden. Thomson und Reid wendeten die Debye–Scherrer–Hull-Methode an, die wir in Abschnitt 2.4.3 bei der Beugung von Röntgenstrahlen kennengelernt haben. Ein hochenergetischer Elektronenstrahl ($U_b \approx 10\text{–}60\,\text{kV}$) wurde auf eine polykristalline Probe gelenkt, und ein Fotoschirm registrierte die charakteristischen Beugungsringe

---

99 George P. Thomsons Vater war der bekannte Physiker Joseph John (J. J.) Thomson, der 1897 das Elektron „entdeckt" hatte. Es ist natürlich eine echte Kuriosität der Physikgeschichte, dass der Vater J. J. das Elektron als Teilchen entdeckte, während der Sohn G. P. seine Wellennatur nachwies. Daraus kann man jedoch keinen Vater-Sohn-Konflikt konstruieren, denn J. J. sah in der Entdeckung seines Sohnes sogar eine Bestätigung seiner kritischen Haltung gegenüber der Quantentheorie. Er deutete die Wellennatur des Elektrons als Hinweis darauf, dass die Kontinuumsphysik doch grundlegend war (Navarro, 2010). Gleichzeitig schreiben Davisson und Germer (1927, S. 707) auch nicht, dass aufgrund ihrer Untersuchung Elektronen als „Wellen" aufzufassen seien. Sie sprechen, ganz im Sinne de Broglies, davon, dass Elektronen eine Welle „zugeordnet" werden kann.

100 Nach seiner Berufung 1922 hatte Thomson ein Budget von 1600£, um in die veraltete Laborausstattung zu investieren (Navarro, 2010). Zum Vergleich: Die *Bell Labs* verfügten 1927 über 2000 wissenschaftliche und 1600 nichtwissenschaftliche Angestellte. Das Budget belief sich 1924 auf 8 Millionen US-Dollar und sollte sich innerhalb weniger Jahre noch mehr als verdoppeln. Die Zentrale und die Hauptlabore beanspruchten ein 13-stöckiges Gebäude in New York City, und die technische Ausstattung befand sich auf dem neuesten Stand. Die Arbeiten mussten zwar einen Zusammenhang zur Telekommunikation haben, aber diese Bedingung wurde weit ausgelegt. Ein Indiz für die wissenschaftliche Produktivität der *Bell Labs* ist ebenfalls, dass zwischen 1925 und 1928 lediglich acht amerikanische Universitäten mehr Beiträge in den *Physical Review* veröffentlichten (Russo, 1981, S. 119ff).

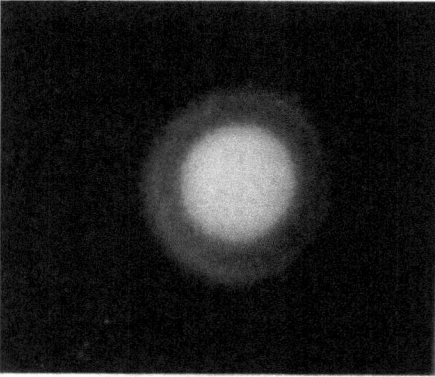

Abb. 2.27: Elektronenbeugung an Platinfolie aus Thomson (1927). Aus Stabilitätsgründen wurde hier die Metallfolie auf einer Zelluloidfolie befestigt, wodurch es zu einer Überlagerung der Effekte beider Proben kommt (© Springer Nature).

(Abbildung 2.27). Dieses Experiment entspricht somit dem bekannten Schulversuch zur Streuung von Elektronen an polykristallinem Graphit, der ebenfalls äußerst robuste Ergebnisse liefert.

Die ersten Versuche wurde mit Zelluloid durchgeführt und ergaben schon nach wenigen Monaten brauchbare Ergebnisse (Thomson und Reid, 1927). Für die quantitative Auswertung wählte Thomson jedoch Metallfolien.

Die verwendeten Proben mussten bei diesem Verfahren so dünn sein (ca. 10^{-8} m), dass der Effekt von Mehrfachstreuung die Maxima nicht vollständig verdeckt. Thomson hob in diesem Zusammenhang die besonderen Verdienste seines Mechanikers hervor:

> The films which I used, this time working by myself, were of aluminium, gold and platinum, and were prepared by the chief mechanic of the laboratory, the late Mr C. G. Fraser, to whom the success of the experiment is entirely owing, because this is the difficult part. (zitiert nach Moon (1977, S. 535))

Die ersten gründlichen Veröffentlichungen legten Thomson und Reid Anfang 1928 getrennt in den *Proceedings of the Royal Society* vor (Thomson, 1928; Reid, 1928). Am 2. Juli 1928 und praktisch zeitgleich zum Erscheinen dieser Veröffentlichungen verunglückte der 22-jährige Alexander Reid in der Nähe von Aberdeen tödlich mit seinem Motorrad (Obituaries, 1928). In Gehrenbeck (1978) wird Alexander Reid irrtümlich „Andrew" genannt. Zu seiner Person finden sich in der Literatur bzw. dem Internet praktisch keine Informationen. Wir haben es hier also mit einem echten „vergessenen Helfer" zu tun.

Unterschiede zwischen den Experimenten von Thomson–Reid und Davisson–Germer
Wie erwähnt, verwendete das Davisson–Germer-Experiment (im Gegensatz zum Thomson–Reid-Experiment) *langsame* Elektronen ($U_b \approx 30$–300 V), wodurch extrem hohe Anforderungen an die Güte des Vakuums gestellt wurden. Der Grund dafür liegt darin, dass nur im Hochvakuum die sogenannte „Adsorption" unterdrückt werden kann.[101]

---

[101] Kein Tippfehler: Adsorption ist die Anreicherung von Stoffen aus Gasen oder Flüssigkeiten an der Oberfläche eines Festkörpers.

Eine solche Adsorbatschicht würde jedoch die Messungen der (Oberflächen-)Beugung langsamer Elektronen stark verfälschen, während die Debye–Scherrer–Hull-Streuung am Raumgitter davon unbeeinträchtigt ist (Calbick, 1963). Dies ist ein weiterer Grund dafür, dass Thomson und Reid mit den *Bell Labs* konkurrieren konnten.

Das Nachweisverfahren der Elektronen war im Thomson–Reid-Experiment ebenfalls einfacher und schneller. Bei Davisson und Germer erfolgte dieser Nachweis über einen Faraday-Becher, der um die Probe rotieren musste. Dies war mechanisch anspruchsvoll und erforderte viele Einzelmessungen. Im Thomson–Reid-Experiment konnte hingegen durch eine einzelne Messung mit einer fotografischen Platte das komplette Beugungsbild aufgenommen werden.

Während Thomson und Reid das aus der Röntgenbeugung bekannte Debye–Scherrer–Hull-Verfahren anwendeten, haben Davisson und Germer die Ähnlichkeit ihres Experiments mit den Versuchen von Friedrich und Knipping (Abschnitt 2.4.1) hervorgehoben. Diese Analogie ist jedoch unvollständig: Tatsächlich untersuchten Davisson und Germer zunächst die Interferenz am *Flächengitter* der Nickeloberfläche. Je nach Reflexionswinkel und Kristallorientierung konnten auch Effekte der Beugung am *Raumgitter* beobachtet werden – diese ließen sich jedoch im Gegensatz zur Röntgenbeugung nicht unmittelbar mit der Bragg-Beziehung (Gleichung (2.33)) erklären. Die Ursache liegt in zusätzlichen Wechselwirkungen der geladenen Elektronen mit dem Festkörper, die in optischer Analogie als „Brechung" der „Elektronenwellen" an der Grenzfläche gedeutet wurden (Calbick, 1963).

Diese Effekte liegen aber bereits weit jenseits der Reichweite der De-Broglie'schen Theorie und können nur im Rahmen der vollständigen Quantenmechanik erklärt werden. In diesem Sinne ist es auch etwas irreführend, die Versuche von Davisson und Germer bzw. Thomson und Reid als Bestätigung der „Materiewellen-Hypothese de Broglies" aufzufassen. Diese Hypothese ist schließlich in der Wellenmechanik von Schrödinger aufgegangen. Die erste quantenmechanische Beschreibung der Beugungsversuche wurde von Hans Bethe (1928) vorgelegt.

Der Nobelpreis für Davisson und Thomson
Clinton J. Davisson und George P. Thomson erhielten 1937 gemeinsam den Physik-Nobelpreis. Alexander Reid war zu diesem Zeitpunkt bereits tragisch ums Leben gekommen, aber im Falle der Nichtberücksichtigung von Germer muss man an den Matthäus-Effekt denken (siehe die Bemerkung zur *Great man history* in Abschnitt 1.3).

Die zusätzliche Verleihung des Nobelpreises an Lester Germer hätte jedoch nichts daran geändert, dass die Aussage „Davisson und Germer haben 1927 die Hypothese der Materiewellen bestätigt" eine drastische Verkürzung bedeutet, die der komplexen Entdeckungsgeschichte nicht gerecht wird. Bodenmann (2009) bemerkt dazu:

> Mehrere Jahre Forschung wurden auf ein Datum reduziert, eine Experimentenreihe wurde zum *experimentum crucis* und die Arbeit einer ganzen *scientific community* verschwand hinter der Leistung zweier amerikanischer Wissenschaftler namens Clinton J. Davisson und Lester H. Germer.

Diese Anmerkung trifft natürlich ebenso auf zahlreiche andere Arbeiten zu, die in den Rang „kanonischer Experimente" erhoben wurden und in der Ausbildung einen festen Platz haben. Dies liefert eine schöne Überleitung zum nächsten Unterkapitel, indem die Rolle der quantenmechanischen Experimente aus wissenschaftstheoretischer Sicht systematisiert werden soll.

2.14 Die wegweisenden Experimente der Quantentheorie

Physikalische Forschung findet im Wechselspiel zwischen experimenteller Arbeit und theoretischen Spekulationen statt.[102] Aber in welchem Verhältnis stehen Experiment und Theorie genau? In diesem Abschnitt wollen wir die Funktion von Experimenten für den Erkenntnisprozess betrachten und die Ergebnisse mit den wegweisenden Experimenten der Quantentheorie verknüpfen.

Einer ganz naiven Auffassung nach werden Gesetze und Theorien aus der induktiven Verallgemeinerung von experimentellen Einzelbeobachtungen gewonnen. Dass dies nicht richtig sein kann, erkannte man allerdings schon am Ende des 19. Jahrhundert, denn in der Regel können mehrere Erklärungen für dasselbe empirische Material geliefert werden – man spricht auch von der „Theorienunterbestimmtheit"durch die Daten. Hier besteht ein Zusammenhang zu der bereits in Abschnitt 1.3 aufgeworfenen Frage, welche Rolle kontingente Faktoren in der Entwicklung der Naturwissenschaften spielen.

Das Experiment als Hypothesentest

Die einflussreiche Konzeption von Karl Popper (1902–1994) verkehrte diesen induktiven Zugang in sein deduktives Gegenteil. In seiner *Logik der Forschung* von 1935 wies er dem Experiment die alleinige Rolle zu, theoretische Hypothesen zu testen und gegebenenfalls zu widerlegen:

> Der Experimentator wird durch den Theoretiker vor ganz bestimmte Fragen gestellt und sucht durch seine Experimente für diese Fragen und nur für sie eine Entscheidung zu erzwingen; alle anderen Fragen bemüht er sich dabei auszuschalten. (Popper, 1935, S. 63)

Diese Charakterisierung ist natürlich eng mit Poppers „Falsifikationismus" verknüpft, demzufolge wissenschaftliche Aussagen nie bewiesen, aber sehr wohl widerlegt werden können. Der Physikhistoriker Friedrich Steinle (2004) bemerkt, dass trotz zahlreicher

---

102 Diese beiden Faktoren wirken allerdings in sozialen, ökonomischen und politischen Kontexten, die für die Rezeption ebenfalls eine große Rolle spielen. Die Geltungsansprüche physikalischer Forschung werden letztendlich in der *scientific community* ausgehandelt. Ein besonders prägnantes Beispiel für diesen Einfluss liefert die Geschichte der Bell'schen Ungleichung (Abschnitt 6.2.2).

Kritik an Poppers wissenschaftstheoretischen Positionen im Allgemeinen, seiner einseitigen Auffassung bezüglich der Rolle des Experiments lange nicht widersprochen wurde.

Zahlreiche historische Fallstudien widersprechen jedoch dieser Konzeption. Eine besondere Ironie liegt darin, dass Popper die Arbeiten von Davisson und Germer zur Elektronenbeugung als Beleg für seine These anführte (Popper, 1935, S. 63). In Abschnitt 2.13.2 haben wir jedoch gesehen, dass diese Untersuchungen ganz unabhängig von de Broglies Arbeiten begonnen wurden. Besser hätte Popper hier also das Experiment von Thomson und Reid zitiert, das tatsächlich dem Popper'schen Schema entspricht.[103]

Das explorative Experiment

Friedrich Steinle selbst hat entscheidend dazu beigetragen, ein differenzierteres Bild von der experimentellen Praxis zu gewinnen und die vorgebliche Dichotomie zwischen (i) deduktivem Hypothesentest und (ii) induktiver Verallgemeinerung von experimentellen Einzelbeobachtungen, aufzubrechen. Durch historische Fallstudien konnte er belegen, dass beispielsweise auch das sogenannte *explorative Experiment* in Forschungsprozessen eine wichtige Rolle spielt (Steinle, 1997). Dieser Experimentierstil kommt vor allem dann zum Tragen, wenn ein Phänomenbereich noch wenig erforscht ist. Typische Merkmale sind die systematische Parametervariation, das Finden stabiler Regularitäten und die Suche nach Ordnungsbegriffen. Ziel ist noch nicht die theoretische Erklärung, sondern die theoriefähige Beschreibung.

Steinle entwickelt das Konzept des explorativen Experiments an historischen Fallstudien der frühen Elektrizitätslehre. Besonders deutlich kann dieses Vorgehen bei Charles du Fay (1698–1739) beobachtet werden, der auf explorative Weise die (in moderner Sprechweise) Konzepte der positiven und negativen elektrischen Ladung entwickelt hat (Steinle, 2004).

> **Experimentelle Praxis zwischen Exploration und Hypothesentest**
> Für die Funktion und Rolle des Experiments ergibt sich nach Steinle folgendes Bild: Zwischen den beiden Polen des *theoriegeleiteten Experiments* („Hypothesentest") und des *explorativen Experiments* erstreckt sich ein Kontinuum experimenteller Praktiken. Häufig können also auch Mischformen dieser Methoden beobachtet werden.

Mit diesen Kategorien kann nun die Liste der wegweisenden Experimente der Quantenphysik untersucht werden.

---

103 Einzelne Beispiele können natürlich keine These *beweisen*, aber wendet man den Falsifikationismus auf Poppers eigene Position an, *widerlegt* das Beispiel von Davisson und Germer bereits seine Behauptung.

Experimentierstile der frühen Quantentheorie

Es fällt sofort auf, dass eine Reihe von für die Quantentheorie wichtigen experimentellen Ergebnissen *älter* sind als die Theorie selbst. Die Untersuchungen zur spezifischen Wärme, zu Spektrallinien leuchtender Gase oder zum Zeeman-Effekt wurden bereits im 19. Jahrhundert durchgeführt. Dass also „der Experimentator" nach Popper „durch den Theoretiker vor ganz bestimmte Fragen" gestellt wird, kann hier gar nicht sinnvoll behauptet werden.

Vor allem die von Balmer entwickelte Regularität des Wasserstoffspektrums fügt sich glänzend in die explorative Praxis. Das Spektrum wurde hier nicht theoretisch erklärt, aber theoriefähig beschrieben.

Eine besondere historische Bedeutung haben die Messungen des Spektrums eines schwarzen Strahlers um 1900. Diese Experimente waren ursprünglich ebenfalls nicht theoriegeleitet, sondern Teil der Industrieforschung an der PTR (siehe Abschnitt 2.1). Als sich jedoch Abweichungen vom Wien'schen Strahlungsgesetz abzeichneten, wurden neue Messmethoden angewendet, um den Bereich großer Wellenlängen zu untersuchen. Dieses Vorgehen kann tatsächlich als theoriegeleitet im Sinne Poppers charakterisiert werden und führte schließlich auch zur Falsifikation des Wien'schen Strahlungsgesetzes.

Die bekannten Experimente von Franck–Hertz, Stern–Gerlach–Schmidt, Compton oder Davisson–Germer waren alle in elaborierte (auch theoretische) Forschungsprogramme eingebettet. Wenn aber James Franck und Gustav Hertz ihr Ergebnis ursprünglich als Ionisierungsenergie von Quecksilber deuteten, kann von einem Test der Bohr'schen Postulate nicht gesprochen werden. Experimente sind in der Tat oft theoriegeleitet – aber eben nicht immer durch die Theorie, zu deren Bestätigung sie in der *Rückschau* beitragen. Am Beispiel des Stern–Gerlach–Schmidt-Experiments zur Überprüfung der Richtungsquantisierung hatten wir dies bereits diskutiert (Abschnitt 2.11).

Der Zusammenhang zwischen Experiment und Theorie

Auch andere Ursachen tragen dazu bei, dass das Verhältnis zwischen Theorie und Experiment komplizierter ist, als es die Schlagworte „Widerlegung" und „Bestätigung" ausdrücken. Wenn Experimentatoren wie Stern und Gerlach mit Molekül- bzw. Atomstrahlen arbeiteten, machte bereits die *Beschreibung der Beobachtungen* theoretische Vorannahmen, da schon das „Atom" ein theoretisches Konzept darstellt. Die „empirischen Befunde" bzw. „Beobachtungen" sind in diesem Sinne *theoriebeladen* – ein Begriff, den der US-amerikanische Wissenschaftsphilosoph Norwood Russell Hanson (1924–1967) geprägt hat.[104]

---

104 Hansons Biographie ist außerordentlich schillernd. Er unterbrach seine vielversprechende Karriere als Berufsmusiker, um im Zweiten Weltkrieg ein waghalsiger Kampfpilot zu werden. Nach dem Krieg studierte er Philosophie und Physik in Chicago, Columbia sowie als Fulbright-Stipendiat in Oxford und Cambridge. In die USA zurückgekehrt, wurde er Philosophieprofessor an der Universität Indiana

Der Wissenschaftshistoriker Stephen G. Brush hat in seinem Buch *Making 20th century science: how theories became knowledge* die Frage untersucht, wodurch wissenschaftliche Theorien anerkannt und akzeptiert werden, und welche Rolle die experimentelle Bestätigung einer Vorhersage dabei spielt (Brush, 2015). Seine historischen Fallstudien belegen, dass die Akzeptanz von Theorien ganz *verschiedene* Ursachen haben kann: Erfolgreich *vorhergesagte* Ergebnisse, *nachträglich erklärte* Messungen, oder auch die *mathematisch-ästhetische Eleganz* der Theorie. Letzteres hat allem Anschein nach für viele Zeitgenossen den Ausschlag bei der Akzeptanz der Speziellen Relativitätstheorie gegeben (Brush, 2015, S. 341).

Aber wie verhält es sich hier mit der Quantentheorie? Bei der „alten" Bohr–Sommerfeld-Theorie scheint die erfolgreiche Erklärung von z. B. Balmer-Serie, der Wasserstoff-Feinstruktur und der charakteristischen Röntgenstrahlung eine große Rolle für die Akzeptanz gespielt zu haben (Brush, 2015, S. 52). Im Falle der modernen Quantenmechanik, die ab 1925/26 entwickelt und sehr rasch allgemein akzeptiert wurde, bemerkt Brush (2015, S. 239ff), dass ihre Akzeptanz ebenfalls ganz unabhängig von neuen Vorhersagen war. Stattdessen wurde sie rasch dafür anerkannt, die existierenden experimentellen Befunde *systematischer* erklären zu können.[105]

Hier begegnet uns ein wichtiges Merkmal wissenschaftlicher Theorien, nämlich ihre systematische und geschlossene Darstellung einer Wissensdomäne. Der Philosoph Paul Hoyningen-Huene hat diese „Systematizität" sogar zu dem entscheidenden Merkmal schlechthin von „Wissenschaft" erklärt (Hoyningen-Huene, 2009).

2.15 Die „alte" Quantentheorie und ihre „Krise"

In der Rückschau bezeichnet man die Entwicklung bis 1925 als „frühe" oder, leicht despektierlich als „alte" Quantentheorie. Wie wir gesehen haben, war das Vorgehen dort zunächst deduktiv, indem die Methoden der „klassischen" Physik durch Quantisierungsbedingungen modifiziert wurden. Plancks Beziehung $\epsilon = h\nu$ (Gleichung (2.19)), Bohrs Drehimpulsquantisierung $L = n\hbar$ (Gleichung (2.41)) oder die Sommerfeld–Wilson-Phasenintegrale $\oint p_i dq_i = n_i h$ (Gleichung (2.52)) sind Beispiele für solche Bedingungen.

Neben diesem Verfahren wurden jedoch auch andere Forschungsstrategien angewendet. Auch weil die deduktive Methode versagte, entwickelte sich bei Sommerfeld und anderen für die Beschreibung der Spektren komplexer Atome und des Zeeman-

---

in Bloomington und ab 1963 in Yale. Als er 1967 mit nur 42 Jahren am Steuer eines Flugzeugs tödlich verunglückte, hatte er zehn Buchprojekte in Vorbereitung. Einige dieser Werke wurden posthum veröffentlicht.

105 Neue Vorhersagen lieferte die Theorie zunächst auch gar nicht, und eine Erklärung für die Feinstruktur des Wasserstoffspektrums konnte die neue Theorie zunächst gar nicht liefern. Dies wurde erst mithilfe der relativistischen Verallgemeinerung geleistet (siehe unsere Diskussion des Sommerfeld-Rätsels in Abschnitt 2.6.3).

Effekts ab 1920 ein phänomenologischer Zugang. Unter Verzicht auf eine modellmäßige Beschreibung wurden hier rein empirisch Quantenzahlen aus den spektroskopischen Daten abgeleitet. Dieses Vorgehen feierte einige Erfolge, und mit dem Pauli-Prinzip (Pauli, 1925) und der Spin-Hypothese von Uhlenbeck und Goudsmit (1925) gelangen sogar zwei Entdeckungen von bleibender Bedeutung (siehe die Abschnitte 5.6.3 und 5.6.4).

Dieses neue phänomenologische Vorgehen beschreibt Sommerfeld etwa in der vierten Auflage von *Atombau und Spektrallinien*, die im Oktober 1924 erschien. Seinem ehemaligen Schüler Pauli schickte er ein Exemplar, und dessen Antwortschreiben vom 6. Dezember 1924 hob genau diesen Punkt hervor (Pauli, 1979, Dok. 72):

> Bei der Darstellung der Komplexstruktur fand ich es besonders schön, daß Sie alles modellmäßige beiseite gelassen haben. Die Modellvorstellungen befinden sich ja jetzt in einer schweren, prinzipiellen Krise, von der ich glaube, daß sie schließlich mit einer weiteren radikalen Verschärfung des Gegensatzes zwischen klassischer und Quanten-Theorie enden wird. Wie namentlich aus Millikans und Landés Befunden [...] hervorgeht, dürfte die Vorstellung von bestimmten, eindeutigen Bahnen der Elektronen im Atom kaum aufrecht zu erhalten sein. Man hat jetzt stark den Eindruck bei allen Modellen, wir sprechen da eine Sprache, die der Einfachheit und Schönheit der Quantenwelt nicht genügend adäquat ist.

Dies sind prophetische Worte, denn nur wenige Monate später wurde durch die Matrizenmechanik Heisenbergs tatsächlich auf Elektronenbahnen und Modellvorstellungen verzichtet (siehe Abschnitt 3.2).

In der Literatur spricht man nun häufig von der „Krise der alten Quantentheorie", die dadurch überwunden wurde. Vor allem in der Rückschau wird sehr deutlich, welch radikale Wendung die Theorie nehmen musste, um viele der offenen Forschungsfragen zu klären. Vor diesem Hintergrund beschreibt der Wissenschaftshistoriker Max Jammer (1966, S. 196) die alte Quantentheorie mit harschen Worten, als

> [...] eher ein bedauerliches Sammelsurium von Hypothesen, Prinzipien, Theoremen und Rechenrezepten, als eine logisch konsistente Theorie. (Übersetzung OP)

Aber auch hier gilt, dass die neue Quantentheorie nicht aus heiterem Himmel fiel. Sie entwickelte sich vielmehr in *Anknüpfung* an z. B. das Bohr'sche Korrespondenzprinzip. Einige Akteure haben diese *Kontinuität* auch ausdrücklich betont. So schreibt Sommerfeld 1929 im Vorwort des *Wellenmechanischen Ergänzungsbandes* seines Lehrbuchs *Atombau und Spektrallinien* über die moderne Quantentheorie ab 1925:

> Die neue Entwicklung bedeutet nicht einen Umsturz, sondern eine erfreuliche Weiterbildung des Bestehenden mit vielen grundsätzlichen Klärungen und Verschärfungen.

Schon der Titel „Ergänzungsband" drückt aus, dass die Wellenmechanik von Sommerfeld nicht als radikaler Bruch gedeutet wurde. Max Born und Pascual Jordan schlugen im ersten Kapitel ihres Lehrbuchs *Elementare Quantenmechanik* 1930 den gleichen Ton an, wenn sie schrieben:

> Will man einsehen, wie die neue Theorie eine natürliche Fortentwicklung der Bohr'schen Ideen
> bedeutet, ist es notwendig, sich die ältere Theorie deutlich vor Augen zu halten. Darum wollen wir
> hier ihre wesentlichen Züge noch einmal kurz zusammenstellen. (Born und Jordan, 1930, S. 2)

Diese Bemerkungen sind ein weiterer Hinweis darauf, dass die häufig anzutreffende Unterstellung einer „Krise der alten Quantentheorie" bzw. einer „Quantenrevolution um 1925" ebenso einseitig ist, wie im Falle der „Krise der klassischen Physik" (Seth, 2007).

Im Abschnitt 1.4.3 hatte ich bereits erwähnt, dass Duncan und Janssen den Zusammenhang zwischen „alter" und „moderner" Quantentheorie mit der Gerüst-Bogen-Metapher beschreiben (Duncan und Janssen, 2023, Kapitel 18). Die Vorläufer-Theorie fungiert in diesem Bild als „Baugerüst", das die Konstruktion der nachfolgenden Theorie (d. h. des „Bogens") erst *ermöglicht*. Auch hier wird also argumentiert, dass die wissenschaftliche Entwicklung immer auch wichtige Elemente der *Kontinuität* aufweist.

3 Der Formalismus der Quantenmechanik

Im letzten Kapitel haben wir gesehen, dass die Quantentheorie bis 1925 noch keine geschlossene mathematische Formulierung besaß. In den Jahren 1925 und 1926 gelang schließlich die Aufstellung eines solchen Formalismus. Genauer gesagt, kam es zur Entwicklung von zwei zunächst rivalisierenden Ansätzen, deren mathematische Äquivalenz sich jedoch rasch herausstellte.

Der erste dieser beiden Ansätze hatte seinen Ursprung in der sogenannten „Umdeutungsarbeit" (Heisenberg, 1925) und wurde durch die Mitarbeit von Max Born und Pascual Jordan zur sogenannten Matrizenmechanik weiterentwickelt (Born und Jordan, 1925 und Born et al., 1926).[1] Bereits 1926 schlug Erwin Schrödinger einen alternativen Ansatz vor: die sogenannte wellenmechanische Formulierung der Quantentheorie (siehe Abschnitt 3.3).

Die konkrete Anwendung des algebraischen Kalküls der Matrizenmechanik erwies sich als recht umständlich, und nach der Veröffentlichung von Schrödingers Wellenmechanik – sowie dem raschen Nachweis der Äquivalenz beider Ansätze – gewann diese eine dominierende Stellung. Dies erklärt, warum die Details von Heisenbergs Arbeit aus dem Jahr 1925 in der Regel nur noch aus historischem Interesse studiert werden und die meisten Lehrbücher die Schrödingergleichung zum Ausgangspunkt nehmen. Die heute unterrichtete moderne Quantenmechanik ist jedoch weder die Matrizenmechanik von Heisenberg, noch die Wellenmechanik von Schrödinger, sondern eine Fusion beider Ansätze in der sogenannten Hilbertraum-Theorie (siehe Abschnitt 3.4).

Auch wir werden die mathematische Eleganz dieser modernen Formulierung der Quantenmechanik nutzen – glauben jedoch, dass eine Darstellung der *Grundideen* der Matrizenmechanik von didaktischem Interesse ist (siehe Abschnitt 3.2). Wichtige Begriffe der Quantenmechanik können nämlich besonders gut verstanden werden, wenn man den historischen Hintergrund der Heisenberg'schen Formulierung kennt.

Nicht selten wird in der Lehrbuchliteratur aber auch ein ganz ahistorischer Zugang gewählt, der die „Postulate der Quantenmechanik" an den Anfang stellt. Im Stil einer mathematischen Axiomatik werden anschließend die Vorhersagen der Theorie deduktiv gewonnen.

Diese Methode verdeckt zwar die historische Entwicklung, hat aber auch Vorteile, weil sie die begrifflichen Grundlagen besonders deutlich hervorhebt. Gleichzeitig vermeidet sie den falschen Eindruck, dass man die Quantenmechanik in einem anspruchsvollen Sinne induktiv begründen könne. Schließlich kann ein solcher axiomatischer Ansatz auch lerntheoretisch motiviert werden. Auf den amerikanischen Pädagogen und Lerntheoretiker David P. Ausubel geht die Idee zurück, einer Lerneinheit eine abstrakte

---

[1] In der Literatur wird hier gelegentlich von der Ein-Mann-, der Zwei-Männer- und schließlich der Drei-Männer-Arbeit gesprochen. Wie bei Bohr (1913) haben wir es also mit einer „Trilogie" zu tun.

https://doi.org/10.1515/9783111152622-003

und allgemeine Zusammenfassung voranzustellen. Ein solcher *Advance Organizer* ermöglicht es den Lernenden, die später sorgfältig eingeführten Begriffe und Konzepte besser einzuordnen. Mit einer solchen knappen Einführung auf hohem Abstraktionsniveau will auch ich zunächst beginnen.

3.1 Postulate der Quantenmechanik

Die Grundlagen der Quantenmechanik können in Form von einigen wenigen Postulaten formuliert werden.

1. **Postulat:** Die Quantenmechanik beschreibt ein physikalisches System aus N-Teilchen durch die im Allgemeinen komplexwertige Wellenfunktion $\Psi(\vec{r}_1, \ldots, \vec{r}_N, t)$, die auf dem $\mathbb{R}^{3N+1}$ definiert ist. Diese Funktion muss „quadratintegrabel" sein, d. h. $\int \Psi^* \Psi dV < \infty$ (die Integration erstreckt sich dabei über den gesamten Raum).

2. **Postulat:** Dynamische Variablen („Observable") werden durch selbstadjungierte Operatoren ($A^\dagger = A$) repräsentiert, die auf die Zustände wirken können. So haben zum Beispiel die Operatoren für Ort und Impuls (im Ortsraum und in einer Dimension) die Darstellung $\hat{x} = x$ bzw. $\hat{p} = -i\hbar\frac{\partial}{\partial x}$.

3. **Postulat:** Die Eigenwerte der Operatoren sind die einzig möglichen Messwerte der Observablen, die sie repräsentieren. Da die Operatoren selbstadjungiert sind, besitzen sie *reelle* Eigenwerte. Der Zustand Ψ erlaubt es, die Wahrscheinlichkeiten für den Ausgang einer Messung vorherzusagen. Wenn $\Psi = \sum c_n \Psi_n$ die Entwicklung des (normierten) Zustandes nach Eigenfunktionen Ψ_n eines Operators A ist (also $A\Psi_n = n \cdot \Psi_n$), dann ist $|c_n|^2$ gerade die Wahrscheinlichkeit, für den Zustand bezüglich der zugehörigen Observable den Eigenwert n zu messen („Born'sche Regel").

4. **Postulat:** Die Wellenfunktion sowie ihre Zeitentwicklung gewinnt man als Lösung der Schrödingergleichung:

$$i\hbar\frac{\partial \Psi}{\partial t} = \hat{H}\Psi. \tag{3.1}$$

Dabei ist $\hat{H}$ der Hamiltonoperator und $\hbar = \frac{h}{2\pi}$ (sprich „h-quer") das *reduzierte Wirkungsquantum*. Im Falle eines Teilchens ohne Spin hat der Hamiltonoperator (im Ortsraum) die Form:

$$\hat{H} = -\frac{\hbar^2}{2m}\vec{\nabla}^2 + V(\vec{r}). \tag{3.2}$$

Das so beschriebene physikalische System wird also durch das Potenzial V charakterisiert, und der Ausdruck $\vec{\nabla}^2$, auch als Δ bezeichnet, ist der sogenannte Laplace-Operator. In kartesischen Koordinaten hat er die Form: $\Delta = \frac{\partial^2}{\partial x^2} + \frac{\partial^2}{\partial y^2} + \frac{\partial^2}{\partial z^2}$. Der Hamiltonoperator in Gleichung (3.2) kann mithilfe des oben eingeführten Impulsoperators auch in der Form $\hat{H} = \frac{\hat{p}^2}{2m} + V$ geschrieben werden. Seine Eigenwerte sind die möglichen Energiewerte des betreffenden Systems.

Anmerkungen zu den Postulaten

Auch wenn die mathematischen Details hier noch nicht vollständig überblickt werden können, lassen sich bereits einige Besonderheiten dieser Theorie erkennen:

1. Die Wellenfunktion Ψ beschreibt keine Welle im üblichen Anschauungsraum, sondern ist auf dem „Konfigurationsraum" definiert. Was dieser „Zustand" genau beschreibt (z. B. einzelne Objekte oder lediglich die statistischen Eigenschaften eines Ensembles identisch präparierter Objekte), bleibt an dieser Stelle noch unklar.

2. Ungewöhnlich ist das Auftreten von „Operatoren", d. h. Größen, für die im Allgemeinen das Kommutativgesetz der Multiplikation nicht mehr gilt ($AB \neq BA$).

3. Während man in der Mechanik den „Zustand" eines Systems im Prinzip immer durch die vollständige Liste seiner Eigenschaften beschreiben kann, ist dies in der Quantenmechanik prinzipiell nicht mehr möglich. Wenn Beobachtungsgrößen zu nicht-kommutierenden Operatoren gehören ($AB \neq BA$), haben sie keine *gemeinsamen* Eigenzustände. Für solche Größen findet man eine Unbestimmtheitsrelation, z. B. $\Delta x \Delta p_x \geq \hbar/2$. Es gibt also keinen Zustand, der hinsichtlich Ort *und* Impuls einen definierten Wert besitzt. Ganz allgemein gilt, dass die Quantenmechanik nur noch Wahrscheinlichkeitsaussagen für den Ausgang von Messungen trifft.

Offensichtlich ist ein System von solchen Postulaten erst der Endpunkt einer komplexen Entwicklung. Im Rest dieses Kapitels soll (i) dieser historische Gang skizziert, und (ii) die mathematische und physikalische Bedeutung der Begriffe genauer erläutert werden.

3.2 Heisenbergs Matrizenmechanik

Die historisch erste Formulierung der modernen Quantentheorie hat Werner Heisenberg 1925 vorgelegt. Der Titel dieser Arbeit lautet „Über quantentheoretische Umdeutung kinematischer und mechanischer Beziehungen", und dies gibt bereits eine erste Idee vom Grundgedanken.[2] Heisenberg argumentierte, dass das experimentelle Material und die theoretischen Ansätze der Quantentheorie nach einer „neuen Mechanik" verlangen. Diese Revision solle aber vor allem die *kinematischen* Grundbegriffe (wie „Ort" oder „Umlaufzeit" des Elektrons) betreffen. Dies auch deshalb, weil sich z. B. der Ort eines Elektrons der direkten Beobachtung entzöge.

Charakteristisch für diese Theorie ist nun, dass z. B. Ort und Impuls nicht mehr durch reellwertige Funktionen, sondern durch Matrizen ausgedrückt werden. Wie kam Heisenberg jedoch auf diesen Vorschlag, der alles andere als intuitiv oder naheliegend

---

2 Werner Heisenberg (1901–1976) war damals erst 23 Jahre alt. Bereits zwei Jahre zuvor hatte er bei Sommerfeld in München promoviert, bevor er eine Assistentenstelle bei Max Born (1882–1970) in Göttingen antrat. Im Jahr 1924 erfolgte dort seine Habilitation, und bereits 1927 erhielt er den Ruf an die Universität Leipzig. 1932 wurde ihm der Nobelpreis für Physik verliehen.

erscheint? Hier begegnet uns erneut das Korrespondenzprinzip. In der alten Quantentheorie wurde es jedoch lediglich auf *Einzelprobleme* angewendet, während Heisenberg es nutzte, um mit seiner Hilfe ein generisches Problem zu untersuchen und den *allgemeinen* Formalismus der Quantentheorie aufzudecken.

Heisenbergs Grundidee

Heisenberg argumentierte, dass man in der „klassischen" Theorie die periodische Bewegung, z. B. eines Elektrons, durch eine Fourier-Reihe ausdrücken könne (siehe Gleichung 2.36). Wir verändern jedoch im Vergleich zu Abschnitt 2.5.1 die Notation leicht und betrachten diese Entwicklung für ein System im stationären Zustand n:

$$x(n,t) = \sum_{m=-\infty}^{+\infty} a_m(n) \cdot e^{i\omega_m(n)t}. \tag{3.3}$$

Wie in Abschnitt 2.5.1 erwähnt, treten in dieser Entwicklung lediglich ganzzahlige Vielfache der Grundschwingung („Oberschwingungen") auf, also $\omega_m(n) = m \cdot \omega_1(n)$, während gemäß des Bohr'schen Atommodells die Frequenzen *zwei* gleichberechtigte Indizes aufweisen, die gemäß $\omega_{n,m} = \frac{E_n - E_m}{\hbar}$ Anfangs- und Endzustand des Übergangs charakterisieren. Die Frequenzen können also auch in folgendes Schema gebracht werden:

$$\omega_{n,m} = \begin{pmatrix} \omega_{1,1} & \omega_{1,2} & \cdots \\ \omega_{2,1} & \omega_{2,2} & \cdots \\ \vdots & \vdots & \ddots \end{pmatrix}. \tag{3.4}$$

Der entscheidende Schritt Heisenbergs bestand nun darin, dieses quadratische Zahlenschema der Bohr'schen Theorie in die herkömmliche Fourier-Entwicklung einzusetzen, wodurch der Ort ebenfalls zu einem quadratischen Zahlenschema wird:

$$x(t) = \begin{pmatrix} a_{1,1} & a_{1,2}e^{i\omega_{1,2}t} & \cdots \\ a_{2,1}e^{i\omega_{2,1}t} & a_{2,2} & \cdots \\ \vdots & \vdots & \ddots \end{pmatrix}. \tag{3.5}$$

In diesem Ausdruck bezeichnen die $a_{n,m}$ die Übergangsamplituden zwischen den Zuständen m und n. Die „Gesamtheit dieser Größen" fasste Heisenberg als „Repräsentant der Größe $x(t)$" innerhalb der neuen quantentheoretischen Kinematik auf (Heisenberg, 1925, S. 882). Daran schließt sich die naheliegende Frage an, durch welchen Ausdruck etwa die Größe $|x(t)|^2$ (oder irgendeine andere Potenz von $x(t)$) ausgedrückt wird. Für diese Multiplikation schlug Heisenberg folgende Rechenregel vor:

$$\left(|x(t)|^2\right)_{n,m} = \sum_k a_{n,k}e^{i\omega_{n,k}t}a_{k,m}e^{i\omega_{k,m}t} \tag{3.6}$$

$$= \sum_k a_{n,k}a_{k,m}e^{i\overbrace{(\omega_{n,k} + \omega_{k,m})}^{=\omega_{n,m}}t}$$

$$= \sum_k a_{n,k} a_{k,m} e^{i\omega_{n,m}t}.$$

Die Motivation für diese Regel lässt sich aus den Exponenten ablesen, da hier automatisch das Ritz'sche Kombinationsprinzip $\omega_{n,k} + \omega_{k,m} = \omega_{n,m}$ (Gleichung 2.40) erfüllt wird.

Für den modernen Leser handelt es sich natürlich einfach um das Gesetz der Matrizenmultiplikation („Zeile mal Spalte"). Heisenberg war dieses mathematische Werkzeug jedoch nicht vertraut, und erst Max Born erkannte diesen Zusammenhang. Gemeinsam mit Pascual Jordan (1902–1980) erweiterten sie Heisenbergs Ansatz und verwendeten dabei die uns vertraute Matrizenschreibweise (Born und Jordan, 1925). Doch schon Heisenberg bemerkte eine besondere Eigenschaft seiner Multiplikationsregel (Gleichung (3.6)):

> Während klassisch $x(t) \cdot y(t)$ stets gleich $y(t) \cdot x(t)$ wird, braucht dies in der Quantentheorie im allgemeinen nicht der Fall zu sein. (Heisenberg, 1925, S. 884)

Damit wurde zum ersten Mal die charakteristische „Nichtvertauschbarkeit" innerhalb der Quantentheorie ausgesprochen, obwohl zunächst nicht ganz deutlich wird, ob Heisenberg darin eher ein *technisches Problem* oder eine *konzeptionelle Neuartigkeit* sah. Die sich anschließende Entwicklung sollte zeigen, dass Letzteres zutrifft.

Die Quantisierungsbedingung

Der nächste Schritt von Heisenberg bestand darin, die Quantisierungsbedingung zu betrachten. Er nahm die Sommerfeld-Bedingung zum Ausgangspunkt (siehe Gleichung 2.52):

$$\oint p\,dq = nh. \tag{3.7}$$

Heisenberg betrachtete den eindimensionalen Fall, bei dem $p(t) = m_e \dot{x}(t)$ und $dq = dx = \dot{x}dt$ gelten.[3] Um die neue „Quantenkinematik" anwenden zu können, müssen diese Terme durch Fourier-Koeffizienten ausgedrückt werden. Die anschließende Integration erstreckt sich über eine Periode der Bewegung, d. h. von $t = 0$ bis $T = \frac{2\pi}{\omega_1(n)}$. Das Resultat dieser einfachen Rechnung lautet:

$$\oint m_e \dot{x}^2 dt = 2\pi m_e \sum_{m=-\infty}^{+\infty} m^2 \omega_1(n) |a_m(n)|^2. \tag{3.8}$$

In der „neuen" Quantentheorie sollte nicht bloß postuliert werden, dass dieser Ausdruck ein Vielfaches von h ist. Deshalb differenzierte Heisenberg Gleichung (3.7) nach n, wodurch dieser Faktor herausfällt:

$$\frac{d}{dn}(nh) = \frac{d}{dn} \oint m_e \dot{x}^2 dt \tag{3.9}$$

---

3 Wir bezeichnen die Masse mit einem kleinen e (für Elektron), um Verwechslungen mit dem Index m zu vermeiden. Aber natürlich muss nicht notwendigerweise ein Elektron betrachtet werden.

$$h = 2\pi m_e \sum_{m=-\infty}^{+\infty} m \frac{d}{dn} [\underbrace{m \cdot \omega_1(n)}_{=\omega_m(n)} \cdot |a_m(n)|^2].$$ (3.10)

Die Ableitung zu bilden, ist noch aus einem anderen Grund sinnvoll. Bereits bei früheren Arbeiten zur Dispersionstheorie (gemeinsam mit Hendrik Kramers) bestand der Schlüssel darin, die Ableitung mithilfe des Korrespondenzprinzips in eine Differenz zu übersetzen. Für einen Fourier-Koeffizienten $a_\alpha(n)$ bedeutete dies (a bezeichnet hier die „Sprungweite" $m - n$):

$$a \frac{da_\alpha(n)}{dn} \leftrightarrow a_{n+a,n} - a_{n,n-a}.$$ (3.11)

Heisenberg (1925, S. 886) nannte diesen Schritt eine „quantentheoretische Verwandlung", d. h. diese Vorschrift gibt an, wie die Fourier-Koeffizienten der „klassischen" Beschreibung in quantenmechanische Übergangsamplituden übersetzt werden müssen. Wendet man diese Regel auf Gleichung (3.10) an, gewinnt man die Gleichung:

$$h = 2\pi m_e \sum_{m=-\infty}^{+\infty} [\omega_{n,m} \cdot |a_{n,m}|^2] - [\omega_{m,n} \cdot |a_{m,n}|^2].$$ (3.12)

Diese Beziehung wurde von Heisenberg anschließend verwendet, um die Frequenzen und Amplituden für einige einfache Probleme zu bestimmen. Die aufwendigen Details dieser Rechnung gibt Aitchison et al. (2004). Entscheidend ist, dass die *bekannten Bewegungsgleichungen* gültig bleiben, und nur den *kinematischen Größen* die neue quantentheoretische Bedeutung gegeben werden muss.

Max Born und Pascual Jordan gaben eine wichtige Umformulierung von Gleichung (3.12) an. Während Heisenberg von einer Newton'schen Formulierung der Mechanik ausging, betrachteten sie die verallgemeinerten Koordinaten p und q der Hamilton'schen Mechanik. Dann folgt aus einer ganz ähnlichen Berechnung:

$$\sum_m p_{n,m} q_{m,n} - q_{n,m} p_{m,n} = \frac{h}{2\pi i}.$$ (3.13)

Dies sind jedoch die Diagonalelemente der „kanonischen Vertauschungsrelation":

$$\underbrace{\mathbf{pq} - \mathbf{qp}}_{\equiv [\mathbf{p,q}]} = \frac{h}{2\pi i} \mathbb{1}.$$ (3.14)

Born und Jordan (1925, S. 871) bezeichneten diese Gleichung als „verschärfte Quantenbedingung". Sie ist die einzige Grundgleichung, in die die Planck-Konstante h eingeht. Auf diese Weise erfasst Gleichung (3.14) den Kern der Quantenmechanik.[4]

---

4 Wegen $[A, B] = -[B, A]$ kann man Gleichung (3.14) auch als $[q, p] = -\frac{h}{2\pi i} = i\frac{h}{2\pi}$ schreiben. Führt man die reduzierte Planck-Konstante $\hbar = \frac{h}{2\pi}$ ein, ergeben sich noch mehr Varianten, die man leicht verwechseln kann.

Die Heisenberg'schen Bewegungsgleichungen

Auch die Energie kann durch eine Matrix, nennen wir sie H, dargestellt werden. Da wir $\dot{H} = 0$ fordern („Energieerhaltung"), muss es sich um eine Diagonalmatrix handeln, da nur diese Elemente keine Zeitabhängigkeit haben. Diese Diagonalelemente $H_{i,i}$ entsprechen der Energie des Zustandes i:

$$H = \begin{pmatrix} E_1 & 0 & \cdots \\ 0 & E_2 & \cdots \\ \vdots & \vdots & \ddots \end{pmatrix}.$$

(3.15)

Berechnet man den Kommutator von H und $\mathbf{q}$, ergibt sich die zeitliche Ableitung von $\mathbf{q}$. Dieser Zusammenhang wird als **Heisenberg'sche Bewegungsgleichung** bezeichnet, obwohl nicht Heisenberg, sondern Born und Jordan sie zuerst gefunden haben:

$$\frac{d\mathbf{q}}{dt} = \frac{2\pi i}{h}[H, \mathbf{q}].$$

(3.16)

Zusammenfassung zur Matrizenmechanik

Heisenbergs Strategie bei der Entwicklung der Matrizenmechanik wird von Jammer (1966, S. 199f) treffend zusammengefasst:

> Heisenberg, influenced by both Sommerfeld and Bohr, considered now the possibility of 'guessing' – in accordance with the correspondence principle – not the solution of a particular quantum-theoretic problem but the very mathematical scheme for a new theory of mechanics. By integrating in this way the correspondence principle once and for all in the very foundations of the theory, he expected to eliminate the necessity of its recurrent application to every problem individually without jeopardising its general validity.

Wir haben es also immer noch mit einer Anwendung des heuristischen Korrespondenzprinzips zu tun, diesmal jedoch nicht auf physikalische Einzelprobleme, sondern auf den gesamten mathematischen Formalismus.

Diese Arbeiten markieren, wie erwähnt, den Übergang von der „alten" zur „neuen" Quantentheorie, und in diese Sprechweise mischt sich die Vorstellung eines deutlichen *Bruchs*. Die bisherige Darstellung hat aber deutlich gemacht, dass es bei dieser Entwicklung ebenfalls wichtige Elemente der *Kontinuität* gab.[5]

Interessant ist in diesem Zusammenhang, wie Paul Dirac den Zusammenhang zwischen der alten Quantentheorie und der Matrizenmechanik beschrieben hat. Die alte

---

5 Teile der Arbeiten zur Matrizenmechanik hat Heisenberg auf Helgoland durchgeführt, wo er im Juni 1925 seinen Heuschnupfen auskurieren musste. Nicht selten wird dieser Aufenthalt zu einem „Erweckungserlebnis" umgedeutet, bei dem der neue Formalismus praktisch schlagartig entdeckt worden sei. Dabei handelt es sich also um einen typischen „Entdeckungsmythos"; siehe Abschnitt 1.3.1. Eine detaillierte historische Rekonstruktion der Entdeckung haben Blum et al. (2017) vorgelegt.

Theorie, so schreibt er in seiner Arbeit (Dirac, 1925), habe die Gültigkeit der bisherigen Mechanik für die stationären Zustände angenommen, aber ihr absolutes Versagen bei Übergängen *zwischen* diesen. Er fährt fort:

> In a recent paper Heisenberg puts forward a new theory, which suggests that it is not the equations of classical mechanics that are in any way at fault, but that the mathematical operations by which physical results are deduced from them require modification. (Dirac, 1925, S. 643)

In einer formalen Hinsicht mildert die neue Quantentheorie also sogar den Bruch mit der „klassischen Physik".

Unbestritten sind aber auch die radikal neuartigen Aspekte, wie die charakteristische Nichtvertauschbarkeit der Matrizen für Ort und Impuls, und auf diese Änderungen weist Dirac im obigen Zitat hin, wenn er von der Modifikation der „mathematical operations" spricht. Der Verlust von reellwertigen Funktionen für Ort und Impuls bedeutet ganz konkret, dass die Vorstellung einer kontinuierlichen Teilchenbahn, z. B. des Elektrons im Wasserstoffatom, nicht aufrechterhalten werden kann. In der bereits erwähnten Drei-Männer-Arbeit von 1926 schreiben die Autoren deshalb:

> Ein solches System von quantentheoretischen Beziehungen zwischen beobachtbaren Größen wird allerdings gegenüber der bisherigen Quantentheorie den Mangel aufweisen müssen, daß es nicht unmittelbar geometrisch anschaulich interpretiert werden kann, da ja die Elektronenbewegungen nicht in den uns geläufigen Begriffen von Raum und Zeit beschrieben werden können; [...]. (Born et al., 1926, S. 558)

Diese Eigenschaft wird dem Formalismus den Vorwurf der *Unanschaulichkeit* eintragen; vor allem, nachdem Erwin Schrödinger seine wellenmechanische Fassung der Quantenmechanik formuliert hat (siehe zur Frage der „Anschaulichkeit" auch Abschnitt 4.1.2).

3.3 Schrödingers Wellenmechanik

1926 veröffentlichte Erwin Schrödinger die nach ihm benannte Grundgleichung der nichtrelativistischen Quantenmechanik. Er wählte dabei auf den ersten Blick einen völlig anderen Zugang als Heisenberg. Motiviert durch de Broglies Materiewellenhypothese suchte er eine entsprechende Wellengleichung (vgl. Abschnitt 2.13.1). Diese sollte zur Dynamik von Punktteilchen im selben Verhältnis stehen, wie die Wellenoptik zur geometrischen Optik (Houchmandzadeh, 2020).

Aus dieser Analogiebetrachtung folgt das Resultat jedoch nicht eindeutig, denn die geometrische Optik ist zwar als Grenzfall in der Wellenoptik enthalten – aber aus der geometrischen Optik kann die Wellenoptik nicht eindeutig abgeleitet werden. Deshalb war, wie Born und Wolf (1986, S. 743) bemerken, „durchaus noch Herumprobieren" nötig, um das Resultat zu erhalten.

Die Arbeiten zur Wellenmechanik wurden unter dem Titel „Quantisierung als Eigenwertproblem" in vier Teilen („Mitteilungen") veröffentlicht (Schrödinger, 1926). Zwischen der Einreichung der ersten (27. Januar 1926) und der vierten Mitteilung (21. Juni 1926) liegen gerade einmal sechs Monate. Zwischen der zweiten (23. Februar) und dritten Mitteilung (10. Mai) veröffentlichte Schrödinger zudem noch zwei weitere Arbeiten, darunter den Nachweis der Äquivalenz zwischen Matrizen- und Wellenmechanik (Schrödinger, 1926b).

Unsere Darstellung hält sich nicht streng an die historische Entwicklung. Eine lesenswerte historische Rekonstruktion dieser enormen kreativen Leistung Schrödingers im Jahr 1926 gibt Straumann (2001).[6]

3.3.1 Die Schrödingergleichung

Eine einfache Motivation der Schrödingergleichung für ein Einteilchen-System, die von Schrödingers Herleitung jedoch abweicht, kann wie folgt gegeben werden (vgl. Straumann, 2001). Die stationäre Wellengleichung für ein Skalarfeld $\psi(\vec{r})$ hat die Form:

$$(\Delta + k^2)\psi = 0 \quad \text{mit der Wellenzahl: } k = \frac{2\pi}{\lambda}. \tag{3.17}$$

Nach de Broglie gilt jedoch $p = \frac{h}{\lambda} = \hbar k$. Einsetzen in Gleichung (3.17) liefert:

$$\left(\Delta + \frac{p^2}{\hbar^2}\right)\psi = 0. \tag{3.18}$$

In der Mechanik gilt der Zusammenhang:

$$E = \frac{p^2}{2m} + V \quad \Leftrightarrow \quad p^2 = 2m(E - V). \tag{3.19}$$

Ersetzt man den p^2-Term aus Gleichung (3.18), erhält man die (zeitunabhängige) Schrödingergleichung für das Einteilchen-System:

---

6 Im Jahr 2021 entbrannte eine heftige Diskussion über Anschuldigungen gegen Schrödinger, die sexuellen Missbrauch von Minderjährigen betreffen. Die Hinweise darauf stützen sich auf eine Schrödinger-Biografie, die bereits 1989 erschienen ist (Moore, 1989). Bereits zur damaligen Zeit stand dieses Werk wegen mangelnder wissenschaftlicher Fundierung in der Kritik. Die Überprüfung der Anschuldigungen anhand der Dokumente aus dem Schrödinger-Nachlass konnte zunächst nicht durchgeführt werden, weil die Familie den Zugang zu den Unterlagen verweigerte. Trotz dieser unsicheren Quellenlage kam es zu einer Empörungswelle – wohl auch eine Folge der durch soziale Medien veränderten Aufmerksamkeitsökonomie. Magdalena Gronau und Martin Gronau vom Leibniz-Zentrum für Literatur- und Kulturforschung in Berlin konnten in der Zwischenzeit die Tagebücher Schrödingers auswerten und kommen zu einer völligen Neubewertung. Nach ihrer Analyse entbehren die Vorwürfe jeglicher Grundlage (Friebe, 2024). Eine Veröffentlichung dieser Untersuchung ist für das Jahr 2025 geplant.

Die **stationäre (d. h. zeitunabhängige) Schrödingergleichung** lautet:

$$\left(-\frac{\hbar^2}{2m}\Delta + V \right)\psi(\vec{r}) = E\,\psi(\vec{r}). \tag{3.20}$$

Hier bezeichnet $\Delta = \vec{\nabla}^2 = \frac{\partial^2}{\partial x^2} + \frac{\partial^2}{\partial y^2} + \frac{\partial^2}{\partial z^2}$ den Laplace-Operator und $V(\vec{r})$ das Potenzial, in dem sich das quantenmechanische Teilchen mit Masse m befindet.

Man erkennt nun, warum Schrödinger seine Arbeiten „Quantisierung als Eigenwertproblem" genannt hat. Mit $\hat{H} = -\frac{\hbar^2}{2m}\Delta + V$ wird dies noch deutlicher, denn Gleichung (3.20) lautet dann:

$$\hat{H}\psi = E\psi. \tag{3.21}$$

Die Lösungen dieser Gleichung liefern also Eigenzustände des Differentialoperators $\hat{H}$ (auch Hamilton-Operator genannt) mit der Energie E als Eigenwert.

Diese Gleichung konnte sofort eine wichtige Bewährungsprobe bestehen, indem sie das Wasserstoffspektrum reproduzierte. Für das Potenzial des Elektrons im Wasserstoffatom mit $V(r) = -\frac{e^2}{4\pi\epsilon_0 r}$ führt die Gleichung (3.20) auf diskrete Eigenzustände ψ_n mit der Energie E_n, die den Energieniveaus der alten Quantentheorie entsprechen (siehe Abschnitt 5.6).

An dieser Stelle wollen wir jedoch noch keine Anwendungen diskutieren, sondern zunächst die Bedeutung der Wellenfunktion klären und den weiteren Formalismus entwickeln. Konkrete Beispiele erst in Kapitel 5 zu behandeln, ist dabei eine didaktisch nicht unproblematische Entscheidung. Schließlich können einfache Anwendungen dabei helfen, mit den neuen Begriffen vertraut zu werden. Leserinnen und Leser, die sich für erste Anwendungen interessieren, sollten deshalb einen Blick in die Abschnitte 5.2 und 5.3 werfen, in denen Lösungen der Schrödingergleichung für einfache Potenzialtypen behandelt werden.

3.3.2 Die zeitabhängige Schrödingergleichung

Spricht man von *der* Schrödingergleichung als der Grundgleichung der Quantenmechanik, ist in der Regel nicht die zeitunabhängige Gleichung (3.20) gemeint. Eine dynamische Grundgleichung muss schließlich die *zeitliche* Entwicklung eines Systems beschreiben.

Die allgemeine (d. h. zeit**ab**hängige) Schrödingergleichung für $\Psi(\vec{r}, t)$ wurde von Schrödinger erst in der vierten Mitteilung angegeben.[7] Den Grund für dieses späte Auftreten sieht Straumann (2001, S. 19f) darin, dass Schrödinger eine reellwertige Wellen-

---

7 In diesem Buch wird die Konvention verwendet, die zeitabhängige Wellenfunktion mit Ψ zu bezeichnen, und die Lösung der zeitunabhängigen Schrödingergleichung mit ψ.

funktion Ψ bevorzugt hätte. Und Schrödinger schreibt explizit (Schrödinger, 1926, 4. Mitteilung S. 139):

> Eine gewisse Härte liegt ohne Zweifel zurzeit noch in der Verwendung einer komplexen Wellenfunktion. Würde sie grundsätzlich unvermeidlich und nicht eine blosse Rechenerleichterung sein, so würde das heissen, dass grundsätzlich zwei Wellenfunktionen existieren, die erst zusammen Aufschluss über den Zustand des Systems geben.

Warum ist die Wellenfunktion komplexwertig?

Die Komplexwertigkeit der Wellenfunktion lässt sich aber nicht vermeiden.[8] Die tiefere Ursache dafür liegt bereits in der Dispersionsrelation für die De-Broglie-Wellen begründet (vgl. Abschnitt 2.13). Es gilt $E = \hbar\omega$, aber auch $p = \hbar k$, mit der Kreisfrequenz $\omega = 2\pi\nu$ und der Wellenzahl $k = \frac{2\pi}{\lambda}$. Für ein freies Teilchen folgt dann:

$$E = \frac{p^2}{2m} \quad \Leftrightarrow \quad \hbar\omega = \frac{(\hbar k)^2}{2m} \tag{3.22}$$

$$\Rightarrow \quad \omega = \frac{\hbar}{2m}k^2. \tag{3.23}$$

Die Kreisfrequenz ist proportional zum *Quadrat* der Wellenzahl, da die kinetische Energie proportional zum Quadrat des Impulses ist. Eine reelle Wellenfunktion vom Typ $\Psi_R(x,t) = A\sin(kx - \omega t)$ ist damit nicht verträglich. Zwar erhalten wir einen Faktor k^2 durch *zweimaliges* Ableiten nach dem Ort ($\frac{\partial^2 \Psi_R}{\partial x^2} = -k^2\Psi_R$), aber der Faktor ω entsteht nur bei *einmaliger* Ableitung nach der Zeit ($\frac{\partial \Psi_R}{\partial t} = -\omega A\cos(kx - \omega t)$). Hier tritt jedoch nicht die Sinus-, sondern die Kosinus-Funktion auf. Erst eine *komplexe* Welle vom Typ $\Psi(x,t) = Ae^{i(kx-\omega t)}$ reproduziert in beiden Fällen die Wellenfunktion:

$$\frac{\partial^2 \Psi}{\partial x^2} = -k^2\Psi = -\frac{p^2}{\hbar^2}\Psi \tag{3.24}$$

$$\frac{\partial \Psi}{\partial t} = -i\omega\Psi = -\frac{iE}{\hbar}\Psi. \tag{3.25}$$

Löst man Gleichung (3.25) nach $E\Psi$ auf, findet man $E\Psi = i\hbar\frac{\partial \Psi}{\partial t}$. Schrödinger substituierte mit diesem Ausdruck die Energie aus der zeitunabhängigen Schrödingergleichung (3.20), und man erhält eine Gleichung, die die imaginäre Einheit i enthält:

Die zeitabhängige Schrödingergleichung

$$\left(-\frac{\hbar^2}{2m}\Delta + V(\vec{r},t)\right)\Psi(\vec{r},t) = i\hbar\frac{\partial \Psi(\vec{r},t)}{\partial t}. \tag{3.26}$$

---

8 Tatsächlich kann mit einiger mathematischer Raffinesse auch eine reelle Variante der Schrödingergleichung angegeben werden. Diese ist zweiter Ordnung in der Zeit, jedoch vierter Ordnung in den Raumkoordinaten. Siehe Callender (2023) für weiterführende Literatur und eine Diskussion aus der Perspektive der Philosophie der Physik.

Im Falle eines N-Teilchen-Systems wird Ψ eine Funktion aller Koordinaten $\Psi(\vec{r}_1, \ldots, \vec{r}_N, t)$, und über die Terme $-\frac{\hbar^2}{2m}\Delta$ wird summiert:

$$\left(-\frac{\hbar^2 \Delta_1}{2m_1} - \cdots - \frac{\hbar^2 \Delta_N}{2m_N} + V(\vec{r}_1, \ldots, \vec{r}_N, t)\right)\Psi = i\hbar\frac{\partial \Psi}{\partial t}. \tag{3.27}$$

Dabei bezeichnet Δ_i den Laplace-Operator für die Koordinaten von $\vec{r}_i$. Der Übersichtlichkeit halber beschränken wir uns im Folgenden jedoch meist auf den Fall $N = 1$.

Der Separationsansatz

Hängt V nicht explizit von der Zeit ab, kann diese Gleichung mit dem Separationsansatz gelöst werden:

$$\Psi(\vec{r}, t) = \psi(\vec{r}) \cdot \phi(t). \tag{3.28}$$

Das Einsetzen in Gleichung (3.26) und das Trennen der Variablen führt auf die Gleichung:

$$\underbrace{i\hbar\frac{\partial \phi(t)}{\partial t}\frac{1}{\phi(t)}}_{=E} = \underbrace{\left(-\frac{\hbar^2}{2m}\frac{\Delta\psi(\vec{r})}{\psi(\vec{r})}\right) + V(\vec{r})}_{=E}. \tag{3.29}$$

Die linke Seite hängt nur von der Zeit ab, während die rechte Seite die gesamte Ortsabhängigkeit enthält. Diese Gleichung kann nur erfüllt sein, wenn beide Seiten gleich einer (zeit- und ortsunabhängigen) Konstanten sind, die wir mit E bezeichnen.

Man gewinnt somit aus der linken und der rechten Seite jeweils eine Differentialgleichung für die Faktoren des Produktansatzes. Für $\psi(\vec{r})$ ist dies aber gerade die stationäre Schrödingergleichung (3.20). Dies rechtfertigt auch die Bezeichnung E (also die Energie) für die Separationskonstante. Für $\phi(t)$ findet man eine besonders einfache Beziehung:

$$\frac{d\phi}{dt} = -\frac{iE}{\hbar}\phi. \tag{3.30}$$

Deren Lösung ist aber eine komplexe Phase:[9]

$$\phi(t) = e^{-\frac{i}{\hbar}Et}. \tag{3.31}$$

Für Systeme mit zeitunabhängigem Potenzial findet man eine Lösung der *zeitabhängigen* Schrödingergleichung einfach durch Multiplikation einer Lösung der *zeitunabhängigen* Gleichung mit der entsprechenden komplexen Phase:

$$\Psi(\vec{r}, t) = \psi(\vec{r}) \cdot e^{-\frac{i}{\hbar}Et}. \tag{3.32}$$

---

9 Streng genommen kann noch ein Vorfaktor auftreten, den wir jedoch in ψ absorbieren können, da uns letztlich nur das Produkt $\Psi = \psi \cdot \phi$ interessiert.

In der Regel hat die stationäre Schrödingergleichung jedoch mehrere Lösungen ψ_n zu den Energien E_n. Da die Schrödingergleichung eine lineare Differentialgleichung ist, gewinnt man die allgemeine Lösung durch Linearkombination:

$$\Psi(\vec{r}, t) = \sum c_n \cdot \psi_n(\vec{r}) e^{-\frac{i}{\hbar} E_n t}. \tag{3.33}$$

Die Koeffizienten $c_n \in \mathbb{C}$ können so gewählt werden, dass die jeweiligen Anfangsbedingungen $\Psi(\vec{r}, t = 0)$ erfüllt werden.

3.3.3 Zur physikalischen Bedeutung der Wellenfunktion

Natürlich stellt sich die Frage nach der physikalischen Bedeutung der Wellenfunktion Ψ. Das Auftreten kontinuierlicher Felder weckte 1926 bei einigen die Hoffnung, bestimmte Härten der Quantentheorie (bzw. Matrizenmechanik) vermeiden bzw. rückgängig machen zu können. Dies war offensichtlich auch Schrödingers Vorstellung, denn er erwähnte in der 1. Mitteilung:

> Es ist kaum nötig hervorzuheben, um wie vieles sympathischer die Vorstellung sein würde, daß bei einem Quantenübergang die Energie aus einer Schwingungsform in eine andere übergeht, als die Vorstellung von den springenden Elektronen. (Schrödinger, 1926, 1. Mitteilung S. 375)

Im Allgemeinen ist $\Psi(\vec{r}, t)$ jedoch eine komplexwertige Funktion, und schon aus diesem Grund verbietet sich eine naive Deutung in Analogie zu Größen wie dem elektrischen oder magnetischen Feld. Aber natürlich entspricht die komplexe Wellenfunktion $\Psi \in \mathbb{C}$ zwei reellen Wellenfunktionen (z. B. dem Real- und dem Imaginärteil), und eine anschauliche Deutung ist dadurch nicht streng ausgeschlossen.

Tatsächlich glaubte Schrödinger zunächst, dass sich das reellwertige Quadrat der Wellenfunktion $\Psi^* \Psi = |\Psi|^2$ (der * bezeichnet hier die komplexe Konjugation) ganz anschaulich als Ladungsdichte deuten ließe. Die Beschreibung eines Elektrons würde dann durch räumlich konzentrierte „Wellenpakete" erfolgen, die man aus der Überlagerung von Wellenfunktionen unterschiedlicher Frequenz konstruieren kann.

Zwei Gründe stehen einer solchen Deutung jedoch entgegen. Erstens „zerfließt" ein solches Wellenpaket im Allgemeinen rasch (siehe Abschnitt 5.1.2). Die typische punktförmige Wechselwirkung von Elektronen ist damit natürlich unvereinbar. Zweitens ist die Wellenfunktion für N-Teilchen-Systeme eine Funktion *aller* Koordinaten, d. h. $\Psi = \Psi(\vec{r}_1, \ldots, \vec{r}_N, t)$ bzw. $\psi = \psi(\vec{r}_1, \ldots, \vec{r}_N)$ im stationären Fall. Da die Wellenfunktion ψ bzw. ihr Quadrat auf diesem $3N$-dimensionalen „Konfigurationsraum" definiert ist, und nicht auf dem dreidimensionalen Anschauungsraum, kann sie nicht als Raumdichte gedeutet werden.

Lediglich für $N = 1$ sind Konfigurations- und Anschauungsraum von gleicher Dimension. Die in Lehrbüchern übliche Konzentration auf eindimensionale Probleme kann daher dazu verleiten, diesen konzeptionell wichtigen Unterschied zu übersehen. Schrödinger war sich natürlich dieser Komplikation bewusst und deutete $|\Psi|^2$ in der 4. Mitteilung als „Gewichtsfunktion im Konfigurationsraum". Er bemerkte dazu:

> Diese Umdeutung mag im ersten Augenblick choquieren, nachdem wir bisher oft in so anschaulich konkreter Form von den „ψ-Schwingungen" als von etwas ganz Realem gesprochen haben. (Schrödinger, 1926, 4. Mitteilung S. 135)

Auch angesichts dieser Probleme schlug Max Born 1926 vor, die Wellenfunktion als *Wahrscheinlichkeitsamplitude* zu deuten.

Die Born'sche Wahrscheinlichkeitsdeutung

Max Born war einer der Architekten der Matrizenmechanik, aber er erkannte sofort, dass die Wellenmechanik mathematisch eleganter war und zudem die Anwendung auf nicht-periodische Vorgänge erleichterte. In einer solchen Anwendung gab er die auch heute noch anerkannte Deutung der Wellenfunktion als „Wahrscheinlichkeitsamplitude" (Born, 1926a,b).[10] Heute formuliert man diese „Born'sche Regel" meist für den Ort – eine Version, die eigentlich auf Wolfgang Pauli zurückgeht. Für den Einteilchen-Fall lautet diese Deutung dann:

Die Born'sche Wahrscheinlichkeitsdeutung der Wellenfunktion

Befindet sich ein quantenmechanisches System im normierten Zustand $\Psi(\vec{r}, t)$ (d. h. es gilt $\int_{\mathbb{R}^3} |\Psi(\vec{r}, t)|^2 d^3r = 1$), so liefert das Volumenintegral über $|\Psi(\vec{r}, t)|^2$ die Wahrscheinlichkeit P, das Teilchen zur Zeit t im Integrationsbereich $V \subset \mathbb{R}^3$ anzutreffen:

$$P(\vec{r} \in V) = \int_V \Psi^*(\vec{r}, t)\Psi(\vec{r}, t)d^3r = \int_V \left|\Psi(\vec{r}, t)\right|^2 d^3r. \tag{3.34}$$

Diese Interpretation wurde von Schrödinger vehement abgelehnt. Er sah darin vollkommen zutreffend den Versuch der „Göttinger", den *diskreten* Teilchenbegriff in die Beschreibung wieder zu integrieren. Seine feste Überzeugung, dass die *kontinuierliche* Wellenfunktion eine unmittelbare und eigenständige physikalische Bedeutung habe, muss vor dem Hintergrund seiner eigenen Herleitung betrachtet werden. Er entwickelte die Wellenmechanik schließlich aus der optisch-mechanischen Analogie von Hamilton, und die Wellenfunktion der Quantenmechanik sah er wohl auch deshalb mit der selben Realität ausgestattet, wie die Felder der Wellenoptik (Joas und Lehner, 2009).

---

10 Diese Arbeiten sind leicht zu verwechseln, denn ihre Titel lauten: „Zur Quantenmechanik der Stoßvorgänge" und „Quantenmechanik der Stoßvorgänge".

Im N-Teilchen-Fall ist die Wellenfunktion auf dem $3N$-dimensionalen Konfigurationsraum (und der Zeit t) definiert: $\Psi(\vec{r}_1, \ldots, \vec{r}_N, t)$. Dann muss über ein Teilvolumen V des Konfigurationsraums integriert werden. Das Volumenelement wird also daher $d^3r_1 \cdots d^3r_N$ ersetzt, und das Integral über $|\Psi|^2$ liefert entsprechend die Wahrscheinlichkeit, die Objekte zur Zeit t in diesem Volumen $V \subset \mathbb{R}^{3N}$ anzutreffen.

Der Ausdruck $|\Psi|^2$ stellt also eine Wahrscheinlichkeits**dichte** dar, und die Wellenfunktion Ψ entspricht einer Wahrscheinlichkeits**amplitude**. Dieser Zusammenhang wird von uns später noch auf andere Beobachtungsgrößen ausgedehnt werden (siehe Abschnitt 3.4.6). Diese Regel begründet die besondere Rolle der Wahrscheinlichkeit in der Quantenmechanik. Eine oft zitierte Bemerkung von Einstein drückt den Zweifel daran aus, dass diese Beschränkung endgültig sei:[11]

> Die Quantenmechanik ist sehr achtunggebietend. Aber eine innere Stimme sagt mir, daß das noch nicht der wahre Jakob ist. Die Theorie liefert viel, aber dem Geheimnis des Alten bringt sie uns kaum näher. Jedenfalls bin ich überzeugt, daß der nicht würfelt. (Einstein et al., 1972, S. 97f)

Born selber brachte seine Interpretation auf die folgende Formel (Born, 1926b, S. 804):

> Man könnte das, etwas paradox, etwa so zusammenfassen: Die Bewegung der Partikeln folgt Wahrscheinlichkeitsgesetzen, die Wahrscheinlichkeit selbst aber breitet sich im Einklang mit dem Kausalgesetz aus.

Nach Born ist $|\Psi|^2$ also die Wahrscheinlichkeitsdichte dafür, dass ein Objekt an einem Ort *anzutreffen* bzw. zu *messen* ist. Vor allem der Umstand, dass der Begriff der „Messung" auf diese Weise eine solche Bedeutung bekommt, wird in der Interpretationsdebatte noch aufgegriffen werden (siehe Kapitel 6). Damit zusammenhängend ist die Frage, ob die Wellenfunktion *Einzelobjekte* oder nur ein *Ensemble* beschreibt (siehe Abschnitt 3.4.7). Schließlich ist auch der Wahrscheinlichkeitsbegriff Gegenstand kontroverser Debatten (siehe auch hierzu Kapitel 6).[12]

Zunächst wollen wir jedoch einige technische Aspekte betrachten. Die Born'schen Regel setzt voraus, dass $\int_{\mathbb{R}^3} |\Psi(\vec{r}, t)|^2 dV$ bei Integration über den gesamten Raum den Wert eins liefert (d. h. normiert ist), denn irgendwo sollte sich das Teilchen schließlich aufhalten. Dieses Integral muss also existieren, d. h. Ψ muss zur Klasse der „quadratintegrablen Funktionen" gehören.[13] Diese Bedingung erscheint zunächst recht formal, aber

---

[11] Ironischerweise hat Einstein in seiner Strahlungstheorie als einer der ersten den Wahrscheinlichkeitsbegriff in die Quantentheorie eingeführt (vgl. Abschnitt 2.9.1).

[12] Max Born erhielt 1954 den Nobelpreis für die Wahrscheinlichkeitsdeutung. Angesichts seiner großen Rolle bei der Entwicklung der frühen Quantentheorie und Matrizenmechanik ist sowohl das späte Datum der Auszeichnung als auch seine Begründung verblüffend. Die Vergabe des Nobelpreises folgt jedoch einer komplizierten Prozedur und spiegelt die tatsächlichen wissenschaftlichen Verdienste nur ungenau wider (Heilbron und Rovelli, 2023).

[13] Dies bedeutet grob, dass $\Psi(x, t)$ für $x \to \pm\infty$ „rasch genug" gegen null abfällt.

sie stellt eine wichtige Einschränkung an zulässige Wellenfunktionen dar, und sie wird uns im Folgenden immer wieder beschäftigen (ein erstes Mal in Abschnitt 3.4.8 und bei vielen Anwendungen in Kapitel 5).

Eine weitere Frage lautet, ob eine zur Zeit $t = 0$ normierte Wellenfunktion unter der Zeitentwicklung der Schrödingergleichung diese Eigenschaft behält. Dies ist in der Tat der Fall, wie wir im nächsten Abschnitt sehen.

Die Kontinuitätsgleichung

Um dies zu zeigen, betrachten wir zunächst die zeitliche Änderung von $\rho \equiv \Psi^*\Psi$. Die Anwendung der Produktregel ergibt:

$$\frac{\partial \rho}{\partial t} = \frac{\partial \Psi^*}{\partial t}\Psi + \Psi^*\frac{\partial \Psi}{\partial t} \tag{3.35}$$

$$= -\frac{1}{i\hbar}(\hat{H}\Psi^*)\Psi + \frac{1}{i\hbar}\Psi^*(\hat{H}\Psi) \tag{3.36}$$

$$= \frac{\hbar}{2mi}[(\vec{\nabla}^2\Psi^*)\Psi - \Psi^*(\vec{\nabla}^2\Psi)]. \tag{3.37}$$

Definiert man

$$\vec{j}(\vec{r}, t) = \frac{\hbar}{2mi}[\Psi^*(\vec{\nabla}\Psi) - (\vec{\nabla}\psi^*)\Psi], \tag{3.38}$$

kann Gleichung (3.37) in die Form

$$\frac{\partial \rho}{\partial t} = -\vec{\nabla} \cdot \vec{j} \tag{3.39}$$

gebracht werden. Dies ist aber gerade eine Kontinuitätsgleichung, wenn man $\vec{j}$ als Stromdichte (hier also: Wahrscheinlichkeitsstromdichte) deutet.[14] Die Gleichung (3.39) besagt, dass die zeitliche Änderung der Wahrscheinlichkeitsdichte ρ gleich der räumlichen Änderung der Stromdichte $\vec{j}$ ist. Mithilfe des Gauß'schen Integralsatzes für ein Volumen V mit Oberfläche ∂V kann diese Gleichung in integrale Form gebracht werden:

$$\frac{d}{dt}\int_V \rho\, dV = -\oint_{\partial V} \vec{j}\, d\vec{f}. \tag{3.40}$$

Die zeitliche Änderung von ρ im Volumen V ist also gleich dem gerichteten Strom durch seine Oberfläche. Lässt man das Volumen gegen unendlich gehen, verschwindet das Flächenintegral über die Stromdichte (Griffith, 2005, S. 14), und wir erhalten:

$$\frac{d}{dt}\int_{\mathbb{R}^3} \rho\, dV = 0. \tag{3.41}$$

---

14 Wir werden später den sogenannten Impulsoperator $\hat{p} = -i\hbar\vec{\nabla}$ einführen. Mit seiner Hilfe kann die Wahrscheinlichkeitsstromdichte zu $\vec{j} = \frac{1}{m}\Re(\Psi^*\hat{p}\Psi)$ umgeformt werden.

Mit anderen Worten: Die Normierung der Wahrscheinlichkeitsdichte $\rho(\vec{r}, t) = \Psi^* \Psi$ bleibt unter der Dynamik der Schrödingergleichung erhalten.

Für stationäre Zustände kann man auch einfacher argumentieren. Nach Gleichung (3.32) haben sie die Form: $\Psi(\vec{r}, t) = \psi(\vec{r}) e^{-\frac{i}{\hbar} Et}$. Daraus folgt unmittelbar $|\Psi(\vec{r}, t)|^2 = |\psi(\vec{r})|^2$, da für die komplexen Phasen $e^{\frac{i}{\hbar} Et} \cdot e^{-\frac{i}{\hbar} Et} = 1$ gilt. Die Wahrscheinlichkeitsdichte hängt hier gar nicht von der Zeit ab, weshalb die Normierung nicht verloren gehen kann.

Erwartungswert und Varianz

Deutet man die Wellenfunktion wahrscheinlichkeitstheoretisch, ist es naheliegend, mit Erwartungswert und Varianz die üblichen Kenngrößen von Wahrscheinlichkeitsverteilungen einzuführen.

Der Erwatungs- bzw. Mittelwert einer diskreten Zufallsvariable X, deren N Ausprägungen x_i die Wahrscheinlichkeit $P(x_i)$ haben, ist definiert als

$$\langle X \rangle = \sum_{i=1}^{N} x_i P(x_i). \tag{3.42}$$

Sind alle Ereignisse gleichwahrscheinlich mit $P(x_i) = \frac{1}{N}$ („Laplace-Wahrscheinlichkeit"), ergibt dieser Ausdruck den einfachen Mittelwert $\langle X \rangle = \frac{1}{N} \sum x_i$. Die Streuung der Zufallsgröße um den Erwartungswert wird meist durch die Varianz σ^2 beschrieben. Diese ist als der Erwartungswert der quadratischen Abweichung definiert:

$$\sigma^2(X) \equiv \langle (X - \langle X \rangle)^2 \rangle. \tag{3.43}$$

Multipliziert man die Klammer aus und nutzt die Linearität des Erwartungswertes, gewinnt man:

$$\sigma^2(X) = \langle X^2 - 2X\langle X \rangle + \langle X \rangle^2 \rangle \tag{3.44}$$

$$= \langle X^2 \rangle - 2\langle X \rangle \langle X \rangle + \langle X \rangle^2 \tag{3.45}$$

$$= \langle X^2 \rangle - \langle X \rangle^2. \tag{3.46}$$

Die Standardabweichung $\sigma(X)$ ist nun einfach die positive Wurzel der Varianz. Für kontinuierliche Zufallsvariablen X mit Dichtefunktion $\rho(x)$ verallgemeinern sich diese Definitionen entsprechend. Der Erwartungswert wird nun durch ein Integral beschrieben:

$$\langle X \rangle = \int_{\mathbb{R}} x\rho(x)dx. \tag{3.47}$$

Für die Standardabweichung gilt dann wie im diskreten Fall:

$$\sigma(X) = \sqrt{\langle X^2 \rangle - \langle X \rangle^2}. \tag{3.48}$$

Im nächsten Abschnitt werden wir sehen, wie diese Konzepte innerhalb der Quantenmechanik angewendet werden.

3.4 Quantenmechanik als Hilbertraum-Theorie

Die moderne Quantenmechanik ist weder die Matrizenmechanik von Heisenberg, noch die Wellenmechanik von Schrödinger. Ihre Grundgleichung wird zwar nach Erwin Schrödinger benannt, aber dies sollte nicht darüber hinwegtäuschen, dass beide Ansätze auf einem höheren Abstraktionsniveau gleichsam fusioniert wurden.

Die Lösungen der Schrödingergleichung werden in dieser Theorie als Elemente eines abstrakten Vektorraums („Hilbertraum") aufgefasst, und die linearen Abbildungen, die auf diesem Raum wirken, entsprechen den Matrizen der Heisenberg'schen Formulierung.

Dieser Formalismus wurde ab 1927 maßgeblich von dem ungarisch-US-amerikanischen Mathematiker John von Neumann (1903–1957) entwickelt und hat in seiner Monographie „Mathematische Grundlagen der Quantenmechanik" von 1932 seinen klassischen Ausdruck gefunden (von Neumann, 1932).

Im Folgenden skizzieren wir diese Theorie knapp und möglichst untechnisch. Mathematisch viel sorgfältigere Formulierungen finden Leserinnen und Leser etwa bei Ballentine (1998) oder Filk (2019). Diese Darstellungen legen auch größeren Wert auf die Beobachtung, dass der Zustandsraum der Quantenmechanik streng genommen kein Hilbertraum, sondern der sogenannte *rigged Hilbert Space* ist. Diese Erweiterung des üblichen Hilbertraums gestattet etwa eine mathematisch strenge Beschreibung der Eigenzustände von Operatoren mit einem kontinuierlichen Spektrum (siehe Abschnitt 3.4.8).[15]

3.4.1 Erwartungswerte für Ort und Impuls

Wenden wir zunächst Gleichung (3.47) an, um den Erwartungswert des Ortes für ein System mit Wellenfunktion Ψ zu berechnen. Im eindimensionalen Fall lautet dieser gemäß der Born'schen Regel:[16]

$$\langle x \rangle_\Psi = \int_\mathbb{R} x \cdot \left| \Psi(x, t) \right|^2 dx. \tag{3.49}$$

Die Bedeutung dieses Erwartungs- bzw. Mittelwerts ist dabei nicht, dass wiederholte Ortsmessungen am *selben* Objekt diesen Mittelwert liefern. Vielmehr handelt es sich um den Mittelwert der Ortsmessungen an einem sogenannten *Ensemble*, d. h. einer (im Prinzip) beliebig großen Menge von Objekten, die alle identisch präpariert wurden.

---

15 Der englische Ausdruck *rigged* kann auch „manipuliert" bedeuten, etwa wenn von einer *rigged election* gesprochen wird. Diese pejorative Bedeutung ist bei dem Ausdruck *rigged Hilbert Space* nicht gemeint. Rafael de la Madrid (2005) bemerkt, dass dieser Begriff eine direkte Übersetzung des russischen *snashchyonnoe Hilbertovo prostranstvo* darstellt und hier eher „ergänzt" oder „ausgerüstet" bedeutet. Im englischen Ausdruck *fully rigged ship* („voll aufgetakeltes Schiff") klingt diese Bedeutung ebenfalls an.

16 Den Erwartungswert mit Ψ zu indizieren, erinnert daran, dass er vom Zustand abhängig ist. Wenn keine Verwechslungsgefahr besteht, werden wir diesen Index jedoch auch weglassen.

Wir können nun auch die *zeitliche Änderung* dieser Größe berechnen, also den „Erwartungswert der Geschwindigkeit" ermitteln (vgl. Griffith (2005, S. 16)):

$$\frac{d\langle x\rangle_\Psi}{dt} = \int_\mathbb{R} x \underbrace{\frac{\partial}{\partial t}|\Psi|^2}_{\text{vgl. Gl. (3.39)}} dx \qquad (3.50)$$

$$= \frac{i\hbar}{2m} \int_\mathbb{R} x\frac{\partial}{\partial x}\left(\Psi^*\frac{\partial\Psi}{\partial x} - \frac{\partial\Psi^*}{\partial x}\Psi\right)dx. \qquad (3.51)$$

Die Berechnung dieses Ausdrucks erfolgt durch partielle Integration, bei der anschließend die Randterme wegfallen. Das ist nicht schwierig, aber auch nicht besonders instruktiv (Griffith, 2005, S. 16). Der entscheidende Rechenschritt ist nämlich bereits passiert: Durch Ausnutzung der Kontinuitätsgleichung (3.39) ist die Zeitableitung in eine räumliche Ableitung umgewandelt worden.[17] Man findet schließlich:

$$\frac{d\langle x\rangle_\Psi}{dt} = -\frac{i\hbar}{m} \int_\mathbb{R} \Psi^*\frac{\partial\Psi}{\partial x}dx. \qquad (3.52)$$

Multipliziert man diesen Erwartungswert der Geschwindigkeit $\langle v\rangle_\Psi$ mit der Masse, gewinnt man den Impuls-Erwartungswert:

$$\langle p\rangle_\Psi = -i\hbar \int_\mathbb{R} \Psi^*\frac{\partial\Psi}{\partial x}dx. \qquad (3.53)$$

3.4.2 Operatoren für physikalische Größen

Mit dem Resultat aus Gleichung (3.53) wollen wir nun eine wichtige Umdeutung des Formalismus motivieren. Die Erwartungswerte für Ort und Impuls erlauben die folgende analoge Darstellung:

$$\langle x\rangle_\Psi = \int_\mathbb{R} \Psi^*(x,t) \cdot x \cdot \Psi(x,t)\, dx \qquad (3.54)$$

$$\langle p\rangle_\Psi = \int_\mathbb{R} \Psi^*(x,t) \cdot \left(-i\hbar\frac{\partial}{\partial x}\right)\Psi(x,t)\, dx \qquad (3.55)$$

Offenbar hat für die Erwartungswertbildung die Multiplikation mit x in Gleichung (3.54) dieselbe Bedeutung wie die Anwendung der Ableitung $-i\hbar\frac{\partial}{\partial x}$ in Gleichung (3.55). Beide Operationen können dabei als Abbildungen zwischen Wellenfunktionen aufgefasst werden. Um diesen Aspekt zu betonen, definiert man für den Ort den „Ortsoperator" $\hat{x} = x$

---

17 Man beachte, dass im eindimensionalen Fall $\vec{\nabla}$ durch $\frac{\partial}{\partial x}$ ersetzt wird.

(„Multiplikation von Ψ mit x") und für den Impuls den „Impuls-Operator" $\hat{p}_x = -i\hbar\frac{\partial}{\partial x}$. In drei Dimensionen gilt entsprechend:

$$\hat{p} = -i\hbar\vec{\nabla}. \tag{3.56}$$

Die Einführung von „Operatoren" für physikalische Größen erscheint zunächst ungewohnt, ist aber in vielfacher Hinsicht an bereits bekannte Inhalte anschlussfähig. In der Mechanik können alle Größen durch Ort und Impuls ausgedrückt werden, etwa die Energie als $E = \frac{p^2}{2m} + V$. Ersetzt man p durch $\hat{p}$, findet man jedoch:

$$\frac{p^2}{2m} + V \longrightarrow -\frac{\hbar^2}{2m}\vec{\nabla}^2 + V. \tag{3.57}$$

Dieser Ausdruck war uns bereits in der stationären Schrödingergleichung (3.20) begegnet (es gilt: $\Delta = \vec{\nabla}^2$). Dort hatten wir für ihn bereits die Bezeichnung $\hat{H}$ (für „Hamiltonoperator") eingeführt, und seine Eigenwerte entsprechen der Energie.

Und wir können uns auch an die Matrizenmechanik erinnern, bei der die reellwertigen Funktionen für Ort und Impuls durch Matrizen, d. h. ebenfalls durch lineare Abbildungen **q** und **p** ersetzt wurden. Das zentrale Resultat der Matrizenmechanik war die Vertauschungsrelation (3.14): $[\mathbf{q}, \mathbf{p}] = i\hbar\mathbb{1}$ (mit dem „Kommutator" $[\mathbf{q}, \mathbf{p}] = \mathbf{qp} - \mathbf{pq}$). In Abschnitt 3.4.9 werden wir zeigen, dass für die linearen Operatoren für Ort $\hat{x}$ und Impuls(-komponente) $\hat{p}_x = -i\hbar\frac{d}{dx}$ dieselbe Beziehung gilt:

$$[\hat{x}, \hat{p}_x] = i\hbar\mathbb{1}. \tag{3.58}$$

Diese Beobachtungen stärken unser Zutrauen in die neue und ungewohnte Begriffsbildung. Im Folgenden werden wir weitere Eigenschaften dieser Operatoren kennenlernen und die physikalische Bedeutung besser verstehen.[18]

3.4.3 Das Skalarprodukt von Wellenfunktionen und der Hilbertraum

Die Sprechweise von (linearen) Operatoren für die Größen „Ort" oder „Impuls" setzt bereits implizit voraus, dass wir die Wellenfunktion als Element eines Vektorraums deuten. Die Eigenwertgleichung $\hat{H}\psi = E\psi$ führt ebenfalls ganz natürlich zur Interpretation von ψ als „Eigenvektor" zum Eigenwert E.

---

18 An dieser Stelle soll bereits ein kurzes Wort der Warnung ausgesprochen werden: Unsere bisherige Darstellung hat die Operatoren lediglich „formal" eingeführt. Damit ist gemeint, dass zwar ihre *Wirkung* auf Wellenfunktionen definiert wurde, aber noch nicht ihr *Definitionsbereich*. Dies ist nicht bloß ein technisches Detail. In folgenden Abschnitt 3.4.3 („Selbstadjungierte Operatoren") werden wir auf diese Frage zurückkommen.

Aufgrund der Linearität der Schrödingergleichung bilden ihre Lösungen einen linearen Vektorraum, denn wenn Ψ und Φ Lösungen sind, ist auch $c_1\Psi + c_2\Phi$ ($c_i \in \mathbb{C}$) eine Lösung. Mit der Definition

$$\langle\Psi|\Phi\rangle \equiv \int_{\mathbb{R}} \Psi^*\Phi dx \qquad (3.59)$$

besitzt dieser Vektorraum zusätzlich ein Skalarprodukt und wird dadurch zu einem sogenannten Hilbertraum, genauer dem Hilbertraum der quadratintegrablen Funktionen $\mathcal{L}_2$.[19]

Da dieses Skalarprodukt auf einem *komplexen* Vektorraum definiert ist, gibt es zwei Eigenschaften, die in euklidischen Vektorräumen unbekannt sind. Zum einen ist es „semilinear" in der ersten Komponente, d. h., für $\lambda \in \mathbb{C}$ gilt

$$\langle\lambda\Psi|\Phi\rangle = \lambda^*\langle\Psi|\Phi\rangle \quad \text{aber} \quad \langle\Psi|\lambda\Phi\rangle = \lambda\langle\Psi|\Phi\rangle \qquad (3.60)$$

Außerdem gilt:

$$\langle\Psi|\Phi\rangle = \langle\Phi|\Psi\rangle^*. \qquad (3.61)$$

Mithilfe dieses Skalarprodukts sind nun zwei Begriffe definiert, die im Formalismus der Quantenmechanik von überragender Bedeutung sind: (i) selbstadjungierte Operatoren und (ii) die Orthogonalität von Zuständen (siehe Abschnitt 3.4.5).

Selbstadjungierte Operatoren

Es ist kein Zufall, dass die Notation $\langle\cdot|\cdot\rangle$ für das Skalarprodukt an die Schreibweise für den Erwartungswert $\langle\cdot\rangle$ erinnert. Mithilfe des Skalarprodukts können die Erwartungswerte für den Ort (Gleichung (3.54)) und den Impuls (Gleichung (3.55)) als $\langle x\rangle_\Psi = \langle\Psi|\hat{x}\Psi\rangle$ bzw. $\langle p\rangle_\Psi = \langle\Psi|\hat{p}\Psi\rangle$ geschrieben werden.

Ein Erwartungswert muss jedoch eine reelle Zahl sein, denn er stellt den Mittelwert von Messwerten dar. Diese Forderung kann auch als $\langle x\rangle = \langle x\rangle^*$ bzw. $\langle p\rangle = \langle p\rangle^*$ ausgedrückt werden (wir lassen hier der Einfachheit halber den Index Ψ weg). Das bedeutet jedoch beispielsweise für den Impuls $\langle\Psi|\hat{p}\Psi\rangle = \langle\Psi|\hat{p}\Psi\rangle^*$. Zum komplex Konjugierten gelangt man bei unserem Skalaprodukt aber auch durch Vertauschen der Faktoren, also $\langle\Psi|\hat{p}\Psi\rangle = \langle\hat{p}\Psi|\Psi\rangle^*$. Die Reellwertigkeit der Erwartungswerte impliziert also die Bedingung:

$$\langle\Psi|\hat{p}\Psi\rangle = \langle\hat{p}\Psi|\Psi\rangle. \qquad (3.62)$$

---

19 Aus dem Skalarprodukt kann mit $\|\Psi\| = \sqrt{\langle\Psi|\Psi\rangle}$ eine Norm, d. h., ein Abstandsmaß abgeleitet werden, wodurch auch die Konvergenz von Folgen untersucht werden kann. In einem Hilbertraum fordert man zusätzlich, dass er „vollständig" ist, d. h., dass sogenannte Cauchy-Folgen konvergieren. Dieser Begriff der Vollständigkeit in einem metrischen Raum darf nicht mit dem Begriff des „vollständigen Funktionensystems" verwechselt werden, den wir später kennenlernen werden.

Wenn man einen Operator auf solche Weise „durch das Skalarprodukt hindurchschieben" kann, nennt man ihn symmetrisch oder „hermitesch". Für die Operatoren in der Quantenmechanik ist jedoch eine verwandte, aber strengere Eigenschaft zu fordern. Sie müssen „selbstadjungiert" sein. Darunter versteht man das Folgende:

Man kann zum jedem linearen Operator A einen adjungierten Operator $A^\dagger$ definieren, der die Gleichung

$$\langle A^\dagger \Psi | \Phi \rangle = \langle \Psi | A\Phi \rangle \tag{3.63}$$

erfüllt. Wenn im Endlichdimensionalen der Operator durch eine Matrix dargestellt werden kann, ist die adjungierte Matrix einfach durch $A^\dagger_{ij} = A^*_{ji}$ gegeben, also Transposition und komplexe Konjugation.

Gilt $A = A^\dagger$ nennt man den Operator „selbstadjungiert".[20] Für $\Psi = \Phi$ folgt sofort die Bedingung (3.62), und man könnte meinen, dass hermitesch und selbstadjungiert nur verschiedene Namen für die selbe Eigenschaft sind. Der wichtige Unterschied hängt jedoch mit den Definitionsbereichen der Operatoren zusammen:

Der Unterschied zwischen hermitesch und selbstadjungiert

Die Gleichung $A = A^\dagger$ drückt nicht bloß aus, dass die *Wirkung* der beiden Operatoren auf einen Zustand identisch ist. Ebenfalls muss gelten, dass die *Definitionsbereiche* übereinstimmen.[a] Wenn wir mit $\mathcal{D}(A)$ und $\mathcal{D}(A^\dagger)$ die Definitionsbereiche der jeweiligen Operatoren bezeichnen, können wir den Unterschied so formulieren: Gilt $A\Psi = A^\dagger\Psi \quad \forall \Psi \in \mathcal{D}(A)$, aber lediglich $\mathcal{D}(A) \subset \mathcal{D}(A^\dagger)$, nennt man den Operator A symmetrisch oder hermitesch. Selbstadjungiert nennt man ihn erst, wenn ebenfalls $\mathcal{D}(A) = \mathcal{D}(A^\dagger)$ gilt (Reed und Simon, 1980, S. 255).

---

a Es gilt ja ganz allgemein in der Mathematik, dass eine Funktion nicht bloß durch ihre Funktionsvorschrift („was sie tut") gegeben ist, sondern ebenfalls durch ihren Definitionsbereich („wo sie es tut"). Deshalb sind z. B. $f(x) = x^2$ mit $x \in [0,1]$ und $g(x) = x^2$ mit $x \in \mathbb{R}$ zwei *unterschiedliche* Funktionen $f(x) \neq g(x)$.

In der Quantenmechanik muss man für Operatoren, die physikalische Größen beschreiben, die *Selbstadjungiertheit* fordern. Ist ein Operator lediglich *symmetrisch* bzw. *hermitesch*, sind seine Eigenwerte zwar ebenfalls reell, aber im Allgemeinen bilden seine Eigenvektoren keine Orthonormalbasis (siehe Abschnitte 3.4.5 und 3.4.6).

Der Begriff „hermitesch" wird in der Literatur uneinheitlich verwendet und manchmal gar nicht von „selbstadjungiert" unterschieden. Dies ist aber lediglich in endlichdimensionalen Vektorräumen zutreffend. Cintio und Michelangeli (2021) geben eine glänzende Darstellung dieser Zusammenhänge, die in vielen Lehrbüchern ganz zu Unrecht als reine *technicality* abgetan werden. Wir werden in Kapitel 5 (Abschnitt 5.2.2) einem Beispiel für einen symmetrischen, aber nicht selbstadjungierten Operator begegnen, bei

---

20 Wenn der Operator auf beide Komponenten die selbe Wirkung hat, können diese Ausdrücke auch gemeinsam als $\langle \Psi | A | \Phi \rangle$ geschrieben werden.

dem die Angabe des Definitionsbereichs wichtig wird. An allen anderen Stellen werden aber auch wir diese Frage ausklammern, d. h., voraussetzen, dass für hermitesche Operatoren die Definitionsbereiche geeignet gewählt werden können, um auch die Selbstadjungiertheit sicherzustellen.

Für den Ortsoperator ist die Symmetrie ($\hat{x}\psi = \hat{x}^\dagger\psi \ \forall\psi \in \mathcal{D}(\hat{x})$) einleuchtend, aber für den Impulsoperator ist dies nicht unmittelbar ersichtlich. Überprüfen wir diese Eigenschaft deshalb für eine Komponente von $\hat{p}$ explizit:

$$\langle\Psi|\hat{p}_x\Psi\rangle = \int\limits_{-\infty}^{+\infty} \Psi^* \frac{\hbar}{i}\frac{\partial\Psi}{\partial x}\,dx \tag{3.64}$$

$$= \underbrace{\frac{\hbar}{i}\Psi^*\Psi\Big|_{-\infty}^{+\infty}}_{\text{Randterm}\,=\,0} + \int\limits_{-\infty}^{+\infty}\left(\frac{\hbar}{i}\frac{\partial\Psi}{\partial x}\right)^*\Psi\,dx \tag{3.65}$$

$$= \langle\hat{p}_x\Psi|\Psi\rangle. \tag{3.66}$$

Man wendet also die Regel der partiellen Integration an und „wälzt" dadurch die Ableitung auf den anderen Faktor. Dabei muss das Integral gar nicht ausgeführt werden, weil man unmittelbar das Skalarprodukt $\langle\hat{p}_x\Psi|\Psi\rangle$ erhält. Der Randterm ist null, da die quadratintegrablen Funktionen für x gegen $\pm\infty$ verschwinden. Den gleichen Nachweis könnten wir auch für den Hamiltonoperator führen. In diesem Fall muss der Trick mit der partiellen Integration zweimal angewendet werden. Man fordert nun allgemein:

> **Operatoren und Observable**
> *Alle* physikalischen Größen (man spricht auch von „Observablen", also „Beobachtungsgrößen") der Quantenmechanik werden durch selbstadjungierte Operatoren ($A = A^\dagger$) repräsentiert.

Ein mathematischer Aspekt verdient hier noch Beachtung: Natürlich muss man fordern, dass für ψ aus dem Zustandsraum auch $A\psi$ in ihm enthalten ist („Abgeschlossenheit"). Man erkennt, dass der Raum der quadratintegrablen Funktionen jedoch zu groß ist, denn mit z. B. $\psi(x) = |x|^{-1/4}e^{-x^2}$ gilt zwar $\psi \in \mathcal{L}_2$, aber $\hat{p}_x\psi = -i\hbar\frac{d\psi}{dx} \notin \mathcal{L}_2$. Als Zustandsraum muss hier also ein Teilraum des $\mathcal{L}_2$ gewählt werden, der auch die erste Ableitung seiner Elemente enthält (oder die zweite Ableitung, wenn man an den Hamilton-Operator denkt). Ein solcher Raum wird Sobolev-Raum erster Ordnung $\mathcal{H}^1$ (oder zweiter Ordnung $\mathcal{H}^2$) genannt (Cintio und Michelangeli, 2021, S. 280).

Was genau soll es aber bedeuten, dass die Operatoren physikalische Größen „repräsentieren"? Konkret ist damit gemeint, dass die Eigenwerte dieser Operatoren den möglichen Messwerten dieser Größen entsprechen. Warum Eigenzustände und Eigenwerte in der Quantenmechanik diese wichtige Rolle spielen, untersuchen wir im nächsten Abschnitt.

3.4.4 Warum Eigenwerte in der Quantenmechanik eine besondere Rolle spielen

Wir hatten bereits festgestellt, dass der Erwartungswert die gewichtete Summe vieler Messungen ist, die an einem Ensemble identisch präparierter Zustände Ψ durchgeführt werden. Der exakte Ausgang von *Einzelmessungen* wird von der Quantenmechanik im Allgemeinen nicht vorhergesagt, oder, was das Gleiche bedeutet, für die Varianz gilt $\sigma^2 > 0$.

Wir untersuchen nun die Bedingung, unter der zumindest für *bestimmte* Zustände Ψ ein festes Messresultat vorliegt. Nennen wir den zugehörigen Operator $\hat{A}$ und den festen Messwert entsprechend a. In einer solchen Situation muss $\langle \hat{A} \rangle_\Psi = a$ gelten, und für die Varianz $\sigma^2(\hat{A}) = 0$. Nach Gleichung (3.43) bedeutet dies:

$$\sigma^2 = \langle (\hat{A} - \langle \hat{A} \rangle)^2 \rangle_\Psi \tag{3.67}$$

$$= \langle \Psi | (\hat{A} - \underbrace{\langle \hat{A} \rangle}_{=a})^2 \Psi \rangle \tag{3.68}$$

$$= \langle (\hat{A} - a)\Psi | (\hat{A} - a)\Psi \rangle = 0. \tag{3.69}$$

Hier wurde ausgenutzt, dass mit $\hat{A}$ auch $(\hat{A} - a)$ ein selbstadjungierter Operator ist, der auf den ersten Faktor des Skalarprodukts „gezogen" werden kann. Die einzige Funktion, deren Skalarprodukt mit sich selbst null ist, ist aber die null selbst, d. h.,

$$(\hat{A} - a)\Psi = 0 \quad \Leftrightarrow \quad \hat{A}\Psi = a\Psi. \tag{3.70}$$

Wir erhalten somit eine Eigenwertgleichung für den Operator $\hat{A}$ mit dem Eigenzustand Ψ und dem Eigenwert a. Ein Beispiel für eine solche Gleichung kennen wir bereits, denn die stationäre Schrödingergleichung hat mit $\hat{A} = \hat{H}$ und $a = E$ die gleiche Form. Das obige Argument zeigt jedoch, dass definite Messwerte *immer* Eigenwerte des zugehörigen Operators sein müssen.

> **Mess- und Eigenwerte**
> In der Quantenmechanik sind die einzig möglichen Messwerte einer physikalischen Größe die Eigenwerte des entsprechenden Operators.

3.4.5 Orthogonale Zustände

Gilt $\langle \Psi | \Phi \rangle = 0$, nennt man die Zustände Ψ und Φ zueinander orthogonal. Diese Sprechweise leitet sich natürlich aus der üblichen Vektorrechnung ab, bei der mit dem euklidischen Skalarprodukt anschaulich Winkel gemessen werden können. Diese geometrische Interpretation geht für Elemente des Hilbertraums $\mathcal{L}_2$ verloren, aber das Konzept bleibt bedeutsam.

Vor allem gilt, dass Eigenzustände eines selbstadjungierten Operators mit *unterschiedlichen* Eigenwerten orthogonal zueinander sind. Dazu betrachten wir $\hat{A}\Psi_1 = a_1 \Psi_1$

und $\hat{A}\Psi_2 = a_2\Psi_2$. Die Selbstadjungiertheit bedeutet $\langle\Psi_1|\hat{A}\Psi_2\rangle = \langle\hat{A}\Psi_1|\Psi_2\rangle$. Die Verwendung der Eigenwertgleichung und der (Semi-)Linearität führt zu $a_2\langle\Psi_1|\Psi_2\rangle = a_1^*\langle\Psi_1|\Psi_2\rangle$. Wegen $a_i = a_i^*$ gilt dann:

$$\underbrace{(a_2 - a_1)}_{\neq 0} \cdot \underbrace{\langle\Psi_1|\Psi_2\rangle}_{=0} = 0. \tag{3.71}$$

Nach Voraussetzung ist $a_1 \neq a_2$, woraus $\langle\Psi_1|\Psi_2\rangle = 0$, d. h. ihre Orthogonalität folgt.

Nun können verschiedene Eigenzustände auch denselben Eigenwert haben, d. h. gemäß der obigen Bezeichnungsweise ist $\Psi_1 \neq \Psi_2$, aber $a_1 = a_2$. Man spricht dann von entarteten Eigenwerten. Auch hier können Linearkombinationen der Eigenzustände gebildet werden, die orthogonal zueinander und zu allen anderen Eigenvektoren sind. Das sogenannte „Gram–Schmidt-Verfahren" erzeugt diese Zustände systematisch. Normiert man die Eigenzustände Ψ_i zusätzlich, d. h., gilt $\int_{\mathbb{R}} \Psi_i^*\Psi_i dx = \langle\Psi_i|\Psi_i\rangle = 1$, kann man kompakt schreiben:[21]

$$\langle\Psi_i|\Psi_j\rangle = \delta_{ij}. \tag{3.72}$$

3.4.6 Verallgemeinerung der Born'schen Regel

Schließlich kann man zeigen, dass für selbstadjungierte Operatoren auf endlichdimensionalen Vektorräumen ihre Eigenzustände eine Basis bilden. Das bedeutet, dass jeder Zustand als Linearkombination von Eigenzuständen eines solchen Operators dargestellt werden kann. In (abzählbar-)unendlichdimensionalen Räumen gilt diese Eigenschaft im Allgemeinen nicht mehr. Um sie dennoch zu erhalten, macht man sie zu einer *Forderung* an die physikalisch zulässigen Operatoren. Dadurch gilt (Griffith (2005, S. 102) nennt es ein Axiom):

> **Entwicklungssatz (bzw. Spektralsatz)**
> Die Eigenzustände Ψ_i jeder Observable bilden ein vollständiges Funktionensystem. Das bedeutet, dass jedes Element Ψ des Hilbertraums als Linearkombination der Ψ_i dargestellt werden kann:
> $$\Psi = \sum c_n\Psi_n. \tag{3.73}$$

Dieser Begriff von „Vollständigkeit eines Funktionensystems" darf jedoch nicht mit der „Vollständigkeit von metrischen Räumen" verwechselt werden (vgl. Fußnote 19).

Mit diesem Ergebnis können wir eine sehr nützliche Verallgemeinerung der Born'schen Regel vornehmen. Betrachten wir den Erwartungswert eines selbstadjungierten Operators $\hat{A}$ in Bezug auf einen beliebigen Zustand Ψ. Dieser kann nach

---

21 Das Kronecker-Symbol ist definiert als $\delta_{ij} = 1$ bei $i = j$ und $\delta_{ij} = 0$ bei $i \neq j$.

paarweise orthogonalen Eigenzuständen von $\hat{A}$ entwickelt werden. Die komplexen und im Allgemeinen zeitabhängigen Koeffizienten dieser Entwicklung seien c_n, also $\Psi(x, t) = \sum c_n \cdot \Psi_n$. Wir berechnen:

$$\langle \hat{A} \rangle_\Psi = \langle \Psi^* | \hat{A}\Psi \rangle \tag{3.74}$$

$$= \left\langle \left(\sum c_n^* \Psi_n^* \right) \mid \hat{A} \left(\sum c_m \Psi_m \right) \right\rangle. \tag{3.75}$$

Verwendet man die Eigenwertgleichung $\hat{A}\Psi_n = a_n \Psi_n$, erhält man:

$$\langle \hat{A} \rangle_\Psi = \sum_n \sum_m c_n^* c_m a_m \underbrace{\langle \Psi_n | \Psi_m \rangle}_{=\delta_{nm}}. \tag{3.76}$$

Durch das Kronecker-Symbol fallen alle Terme mit $n \neq m$ weg, und man gewinnt:

$$\langle \hat{A} \rangle_\Psi = \sum_n |c_n|^2 a_n. \tag{3.77}$$

Der Vergleich dieser Gleichung mit der Definition des Erwartungswertes (Gleichung (3.42)) ergibt, dass $|c_n|^2$ die Wahrscheinlichkeit für den Eigenwert a_n liefert. Wir fassen dieses wichtige Ergebnis zusammen:

> **Verallgemeinerung der Born'schen Regel**
> Besitzt der normierte Zustand Ψ die Entwicklung $\Psi = \sum c_n \Psi_n$ nach orthonormalen Eigenzuständen eines selbstadjungierten Operators $\hat{A}$ mit den diskreten Eigenwerten a_n, so ist nach Gleichung (3.77) $|c_n|^2$ die Wahrscheinlichkeit, den Eigenwert a_n zu messen.

Eigenwerte sind die einzigen möglichen Messwerte. Welcher Eigenwert jedoch auftritt, kann nur mit einer bestimmten Wahrscheinlichkeit angegeben werden. Die Größe dieser Wahrscheinlichkeit hängt davon ab, wie groß der Anteil der jeweiligen Komponente in der Überlagerung ist. Einen konkreten Koeffizienten c_i kann man einfach berechnen, indem man das Skalarprodukt mit Ψ_i bildet und die Orthonormalität ausnutzt:

$$\langle \Psi_i | \Psi \rangle = \sum_n c_n \underbrace{\langle \Psi_i^* | \Psi_n \rangle}_{=\delta_{in}} = c_i. \tag{3.78}$$

Wir werden später noch sehen, dass diese Wahrscheinlichkeitsaussagen nicht bloß der Unkenntnis geschuldet sind. In der Quantenmechanik kann man nicht widerspruchsfrei annehmen, dass alle Beobachtungsgrößen bereits vor der Messung einen definiten Wert besitzen, dass also $\sigma^2 = 0$ gilt (siehe dazu das Ende von Abschnitt 3.4.9).

Daraus erkennt man, dass der Begriff der „Messung" eigentlich unpassend gewählt ist. Normalerweise bezeichnet er gerade die bloße „Bestimmung" oder „Feststellung" einer bereits vorliegenden Eigenschaft. Befindet sich ein Zustand aber in einer Überlagerung ($\Psi = \sum c_n \Psi_n$), kann nicht davon gesprochen werden, dass er überhaupt eine Eigenschaft besitzt.

3.4.7 Der „Kollaps der Wellenfunktion" und die Ensemble-Deutung

Die Tatsache, dass Einzelmessungen zu einem bestimmten einzelnen Messwert füh-ren, veranlasst viele Darstellungen der Quantenmechanik dazu, einen sogenannten „Kollaps" oder (weniger dramatisch) eine „Reduktion" oder „Projektion" des Zustands-vektors zu behaupten. Damit bezeichnen sie also den vorgeblichen Übergang $\Psi = \sum_n c_n \Psi_n \to \Psi_i$, der sich durch die Messung des i-ten Eigenwerts am System ereignen soll.

Der Begriff des Kollapses ist jedoch problematisch, da er scheinbar eine spezielle und neue Form der *Zeitentwicklung* des Zustands bezeichnet. Die Schrödingerglei-chung kann diesen Vorgang nämlich *nicht* erklären! Die Diskussion dieser Vorgänge (Stichwort: „Messproblem der Quantenmechanik") steht im Zentrum der Debatte um die Interpretation der Quantenmechanik und wird uns in Kapitel 6 noch beschäfti-gen. Ich wähle hier jedoch einen Zugang, der das Messproblem, wenn schon nicht löst, so doch umgeht. Der Begriff des Kollapses muss nämlich gar nicht eingeführt wer-den.

Dazu betrachten wir die Frage, welchem „Objekt" man überhaupt eine Wellenfunk-tion zuordnet. Hier bieten sich zwei Möglichkeiten an:
1. Die Wellenfunktion als vollständige Beschreibung von *individuellen Systemen* wie *einem* Atom, *einem* Elektron etc.
2. Die Wellenfunktion als vollständige Beschreibung der *statistischen Eigenschaften einer (im Prinzip) beliebig großen Menge* (eines „Ensembles") von identisch präpa-rierten Atomen, Elektronen etc.

Ich folge nun der *Ensemble-Deutung* (2), wie sie etwa von Ballentine (1970, 1998) ver-treten wird. Einer einzelnen Messung (bzw. dem einzelnen Elektron, Atom, Messgerät etc.) ist dann kein Zustandsvektor zugeordnet, der *nach* oder *durch* die Messung ei-nen Kollaps erfahren könnte. Erst wenn man die Wellenfunktion, bzw. allgemein den Zustandsvektor als vollständige Beschreibung *individueller* Objekte auffasst, wird man auch gezwungen, einen Kollaps bei der Messung einzuführen.

In dieser Ensemble-Deutung ist es daher unzulässig, von z. B. „der Wellenfunktion *eines* Elektrons" zu sprechen. Aber man beachte, dass in der üblichen (d. h. frequenti-sitischen) Interpretation von Wahrscheinlichkeit diese mit der *relativen Häufigkeit* des Ausfalls einer Zufallsvariable in Verbindung gebracht wird. Auch hier gilt also: Einzel-ereignisse besitzen keine (frequentistische) Wahrscheinlichkeit.

Die Ensemble-Deutung der Wellenfunktion...
...besagt, dass Ψ die statistischen Eigenschaften einer großen Zahl identisch präparierter Systeme be-schreibt. Ein *Einzelsystem* besitzt nach dieser Lesart keine Wellenfunktion. Dadurch kann auf das Konzept des „Kollapses der Wellenfunktion" verzichtet werden. Andere Interpretationen werden in Kapitel 6 be-handelt.

3.4.8 Operatoren mit kontinuierlichem Spektrum

Die Resultate der letzten Abschnitte gelten zunächst nur unter der Voraussetzung, dass die jeweiligen Operatoren *diskrete* Eigenwerte besitzen. Dafür gibt es relevante Beispiele – vor allem die Energien gebundener Zustände oder den Drehimpuls (siehe Kapitel 5).

Falls ein System jedoch nicht gebunden ist, besitzt es keine diskreten Energieeigenwerte mehr und im Allgemeinen haben Spektren diskrete und kontinuierliche Anteile. Gleichzeitig sind ausgerechnet unsere bisherigen Prototypen von Operatoren, nämlich der Orts- und der Impulsoperator, Beispiele für Operatoren mit einem *kontinuierlichen* Spektrum.

Die mathematischen Konsequenzen daraus erscheinen zunächst dramatisch, denn wie wir gleich sehen werden, sind die „Eigenzustände" dieser Operatoren nicht normierbar, d. h. keine Elemente des $\mathcal{L}_2$. Ohne die Möglichkeit, sie zu normieren, verlieren sie aber jede physikalische Bedeutung, und zusätzlich gehen die wichtigen Eigenschaften der letzten Abschnitte („reelle Eigenwerte", „orthogonale Eigenzustände" sowie der Entwicklungssatz) verloren.

Glücklicherweise besteht eine Möglichkeit, diese Eigenschaften „zu retten". Man führt dazu neben den bisher betrachteten „eigentlichen" Zuständen des Hilbertraums noch sogenannte „uneigentliche" Zustände ein. Die mathematische Idee besteht dabei darin, die uneigentlichen Zustände über Grenzwertprozesse aus den eigentlichen Zuständen herzuleiten. Filk (2019, S. 245) schreibt sehr bildhaft, dass diese uneigentlichen Zustände „fast" im Hilbertraum liegen – und präzisiert die Bedeutung davon anschließend. Gemeint ist die Erweiterung des Hilbertraums zum *rigged Hilbert Space*, den wir am Anfang von Abschnitt 3.4 bereits kurz angesprochen hatten. Wir argumentieren im Folgenden weniger streng.

Eigenzustände des Impulsoperators

Betrachten wir das Problem an einem konkreten Beispiel, indem wir die Eigenfunktionen des Impulsoperators $\phi_p(x)$ suchen. Für sie muss gelten:

$$\frac{\hbar}{i}\frac{d}{dx}\phi_p = p\,\phi_p. \tag{3.79}$$

Die Lösung dieser Gleichung lässt sich sofort angeben:

$$\phi_p(x) = A \cdot e^{\frac{i}{\hbar}px}. \tag{3.80}$$

Hier bezeichnet A eine Konstante und p hat einen beliebigen Wert.[22] An diesem Ausdruck ist nun einiges störend. Fast noch das kleinste Problem ist, dass $p \in \mathbb{C}$ gilt. Be-

---

22 Wir beschränken uns auch hier auf den eindimensionalen Fall, d. h. verwenden x als Ortskoordinate. Dann müssten wir natürlich ebenfalls p_x als Impulskomponente verwenden – sonst hätte ja auch

schränkt man sich auf reelle p-Werte, beschreibt die Funktion eine ebene Welle. Diese lässt sich jedoch nicht normieren:[23]

$$\langle \phi_p | \phi_p \rangle = \int_{\mathbb{R}} A^* e^{-\frac{i}{\hbar}px} \cdot A e^{\frac{i}{\hbar}px} dx = |A|^2 \int_{\mathbb{R}} dx = \infty. \tag{3.81}$$

Es handelt sich daher bei ϕ_p um kein Element des $\mathcal{L}_2$, d. h., des Hilbertraums der quadratintegrablen Funktionen. Wenn wir stattdessen das Skalarprodukt von zwei dieser Funktionen ϕ_p und $\phi_{p'}$ (mit $p \neq p'$) betrachten, wird man auch nichts Gutes erwarten:

$$\langle \phi_{p'} | \phi_p \rangle = \int_{\mathbb{R}} A^* \cdot e^{-\frac{i}{\hbar}p'x} A \cdot e^{\frac{i}{\hbar}px} dx \tag{3.82}$$

$$= |A|^2 \underbrace{\int_{\mathbb{R}} e^{\frac{i}{\hbar}x(p-p')} dx}_{=2\pi\hbar\,\delta(p-p')}. \tag{3.83}$$

Tatsächlich taucht hier die Integraldarstellung einer „verallgemeinerten" Funktion auf, der sogenannten δ-Distribution. Es gilt nämlich (Karbach, 2017, S. 244):

$$\delta(p - p') = \frac{1}{2\pi} \int_{\mathbb{R}} e^{x(p-p')} dx. \tag{3.84}$$

Etwas vereinfacht gesagt, ist diese verallgemeinerte Funktion überall null, aber an einer Stelle „unendlich". Diese Singularität ist jedoch von solcher Art, dass das Integral über diese Distribution auf eins normiert ist:

$$\delta(x - x_0) = \begin{cases} 0 & \text{für } x \neq x_0 \\ \infty & \text{für } x = x_0 \end{cases} \quad \text{und} \quad \int_{\mathbb{R}} \delta(x - x_0) = 1. \tag{3.85}$$

Diese δ-Distributionen „leben" also unter Integralen und projizieren den Integranden bei $x = x_0$ heraus. Es gilt nämlich $\int_{\mathbb{R}} f(x)\delta(x - x_0)dx = f(x_0)$.[24]

Wir können nun Gleichung (3.83) eine physikalisch sinnvolle Bedeutung geben. Wenn wir die noch unbestimmte Konstante $A = \frac{1}{\sqrt{2\pi\hbar}}$ definieren, erhalten wir für

---

der Ausdruck $p \cdot x$ im Argument der Exponentialfunktion keinen Sinn. Wir sparen uns jedoch diesen Schreibaufwand.

23 Für nicht-reelle p-Werte ist die Divergenz sogar noch stärker, da ϕ_p dann nicht mehr beschränkt ist. Aber zusätzlich gilt, dass der Impulsoperator dann seine Hermitizität verliert. Um diese nachzuweisen, hatten wir in Gleichung (3.65) die Randterme weggelassen. Dies ist für nicht-reelle p aber nicht mehr zulässig. In diesem Sinne erfüllt also nur das reelle Spektrum die Eigenwertgleichung des *hermiteschen* Impulsoperators. Dies berechtigt uns, die nicht-reellen Lösungen auszuschließen (Griffith, 2005, S. 104).

24 Eine präzise mathematische Bedeutung erhielt die δ-Distribution durch die Arbeiten des französischen Mathematikers Laurent Schwartz (1915–2002) in den 1940er Jahren.

das Skalarprodukt zwischen ϕ_p und $\phi_{p'}$ einen Ausdruck, der stark an die Beziehung $\langle \Psi_i | \Psi_j \rangle = \delta_{ij}$ (Gleichung (3.72)) für Eigenzustände mit diskreten Eigenwerten erinnert:

$$\langle \phi_p | \phi_{p'} \rangle = \delta(p - p'). \tag{3.86}$$

Die δ-Distribution kann daher als Verallgemeinerung des Kronecker-Symbols für kontinuierliche Variablen angesehen werden, und Gleichung (3.86) ist die verallgemeinerte Orthonormalitätsbeziehung. Es gilt deshalb auch für den kontinuierlichen Impuls, dass die uneigentlichen Eigenzustände mit $p \neq p'$ orthogonal zueinander sind.

Orts- und Impulsdarstellung als Fourier-Transformierte

Als Nächstes sollten wir prüfen, ob auch der Entwicklungssatz (3.73) auf „Eigenfunktionen" mit kontinuierlichem Spektrum ausgedehnt werden kann. Für eine beliebige Wellenfunktion $\psi(x)$ sollte gelten, dass sie durch die ϕ_p mit nun „kontinuierlichen Koeffizienten" $c(p)$ entwickelt werden kann. Die Summe aus Gleichung (3.73) wird dadurch zu einem Integral:

$$\psi(x) = \int_{\mathbb{R}} c(p) \phi_p(x) dp = \frac{1}{\sqrt{2\pi\hbar}} \int_{\mathbb{R}} c(p) e^{\frac{i}{\hbar}xp} dp. \tag{3.87}$$

Die Frage lautet nun, ob es für alle $\psi(x) \in \mathcal{L}_2$ eine solche Funktion $c(p)$ gibt, die wir anschließend in Analogie zum diskreten Fall als Wahrscheinlichkeitsamplitude für den Impuls deuten können (also $|c(p)|^2 dp$ als Wahrscheinlichkeit, einen Impuls zwischen p und $p + dp$ anzutreffen).

Bei dieser Gleichung handelt es sich jedoch um die Fourier-Entwicklung. In Abschnitt 2.5 (Gleichung 2.36) hatten wir bereits ausgenutzt, dass sich periodische Funktionen als diskrete Summe von Schwingungen schreiben lassen. Für allgemeine, d. h. nicht-periodische Funktionen muss man zu einem Integral übergehen und erhält Gleichung (3.87). In der Mathematik zeigt man, dass alle Funktionen aus $\mathcal{L}_2$ eine solche Entwicklung besitzen, d. h., eine entsprechende Funktion $c(p)$ kann angegeben werden.

Die gesuchte Funktion nennt man auch die Fourier-Transformierte von $\psi(x)$, d. h., jeder Funktion $f(x)$ kann eine Funktion $\tilde{f}(k)$ gemäß:

$$f(x) = \frac{1}{\sqrt{2\pi}} \int_{\mathbb{R}} \tilde{f}(k) e^{ikx} dk \quad \text{bzw.} \quad \tilde{f}(k) = \frac{1}{\sqrt{2\pi}} \int_{\mathbb{R}} f(x) e^{-ikx} dx \tag{3.88}$$

zugeordnet werden (man beachte das Vorzeichen der Exponentialfunktion). Um diesen Zusammenhang zu verdeutlichen, werden wir unsere Funktion $c(p)$ in $\tilde{\psi}(p)$ umbenennen.

Die Bestimmung von $\tilde{\psi}(p')$ für einen bestimmten Impulswert p' erfolgt ganz analog zu Gleichung (3.78). Man bildet das Skalarprodukt mit $\phi_{p'}$ und nutzt die Orthonormalität aus:

$$\langle \phi_{p'} | \psi \rangle = \int_{\mathbb{R}} \widetilde{\psi}(p') \underbrace{\langle \phi_{p'} | \phi_p \rangle}_{=\delta(p-p')} dp = \widetilde{\psi}(p'). \tag{3.89}$$

Damit finden wir, dass $|\widetilde{\psi}(p)|^2 dp$ die Wahrscheinlichkeit ist, einen Impulswert im Intervall zwischen p und $p+dp$ zu messen. Dies ist aber exakt die Born'sche Regel, angewendet auf den Impuls – man nennt die Funktion $\widetilde{\psi}(p)$ deshalb die „Wellenfunktion in der Impulsdarstellung". Es gilt also:

> **Ortsdarstellung $\psi(x)$ und Impulsdarstellung $\widetilde{\psi}(p)$** eines Zustandes sind durch die Fourier-Transformation verknüpft, d. h., es gilt
>
> $$\psi(x) = \frac{1}{\sqrt{2\pi\hbar}} \int_{\mathbb{R}} \widetilde{\psi}(p) e^{\frac{i}{\hbar}xp} dp \quad \text{bzw.} \quad \widetilde{\psi}(p) = \frac{1}{\sqrt{2\pi\hbar}} \int_{\mathbb{R}} \psi(x) e^{-\frac{i}{\hbar}xp} dx. \tag{3.90}$$
>
> Der Übergang zwischen diesen „Darstellungen" entspricht einem Basiswechsel. In der Dirac-Notation (Abschnitt 3.5) wird dieser Zusammenhang eine übersichtlichere Form erhalten (siehe Gleichung (3.131)).

Eigenzustände des Ortsoperators

Schließlich wollen wir noch die „Eigenzustände" des Ortsoperators angeben, der ebenfalls über ein kontinuierliches Spektrum verfügt. Gesucht werden Funktionen $\psi_a(x)$, die die Eigenwertgleichung $\hat{x}\psi_a(x) = a \cdot \psi_a(x)$ erfüllen. Wegen $\hat{x} = x$ entspricht dies der Bedingung:

$$(x - a)\psi_a(x) = 0. \tag{3.91}$$

Die gesuchte Funktion ist daher überall null, bis auf eine Stelle ($x = a$). Das kommt uns bereits bekannt vor, und wir vermuten:

$$\psi_a(x) = \delta(x - a). \tag{3.92}$$

Wie im Falle des Impulses ist dieser Ausdruck kein Element des $\in \mathcal{L}_2$.[25] Aber es gilt wieder die verallgemeinerte Orthonormalität:

$$\langle \psi_b | \psi_a \rangle = \delta(a - b). \tag{3.93}$$

Mit diesen „uneigentlichen Eigenfunktionen" kann letztlich jede beliebige Wellenfunktion dargestellt werden („Vollständigkeit"). Wir schreiben in Anlehnung an die Koeffizienten c_n wieder $c(a)$ für die gesuchte Funktion:

$$\psi(x) = \int_{\mathbb{R}} c(a)\psi_a(x)da = \int_{\mathbb{R}} c(a)\delta(x - a)da = c(x). \tag{3.94}$$

---

25 Die δ-Distribution kann keine quadratintegrable Funktion sein, da sie keine *Funktion* ist.

Hier gilt also $\psi(x) = c(x)$, die Funktion selbst entspricht somit den „Koeffizienten" der Entwicklung. Der Ausdruck $|c(x)|^2 = |\psi(x)|^2$ ist gleich der Wahrscheinlichkeitsdichte für eine Ortsmessung. Dies ist genau der Inhalt der Born'schen Regel aus Gleichung (3.34).

3.4.9 Der Zusammenhang zwischen Matrizen- und Wellenmechanik

Schon mehrfach erwähnten wir die Äquivalenz zwischen der Matrizenmechanik von Heisenberg, Born und Jordan sowie der Wellenmechanik von Schrödinger. Den strengen Nachweis dieser Gleichwertigkeit zu führen, ist anspruchsvoll und übersteigt das mathematische Niveau unserer Darstellung.

Stattdessen wollen wir zeigen, wie die Begriffe, die aus der Wellenmechanik erwachsen sind, das zentrale Resultat der Matrizenmechanik reproduzieren können, nämlich die „verschärfte Quantenbedingung" (Gleichung (3.14) aus Abschnitt 3.2):

$$[\mathbf{q}, \mathbf{p}] = i\hbar \mathbb{1} \quad \text{mit:} \quad [\mathbf{q}, \mathbf{p}] = \mathbf{q}\mathbf{p} - \mathbf{p}\mathbf{q}. \tag{3.95}$$

Die Symbole $\mathbf{q}$ und $\mathbf{p}$ bezeichnen die Matrizen für Ort und Impuls. Diese entsprechen nun tatsächlich den linearen Operatoren Schrödingers, d. h. (in einer Dimension) $\hat{x} = x$ und $\hat{p}_x = -i\hbar\frac{\partial}{\partial x}$. Der Kommutator dieser Operatoren, angewendet auf einen beliebigen Zustand, ergibt:

$$[\hat{x}, \hat{p}_x]\psi(x) = -i\hbar\left(x\frac{\partial}{\partial x} - \frac{\partial}{\partial x}x\right)\psi(x) \tag{3.96}$$

$$= -i\hbar\left(x\frac{\partial\psi(x)}{\partial x} - \frac{\partial(x \cdot \psi(x))}{\partial x}\right) \tag{3.97}$$

$$= -i\hbar\left(x\frac{\partial\psi(x)}{\partial x} - \psi(x) - x\frac{\partial\psi(x)}{\partial x}\right) \tag{3.98}$$

$$= i\hbar\,\psi(x). \tag{3.99}$$

Dies gilt für eine beliebige Wellenfunktion. Auf dem Niveau der Operatoren erhalten wir so die kanonische Vertauschungsrelation der Matrizenmechanik:

$$[\hat{x}, \hat{p}_x] = i\hbar \mathbb{1}. \tag{3.100}$$

Die Bedeutung des Kommutators

Operatoren sind keine Zahlen, und für sie gilt im Allgemeinen das Kommutativgesetz nicht, d. h. $\hat{A} \cdot \hat{B} \neq \hat{B} \cdot \hat{A}$ bzw. $[\hat{A}, \hat{B}] \neq 0$. Hier besteht nun ein wichtiger Zusammenhang zu der Frage, wann Operatoren $\hat{A}$ und $\hat{B}$ *gemeinsame* Eigenzustände besitzen, für die also gilt:

$$\hat{A}\Psi_{ab} = a\Psi_{ab} \quad \text{und} \quad \hat{B}\Psi_{ab} = b\Psi_{ab}, \tag{3.101}$$

wobei $a, b \in \mathbb{R}$ den Eigenwerten entsprechen. In dieser Situation gilt

$$\hat{A}\hat{B}\Psi_{ab} = ab\Psi_{ab} = ba\Psi_{ab} = \hat{B}\hat{A}\Psi_{ab}, \tag{3.102}$$

d. h., die Operatoren „vertauschen".

Die Bedingung $[\hat{A}, \hat{B}] = 0$ ist daher die *Voraussetzung* dafür, dass gemeinsame Eigenzustände vorliegen können. Ort und Impuls sind ein bekanntes Beispiel für Observable, die diese Bedingung gerade *nicht* erfüllen.[26]

Am Ende von Abschnitt 3.4.6 wurde erwähnt, dass die Wahrscheinlichkeitsaussagen der Quantenmechanik nicht bloß unserer Unkenntnis zuzuschreiben sind. Wir können jetzt genauer erläutern, warum dies so ist: Wie eben gezeigt, erlaubt die Quantenmechanik keine Zustände, bei denen z. B. die Wahrscheinlichkeitsverteilungen für Impuls- *und* Ortsmessungen eine verschwindende Varianz haben, also $\sigma^2(\hat{x}) = 0$ und $\sigma^2(\hat{p}_x) = 0$ gemeinsam gelten. Die Annahme eines solchen Zustandes widerspräche der Quantenmechanik, und so müssen die betreffenden Messwerte *notwendig* streuen.

Der Zusammenhang zwischen solchen Wahrscheinlichkeitsverteilungen von nichtkommutierenden Observablen ist gerade der Gegenstand der Heisenbergschen Unbestimmtheitsrelation. Aufgrund ihrer großen Bedeutung haben wir ihr das eigene Kapitel 4 gewidmet. In Abschnitt 3.6.2 wird zudem der Zusammenhang der kanonischen Vertauschungsrelationen mit Symmetrien und Erhaltungssätzen untersucht.

3.4.10 Der klassische Grenzwert der Quantenmechanik

Der Übergang zwischen der Quantenmechanik und der klassischen Physik makroskopischer Objekte ist komplex und noch nicht in allen Fragen geklärt (Landsman, 2007). Aber zumindest auf dem Niveau der Erwartungswerte lassen sich einige einfache und nützliche Aussagen treffen.

Betrachten wir dazu den Erwartungswert eines linearen Operators A (in einer Raumdimension):

$$\langle A \rangle_\Psi = \int_\mathbb{R} \Psi^*(x, t) A \Psi(x, t) dx. \tag{3.103}$$

Seine Zeitentwicklung ist gegeben durch:

$$\frac{d}{dt}\langle A \rangle_\Psi = \int_\mathbb{R} \left(\frac{\partial \Psi^*}{\partial t} A\Psi + \Psi^* \frac{\partial A}{\partial t}\Psi + \Psi^* A \frac{\partial \Psi}{\partial t} \right) dx. \tag{3.104}$$

---

26 Genauer beispielsweise $[\hat{x}, \hat{p}_x] = i\hbar\mathbb{1}$ und $[\hat{y}, \hat{p}_y] = i\hbar\mathbb{1}$, aber z. B. $[\hat{x}, \hat{p}_y] = 0$.

Aus der Schrödingergleichung $i\hbar\frac{\partial}{\partial t}\Psi = H\Psi$ folgt die entsprechende konjugiert komplexe Gleichung $-i\hbar\frac{\partial}{\partial t}\Psi^* = H\Psi^*$. Damit können die Zeitableitungen von Ψ und Ψ^* durch den Hamiltonoperator ausgedrückt werden:

$$\frac{d}{dt}\langle A\rangle_\Psi = \int_\mathbb{R} \left(\underbrace{\frac{\partial\Psi^*}{\partial t}}_{=-\frac{1}{i\hbar}H\Psi^*} A\Psi + \Psi^*\frac{\partial A}{\partial t}\Psi + \Psi^*A\ \underbrace{\frac{\partial\Psi}{\partial t}}_{=\frac{1}{i\hbar}H\Psi} \right)dx \tag{3.105}$$

$$= \frac{1}{i\hbar}\underbrace{\int_\mathbb{R}(-H\Psi^*A\Psi + \Psi^*AH\Psi)dx}_{=-\langle[H,A]\rangle_\Psi} + \underbrace{\int_\mathbb{R}\Psi^*\frac{\partial A}{\partial t}\Psi dx}_{=\langle\frac{\partial A}{\partial t}\rangle_\Psi} \tag{3.106}$$

$$\frac{d}{dt}\langle A\rangle_\Psi = \frac{i}{\hbar}\langle[H,A]\rangle_\Psi + \left\langle\frac{\partial A}{\partial t}\right\rangle_\Psi \tag{3.107}$$

Dabei wurde in Gleichung (3.106) ausgenutzt, dass wegen der Selbstadjungiertheit von H die Umformung $-H\Psi^*A\Psi = -\Psi^*HA\Psi$ gilt. Man beachte zudem, dass wir das Vorzeichen aus dem Kommutator in den Vorfaktor gezogen haben ($1/i = -i$).

Das Ehrenfest-Theorem
Wenden wir die Beziehung (3.107) an, indem wir $H = \frac{\hat{p}^2}{2m} + V$ wählen und für A den Orts- bzw. Impulsoperator einsetzen. Man rechnet leicht nach, dass Folgendes gilt:

$$[H,\hat{x}] = -i\hbar\frac{\hat{p}}{m} \tag{3.108}$$

$$[H,\hat{p}] = i\hbar\frac{\partial V}{\partial x}. \tag{3.109}$$

Einsetzen in Gleichung (3.107) liefert dann für die Erwartungswerte von Orts- und Impulsoperator Beziehungen, die (i) $\hbar$ nicht mehr enthalten und (ii) an die Newton'sche Mechanik erinnern:

$$\frac{d}{dt}\langle\hat{x}\rangle = \frac{1}{m}\langle\hat{p}\rangle \tag{3.110}$$

$$\frac{d}{dt}\langle\hat{p}\rangle = -\left\langle\frac{\partial V(x)}{\partial x}\right\rangle. \tag{3.111}$$

Gleichung (3.110) hatten wir allerdings bereits vorausgesetzt, um den Impulsoperator einzuführen (Abschnitt 3.4.1). Im dreidimensionalen Fall verallgemeinert sich die rechte Seite von Gleichung (3.111) zu $-\langle\vec{\nabla}V(\vec{r})\rangle$. Der negative Gradient des Potenzials ist aber gerade die (konservative) Kraft $\vec{F}(x)$. Damit ergibt sich ein Ausdruck, der formal dem 2. Newton'schen Gesetz entspricht:

$$m\frac{d^2\langle\hat{x}\rangle}{dt^2} = \langle F_x(x)\rangle. \tag{3.112}$$

Die Gültigkeit dieser „klassischen" Beziehungen im Mittel bedeutet jedoch nicht, dass die Erwartungswerte für beliebige Kraftgesetze die klassischen Bewegungsgleichungen erfüllen. Dies setzt zusätzlich voraus, dass auch

$$\langle F(x) \rangle = F(\langle x \rangle) \tag{3.113}$$

gilt. Diese Bedingung ist exakt erfüllt, wenn das Kraftgesetz nur *lineare* Terme im Ort enthält, wie z. B. beim harmonischen Oszillator $F(x) = -kx$. Sie gilt näherungsweise, wenn das Wellenpaket so scharf lokalisiert ist, dass sich $F(x)$ im Bereich seiner Ausdehnung nur wenig verändert (Schwabl, 2007, S. 30f). Aber auch dann zeigen sich typische Quanteneffekte, denn die Beziehung (3.112) gilt lediglich im Mittel.

Gleichung (3.112) (gelegentlich auch Gleichung (3.107)) bezeichnet man als **Ehrenfest-Theorem** (Ehrenfest, 1927) und bei Ballentine (1998, S. 390ff) finden sich weitere Details zu diesem Themenkreis. Malcolm Longair weist Ehrenfests Arbeit eine wichtige Rolle in der Rezeption der Quantenmechanik zu:

> Ehrenfest's brief paper, in which only the results of his calculations were presented, was important in furthering the cause of quantum mechanics among practising physicists. The fact that the equivalent of Newton's second law of motion could be derived from a purely quantum mechanical set of operations made the theory much more acceptable to physicists, despite the fact that the classical and quantum pictures are built on completely different foundations. (Longair, 2013, S. 362)

3.5 Die Dirac-Schreibweise

In der Vektorrechnung lernt man, dass ein Vektor $\vec{v}$ nicht mit seinen Komponenten $v_x, v_y, \ldots$ verwechselt werden sollte, die er bloß bezüglich einer speziellen Basis $\vec{e}_x, \vec{e}_y, \ldots$ gemäß $\vec{v} = v_x \vec{e}_x + v_y \vec{e}_y + \cdots$ hat. Die Schreibweise $\vec{v}$ charakterisiert diesen „abstrakten" Vektor also sehr elegant, und auf diese Weise können geometrische Zusammenhänge ausgedrückt werden, die von der Basiswahl nicht abhängen.

Bisher haben wir die Zustandsvektoren innerhalb der Quantenmechanik stets in einer spezifischen Darstellung betrachtet, das heißt, bezogen auf eine Basis, die aus den Eigenzuständen eines Operators besteht. Wir sollten auch hier eine Notation einführen, die es erlaubt, zwischen dem *abstrakten Zustand* und seiner *konkreten Darstellung* zu unterscheiden. Die Bra-Ket-Notation leistet genau das. Bevor wir sie in Abschnitt 3.5.2 einführen, wiederholen wir einige Begriffe aus der linearen Algebra, die in diesem Zusammenhang eine Rolle spielen.[27]

---

27 Die folgenden Aussagen werden teilweise ohne Beweis angegeben; siehe Fischer (2011) für Details. Eine glänzende Darstellung der Grundlagen aus der linearen Algebra für die Quantenphysik liefert auch Filk (2019, Kap. 4).

3.5.1 Basiswechsel in Vektorräumen

Betrachten wir als konkretes Beispiel für die Abhängigkeit von der Basiswahl einen Vektor $\vec{v} \in \mathbb{R}^2$ und seine Komponenten bzgl. der Standardbasis $\vec{e}_x$ und $\vec{e}_y$:

$$\vec{e}_x = \begin{pmatrix} 1 \\ 0 \end{pmatrix}, \quad \vec{e}_y = \begin{pmatrix} 0 \\ 1 \end{pmatrix} \quad \text{und:} \quad \vec{v} = \begin{pmatrix} 3 \\ 3 \end{pmatrix}. \tag{3.114}$$

Wechseln wir nun zu einer Basis, die dadurch entsteht, dass man die alten Basisvektoren um den Winkel θ gegen den Uhrzeigersinn rotiert. Die neuen Basisvektoren können durch die alte Basis (und natürlich den Drehwinkel θ) ausgedrückt werden (siehe Abbildung 3.1):

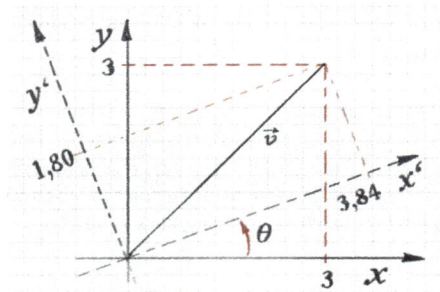

Abb. 3.1: Der Vektor $\vec{v}$ bezüglich verschiedener Koordinatensysteme bzw. Basen (x, y) und (x', y'), die durch Rotation um den Ursprung mit dem Winkel θ auseinander hervorgehen. In der ungestrichenen Basis hat $\vec{v}$ die Komponenten $v_x = v_y = 3$. In der Abbildung gilt $\theta = 20°$ und die Komponenten bzgl. der gestrichenen Basis lauten $v_{x'} \approx 3,84$ sowie $v_{y'} \approx 1,80$.

$$\vec{e}_{x'} = \begin{pmatrix} \cos\theta \\ \sin\theta \end{pmatrix}, \quad \vec{e}_{y'} = \begin{pmatrix} -\sin\theta \\ \cos\theta \end{pmatrix}. \tag{3.115}$$

Hat ein Vektor die Komponenten (x, y) bezüglich der alten Basis, berechnen sich die neuen Komponenten (x', y') gemäß der linearen Abbildung $A(\theta)$ („Basiswechsel"), deren Elemente die Entwicklungskoeffizienten der alten Basisvektoren bzgl. der neuen sind:[28]

$$\underbrace{\begin{pmatrix} \cos\theta & \sin\theta \\ -\sin\theta & \cos\theta \end{pmatrix}}_{=A(\theta)} \cdot \begin{pmatrix} x \\ y \end{pmatrix} = \begin{pmatrix} x' \\ y' \end{pmatrix}. \tag{3.116}$$

Um ein ganz konkretes Beispiel zu betrachten, wählen wir (wie in Abbildung 3.1) $\theta = 20°$ und transformieren den oben eingeführten Vektor $\vec{v}$:

$$\begin{pmatrix} \cos 20° & \sin 20° \\ -\sin 20° & \cos 20° \end{pmatrix} \cdot \begin{pmatrix} 3 \\ 3 \end{pmatrix} \approx \begin{pmatrix} 3,84 \\ 1,80 \end{pmatrix}. \tag{3.117}$$

---

28 Die erste Spalte hat also die Einträge $\cos\theta$ und $-\sin\theta$, da $\vec{e}_x = \cos\theta \cdot \vec{e}_{x'} - \sin\theta \cdot \vec{e}_{y'}$ gilt. Rechnen sie es gerne nach!

Im Übrigen gilt ebenso, dass jede lineare Abbildung zwischen Vektorräumen durch die Wahl einer Basis durch eine Matrix dargestellt werden kann, deren Komponenten von der Basiswahl abhängen (und bei Basiswechsel transformiert werden müssen).

Orthogonale- und unitäre Abbildungen

Weil in unserem Beispiel beide Basen orthonormal waren, hat die Basiswechselmatrix $A(\theta)$ eine besondere Eigenschaft: Man gelangt durch „Transposition" (also Vertauschen von Zeilen und Spalten bzw. Spiegeln an der Diagonalen) zur inversen Matrix:

$$\underbrace{\begin{pmatrix} \cos\theta & \sin\theta \\ -\sin\theta & \cos\theta \end{pmatrix}}_{=A} \cdot \underbrace{\begin{pmatrix} \cos\theta & -\sin\theta \\ \sin\theta & \cos\theta \end{pmatrix}}_{=A^T} = \begin{pmatrix} 1 & 0 \\ 0 & 1 \end{pmatrix}. \tag{3.118}$$

Es gilt also: $A^{-1} = A^T$ bzw. $AA^T = A^TA = \mathbb{1}$. Eine solche Abbildung nennt man „orthogonal".[29]

Bei komplexen Vektorräumen nennt man die entsprechenden Abbildungen „unitär", d. h. $A^{-1} = A^\dagger$ (d. h. neben der Transposition muss ebenfalls noch komplex konjugiert werden – man bildet also die „adjungierte" Matrix). Eine beliebige unitäre 2×2 Matrix kann durch zwei Koeffizienten $a, b \in \mathbb{C}$ mit $|a|^2 + |b|^2 = 1$ parametrisiert werden:

$$\begin{pmatrix} a & b \\ -b^* & a^* \end{pmatrix} \cdot \begin{pmatrix} a^* & -b \\ b^* & a \end{pmatrix} = \begin{pmatrix} 1 & 0 \\ 0 & 1 \end{pmatrix}. \tag{3.119}$$

Die Eigenzustände selbstadjungierter Operatoren bilden immer eine orthogonale (bzw. orthonormale) Basis des Hilbertraums, auf dem sie operieren. Die in der Quantenmechanik betrachteten Basiswechsel erfolgen also durch unitäre Abbildungen.

Sowohl orthogonale als auch unitäre Abbildungen sind Norm- und Skalarprodukterhaltend, d. h. $|A\vec{v}| = |\vec{v}|$ sowie $\langle A\vec{v}|A\vec{w}\rangle = \langle\vec{v}|\vec{w}\rangle$. Beide Eigenschaften sind ganz einfach zu beweisen. Es gilt:

$$\langle A\vec{v}|A\vec{w}\rangle = \langle\vec{v}|\underbrace{A^\dagger A}_{=\mathbb{1}}\vec{w}\rangle = \langle\vec{v}|\vec{w}\rangle. \tag{3.120}$$

Für $\vec{w} = \vec{v}$ folgt auch die Erhaltung der Norm $|\vec{v}| = \sqrt{\langle\vec{v}|\vec{v}\rangle}$. Da in unserem Basiswechsel-Beispiel ja $\vec{v}' = A\vec{v}$ gilt, haben wir $|\vec{v}'| = |\vec{v}|$ sowie $\langle\vec{v}'|\vec{w}'\rangle = \langle\vec{v}|\vec{w}\rangle$.

3.5.2 Die Bra-Ket-Notation

In der Quantenmechanik sind nun alle beobachtbaren Eigenschaften entweder Eigenwerte, z. B. die Energieniveaus gebundener Zustände, oder – durch die Born'sche Regel

---

29 Dass das Konzept der „Orthogonalität" auf Matrizen ausgedehnt wird, ist eigentlich etwas erstaunlich, denn bei Vektoren bezeichnet es eine Relation *zwischen* zwei Vektoren. Aber immerhin besteht eine orthogonale Matrix aus paarweise orthonormalen Spalten- und Zeilenvektoren. Konsequenter wäre wohl die Sprechweise „orthonormiert".

– mit dem Skalarprodukt verknüpft. Wie wir aber im letzten Abschnitt gesehen haben, ist der Wert des Skalarprodukts unabhängig von der Basis (in der QM spricht man meist von „Darstellung"), da der entsprechende Basiswechsel zwischen orthonormalen Basen aus Eigenzuständen unitär, d. h. Skalarprodukterhaltend ist.

Dadurch erkennen wir erneut die Bedeutung unserer Ausgangsfrage, wie die quantenmechanischen Zustände unabhängig von einer Basis beschrieben werden können. Eine entsprechende Notation liegt in der sog. Bra-Ket-Schreibweise vor. Diese haben wir bereits vorbereitet, indem wir das Skalarprodukt als eckige Klammer $\langle\cdot|\cdot\rangle$ geschrieben haben.[30]

Die Grundidee: Zustände als „halbe Skalarprodukte"

Die Grundidee ist nun, Vektoren v in der Form $|v\rangle$ zu schreiben, d. h. als „halbes Skalarprodukt" aufzufassen. Dies ist ein sog. Ket-Vektor. Der zugehörige Bra-Vektor $\langle v|$ ist nun durch komplexe Konjugation gegeben $\langle v| = |v\rangle^*$ bzw. bei einem Spaltenvektor $|v\rangle \in \mathbb{C}^n$ zusätzlicher Transposition, d. h. der Bra-Vektor ist dann ein Zeilenvektor.[31] Im konkreten Beispiel mit $|v\rangle \in \mathbb{C}^2$:

$$|v\rangle = \begin{pmatrix} 3 + 2i \\ 1 - i \end{pmatrix} \quad \langle v| = (3 - 2i, 1 + i). \tag{3.121}$$

Für das Skalarprodukt gelten die üblichen Rechenregeln, wir erinnern aber noch einmal an die zwei Eigenschaften, die in reellen Vektorräumen unbekannt sind: Es ist in der ersten Komponente „semilinear", d. h. Während (mit $\lambda \in \mathbb{C}$) $\langle v|\lambda w\rangle = \lambda\langle v|w\rangle$ gilt, haben wir $\langle\lambda v|w\rangle = \lambda^*\langle v|w\rangle$. Ebenso gilt $\langle v|w\rangle = \langle w|v\rangle^*$.

In der Quantentheorie betrachten wir in der Regel natürlich keine Vektoren aus dem $\mathbb{C}^n$, sondern Elemente des Hilbertraums der quadratintegrablen Funktionen. Ein entsprechender Zustand ψ wird dann ganz unabhängig von der Darstellung als $|\psi\rangle$ bezeichnet. Bisher haben wir in der Schreibweise $\langle\psi_1|\psi_2\rangle$ höchstens aus Bequemlichkeit das Argument (z. B. $\psi_1 = \psi_1(x)$) weggelassen. In der Dirac-Notation macht nun die Schreibweise „$|\psi(x)\rangle$" gar keinen Sinn, da die Darstellung (etwa im Orts- oder Impulsraum) gar nicht festgelegt ist.

Diese Notation ist nicht bloß basisunabhängig, sondern auch knapp und übersichtlich.[32] Ein Zustand kann nämlich ebenso durch seine Eigenschaften charakterisiert werden. Üblich ist etwa, einen Eigenzustand durch seinen Eigenwert zu bezeichnen. Dann

---

30 „Klammer" heißt auf Englisch *bracket*, und auf dieses Wortspiel geht die Bezeichnung zurück. Paul Dirac (1939) führte diese Notation (und auch diese Sprechweise) ein, und sie verbreitete sich auch deshalb rasch, weil Dirac sie ab der dritten Auflage seines bekannten Lehrbuchs *The Principles of Quantum Mechanics* im Jahr 1947 verwendete. Warum fehlt aber das „c" in der Bezeichnung von Bra und Ket? Nach Brown (2006, S. 393) steht es für einen linearen Operator, gemäß $\langle$bra|c|ket$\rangle$.

31 Vornehme Menschen sprechen auch von einem *dualen* Vektor $\langle v|$ bzw. dem Element des *Dualraums*.

32 In subtileren mathematischen Fragen kann die Dirac-Notation aber auch zu Missverständnissen führen (Gieres, 2000).

ist $|E_n\rangle$ oder kurz $|n\rangle$ der Eigenzustand zum (in diesem Beispiel) Energieeigenwert E_n. Genauso gut kann mit $|x_0\rangle$ oder $|p_0\rangle$ der (uneigentliche) Eigenzustand eines Systems am Ort x_0 bzw. mit dem Impuls p_0 bezeichnet werden.

Auch hier erkennt man wieder eine notwendige Einschränkung: Ein Zustand „$|x_0, p_0\rangle$" (genauer: $|x_0, p_{x,0}\rangle$) kann zwar einfach hingeschrieben werden, ist in der Quantentheorie aber gar nicht definiert, da es keine gemeinsamen Eigenzustände von Orts- und Impulsoperator gibt.

Physikalische Interpretation und Zusammenhang zur Wellenfunktion

In vielen Zusammenhängen ist es nützlich, sich den Ket-Vektor $|\psi\rangle$ als Anfangszustand eines Übergangs vorzustellen. Die Projektion $\langle E_n|\psi\rangle$ beschreibt dann die Wahrscheinlichkeitsamplitude, am System im Zustand $|\psi\rangle$ anschließend die Energie E_n zu messen. Ebenfalls bedeutet $\langle x_0|\psi\rangle$ die Wahrscheinlichkeitsamplitude, ein im Zustand $|\psi\rangle$ präpariertes Teilchen am Ort $x = x_0$ zu messen. In unserer bisherigen Notation haben wir diese Amplitude durch die Wellenfunktion $\psi(x_0)$ ausgedrückt, und diese Beziehung gilt natürlich für beliebige Orte $x = x_0$. Daraus folgt der einfache Zusammenhang zwischen der Bra-Ket-Notation und der bisher hauptsächlich verwendeten Wellenfunktion im Ortsraum (hier in einer Dimension):

$$\langle x|\psi\rangle = \psi(x). \tag{3.122}$$

Die Wahrscheinlichkeitsamplitude im Impulsraum findet man nun, wenn die Projektion auf die Eigenzustände des Impulses betrachtet wird:

$$\langle p|\psi\rangle = \psi(p). \tag{3.123}$$

Man erkennt sehr schön, dass der Zustand $|\psi\rangle$ die vollständige Information über das physikalische System enthält. Er ist gleichsam der Katalog für alle Wahrscheinlichkeitsverteilungen, die sich durch die Messung ergeben können.

Projektionsoperatoren und Vollständigkeitsrelation

Bra- und Ket-Vektoren können auch in umgekehrter Reihenfolge kombiniert werden, wodurch Operatoren dargestellt werden. Betrachten wir zunächst den Projektionsoperator als einfaches Beispiel. Sei $|i\rangle$ ($i \in \{1, \ldots, n\}$) eine Orthonormalbasis (d. h. $\langle i|j\rangle = \delta_{ij}$). Der Ausdruck $|i\rangle\langle i|$ beschreibt dann einen (Projektions-)Operator. Betrachten wir zunächst den Fall $n = 2$ mit der Basis $|x\rangle, |y\rangle$. Dann können wir $|y\rangle\langle y|$ auch als Produkt von Spalten- und Zeilenvektor schreiben und erhalten eine Matrix:

$$\underbrace{\begin{pmatrix} 0 \\ 1 \end{pmatrix} \cdot (0, 1) = \begin{pmatrix} 0 & 0 \\ 0 & 1 \end{pmatrix}}_{=P_y}. \tag{3.124}$$

Wendet man diese Abbildung auf einen Vektor $\vec{v}$ an (und verwendet die Notation aus Abschnitt 3.5.1) wird offensichtlich die y-Komponente herausprojiziert: $P_y\vec{v} = \vec{e}_y \cdot v_y$.

Abstrakter ausgedrückt ergibt die Anwendung von $|i\rangle\langle i|$ auf einen Ket-Vektor $|\psi\rangle$ erneut ein Ket-Vektor, denn es gilt

$$(|i\rangle\langle i|) \cdot |\psi\rangle = |i\rangle \cdot \langle i|\psi\rangle. \tag{3.125}$$

Es handelt sich um den Zustand $|i\rangle$ multipliziert mit dem Anteil, den dieser Zustand an $|\psi\rangle$ hat (d. h. der Zahl $\langle i|\psi\rangle$). Entwickelt man $|\psi\rangle$ nach dieser Basis $|1\rangle, |2\rangle, \ldots$ ergibt sich also:

$$|\psi\rangle = |1\rangle\langle 1|\psi\rangle + |2\rangle\langle 2|\psi\rangle + \cdots + |n\rangle\langle n|\psi\rangle \tag{3.126}$$

$$= \sum_{i=1}^{n} |i\rangle\langle i|\psi\rangle \tag{3.127}$$

$$|\psi\rangle = \underbrace{\left(\sum_{i=1}^{n} |i\rangle\langle i| \right)}_{=\mathbb{1}} |\psi\rangle. \tag{3.128}$$

Offensichtlich muss der Klammerausdruck der letzten Zeile der Identität entsprechen. Die Beziehung

$$\sum |i\rangle\langle i| = \mathbb{1} \tag{3.129}$$

wird auch „Vollständigkeitsrelation" genannt, und die Multiplikation mit diesem Ausdruck („Einfügen der Eins") ist ein häufiger Rechentrick. Für kontinuierliche (uneigentliche) Basiszustände muss die Summe durch ein Integral ersetzt werden. Für den Ort gilt etwa:

$$\int_{\mathbb{R}} |x\rangle\langle x| dx = \mathbb{1}. \tag{3.130}$$

Fourier-Transformation in der Dirac-Notation

Wir haben bereits gesehen, dass Orts- und Impulsdarstellung durch eine Fourier-Transformation verknüpft sind (siehe die Gleichungen (3.90)). Dieser Zusammenhang bekommt in der Bra-Ket-Notation eine sehr anschauliche Deutung. Um nämlich in der Dirac-Schreibweise den Zusammenhang zwischen der Orts- und Impulsdarstellung zu erhalten, geben wir die Wahrscheinlichkeitsamplitude im Impulsraum $\langle p|\psi\rangle$ an und „fügen die Eins ein", d. h. verwenden den Ausdruck (3.130):

$$\langle p|\psi\rangle = \langle p|\mathbb{1}\psi\rangle = \int_{\mathbb{R}} \langle p|x\rangle\langle x|\psi\rangle dx. \tag{3.131}$$

Lesen wir diesen Ausdruck von rechts nach links: Der Term $\langle x|\psi\rangle$ $(= \psi(x))$ ist die Wahrscheinlichkeitsamplitude dafür, am Zustand $|\psi\rangle$ die Position x zu messen. Der Term $\langle p|x\rangle$ projiziert den Zustand $|x\rangle$ auf den Impuls p. Dieses Produkt wird über alle x integriert, das heißt, alle Möglichkeiten, wie der Zustand $|\psi\rangle$ den Impuls p „enthalten", werden summiert. Das Resultat liefert somit $\langle p|\psi\rangle$ $(= \psi(p))$.

Erwartungswerte und Operatoren

In der Quantentheorie sind Erwartungswerte von Operatoren von zentraler Bedeutung (siehe Abschnitt 3.4.1). Die wiederholte Messung einer Größe A an im Zustand $|\psi\rangle$ präparierten Systemen ergibt etwa den Mittelwert:

$$\langle A \rangle = \langle \psi | A | \psi \rangle. \tag{3.132}$$

Im Folgenden nehme ich an, dass die Eigenwerte nicht entartet sind. Setzen wir hier die Vollständigkeitsrelation für die Eigenzustände $|a_n\rangle$ von A ein, gewinnen wir:

$$\langle A \rangle = \sum_n \langle \psi | A | a_n \rangle \langle a_n | \psi \rangle. \tag{3.133}$$

Nun gilt jedoch $A|a_n\rangle = a_n|a_n\rangle$ und die reellen Eigenwerte a_n können aus der Klammer gezogen werden:

$$\langle A \rangle = \sum_n a_n \underbrace{\langle \psi | a_n \rangle \langle a_n | \psi \rangle}_{=c_n^* c_n = |c_n|^2} = \sum_n |c_n|^2 a_n. \tag{3.134}$$

Hier bezeichnen die c_n die Entwicklungskoeffizienten des Zustandes $|\psi\rangle$ nach Eigenzuständen von A – ein bekanntes Resultat, das wir als verallgemeinerte Born'sche Regel bezeichnet haben (vgl. Gleichung (3.77)).

3.6 Gemischte Zustände, Symmetrien und Erhaltungsgrößen

Zum Ende dieses Kapitels über den Formalismus der Quantenmechanik sollen noch zwei Gegenstände berührt werden, die systematisch zwar eher in den Abschnitt 3.4 („Quantenmechanik als Hilbertraum-Theorie") gehören, aber von der Verwendung des Dirac'schen Bra-Ket-Formalismus profitieren. Zunächst geht es um die Beschreibung sogenannter „gemischter Zustände" und in Abschnitt 3.6.2 um Symmetrien und Erhaltungssätze.

3.6.1 Die Dichtematrix

Die bisher betrachteten Zustände sind Überlagerungen von Basiszuständen. Im einfachen Fall eines zweidimensionalen Zustandsraumes etwa $|\psi\rangle = c_1|\psi_1\rangle + c_2|\psi_2\rangle$, mit $c_i \in \mathbb{C}$ und $|c_1|^2 + |c_2|^2 = 1$. Ein solcher Zustandsvektor enthält die *vollständige* Information über das System, und das Auftreten von Wahrscheinlichkeiten für die Messung an einem Ensemble im Zustand $|\psi\rangle$ ist *nicht* der subjektiven Unkenntnis über den „tatsächlichen" Zustand zuzuschreiben.

Aber natürlich können auch Situationen auftreten, bei denen die Information unvollständig ist, und man nicht weiß, welche Überlagerung von beispielsweise $|\psi_1\rangle$ und $|\psi_2\rangle$ vorliegt. Zur Beschreibung solcher Situationen verallgemeinert man den Begriff des

„Zustandes". Bisher haben wir darunter immer ein normiertes Element des zugehörigen Hilbertraums verstanden. Diesen Zustand wollen wir im Folgenden einen „reinen Zustand" nennen. Liegt hingegen ein Ensemble vor, bei dem sich jeweils ein Teil im reinen Zustand $|\psi_1\rangle$ oder $|\psi_2\rangle$ befindet, spricht man von einem „gemischten Zustand". Einem solchen System entspricht also kein Element eines Hilbertraums, und zu seiner Beschreibung verwendet man die sogenannte Dichtematrix (auch „Dichteoperator" oder „statistischer Operator" genannt).

Um dieses Konzept zu motivieren, betrachten wir zunächst die Erwartungswertbildung an einem solchen gemischten Ensemble. Wenn in der Mischung die Anteile ψ_1 und ψ_2 jeweils mit der relativen Häufigkeit p_1 und p_2 (mit $p_i \in \mathbb{R}$, $0 \le p_i \le 1$ und $p_1 + p_2 = 1$) vorliegen, berechnet sich der Erwartungswert $\langle A \rangle$ als gewichtete Summe der einzelnen Erwartungswerte:

$$\langle A \rangle = p_1 \cdot \underbrace{\langle \psi_1 | A | \psi_1 \rangle}_{=A_{11}} + p_2 \cdot \underbrace{\langle \psi_2 | A | \psi_2 \rangle}_{=A_{22}}. \tag{3.135}$$

Man beachte, dass die p_i hier zunächst wie „gewöhnliche" Wahrscheinlichkeiten auftreten, aber auf diese Frage werde ich noch zurückkommen. Zur Beschreibung solcher Zustände verwendet man nun die „Dichtematrix", die zunächst definiert und anschließend erläutert werden soll:

Dichtematrix für gemischte Zustände
Man definiert mithilfe der Projektionsoperatoren (Gleichung (3.124)) die Dichtematrix ρ:

$$\rho = \sum_{i=1}^{N} p_i |\psi_i\rangle \langle \psi_i|, \tag{3.136}$$

wobei die $|\psi_i\rangle$ im Allgemeinen normierte, aber nicht notwendig orthogonale Zustände sind. Die Anzahl N muss auch nicht mit der Dimension des Hilbertraums übereinstimmen. Für die Gewichte p_i gilt $0 \le p_i \le 1$ sowie $\sum p_i = 1$. In unserem zweidimensionalen Fall (mit $N = 2$) gilt:

$$\rho = p_1 |\psi_1\rangle \langle \psi_1| + p_2 |\psi_2\rangle \langle \psi_2| = \begin{pmatrix} p_1 & 0 \\ 0 & p_2 \end{pmatrix}. \tag{3.137}$$

Die spezielle Matrixdarstellung gilt bezüglich der Basis $\{|\psi_1\rangle, |\psi_2\rangle\}$.

Der Erwartungswert von A kann nun als Spur (engl. *trace*) der Matrix $\rho \cdot A$ ausgedrückt werden. Für unser Beispiel:[33]

$$\langle A \rangle_\rho = \mathrm{tr}[\rho A] \tag{3.138}$$

---

33 Für eine Matrix ist die Spur einfach die Summe der Diagonalelemente. Für einen linearen Operator definiert man $\mathrm{tr}[A] = \sum_n \langle n|A|n\rangle$, wobei die $|n\rangle$ eine orthonormale Basis bilden. Die Spur ist invariant unter Basiswechsel.

$$= \text{tr}\left[\begin{pmatrix} p_1 & 0 \\ 0 & p_2 \end{pmatrix} \cdot \begin{pmatrix} A_{11} & A_{12} \\ A_{21} & A_{22} \end{pmatrix}\right] \tag{3.139}$$

$$= \text{tr}\begin{pmatrix} p_1 \cdot A_{11} & p_1 \cdot A_{12} \\ p_2 \cdot A_{21} & p_2 \cdot A_{22} \end{pmatrix} \tag{3.140}$$

$$= p_1 A_{11} + p_2 A_{22}. \tag{3.141}$$

Die Dichtematrix ist hermitesch ($\rho^\dagger = \rho$) und hat positive Eigenwerte, die sich zu eins summieren ($\text{tr}[\rho] = 1$).

Eine symmetrische Überlagerung von $|0\rangle$ und $|1\rangle$ mit $p_i = \frac{1}{2}$ führt bezüglich der Basis $\{|0\rangle, |1\rangle\}$ auf die Dichtematrix:

$$\rho = \frac{1}{2}\begin{pmatrix} 1 & 0 \\ 0 & 1 \end{pmatrix}. \tag{3.142}$$

Aber wie erwähnt, müssen die verschiedenen reinen Zustände, die in der Mischung auftreten, nicht orthogonal sein, und ihre Anzahl muss noch nicht einmal der Dimension des Zustandsraumes entsprechen. Betrachtet man etwa eine Mischung aus den teilweise linear abhängigen Zuständen $|0\rangle$, $|1\rangle$ und $\frac{1}{\sqrt{2}}(|0\rangle + |1\rangle)$ mit $p_i = \frac{1}{3}$, so lautet ρ:

$$\rho = \frac{1}{3}\begin{pmatrix} 1 & 0 \\ 0 & 0 \end{pmatrix} + \frac{1}{3}\begin{pmatrix} 0 & 0 \\ 0 & 1 \end{pmatrix} + \frac{1}{3}\begin{pmatrix} \frac{1}{2} & \frac{1}{2} \\ \frac{1}{2} & \frac{1}{2} \end{pmatrix} = \begin{pmatrix} \frac{1}{2} & \frac{1}{6} \\ \frac{1}{6} & \frac{1}{2} \end{pmatrix}. \tag{3.143}$$

Auch hier liegen die Zustände $|0\rangle$ und $|1\rangle$ also mit der Wahrscheinlichkeit $p_i = \frac{1}{2}$ vor.

Dichtematrizen für reine Zustände

Die Dichtematrix charakterisiert aber nicht nur Systeme in einem gemischten Zustand bzw. reine Zustände können als Spezialfall von gemischten Zuständen aufgefasst werden, bei denen mit genau einer Ausnahme alle p_i den Wert null haben. Der Ausdruck $\rho = \sum p_i |\psi_i\rangle\langle\psi_i|$ reduziert sich dann auf einen Summanden:

$$\rho_{\text{rein}} = |\psi\rangle\langle\psi|. \tag{3.144}$$

Besonders instruktiv ist es natürlich, die Dichtematrix eines reinen Zustandes zu betrachten, der die Superposition von (nun orthonormalen) Basiszuständen ist, also $|\psi\rangle = c_1|\psi_1\rangle + c_2|\psi_2\rangle$ (mit $c_i \in \mathbb{C}$ normierten Koeffizienten) – und anschließend das Resultat mit der *Mischung* der $|\psi_i\rangle$ zu vergleichen. Für den reinen Zustand erhalten wir:

$$\rho_{\text{rein}} = |\psi\rangle\langle\psi| \tag{3.145}$$

$$= (c_1|\psi_1\rangle + c_2|\psi_2\rangle)(\langle\psi_1|c_1^* + \langle\psi_2|c_2^*) \tag{3.146}$$

$$= \begin{pmatrix} c_1 \\ c_2 \end{pmatrix} \cdot (c_1^* \quad c_2^*) = \begin{pmatrix} |c_1|^2 & c_1 c_2^* \\ c_2 c_1^* & |c_2|^2 \end{pmatrix}. \tag{3.147}$$

Die Matrixdarstellung findet man, wenn man die $|\psi_i\rangle$ mit der Standardbasis identifiziert. Auch hier gilt natürlich, dass der Erwartungswert durch die Beziehung $\langle A\rangle_\rho = \mathrm{tr}[\rho A]$ gegeben ist. Der allgemeine Beweis ist sehr einfach:

$$\mathrm{tr}[\rho A] = \sum_n \langle n|\rho A|n\rangle \tag{3.148}$$

$$= \sum_n \underbrace{\langle n|\psi\rangle}_{=\psi_n}\langle\psi|A|n\rangle \tag{3.149}$$

$$= \sum_n \langle\psi|A|(\psi_n|n\rangle) \tag{3.150}$$

$$= \langle\psi|A|\psi\rangle. \tag{3.151}$$

Für unser konkretes zweidimensionales Beispiel ergibt sich:

$$\langle A\rangle_\psi = \mathrm{tr}[\rho A] \tag{3.152}$$

$$= \mathrm{tr}\left[\begin{pmatrix} |c_1|^2 & c_1 c_2^* \\ c_2 c_1^* & |c_2|^2 \end{pmatrix}\cdot\begin{pmatrix} A_{11} & A_{12} \\ A_{21} & A_{22} \end{pmatrix}\right] \tag{3.153}$$

$$= \mathrm{tr}\begin{pmatrix} |c_1|^2 A_{11} + c_1 c_2^* A_{21} & |c_1|^2 A_{12} + c_1 c_2^* A_{22} \\ c_2 c_1^* A_{11} + |c_2|^2 A_{21} & c_2 c_1^* A_{12} + |c_2|^2 A_{22} \end{pmatrix} \tag{3.154}$$

$$= |c_1|^2 A_{11} + \underbrace{c_1 c_2^* A_{21} + c_2 c_1^* A_{12}}_{\text{Interferenzterme}} + |c_2|^2 A_{22}. \tag{3.155}$$

Der Vergleich der Ausdrücke (3.137) und (3.147) zeigt den Unterschied zwischen einem *gemischten Zustand* mit Anteilen $|\psi_1\rangle$ und $|\psi_2\rangle$ und der *Superposition* von $|\psi_1\rangle$ und $|\psi_2\rangle$ in einem *reinen Zustand*. Die Dichtematrix des reinen Zustandes enthält Nebendiagonalelemente, die in der Dichtematrix des gemischten Zustandes fehlen. Auf dem Niveau der Erwartungswerte (Gleichungen (3.141) und (3.155)) entspricht dies „Interferenztermen", die für den reinen Zustand charakteristisch sind. Bilden die $|\psi_i\rangle$ jedoch eine Basis aus Eigenzuständen des Operators A mit $A|\psi_i\rangle = a_i|\psi_i\rangle$, gilt für die gemischten Terme: $\langle\psi_i|A|\psi_j\rangle = a_j\langle\psi_i|\psi_j\rangle = 0$. In diesem Fall kann zwischen dem reinen Zustand und der Mischung mit $p_i = |c_i|^2$ durch die Messung von A nicht unterschieden werden.

Für reine Zustände gilt $\rho_{\text{rein}}^2 = \rho_{\text{rein}}$, wie man sofort erkennt:

$$\rho_{\text{rein}}^2 = (|\psi\rangle\langle\psi|)^2 = |\psi\rangle\underbrace{\langle\psi|\psi\rangle}_{=1}\langle\psi| = \rho_{\text{rein}}. \tag{3.156}$$

Dies ist ein nützliches Kriterium dafür, ob ein reiner Zustand vorliegt, denn für gemischte Zustände gilt $\rho^2 \neq \rho$. Dies ist eine unmittelbare Folge der Bedingung $\sum p_i = 1$ mit $0 \le p_i \le 1$, denn wegen $\mathrm{tr}[\rho] = \sum p_i = 1$ muss hier $\mathrm{tr}[\rho^2] = \sum p_i^2 \le 1$ gelten. Ganz offensichtlich ist nämlich $p_i^2 \le p_i$, wenn $p_i \le 1$ gilt.

Die Bedeutung der Wahrscheinlichkeiten für gemischte Zustände

Bei dem Konzept der Dichtematrix für einen „gemischten Zustand" begegnen uns die Wahrscheinlichkeiten p_i für die relativen Anteile der Mischung. In der Literatur wird an dieser Stelle oft darauf hingewiesen, dass die p_i „klassische" Wahrscheinlichkeiten darstellen, wie sie etwa auch in der statistischen Physik (oder vielen anderen Bereichen) verwendet werden. Im Unterschied zu den *objektiven* „quantenmechanischen Wahrscheinlichkeiten" $|c_i|^2$ seien diese nämlich bloß eine Folge unserer *subjektiven Unkenntnis*. Man behauptet also, dass die Wahrscheinlichkeiten *Ignoranzinterpretierbar* seien. Diese Aussage ist jedoch zumindest missverständlich.

Richtig ist zunächst, dass die Dichtematrix einer Mischung die *inkohärente* Überlagerung von reinen Zuständen beschreibt, da die fehlenden Nebendiagonalelemente die Information über die Phase enthalten. Schreibt man $c_i = |c_i|e^{i\phi_i}$, gilt nämlich $c_i c_j^* = |c_i||c_j|e^{i(\phi_i - \phi_j)}$. Interferenzerscheinungen können deshalb an einer Mischung nicht beobachtet werden, und in diesem Sinne stehen diese Zustände in größerer Nähe zu „klassischen" Teilchen. Ob die p_i jedoch die Wahrscheinlichkeit angeben, mit der die Elemente des Ensembles sich tatsächlich im reinen Zustand $|\psi_i\rangle$ befinden, hängt auch davon ab, wie das System hergestellt (man sagt auch „präpariert") wurde.

Beispielsweise können in einem Labor zunächst die reinen Zustände $|\psi_1\rangle$ und $|\psi_2\rangle$ N-fach erzeugt und anschließend mit Gewichten $p_i = \frac{N_i}{N}$ inkohärent überlagert werden. In diesem Fall drücken die p_i die ignoranzinterpretierbare Wahrscheinlichkeit aus, dass sich ein Element dieses Ensembles *tatsächlich* im Zustand $|\psi_i\rangle$ befindet.

Häufig haben die Präparationsverfahren jedoch ganz andere Eigenschaften. Im Falle des Stern–Gerlach–Schmidt-Experiments etwa (Abschnitt 2.11), wird ein Strahl von Silberatomen auf ein inhomogenes Magnetfeld gerichtet. Die Ablenkung der Silberatome hängt von der Spin-Orientierung der Valenzelektronen ab, denn diese erzeugen ein magnetisches Moment. Die mathematische Beschreibung des Spins wird erst in Abschnitt 5.6.3 diskutiert, aber auch schon an dieser Stelle kann angedeutet werden, in welchem Sinne die Präparation der Silberatome ungeeignet ist, für die Wahrscheinlichkeiten p_i eine Ignoranzinterpretation anzugeben. Die Messung der Spinorientierung erfolgt bei diesem Versuch entlang der Richtung des inhomogenen Magnetfeldes, das konventionellerweise in z-Richtung orientiert ist. Man findet, dass je 50 % nach oben oder unten abgelenkt werden und schreibt diesen Zuständen jeweils den Spin $|up_z\rangle$ oder $|down_z\rangle$ zu. Der Strahl der Silberatome kann also mit einer Dichtematrix beschrieben werden, bei der $|up_z\rangle$ und $|down_z\rangle$ mit $p_i = \frac{1}{2}$ überlagert werden, d. h. $\rho \propto \mathbb{1}$ (Gleichung (3.142)).

Die Silberatome werden bei diesem Versuch in einem Ofen erzeugt und verdampfen in die Vakuumröhre. Offensichtlich ist die z-Richtung bei diesem Vorgang in keiner Weise ausgezeichnet. Tatsächlich kann der Versuch auch mit einer Dichtematrix beschrieben werden, bei der die Spinorientierung vor der Messung eine Mischung von $|up_y\rangle$ und $|down_y\rangle$ bezüglich der y-Achse ist. Auch hier (oder bezüglich jeder anderen Richtung) findet man $\rho \propto \mathbb{1}$. Wie wir in Abschnitt 5.6.3 jedoch sehen werden, gehören die Spinorientierungen hinsichtlich z- oder y-Achse zu nichtvertauschbaren Operatoren. Sie besitzen also keine gemeinsamen Eigenzustände und können nicht gemeinsam vorliegen. Die Behauptung, dass die p_i in dieser Situation nur unsere subjektive Unkenntnis darüber ausdrücken, in welchem Zustand sich die Silberatome „tatsächlich" befinden, ist also gar nicht sinnvoll.

Aufgrund dieser Mehrdeutigkeit lehnt Leslie Ballentine (1998, S. 54) in seinem hervorragenden Lehrbuch sogar den Begriff „gemischter Zustand" (*mixed state*) ab, denn seiner Meinung nach sollten bei einer „Mischung" auch definierte Bestandteile vorliegen, die „gemischt" wurden. Stattdessen verwendet er konsequent die Bezeichnung „nicht-reiner Zustand" (*nonpure state*).

Der Versuch, einen allgemein etablierten Begriff zu ersetzen, ist in der Regel natürlich erfolglos. Verbreitet ist hingegen die Unterscheidung zwischen „eigentlichen Mischungen" (*proper mixtures*) und „uneigentlichen Mischungen" (*improper mixtures*). Nach Bernard d'Espagnat (1976, Kapitel 7) werden mit diesen Begriffen ignoranzinterpretierbare (*proper*) von nicht ignoranzinterpretierbaren (*improper*) Mischungen unterschieden. Am Ende von Abschnitt 5.8.2 zur *Verschränkung* werden wir den Dichtematrizen und der Interpretation der p_i erneut begegnen.

3.6.2 Symmetrien und Erhaltungsgrößen

In der Physik spielen Erhaltungssätze eine große Rolle, denen zufolge bestimmte Größen in abgeschlossenen Systemen zeitlich konstant sind. Gemäß dem Noether-Theorem sind solche Größen mit Symmetrieeigenschaften verknüpft. Etwas ganz Ähnliches gilt auch in der Quantenmechanik.

Wie beschreibt man Erhaltungsgrößen in der Quantenmechanik?
In der Quantenmechanik erfährt das Konzept der physikalischen Größe eine Umdeutung, denn ein beliebiger Zustand $|\psi\rangle$ hat für eine bestimmte Observable A nicht notwendigerweise einen definierten Wert. Die wiederholte Messung an identisch präparierten Zuständen wird dann nicht immer dasselbe Ergebnis liefern – was kann also damit gemeint sein, dass eine Größe „erhalten" ist?

Betrachten wir zunächst den Spezialfall, dass sich das System in einem Eigenzustand $|a_n\rangle$ der Messgröße befindet und dieses Problem nicht auftritt. Die Zeitentwicklung von $|a_n\rangle$ wird durch die Schrödingergleichung beschrieben. Soll der Zustand zeitlich konstant sein, muss man somit $H|a_n\rangle \propto |a_n\rangle$ fordern.[34] Der Zustand ist also ebenfalls ein Eigenzustand des Hamiltonoperators, woraus

$$[H, A] = 0 \tag{3.157}$$

folgt. Im Allgemeinen wird ein Zustand jedoch eine Superposition $|\psi(t = 0)\rangle = \sum c_n |a_n\rangle$ sein. Die Wahrscheinlichkeit, den Eigenwert a_n zu messen, beträgt dann ursprüng-

---

34 Wir nehmen der Einfachheit halber an, dass die Eigenwerte nicht entartet sind.

lich $|c_n|^2$. Da aber all diese Zustände auch Eigenzustände von H (mit Eigenwerten E_n) sind, entwickelt sich der Überlagerungszustand gemäß: $|\psi(t)\rangle = \sum_n c_n \cdot e^{-\frac{i}{\hbar}E_n t}|a_n\rangle$. Die Wahrscheinlichkeit für eine a_n-Messung beträgt also zu jedem Zeitpunkt:

$$|c_n(t)|^2 = \left|c_n(0) \cdot e^{-\frac{i}{\hbar}E_n t}\right|^2 = |c_n(0)|^2. \tag{3.158}$$

Dies motiviert die folgende Definition von Erhaltungsgrößen in der Quantenmechanik:

> Eine Erhaltungsgröße in der Quantenmechanik ist also eine solche, bei der die *Wahrscheinlichkeitsverteilung* zeitunabhängig ist. Für den zugehörigen selbstadjungierten Operator gilt dann $[H, A] = 0$.

Im Zusammenhang mit dem Ehrenfest-Theorem (Abschnitt 3.4.10) waren wir bereits einer ähnlichen Aussage auf dem Niveau der Erwartungswerte begegnet. Ist die Observable A nicht explizit zeitabhängig, gilt nach Gleichung (3.107) $\frac{d}{dt}\langle A\rangle = \frac{i}{\hbar}\langle [H, A]\rangle$. Unter der Bedingung $[H, A] = 0$ ändert sich der Erwartungswert der Observablen A also nicht.

Dies ist jedoch eine schwächere Aussage als Gleichung (3.158), da sie sich lediglich auf den Erwartungswert von A bezieht, und dieser die Wahrscheinlichkeitsverteilung natürlich nicht eindeutig festlegt.

Wie beschreibt man Symmetrien in der Quantenmechanik?

Symmetrien drücken sich mathematisch darin aus, dass bestimmte „Operationen" das System unverändert lassen. In der Quantentheorie müssen wir hier also Abbildungen des Zustandsraums auf sich selbst betrachten $U : |\psi\rangle \mapsto |\psi'\rangle$. Diese Abbildung muss jedoch das Skalarprodukt erhalten, denn dieses liegt allen Aussagen der Theorie zugrunde. Aus dieser Bedingung folgt, dass U unitär ist, d. h. $U^\dagger = U^{-1}$.

Die Symmetrieoperationen in der Newton'schen Mechanik bilden verschiedene Lösungen der Bewegungsgleichungen aufeinander ab. In der QM entspricht dies der Forderung, dass mit $|\psi\rangle$ auch $|\psi'\rangle = U|\psi\rangle$ eine Lösung der Schrödingergleichung ist:

$$i\hbar\frac{\partial}{\partial t}|\psi'\rangle = H|\psi'\rangle = HU|\psi\rangle. \tag{3.159}$$

Falls U nicht von der Zeit abhängt (was wir im Folgenden immer annehmen), gilt jedoch ebenfalls:

$$i\hbar\frac{\partial}{\partial t}(U|\psi\rangle) = i\hbar U\frac{d}{dt}|\psi\rangle = UH|\psi\rangle. \tag{3.160}$$

Daraus folgt nun $HU = UH$.

> Symmetrien werden in der Quantenmechanik durch unitäre Abbildungen ausgedrückt, für die $[H, U] = 0$ gilt.

Der Zusammenhang zwischen Erhaltungsgrößen und Symmetrien

Wir haben nun geklärt, was man in der Quantenmechanik unter einer Erhaltungsgröße versteht und wie Symmetrieoperationen in dieser Theorie beschrieben werden. Nun können wir den Zusammenhang zwischen beidem klären. Es zeigt sich, dass dadurch auch Licht auf die Bedeutung der kanonischen Vertauschungsrelationen fällt.

Betrachten wir als konkretes Beispiel die Translation um eine Strecke x_0. Dies ist eine Symmetrieoperation $U_T(x_0)$, wenn der Hamiltonoperator nicht explizit vom Ort abhängt ($[H, U_T] = 0$). Wir werden zeigen, dass daraus $[H, \hat{p}] = 0$ folgt, d. h. in einem solchen System die Impulserhaltung gilt.

Für die unitäre Abbildung der Translation gilt also $U_T(x_0)|x\rangle = |x + x_0\rangle$ und der Operator kann als

$$U_T(x_0) = \int |x + x_0\rangle \langle x| dx \qquad (3.161)$$

geschrieben werden. Wir wollen aber auch den Zusammenhang mit Wellenfunktionen im Ortsraum ausdrücken. Dann gilt

$$U_T(x_0)\psi(x) = \psi'(x) \quad \text{mit: } \psi'(x) = \psi(x - x_0). \qquad (3.162)$$

Das Vorzeichen der letzten Gleichung irritiert zunächst, aber der Ausdruck bedeutet, dass die neue Wellenfunktion ψ' bei x den Wert hat, den die alte bei $x - x_0$ hatte, weil alle Ortskoordinaten um die Strecke $+x_0$ verschoben wurden.

Es gilt nun, dass unitäre Operatoren immer in der Form $U(\lambda) = e^{i\lambda A}$ geschrieben werden können, wobei A ein selbstadjungierter Operator ist und $\lambda \in \mathbb{R}$. Die Exponentialfunktion mit einem Operator als Argument ist dabei über die Potenzreihe definiert: $e^x = \sum \frac{x^n}{n!}$.[35] Wir wählen natürlich $\lambda = x_0$. Dann muss A aber die Einheit einer inversen Länge haben, um die Dimensionsfreiheit des Arguments sicherzustellen. Günstig ist die Darstellung $U_T(x_0) = e^{\frac{i}{\hbar} x_0 A}$, wodurch A die Dimension eines Impulses bekommt.

Wir wollen nun herausfinden, welcher selbstadjungierter Operator A in der Darstellung der Translation vorkommt. Dazu betrachten wir die Wirkung für kleine x_0:

$$U_T(x_0) = \hat{1} - \frac{i}{\hbar} x_0 A + \mathcal{O}(x_0^2). \qquad (3.163)$$

Dabei bezeichnet „$\hat{1}$" die Identität – die unitären Abbildungen bilden schließlich eine Gruppe. Der gesuchte Operator erfüllt also näherungsweise die Gleichung $A \approx i\hbar \frac{U_T(x_0)-\hat{1}}{x_0}$. Exakt wird dieser Ausdruck, wenn wir den Grenzübergang $x_0 \to 0$ betrachten:[36]

---

35 Die Selbstadjungiertheit von A folgt aus folgender Betrachtung: U ist unitär, d. h. $U^{-1} = e^{-iA} = U^\dagger$. Es gilt aber auch $(e^{iA})^\dagger = e^{-iA^\dagger}$. Daraus folgt aber $A = A^\dagger$.

36 Gleichung (3.163) ist nämlich nicht bloß eine Näherung von U_T mithilfe der Taylorentwicklung. Tatsächlich definiert eine solche infinitesimale Translation die unitäre Abbildung eindeutig. Es gilt nämlich

$$A = i\hbar \lim_{x_0 \to 0} \frac{U_T(x_0) - \hat{1}}{x_0}. \tag{3.164}$$

Welche Wirkung hat dieser Operator auf eine Wellenfunktion $\psi(x)$? Offenbar gilt:

$$A\psi(x) = i\hbar \lim_{x_0 \to 0} \frac{U_T(x_0)\psi(x) - \psi(x)}{x_0} \tag{3.165}$$

$$= i\hbar \lim_{x_0 \to 0} \frac{\psi(x - x_0) - \psi(x)}{x_0} \tag{3.166}$$

$$= -i\hbar \frac{d}{dx} \psi(x) = \hat{p}_x \psi(x). \tag{3.167}$$

Der gesuchte selbstadjungierte Operator A ist also der Impulsoperator $\hat{p}_x$ (in drei Dimensionen $\hat{p} = -i\hbar\nabla$). Man sagt auch, dass der Impuls der „Erzeuger" oder „Generator" der (infinitesimalen) räumlichen Translation ist. Entscheidend ist nun aber:

> **Translationsinvarianz und Impulserhaltung**
> Ist ein System invariant unter räumlichen Translationen ($[H, U_T] = 0$), folgt aus Gleichung (3.163) sofort $[H, \hat{p}] = 0$. Es gilt dann also die Impulserhaltung.

Im gleichen Sinne werden räumliche Drehungen durch den Drehimpulsoperator (siehe Abschnitt 5.6) bzw. zeitliche Translationen durch den Hamiltonoperator „erzeugt". Und auch hier gilt, dass die entsprechende Symmetrie die Erhaltung der zugehörigen Generatoren impliziert (bzw. besser: die Erhaltung der physikalischen Größe, die durch die Generatoren repräsentiert wird). Dies ist ein wichtiger Zusammenhang, denn die Form dieser Operatoren kann aus dieser Forderung auch hergeleitet werden.

Beispiele: Impuls und Energieerhaltung in der Quantenmechanik

Kehren wir noch einmal zur **Impulserhaltung** zurück. Sie gilt, falls das System Translationsinvariant ist, d.h. $V(x) = 0$ oder $V(x) = $ const. Dass mit $H = \frac{\hat{p}^2}{2m}$ tatsächlich $[H, \hat{p}] = 0$ gilt, zeigt man wie folgt. Es gilt für den Kommutator $[AB, C] = A[B, C] + [A, C]B$. Daraus folgt:

$$\left[\frac{\hat{p}^2}{2m}, \hat{p} \right] = \frac{1}{2m} [\hat{p}\hat{p}, \hat{p}] \tag{3.168}$$

$$= \frac{1}{2m} \hat{p} \underbrace{[\hat{p}, \hat{p}]}_{=0} + \frac{1}{2m} \underbrace{[\hat{p}, \hat{p}]}_{=0} \hat{p} \tag{3.169}$$

$$= 0 \tag{3.170}$$

$\lim_{N \to \infty} (1 - \frac{i}{\hbar} \frac{x_0}{N} A)^N = e^{\frac{i}{\hbar} x_0 A}$. Die N-fache Anwendung einer Translation um $\frac{x_0}{N}$ liefert für $N \to \infty$, also die genaue Gestalt von $U_T(x_0)$. Deshalb gelten die folgenden Ergebnisse auch exakt.

Die **Energieerhaltung** gilt für Systeme, bei denen der Hamiltonoperator nicht explizit von der Zeit abhängt, d. h. das Potenzial zeitunabhängig ist. Dies ist die Bedingung, unter der man einen Separationsansatz wählen kann, und für die Wellenfunktion $\Psi(x,t) = e^{-\frac{i}{\hbar}Et}\psi(x)$ gilt (vgl. Abschnitt 3.3.2). Der Faktor entspricht natürlich genau der unitären Zeitentwicklung $U(t) = e^{-\frac{i}{\hbar}Ht}$ des Zustandes.

Eine neue Interpretation der kanonischen Vertauschungsrelationen

Wir wollen nun das Versprechen einlösen, dass auf diese Weise auch die Bedeutung der kanonischen Vertauschungsrelationen deutlicher wird. Wenn der Ortsoperator $\hat{x}$ bezüglich des Zustandes $|\psi\rangle$ den Erwartungswert x hat, gilt für den Erwartungswert hinsichtlich des translatierten Zustandes $\langle\psi'|\hat{x}|\psi'\rangle = x + x_0$. Da dies für alle Zustände gilt, können wir auf dem Niveau der Operatoren feststellen:

$$\hat{x}' \equiv U_T^\dagger(x_0) \cdot \hat{x} \cdot U_T(x_0) = \hat{x} + \hat{1}x_0. \tag{3.171}$$

Setzen wir hier nun für $U_T = \hat{1} - \frac{i}{\hbar}x_0\hat{p}_x$ sowie $U_t^\dagger = U_T^{-1} = \hat{1} + \frac{i}{\hbar}x_0\hat{p}_x$ (das Pluszeichen beachten!) ein, erhalten wir in erster Ordnung:

$$\hat{x} + \hat{1}x_0 = U_T^\dagger \hat{x} U_T \tag{3.172}$$

$$= \left(\hat{1} + \frac{i}{\hbar}x_0\hat{p}_x\right)\left(\hat{x} - \frac{i}{\hbar}x_0\hat{x}\hat{p}_x\right) \tag{3.173}$$

$$= \hat{x} - \frac{i}{\hbar}x_0\hat{x}\hat{p}_x + \frac{i}{\hbar}x_0\hat{p}_x\hat{x} + \mathcal{O}(x_0^2) \tag{3.174}$$

$$= \hat{x} - \frac{i}{\hbar}x_0(\hat{x}\hat{p}_x - \hat{p}_x\hat{x}) \tag{3.175}$$

Subtrahiert man nun $\hat{x}$ auf beiden Seiten und dividiert durch x_0, lautet das Ergebnis exakt (vgl. Fußnote 36):

$$[\hat{x}, \hat{p}_x] = i\hbar. \tag{3.176}$$

Dieses Resultat ist natürlich bekannt. Zuerst in der Matrizenmechanik aufgetaucht (siehe Gleichung (3.14)), gelten diese „kanonischen Vertauschungsrelationen" auch für die Operatoren der wellenmechanischen Formulierung (siehe Abschnitt 3.4.9). Aber was bedeuten sie?

Die vorliegende Ableitung basiert auf der Eigenschaft des Impulsoperators, die räumlichen Translationen zu erzeugen. In diesem Kontext besagt Gleichung (3.176), dass eine Ortsmessung bei anschließender Translation ein anderes Resultat ergibt, als eine Translation bei anschließender Ortsmessung.

Wirklich erstaunlich an der Beziehung (3.176) ist also gar nicht, dass der Kommutator von $\hat{x}$ und $\hat{p}_x$ ungleich null ist, sondern dass $\hat{x}$ und $\hat{p}_x$ überhaupt durch Operatoren repräsentiert werden.

4 Die Heisenberg'sche Unbestimmtheitsrelation

Die Heisenberg'sche Unbestimmtheitsrelation (HUR) verkörpert die Eigentümlichkeit der Quantenmechanik auf besonders prägnante Weise und ist dadurch zum Symbol der „neuen Physik" geworden, in der Unbestimmtheit und Zufall die vorgebliche Sicherheit und Bestimmtheit der „klassischen Physik" ersetzen (vergleiche hierzu aber Abschnitt 1.4). Trotz dieser Bedeutung werden der interessante historische Kontext sowie neuere fachwissenschaftliche Entwicklungen zur Unbestimmtheitsrelation in der Lehrbuchliteratur kaum behandelt. Hier versuche ich, eine Lücke zu schließen.

Die Grundidee der Unbestimmtheitsrelation lässt sich dabei recht intuitiv erfassen. Zentral für die Quantenmechanik ist der kleine, aber endliche Wert der Wirkung: $h \approx 6{,}6 \cdot 10^{-34}$ Js. Die Wirkung kann nicht nur als Produkt aus Energie und Zeit, sondern ebenso gut als Produkt von Ort und Impuls geschrieben werden. In diesen „Koordinaten" überdeckt sie somit ein Gebiet, das mindestens die Fläche h hat, also $\Delta x \Delta p \geq h$ bzw. $\Delta E \Delta t \geq h$.

4.1 Kennard- und Robertson-Beziehung

Wir beginnen mit einer kurzen Diskussion des Zugangs, der in den Lehrbüchern auf Hochschulniveau dominiert. Dazu betrachten wir die Standardabweichung zweier Operatoren A und B hinsichtlich eines beliebigen Zustandes ψ. Wir verzichten dabei auf die Dächer zur Kennzeichnung eines Operators und unterdrücken ebenfalls den Index ψ für die Erwartungswerte $\langle \cdot \rangle_\psi$. Im Zusammenhang mit der Unbestimmtheitsrelation ist es dabei üblich, die Standardabweichung nicht mit σ, sondern mit Δ zu bezeichnen:

$$\Delta A = \sqrt{\langle (A - \langle A \rangle)^2 \rangle} \quad \text{und} \quad \Delta B = \sqrt{\langle (B - \langle B \rangle)^2 \rangle}. \tag{4.1}$$

Man kann zeigen, dass für das Produkt der Standardabweichungen von A und B eine untere Schranke existiert, die vom Kommutator $[A, B]$ abhängt. Der Beweis verwendet die Schwarz'sche Ungleichung (Schwabl, 2007, S. 99):

$$\langle \psi | \psi \rangle \cdot \langle \phi | \phi \rangle \geq |\langle \psi | \phi \rangle|^2. \tag{4.2}$$

In einem ersten Schritt betrachtet man zwei selbstadjungierte Operatoren A und B und setzt die Zustände $A\psi$ und $B\psi$ in die Schwarz'sche Ungleichung ein. Daraus folgt nach längerer Rechnung (Schwabl, 2007, S. 99f):

$$\Delta A \Delta B \geq \frac{1}{2} |\langle [A, B] \rangle|. \tag{4.3}$$

Das Auftreten des Kommutators ist nicht ganz überraschend, denn wir haben bereits gesehen, dass aus $[A, B] = 0$ die Existenz gemeinsamer Eigenzustände folgt, d. h. $\Delta A = \Delta B = 0$. Umgekehrt gilt, dass für $[A, B] \neq 0$ die Streuung beider Größen nicht verschwinden kann (vgl. Abschnitt 3.4.9). Die Ungleichung (4.3) präzisiert diese Aussage durch die

https://doi.org/10.1515/9783111152622-004

Angabe einer *unteren Schranke* für das Produkt der Standardabweichungen. Das bekannteste Beispiel ist sicherlich der Spezialfall für Ort und Impuls. Hier gilt $[\hat{x}, \hat{p}_x] = i\hbar\mathbb{1}$, woraus folgt:

Heisenberg'sche Unbestimmtheitsrelation (HUR) für Ort und Impuls

Für die Standardabweichungen der Wahrscheinlichkeitsverteilungen von Ort und Impuls gilt (für jede Komponente):

$$\Delta x \Delta p_x \geq \frac{\hbar}{2}. \tag{4.4}$$

Besitzt also der Ort eine sehr „schmale" Wahrscheinlichkeitsverteilung, ist die Streuung der Impulswerte entsprechend größer (und umgekehrt).

Diese speziellen Formalisierungen der HUR gehen dabei gar nicht auf Heisenberg zurück. Ungleichung (4.4) wurde von Earle H. Kennard bewiesen, und die Beziehung (4.3) hat der US-amerikanische Physiker und Mathematiker Howard P. Robertson gefunden (Kennard, 1927; Robertson, 1929).

In der Literatur ist es ebenfalls verbreitet, Gleichung (4.4) als „Unschärferelation" zu bezeichnen. Ich bevorzuge die Ausdrucksweise „Unbestimmtheit", da „Unschärfe" dem Missverständnis Vorschub leisten kann, man habe es mit einem vermeidbaren Effekt zu tun.

4.1.1 Die Rolle der Messung in der HUR

Nach diesen eher formalen Betrachtungen stellt sich natürlich die Frage, welche physikalische Bedeutung die Unbestimmtheitsrelation besitzt. Populäre Darstellungen und Schulbücher erwecken gelegentlich den Eindruck, dass die HUR auch (oder sogar nur) eine Aussage über die *gemeinsame Messbarkeit* konjugierter Größen trifft. Es stellt sich ebenfalls die Frage, welcher Zusammenhang überhaupt zur Messung und der unvermeidbaren *Störung*, die dadurch am System erfolgt, besteht.

Aber zumindest für die oben diskutierte Herleitung ist eine durch die Messung verursachte *Störung* ganz irrelevant. Es handelt sich bei Gleichung (4.4) vielmehr um eine Einschränkung an die *Präparation* der Zustände. Betrachten wir beispielsweise eine große Zahl N identisch präparierter Systeme. Misst man bei $N/2$ Elementen dieser Menge den Ort, und bei den anderen $N/2$ Elementen den Impuls, werden gemäß der Quantenmechanik Wahrscheinlichkeitsverteilungen vorausgesagt, deren Standardabweichungen der Kennard-Ungleichung genügen. Da jedoch an keinem Objekt Ort und Impuls gemeinsam gemessen wurden, kann die *Störung* durch die Ortsmessung keine Rolle für die Unbestimmtheit des Impulses spielen, oder umgekehrt. Stattdessen besagt die Unbestimmtheitsrelation, dass Zustände, bei denen das Produkt der Standardabweichungen *kleiner* als $\frac{\hbar}{2}$ ist, in der Quantenmechanik gar nicht vorkommen.

Dennoch ist die Behauptung, dass der Akt der Messung bei der Unbestimmtheitsrelation gar keine Rolle spielt, zumindest ungenau. Es gibt nämlich ebenfalls ein Forschungsprogramm, das die Frage der *gemeinsamen Messung* konjugierter Größen adressiert, sowie die Beeinflussung einer Größe, die durch die Messung einer anderen (konjugierten) Größe erfolgt (Busch und Falkenburg, 2009). Auch hier können Unbestimmtheitsrelationen formuliert werden. Nach Busch et al. (2007, S. 156) wird erst in der Kombination dieser verschiedenen Varianten der volle Gehalt der quantenmechanischen Unbestimmtheit ausgeschöpft. Natürlich müssen diese Varianten sinnvoll unterschieden werden, aber die pauschale Behauptung, dass die Messung bei der HUR keine Rolle spielt, ist in diesem Sinne unzutreffend.

Die mathematische Formalisierung von Unbestimmtheitsrelationen vom z. B. „measurement-disturbance" Typ erweist sich gleichzeitig als schwieriger und ist Gegenstand aktueller Forschung. Im schulischen Kontext ist eine Einführung der HUR im Sinne einer Einschränkung an die Präparierbarkeit von Zuständen sicherlich zu rechtfertigen, und im Folgenden werde auch ich mich auf diesen Typ konzentrieren.

Aber selbst wenn man sich auf diesen wichtigen Aspekt beschränkt, ergeben sich interessante und neue Gesichtspunkte. In Abschnitt 4.2 werden wir die Arbeiten von Jos Uffink und Jan Hilgevoord behandeln, die gezeigt haben, in welchem Sinne die Kennard- bzw. Robertson-Ungleichung noch zu speziell sind. Unter anderem findet man, dass die Standardabweichung in vielen relevanten Fällen kein geeignetes Streumaß darstellt. Dabei diskutieren diese Autoren ganz elementare und sogar schulrelevante Beispiele. Die Rolle der Unbestimmtheitsrelation zwischen Energie und Zeit wird von Hilgevoord ebenfalls umgedeutet.

Zunächst wollen wir jedoch den interessanten historischen Kontext von Heisenbergs Entdeckung betrachten.

4.1.2 Geschichte der Unbestimmtheitsrelation

Die Unbestimmtheitsrelationen wurden 1927 von Werner Heisenberg eingeführt (Heisenberg, 1927). Interessant ist dabei schon der Titel der Veröffentlichung, nämlich „Über den anschaulichen Inhalt der quantentheoretischen Kinematik und Mechanik". Diese Arbeit war also ein Beitrag in der Debatte, in welchem Sinne die Quantenmechanik ein „anschauliches" Verständnis erlaubt. Noch kurz zuvor hatte Heisenberg behauptet, dass gerade der *Verzicht* auf Anschaulichkeit hilfreich sei, um „innere Widersprüche" zu vermeiden (Heisenberg, 1926, S. 990). Zudem hatte Heisenberg (1925) bei der Einführung der Matrizenmechanik argumentiert, dass nur *beobachtbare* Größen zur Beschreibung verwendet werden sollten – und deshalb auf Begriffe wie den Ort und die Bahn des Elektrons verzichtet werden soll.

Der Anlass, diese Position noch einmal zu überdenken, war die erst kurz zuvor entwickelte Wellenmechanik. Mit dieser verknüpften einige die Hoffnung, zu einem *anschaulichen* Verständnis zurückkehren zu können (vgl. Abschnitt 3.3.3). Heisenberg war wohl auch persönlich enttäuscht, dass die von ihm begründete Matrizenmechanik weniger Anhänger fand, als die Wellenmechanik. Über Schrödingers Theorie (bzw. die damit verknüpfte physikalische Deutung) äußerte sich Heisenberg recht abfällig. In einem Brief an Wolfgang Pauli vom 8. Juni 1926 schrieb er etwa:

> Übrigens noch eine inoffizielle Bemerkung über Physik: Je mehr ich über den physikalischen Teil der Schrödinger'schen Theorie nachdenke, desto abscheulicher finde ich ihn. [...] Was Schrödinger über Anschaulichkeit seiner Theorie schreibt [...] ich finde es Mist. (Pauli, 1979, S. 328)

Am Rande eines Kolloquiums von Schrödinger in München im Juli 1926 eskalierte dieser Streit. Heisenberg hörte den Vortrag und opponierte gegen die physikalische Deutung, die Schrödinger vorstellte. Dies muss Willy Wien so verärgert haben, dass er Heisenberg beinahe aus dem Hörsaal warf (Pauli, 1979, S. 336).[1]

Heisenberg versuchte 1927 nun dadurch Terrain zurückzugewinnen, dass er für die Matrizenmechanik ebenfalls „Anschaulichkeit" reklamierte. Was aber bedeutet dieser Begriff überhaupt? Eine strenge Definition lässt sich sicherlich nicht angeben, aber in der damaligen Debatte bezog er sich meist darauf, die physikalischen Vorgänge in „Raum und Zeit" darstellen zu können. Es ist natürlich kein Zufall, dass in Kants Erkenntnistheorie Raum und Zeit „Anschauungsformen" darstellen.

Heisenberg begann seinen Aufsatz von 1927 nun kurioserweise damit, zunächst den Begriff der „Anschaulichkeit" umzudeuten:

> Eine physikalische Theorie glauben wir dann anschaulich zu verstehen, wenn wir uns in allen einfachen Fällen die experimentellen Konsequenzen dieser Theorie qualitativ denken können, und wenn wir gleichzeitig erkannt haben, daß die Anwendung der Theorie niemals innere Widersprüche enthält. (Heisenberg, 1927, S. 172)

Dieser Begriff von „Anschaulichkeit" kommt ganz ohne Bezugnahme auf Raum und Zeit aus. Als Beispiel erwähnte Heisenberg anschließend die Relativitätstheorie, deren experimentelle Konsequenzen widerspruchsfrei denkbar seien, obwohl diese unseren „anschaulichen Raum-Zeit-Begriffen" widerspräche.

Heisenberg erwähnte dann schlagwortartig einige Schwierigkeiten für das anschauliche Verständnis der Quantenmechanik, etwa den Begriff des Ortes von Quantenobjekten. Von einem solchen dürfe man nur sprechen, wenn man eine *Messvorschrift* zu seiner Bestimmung angebe. Anders, so Heisenberg, „hat dieses Wort keinen Sinn" (*ibid.* S. 174).[2]

---

1 Willy Wien war drei Jahre zuvor (am 23. Juli 1923) Mitglied der Promotionskommission von Heisenberg gewesen und hatte diesen beinahe durch die Prüfung fallen lassen, nachdem Heisenberg die Fragen zum Auflösungsvermögen von Mikroskop und Fernrohr nicht beantworten konnte (Rechenberg, 2010, S. 137). Es ist keine kleine Ironie, dass ausgerechnet das Auflösungsvermögen des hypothetischen Γ-Strahl-Mikroskops eine wichtige Rolle bei der Einführung der Unbestimmtheitsrelation spielen sollte.

2 Eine solche Definition wird „operational" genannt. Tatsächlich hält sich Heisenberg (1927) nicht streng an diesen Vorsatz, denn die Größe „Impuls" verwendet er anschließend ohne operationale Definition.

Eine Methode der Ortsmessung eines Elektrons sei zum Beispiel das optische Mikroskop. Um die notwendige Auflösung zu erreichen, müsse es jedoch mit extrem kurzwelligem Licht arbeiten. In der Chicago-Vorlesung von 1929 wurde von Heisenberg dieses sogenannte „Γ-Strahl-Mikroskop" etwas genauer diskutiert (Heisenberg, 1930). Dort erinnerte er zunächst daran, dass die Ortsauflösung $\delta x = \frac{\lambda}{\sin \epsilon}$ beträgt,[3] das Elektron aber einen Compton-Rückstoß in der Größenordnung $\frac{h}{\lambda}$ erleide. Da jedoch die Richtung des Photons unbestimmt sei (es fällt irgendwo innerhalb des Aperturwinkels in das Mikroskop), sei die Impulsunbestimmtheit $\delta p_x \approx \frac{h}{\lambda} \sin \epsilon$. Daraus folgt für das Produkt aus Orts- und Impulsunsicherheit:

$$\delta x \delta p_x \approx h. \tag{4.5}$$

In diesem Ausdruck sah Heisenberg nun die anschauliche Bedeutung der Kommutator-Relation $\mathbf{qp} - \mathbf{pq} = i\hbar\mathbf{1}$, zu deren Interpretation Dirac schon im Januar 1927 bemerkt hatte:

> One cannot answer any question on the quantum theory which refers to numerical values for both q and p. (Dirac, 1927a, S. 623)

Heisenberg führte in der Arbeit aus dem Jahr 1927 ähnliche Diskussionen für andere physikalische Größen, darunter auch Energie und Zeit, zwischen denen er ebenfalls eine Unbestimmtheitsrelation behauptete. Er betonte dabei, dass die Einschränkung an die gemeinsame exakte Bestimmung konjugierter Größen von prinzipieller Natur sei. Die widerspruchsfreie Verwendung dieser Begriffe sei jedoch gewährleistet, wenn man die Grenzen der Anwendbarkeit berücksichtige. Schließlich wendete sich Heisenberg den „prinzipiellen Konsequenzen" seiner Untersuchung zu. Diese sah er im Zusammenhang mit dem „Kausalgesetz":

> Aber an der scharfen Formulierung des Kausalgesetzes: „Wenn wir die Gegenwart genau kennen, können wir die Zukunft berechnen", ist nicht der Nachsatz, sondern die Voraussetzung falsch. (Heisenberg, 1927, S. 197)

Der Aufsatz schloss mit der radikalen These:

> Weil alle Experimente den Gesetzen der Quantenmechanik und damit der Gleichung (4.5) unterworfen sind, so wird durch die Quantenmechanik die Ungültigkeit des Kausalgesetzes definitiv festgestellt. (Heisenberg, 1927, S. 197)

Ich finde es äußerst bemerkenswert, dass eine Arbeit, die im Titel verspricht, den „anschaulichen Inhalt" der Quantentheorie aufzudecken, mit einer solchen philosophischen Schlussfolgerung endet.

---

3 Dies ist die berühmte Beugungsgrenze der Auflösung nach Ernst Abbe. Diese Beziehung lautet eigentlich $d = \frac{\lambda}{2 \sin \alpha}$, wobei α den halben Öffnungswinkel zum Objektiv bezeichnet („Apertur"), während Heisenberg in der Chicago-Vorlesung ϵ als vollen Öffnungswinkel definiert. Für das qualitative Argument spielt dies keine Rolle, aber vielleicht hatte Heisenberg hier immer noch eine Wissenslücke (vgl. Fußnote 1).

Es fallen nun eine ganze Reihe von Unterschieden zwischen Heisenbergs Original-
arbeit und aktuellen Darstellungen der HUR auf. Heisenberg verwendete 1927 (aber
auch noch in der Chicago-Vorlesung 1929) eine bloß qualitative Version der Unbestimmtheitsrelation. Dies hängt sicherlich mit der eingangs erwähnten strategischen Funktion
der Arbeit zusammen.

Vor allem begründete er die Unbestimmtheit auch durch die vorgebliche *Störung*
beim Akt der Messung (der Rückstoß des Photons im Γ-Strahl-Mikroskop etc.). Dennoch
nannte er das Resultat „prinzipiell", da diese Beeinflussung (i) unvermeidlich sei und
(ii) durch seine operationale Definition der physikalischen Größen der Unterschied zwischen der *Bedeutung* eines Begriffs und seiner *Messbarkeit* aufgehoben werde.

Natürlich wird man nicht erwarten dürfen, dass komplexe Konzepte bereits bei
ihrer Entdeckung exakt ausformuliert werden.[4] Aber wenn aktuelle Lehrbücher der
Quantenmechanik den Eindruck erwecken, dass die kurz darauf formulierten Beziehungen von Kennard und Robertson (Gleichungen (4.4) bzw. (4.3)) bereits die erschöp-
fende Darstellung des Sachverhaltes liefern, beruht dies ebenfalls auf einem Missverständnis.

4.2 Neuere Entwicklungen zu Unbestimmtheitsrelationen

Seit Mitte der 1980er Jahre haben die niederländischen Physikphilosophen Jos Uffink
und Jan Hilgevoord argumentiert, dass die Kennard- oder Robertson-Beziehung nicht als
allgemeiner Ausdruck der quantenmechanischen Unbestimmtheit aufgefasst werden
kann. Diese Autoren unterscheiden deshalb zwischen der „Standard-Unbestimmtheitsrelation" und dem „Unbestimmtheitsprinzip" (Uffink und Hilgevoord, 1993).

Die Standard-Unbestimmtheitsrelation $\Delta x \Delta p_x \geq \frac{\hbar}{2}$ ist eine exakte Beziehung, die aus
dem Formalismus der Quantenmechanik mathematisch hergeleitet werden kann. Je-
doch bemerken Uffink und Hilgevoord (1993), dass die Wahl der Standardabweichung
als Streumaß in einigen relevanten Fällen zu keinem sinnvollen Resultat führt. Sie untersuchen mit der Beugung von Elektronen am Einzelspalt ein auch in vielen Schulbüchern
verwendetes Beispiel. Dieses Schulbuch-Argument wollen wir zunächst kurz rekapitu-
lieren.

---

[4] Zudem endete Heisenbergs Arbeit mit einem „Nachtrag bei der Korrektur". In diesem nachträglich
eingefügten Abschnitt versuchte er offenbar den Streit zu schlichten, den die Veröffentlichung mit Bohr
erzeugt hatte. Weil Bohr sich nicht in Kopenhagen aufgehalten hatte, wurde der Aufsatz von Heisenberg
ohne seine Zustimmung eingereicht. Nach seiner Rückkehr kritisierte Bohr Teile der Argumentation,
etwa die Vernachlässigung der Wellentheorie bei der Diskussion des Γ-Strahl-Mikroskops. Heisenberg
stellte in seinem Nachtrag in Aussicht, dass diese Fragen in einer späteren Veröffentlichung von Bohr
geklärt würden. Dies spielte offenbar auf die sogenannte Como-Vorlesung an, in der Bohr das Konzept
der „Komplementarität" einführte (siehe Abschnitt 6.1.1).

4.2.1 HUR beim Einzelspalt: qualitative Betrachtung

Wir betrachten die Situation aus Abbildung 4.1. Vor dem Spalt ist der Ort in x-Richtung unbestimmt, aber die Impulskomponente p_x genau bekannt. Der Spalt bewirkt nun eine Selektion, durch die sich die Unbestimmtheit des Ortes verringert. Diese kann etwa mit $\delta x = \frac{d}{2}$ (d bezeichnet die Spaltbreite) abgeschätzt werden. Dabei bezeichnen wir die Unbestimmtheit mit δ, um die Verwechslung mit der Standardabweichung Δ zu vermeiden. Durch Beugung der „Materiewellen" kann nun aber der Impuls in x-Richtung streuen (siehe Abbildung 4.1). Die meisten Teilchen erreichen den Schirm im Hauptmaximum, d. h. unter einem Winkel α mit

$$-\frac{\lambda}{2\delta x} < \sin\alpha < +\frac{\lambda}{2\delta x}, \tag{4.6}$$

denn das 1. Minimum liegt bei $\sin\alpha = \frac{\lambda}{d} = \frac{\lambda}{2\delta x}$. Wählt man δp_x wie in Abbildung 4.1 gilt jedoch:

$$\frac{\delta p_x}{|\vec{p}|} = \frac{\lambda}{2\delta x}. \tag{4.7}$$

Mithilfe der De-Broglie-Relation $\lambda = \frac{h}{|\vec{p}|}$ wird daraus:

$$\delta x \delta p_x \approx \frac{1}{2}h. \tag{4.8}$$

Die Betrachtung liefert also die richtige Größenordnung (aber keine Ungleichung).

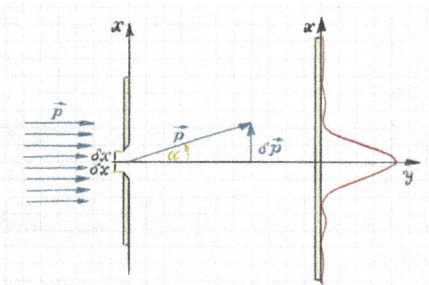

Abb. 4.1: Illustration zur Begründung der HUR am Einzelspalt. Die Spaltbreite ist ein Maß für die Unbestimmtheit des Ortes. Die Breite des ersten Beugungsmaximums liefert eine Abschätzung für die Unbestimmtheit des Impulses.

Man kann diese Herleitung jedoch aus verschiedenen Gründen kritisieren. So haben Müller und Wiesner (1997) bemängelt, dass diesem Argument zufolge $\delta p_x < |\vec{p}|$ gilt, denn die Komponente eines Vektors kann nie größer als sein Betrag sein. Da aber dadurch δp_x nicht beliebig anwachsen kann, wird für $\delta x < \frac{\lambda}{2}$ die Unbestimmtheitsrelation (4.8) sogar verletzt. Ebenso legt die Darstellung nahe, einen „tatsächlichen" Impuls des Elektrons $\vec{p}$ anzunehmen, der sich lediglich unserer Kenntnis entzieht. Alleine die bildliche Darstellung in Abbildung 4.1 ist hinreichend irreführend.

Angesichts der Einfachheit des Arguments scheint mir die Kritik daran jedoch etwas kleinlich. Müller und Wiesner (1997) scheinen auch nicht zu wissen (oder erwähnen es zumindest nicht), dass dieses Beispiel tatsächlich von Heisenberg selbst stammt (Heisenberg, 1930, S. 23).

4.2.2 HUR beim Einzelspalt: quantitative Betrachtung

Nun wird man erwarten, dass die oben geschilderten Probleme nicht auftreten, wenn man zu einer quantitativen Beschreibung mithilfe der Quantenmechanik übergeht. Dazu müssen die Wellenfunktionen in Orts- und Impulsraum angegeben werden, um die Standardabweichungen zu berechnen.

Für den Zustand am Spalt kann man etwa eine kastenförmige Wellenfunktion annehmen:

$$\psi(x) = \begin{cases} \frac{1}{\sqrt{2a}} & \text{für } |x| \le a \\ 0 & \text{für } |x| > a \end{cases} \tag{4.9}$$

Hier bezeichnet a die halbe Spaltbreite. Die Wellenfunktion im Impulsraum gewinnt man nun einfach durch Fourier-Transformation. Dies führt auf:

$$\phi(p) = \frac{1}{\sqrt{2\pi}} \int \psi(x)e^{-ipx}dx = \sqrt{\frac{a}{\pi}}\frac{\sin ap}{ap}. \tag{4.10}$$

Das Quadrat dieser sogenannten Sinc-Funktion ($\text{sinc}\, x = \frac{\sin x}{x}$) liefert also die Wahrscheinlichkeitsdichte für den Impuls (siehe Abbildung 4.2).[5] Damit können wir die Standardabweichungen der Wahrscheinlichkeitsverteilungen für Ort und Impuls berechnen. Weil bei unserer um null symmetrischen Funktion $\langle x \rangle = 0$ gilt, müssen wir lediglich $(\Delta x)^2 = \langle x^2 \rangle - \langle x \rangle^2 = \langle x^2 \rangle$ auswerten:

$$(\Delta x)^2 = \int\limits_{-a}^{+a} x^2|\psi(x)|^2 dx = \int\limits_{-a}^{+a} \frac{x^2}{2a}dx = \frac{a^2}{3}. \tag{4.11}$$

Für die Standardabweichung finden wir (wegen $d = 2a$) mit $\Delta x = \frac{d}{\sqrt{12}} \approx 0{,}3d$ also einen sinnvollen Wert, der proportional zur Spaltbreite ist.

Beim Impuls kommt es jedoch zu einer Überraschung. Auch hier gilt $(\Delta p)^2 = \langle p^2 \rangle$, also:

$$(\Delta p)^2 = \int\limits_{\mathbb{R}} p^2|\phi(p)|^2 dp = \frac{a}{\pi}\int\limits_{\mathbb{R}} p^2\left(\frac{\sin ap}{ap}\right)^2 dp = \text{„}\infty\text{“}. \tag{4.12}$$

---

5 Ebenfalls beschreibt das Quadrat der Sinc-Funktion das Beugungsmuster des Einfachspalts und wird deshalb auch „Spaltfunktion" genannt. Es gilt ja ganz allgemein für die Fraunhofer-Beugung, dass beugende Struktur und Beugungsmuster über die Fourier-Transformation verknüpft sind.

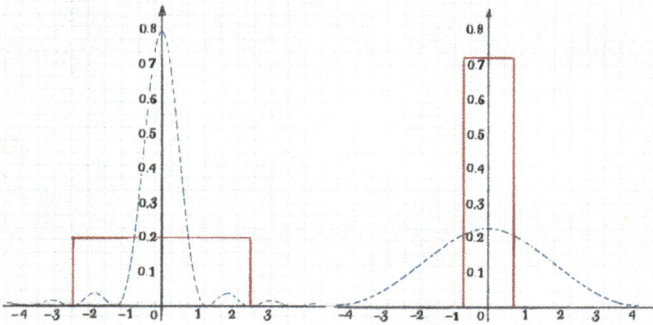

Abb. 4.2: Wahrscheinlichketsdichte $|\psi(x)|^2$ und $|\phi(p)|^2$ (gestrichelt) für Ort und Impuls. Links wurde der Parameter $a = 2{,}5$ gewählt, rechts der Wert $a = 0{,}7$. Man erkennt, wie die Breite der Impulsverteilung sich reziprok zur Spaltweite verändert.

Die Standardabweichung hat hier keinen endlichen Wert, da dieses Schwankungsmaß die Flanken mit p^2 gewichtet. Das Quadrat der Sinc-Funktion fällt aber nur mit $\frac{1}{p^2}$ ab, sodass das Integral divergiert. Natürlich wird die Kennard-Beziehung formal immer noch erfüllt („$\infty \geq \frac{\hbar}{2}$"), aber sie beschreibt den Sachverhalt nicht angemessen. Man beobachtet ja tatsächlich einen reziproken Zusammenhang zwischen der Größe des Spalts und der Breite des Hauptmaximums der Impulsverteilung (siehe Abbildung 4.2).

In diesem konkreten Einzelfall kann eine pragmatische Lösung darin bestehen, die eigentlich unphysikalische Rechteckfunktion für $\psi(x)$ abzuändern. Modelliert man den Spalt mit einer stetigen Funktion, gewinnt man tatsächlich eine endliche Standardabweichung für den Impuls. Dieses Problem ist jedoch nur ein Symptom für die grundsätzliche Schwierigkeit, dass die Standardabweichung als Streumaß für viele physikalisch relevante Verteilungen nicht sinnvoll ist. Es gilt sogar, dass sich für $a \to \infty$ das Interferenzmuster der δ-Distribution (vgl. Gleichung 3.85) annähert:

$$\lim_{a \to \infty} \frac{\sin^2 ap}{(ap)^2} = \delta(p). \tag{4.13}$$

$\Delta p = \infty$ gilt aber für jedes a, die Impuls-Streuung divergiert also auch dann, wenn die Wahrscheinlichkeitsverteilung beliebig schmal ist. In diesem Sinne schließt die Standard-Unbestimmtheitsrelation also gar nicht aus, dass beide Wahrscheinlichkeitsverteilungen beliebig schmal werden können (Uffink und Hilgevoord, 1993, S. 196).

Grundsätzlich wäre es ja auch verwunderlich, wenn durch ein Naturgesetz ein *spezielles Streumaß* ausgezeichnet würde. Dass der Standardabweichung bei der Formalisierung der Unbestimmtheitsrelation jedoch eine solche Rolle zugewiesen wurde, liegt wohl auch daran, dass in der Frühphase die Unbestimmtheit sehr eng mit dem Messfehler zusammengedacht wurde. Messfehler folgen nun aber aufgrund des zentralen Grenzwertsatzes typischerweise einer Gauß-Verteilung, bei der die Standardabweichung das natürliche Streumaß darstellt. Die häufige Diskussion gaußförmiger Wellenpakete (siehe Abschnitt 5.1.2) führte ebenfalls dazu, dass dieses Problem lange unentdeckt blieb.

Die Landau–Pollak-Beziehung

Die Lösung dieses Problems gelingt durch die Verwendung eines anderen Streumaßes. Uffink und Hilgevoord schlagen als Streumaß die sogenannte „Gesamtbreite" vor. Sie ist als Länge des kleinsten Intervalls W_α definiert, bei dem gilt:

$$\int_{W_\alpha} |\psi(x)|^2 dx = \alpha. \tag{4.14}$$

Der positive Parameter α wird dabei in der Nähe von Eins gewählt, etwa $\alpha = 0{,}9$. Dann liegen z. B. im Intervall $W_{0,9}(\psi)$ 90 % der Fläche, die von der Verteilung $|\psi(x)|^2$ mit der x-Achse eingeschlossen wird. Für die Impulsverteilung kann dieses Streumaß ebenfalls definiert werden, bezeichnen wir es mit $W_\alpha(\phi)$.

Diese Definition ist naheliegend, jedoch ist damit noch gar nicht die Frage berührt, ob für das Produkt dieser Streumaße ebenfalls eine untere Schranke angegeben werden kann. Dieser Nachweis konnte tatsächlich geführt werden. Landau und Pollak (1961) konnten zeigen, dass für Variablen, die durch eine Fourier-Transformation verknüpft sind (und falls $\alpha > \frac{1}{2}$), die folgende Unbestimmtheitsrelation gilt:[6]

$$W_\alpha(\psi) \cdot W_\alpha(\phi) \geq h \cdot (2\alpha - 1)^2. \tag{4.15}$$

Wählt man z. B. $\alpha = 0{,}85$, findet man für die untere Schranke $\approx \frac{1}{2}h$. Erst dieses Resultat formalisierte (nach 30 Jahren!) die heuristische Argumentation zur Unbestimmtheit von Ort und Impuls am Einfachspalt. Dabei reicht die Bedeutung natürlich über dieses konkrete Beispiel hinaus.

Verschiedene Typen von Unbestimmtheit

Bis hierhin wurde mit der Wahl eines anderen Streumaßes eine relativ kleine Modifikation der Kennard-Beziehung vorgenommen. Uffink und Hilgevoord haben aber ebenfalls darauf hingewiesen, dass zwei grundsätzlich verschiedene Typen von Unbestimmtheit sinnvoll unterschieden werden können. Unser bisheriges Beispiel betraf die Unbestimmtheit, bei bekannter Wahrscheinlichkeitsverteilung ein Messresultat *vorherzusagen*. Uffink und Hilgevoord nennen dies eine „Unbestimmtheit erster Art". Die „Unbestimmtheit zweiter Art" betrifft die Unsicherheit, mit der von einem Messresultat

---

6 Es handelt sich bei dem Erstautor dieser Arbeit übrigens *nicht* um den sowjetischen Physiker Lew Landau, sondern um den amerikanischen Mathematiker Henry Landau, der zusammen mit Henry Pollak bei den Bell-Laboratorien arbeitete. Dieses Resultat wurde im Zusammenhang der Nachrichtentechnik gewonnen.

auf die zugrunde liegende Wahrscheinlichkeitsverteilung (bzw. physikalisch formuliert: den Zustand) *zurückgeschlossen* wird. Ihr begegnen wir unter anderem bei einem anderen klassischen Beispiel für die Anwendung der HUR, dem Doppelspaltexperiment.

4.2.3 HUR und das Doppelspaltexperiment

Auf der 5. Solvay-Konferenz 1927 debattierten Einstein und Bohr über die Deutung der Quantentheorie mithilfe von Gedankenexperimenten. Einstein schlug z. B. ein Doppelspaltexperiment vor, bei dem durch eine Impulsmessung an der Blende entschieden werden könne, durch welche Öffnung das Elektron gedrungen sei, ohne dabei das Interferenzmuster zu beeinträchtigen. Diese gemeinsame Beobachtung von Teilchen- und Welleneigenschaften widerspräche der von Niels Bohr vertretenen Deutung (Bohr, 1949).

Bohr verteidigte seine Position mit dem Hinweis, dass die notwendige Genauigkeit der Impulsmessung am Doppelspalt eine Ortsunbestimmtheit zur Folge hätte, die in der Größenordnung der Interferenzstreifenbreite liege. Dadurch würden diese also gerade verschwinden. Bohrs Argumentation nutzte dabei die aus der Optik bekannte Tatsache aus, dass sich die Interferenzstreifen verbreitern, wenn der Spaltabstand verringert wird.

Wieder stellt sich die Frage, ob und wie dieses qualitative Argument im Formalismus der Quantenmechanik behandelt werden kann. Sicherlich können wir nicht die Wellenfunktion der Blende mit ihren $\approx 10^{23}$ Atomen berechnen. Stattdessen besteht eine sinngemäße Übertragung darin, Orts- und Impulsunbestimmtheit für die Elektronen anzugeben, die durch den Doppelspalt gesendet werden.

Die Wellenfunktion der Elektronen am Doppelspalt $\psi(x)$ kann ebenfalls durch eine Kastenfunktion (bzw. „Doppel-Kastenfunktion") beschrieben werden, und die Wellenfunktion im Impulsraum $\phi(p)$ gewinnt man durch die Fouriertransformation:

$$\psi(x) = \begin{cases} \frac{1}{\sqrt{4a}} & \text{für } A - a \leq |x| \leq A + a, \\ 0 & \text{sonst,} \end{cases} \qquad \phi(p) = \sqrt{\frac{2a}{\pi}} \cos Ap \cdot \frac{\sin ap}{ap}. \qquad (4.16)$$

Der besondere Charme der Betrachtung von Einfach- und Doppelspalt liegt ja darin, dass die Interferenzfiguren der Fourier-Transformierten der beugenden Struktur entsprechen. Hier werden also die abstrakten quantenmechanischen Impulsverteilungen $|\phi(p)|^2$ buchstäblich sichtbar gemacht.

Bei diesem Problem tauchen nun zwei Längenskalen auf. $2a$ ist wie beim Einzelspalt die Spaltbreite, während $2A$ den Abstand zwischen den Spalten (genauer: Spaltmitten) misst. In der $|\phi(p)|^2$-Verteilung treten beide Längenskalen ebenfalls auf. Die Breite der *Interferenzstreifen* ist umgekehrt proportional zum Spalt**abstand** ($\propto 1/A$) und die Breite der *Einhüllenden* ist umgekehrt proportional zur Spalt**breite** ($\propto 1/a$). Abbildung 4.3 illustriert diesen Zusammenhang.

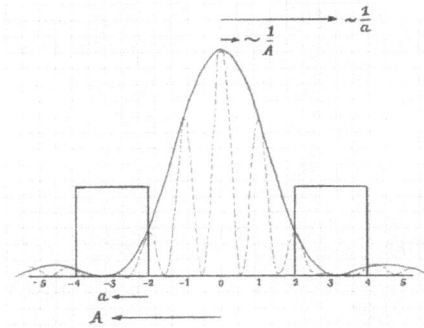

Abb. 4.3: Wahrscheinlichketsdichten $|\psi(x)|^2$ und $|\phi(p)|^2$ (gestrichelt) am Doppelspalt. Eingetragen sind auch die verschiedenen Längenskalen: Spaltbreite $2a$ und Spaltabstand $2A$. In der Fourier-Transformierten skaliert die Einhüllende entsprechend mit $\frac{1}{a}$ und die „Feinstruktur" (d. h. die Breite der Interferenzstreifen) mit $\frac{1}{A}$.

Diese Tatsache entspricht der Bohr'schen Argumentation („Kenntnis des Orts am Spalt verhindert die Beobachtung von Interferenzeffekten"), denn wenn wir die Ortsunbestimmtheit $\delta x \sim A$ verringern, verbreitern sich die Interferenzstreifen mit $\frac{1}{A}$.

Kurioserweise kann dieser Zusammenhang aber weder mit der Kennard-Beziehung (4.4) noch mit der Landau–Pollak-Beziehung (4.15) formalisiert werden. Dabei ist die Unbestimmtheit des Ortes noch unproblematisch. Sowohl die Standardabweichung Δx, als auch die Gesamtbreite $W_\alpha(\psi)$ liefern ein Resultat $\propto A$. Für die Standardabweichung gilt:

$$(\Delta x)^2 = \int x^2 |\psi|^2 dx \tag{4.17}$$

$$= \int\limits_{-A-a}^{-A+a} \frac{x^2 dx}{4a} + \int\limits_{+A-a}^{+A+a} \frac{x^2 dx}{4a} = \frac{a^2}{3} + A^2. \tag{4.18}$$

Ausgedrückt durch Spaltbreite $d = 2a$ und Spaltabstand $D = 2A$ ergibt sich daraus $\Delta x = \sqrt{\frac{d^2}{12} + \frac{D^2}{4}}$. Mit $D = 0$ reproduziert man also das Resultat vom Einfachspalt (Gleichung (4.11)), und falls $d \ll D$ folgt $\Delta x \approx \frac{D}{2}$. Die Standardabweichung ist hier also ein sinnvolles Maß für die Unbestimmtheit des Ortes, und das Problem ist erneut der Impuls.

Berechnet man die Standardabweichung der Impulsverteilung, ergibt sich erneut kein endlicher Wert, denn die Sinc-Funktion ist immer noch Teil der $\phi(p)$-Verteilung. Beim Einzelspalt konnte durch die Einführung der „Gesamtbreite" $W_\alpha(\phi)$ dieses Problem behoben werden, und tatsächlich liefert diese auch hier einen endlichen Wert. Dennoch ist die Gesamtbreite in diesem Fall ein untaugliches Streumaß, denn sie skaliert mit der Breite der *Einhüllenden*, also $\frac{1}{a}$ und ist ganz unabhängig von der *Breite* der Interferenzstreifen. Die Ursache leuchtet auch unmittelbar ein: Bisher ging es immer darum, ein Intervall anzugeben, in dem eine möglichst *große Fläche* der Impulsverteilung (z. B. 85 oder 90 %) liegt. Die einzelnen Streifen sind aber relativ schmal, und erst ihre Summe (etwa alle Streifen im Hauptmaximum der Einhüllenden) liefert einen solchen Wert. Von der Breite der einzelnen Streifen ist dies ganz unabhängig. Dieses Streumaß ist also konzeptionell ungeeignet, um das gesuchte Resultat auszudrücken.

Die hier betrachtete Unbestimmtheit ist stattdessen eine „Unbestimmtheit zweiter Art", die ich eingangs erwähnt hatte. Diese ähnelt konzeptionell dem Auflösungsvermögen, d. h. der Frage nach dem kleinsten Intervall, um das die Verteilung *verschoben* werden muss, um von der ursprünglichen unterschieden werden zu können.[7]

Zur quantitativen Beschreibung führen Uffink und Hilgevoord deshalb die sogenannte „Translationsbreite" $w_\beta(\phi)$ ein. Dabei bezeichnet β eine Konstante zwischen 0 und 1 (typischerweise zwischen $\frac{1}{2}$ und 1 gewählt), sowie $w_\beta(\phi)$ (oder kurz w) die kleinste positive Zahl, für die gilt:

$$\left| \int \phi^*(p)\phi(p-w)dp \right| = \beta. \tag{4.19}$$

Der Wert dieses Integrals hängt nun sensibel von der Feinstruktur der Verteilung ab, d. h. wenn die Verschiebung w kleiner als die Breite der Interferenzstreifen ist, wird sein Wert nur wenig abnehmen. Beim Doppelspalt findet man nun tatsächlich $w(\phi) \propto \frac{1}{A}$.

Mit dieser Kenngröße kann nun das Bohr'sche Argument formalisiert werden, denn unter der Bedingung $\alpha < 2\beta - 1$ kann gezeigt werden, dass für Verteilungen ψ und ϕ, die durch eine Fourier-Transformation verknüpft sind, folgende Ungleichung gilt (Uffink und Hilgevoord, 1993, S. 198):

$$W_\alpha(\psi) \cdot w_\beta(\phi) \geq h \cdot C(\alpha, \beta). \tag{4.20}$$

Dabei ist die Konstante C für typische Werte von α und β in der Größenordnung von 1.[8]

Unbestimmtheitsrelationen für Energie und Zeit

Für viele quantenmechanische Systeme kann eine Unbestimmtheitsrelation zwischen Energie- und Zeitskalen begründet werden – etwa für die mittlere Energie angeregter Zustände und ihre Lebensdauer.

In Lehrbüchern der Quantentheorie auf Universitätsniveau wird an dieser Stelle aber meist darauf hingewiesen, dass diese Ungleichungen nicht denselben Status, wie die HUR zwischen beispielsweise Ort und Impuls besitzen. Der Grund dafür sei, dass es keinen „Zeitoperator" gebe, und somit die Robertson-Beziehung $\Delta A \Delta B \geq \frac{1}{2}|\langle[A,B]\rangle|$ nicht angewendet werden könne. Darin liege also eine grundsätzliche Asymmetrie zwischen Raum und Zeit in der Quantentheorie[9]

---

7 Man denke etwa an das Rayleigh-Kriterium für die Auflösung zweier Punktquellen. Bei Betrachtung durch z. B. ein Fernrohr bilden beide ein Beugungsmuster. Ist der Abstand zwischen den Quellen gering, verschwimmen beide Signale zu einem ausgedehnten Fleck. Nach Rayleigh gelingt die Unterscheidung („Auflösung"), wenn das Maximum der einen Quelle mindestens mit dem ersten Minimum der anderen Quelle zusammenfällt.

8 Es gilt $C = 2\arccos(\frac{1+\alpha-\beta}{\beta})$. Wählt man z. B. $\alpha = 0{,}75$ und $\beta = 0{,}95$, ergibt sich $C \approx 1{,}14$.

9 Die Bemerkung, dass kein selbstadjungierter Operator für die Zeit angegeben werden kann, wurde zuerst von Pauli in seinem berühmten Handbuchartikel gemacht (Pauli, 1933, S. 140). Dieses Problem

Dieses Argument beruht jedoch auf einem Kategorienfehler. Sicherlich, die Quantentheorie kennt keinen „Zeitoperator", aber dies begründet keine Asymmetrie zwischen Raum und Zeit, denn einen „Raumoperator" gibt es ebenso wenig. Vielmehr lässt sich ein „Ortsoperator" angeben, dessen (uneigentlichen) Eigenzustände Orte materieller Objekte *im* Raum beschreiben. Die Koordinaten, die Punkte in der Raumzeit beschreiben, dürfen natürlich nicht mit den Raum- und Zeitpunkten von Objekten *innerhalb* der Raumzeit verwechselt werden. Jan Hilgevoord hat diese einfache Beobachtung in einer Reihe von Veröffentlichungen auf die Heisenberg'sche Unbestimmtheitsrelation angewendet (Hilgevoord, 1996, 1998, 2002, 2005). Seiner Meinung nach hat vor allem die häufige Betrachtung von Punktteilchen, deren Ort natürlich einem Punkt im Raum entspricht, sowie die unglückliche (da identische) Bezeichnung von Orts- und Raumkoordinaten mit x, y und z zu dieser Verwechslung beigetragen.[10]

Aus diesem Grund hält Hilgevoord schon die *Suche* nach einem Zeitoperator für fehlgeleitet. Zieht man anschließend weitreichende Folgerungen aus seiner Nichtexistenz, wird die Verwirrung nur noch größer.

Raum und Zeit werden in der Quantenmechanik also vollkommen identisch als bloße Parameter aufgefasst, während dynamische Größen wie Ort, Energie, Impuls etc. durch Operatoren beschrieben werden, die von diesen Parametern abhängen. Auf diese Weise können auch physikalische Systeme beschrieben werden, die eine besonders einfache Zeitabhängigkeit haben, etwa ein periodisch rotierender Zeiger. Aus der dynamischen Variablen „Ort des Zeigers" kann dann einfach auf die Zeit geschlossen werden. Solche Systeme nennt man „Uhren".

Man kann nun solche „Quantenuhren" angeben, deren dynamische Größen zur Konstruktion von vollwertigen Energie-Zeit-Unbestimmtheitsrelationen verwendet werden können. Die dabei verwendeten Unbestimmtheitsmaße sind hier vom Typ „Translationsbreite" (wie in Gleichung (4.19)), nur dass keine räumliche, sondern die „zeitliche Translation" betrachtet wird (Hilgevoord, 1998).

---

besitzt große Ähnlichkeit mit der Schwierigkeit, bei bestimmten Potenzialtypen einen selbstadjungierten Impulsoperator anzugeben; siehe Abschnitt 5.2.2.

10 Unsere Darstellung hat mit der Schreibweise $\Psi(x, y, z, t)$ dieser Verwechslung ebenfalls Vorschub geleistet.

5 Anwendung und Vertiefung der Quantenmechanik

Wir haben in Kapitel 2 zur Entwicklung der frühen Quantentheorie bereits zahlreiche erfolgreiche Anwendungen von der Schwarzkörperstrahlung, über die spezifische Wärme bis zur Feinstruktur des Wasserstoffspektrums kennengelernt. Für die moderne Quantenmechanik wurde in Kapitel 3 zunächst nur der Formalismus entwickelt, und die Diskussion von Anwendungen soll nun nachgeholt werden.

Mit Blick auf Umfang und Schwerpunkt des Buches wird jedoch eine recht kleine Zahl solcher Beispiele untersucht. Zusätzliche Anwendungen auf komplexere Probleme findet man in vielen Lehrbüchern; etwa Sakurai (1994), Ballentine (1998), Schwabl (2007) oder Nolting (2009).

Um die mathematische Komplexität zu reduzieren, betrachten wir an vielen Stellen Spezialfälle, wie Probleme in einer Raumdimension und stark idealisierte Potenzialtypen. Aber schon bei diesen „Spielzeug-Modellen" treten typische quantenmechanische Effekte auf, und man beginnt, ein „Gefühl" für die Theorie zu entwickeln.

Aber bekanntlich können Gefühle auch täuschen. Die Beschränkung auf den Einteilchen-Fall etwa kann zu dem Missverständnis beitragen, dass die Wellenfunktion ψ eine Welle im dreidimensionalen *Anschauungsraum* darstellt, obwohl sie auf dem *Konfigurationsraum* definiert ist (d. h. bei zwei Teilchen auf dem $\mathbb{R}^6$). Dass im Einteilchen-Fall Konfigurations- und Anschauungsraum die selbe Dimension haben, ändert aber natürlich nichts daran, dass auch hier die Wellenfunktion die Bedeutung einer Wahrscheinlichkeitsamplitude hat.

Zusätzlich nutze ich in diesem Kapitel die Gelegenheit, um Konzepte einzuführen, die auch schon im Kapitel 3 zum Formalismus gut aufgehoben gewesen wären. Beispiele sind der Bahndrehimpuls (Abschnitt 5.6.1), der Spin (Abschnitt 5.6.3) oder die Begriffe der Ununterscheidbarkeit (Abschnitt 5.6.4) und Verschränkung (Abschnitt 5.8.2). Aus didaktischer Hinsicht erschien es mir jedoch sinnvoll, diese Konzepte erst zu behandeln, wenn sie auch gebraucht werden. Die strikte Unterscheidung zwischen „Formalismus" und anschließender „Anwendung" ist dabei auch in wissenschaftshistorischer Hinsicht fragwürdig. James und Joas (2015) konnten zeigen, wie grundlegende Fragen des Formalismus erst durch die Behandlung von praktischen Anwendungen geklärt werden konnten.

Bei allen Anwendungen wollen wir zudem eine „Leitfrage" nicht aus dem Blick verlieren. Diese lautet:

Leitfrage
Wie gelingt es, mit der *kontinuierlichen* Wellenfunktion Ψ die quantentypische *Diskretheit* zu begründen, die in der frühen Quantentheorie ja lediglich postuliert wurde?

https://doi.org/10.1515/9783111152622-005

5.1 Das freie Teilchen

In der Newton'schen Mechanik stellt das „freie" (d. h. „kräftefreie") Teilchen wohl das einfachste Beispiel dar. Die Lösung der entsprechenden Bewegungsgleichung $m\vec{a} = 0$ lautet:

$$\vec{r}(t) = \vec{r}_0 + \vec{v}_0 t. \tag{5.1}$$

Die beiden Integrationskonstanten dieser DGL 2. Ordnung werden also durch den Anfangsort $\vec{r}_0$ und die Anfangsgeschwindigkeit $\vec{v}_0$ festgelegt. Die Bewegung findet mit konstanter Geschwindigkeit statt und Impuls sowie Energie sind erhalten.

Das entsprechende Problem der Quantenmechanik (d. h. die Schrödingergleichung mit $V = 0$) ist jedoch alles andere als einfach! Auf dem Niveau der Erwartungswerte kann mithilfe des Theorems von Ehrenfest (Abschnitt 3.4.10) natürlich sofort Folgendes gezeigt werden:

$$\langle \vec{r} \rangle_t = \langle \vec{r} \rangle_0 + \frac{1}{m} \langle \hat{p} \rangle_t. \tag{5.2}$$

Wir interessieren uns aber für die Lösungen der Schrödingergleichung und nicht bloß für die Erwartungswerte. Beschränken wir uns dabei auf eine Raumdimension. Offensichtlich hängt das Potenzial nicht von der Zeit ab, und wir können den Separationsansatz $\Psi(x, t) = \psi(x) \cdot e^{-\frac{i}{\hbar}Et}$ wählen. $\psi(x)$ gewinnt man als Lösung der zeitunabhängigen Schrödingergleichung:

$$-\frac{\hbar^2}{2m} \frac{d^2\psi}{dx^2} = E\psi. \tag{5.3}$$

Mit anderen Worten suchen wir die Eigenfunktionen zum Operator der kinetischen Energie $\hat{T} = \frac{\hat{p}^2}{2m}$. Mit der nützlichen Abkürzung

$$k = \sqrt{\frac{2mE}{\hbar^2}} \tag{5.4}$$

kann man diese Gleichung auch umschreiben:

$$\frac{d^2\psi}{dx^2} = -k^2\psi. \tag{5.5}$$

Man überprüft leicht, dass sie durch $\psi(x) = A \cdot e^{ikx}$ gelöst wird und k also der Wellenzahl (bzw. Wellenvektor) $k = \frac{2\pi}{\lambda}$ entspricht. Allerdings geht die Wellenzahl in Gleichung (5.5) quadratisch ein, sodass k auch durch $-k$ ersetzt werden kann. Die allgemeine Lösung lautet somit:

$$\psi(x) = A \cdot e^{ikx} + B \cdot e^{-ikx} \quad \text{mit } A, B \in \mathbb{C}. \tag{5.6}$$

Die Lösung der zeitabhängigen Schrödingergleichung erhalten wir einfach durch Multiplikation mit $e^{\frac{i}{\hbar}E_k \cdot t}$. Weil aber $E = \hbar\omega$ gilt, schreibt man einfacher:

$$\Psi(x,t) = A \cdot e^{i(kx-\omega_k t)} + B \cdot e^{i(-kx-\omega_k t)}.\tag{5.7}$$

Es handelt sich also um eine ebene Welle, die sich in positive x-Richtung ($+k$-Term) bzw. der Gegenrichtung ($-k$-Term) ausbreitet. Energie E_k und Wellenvektor k sind dabei nicht unabhängig, sondern durch Gleichung (5.4) verknüpft. Die Energie E_k, die einem k-Wert zugeordnet ist, lautet also:

$$E_k = \frac{(\hbar k)^2}{2m}\tag{5.8}$$

und für die Dispersionsrelation $\omega(k)$ erhalten wir das schon bekannte Resultat $\omega_k = \frac{\hbar k^2}{2m}$. Mit welcher (Phasen-)Geschwindigkeit u bewegt sich diese Welle? Es gilt $u = \lambda \cdot f = \frac{\omega}{k}$. Einsetzen von ω_k ergibt:

$$u = \frac{\hbar k}{2m} = \frac{p}{2m} \neq \frac{p}{m}.\tag{5.9}$$

Der Faktor 2 im Nenner sorgt dafür, dass dies nur der *halben* Geschwindigkeit entspricht, die man einem Objekt mit Impuls $p = m \cdot v$ eigentlich zuordnen würde. Dies ist bereits ein erster Hinweis darauf, dass der Zustand aus Gleichung (5.6) noch keine sinnvolle Beschreibung eines „freien Teilchens" liefert.

5.1.1 Das Normierungsproblem

Das eigentliche Problem besteht jedoch darin, dass der Zustand $\psi_k = A \cdot e^{ikx}$ (um die Lösung mit positivem k herauszugreifen) keine physikalische Bedeutung hat, da er nicht normiert werden kann.

Genau dieser Schwierigkeit waren wir aber bereits in Abschnitt 3.4.8 über „Operatoren mit kontinuierlichem Spektrum" begegnet. Tatsächlich entspricht der Zustand ψ_k exakt dem (uneigentlichen) Eigenzustand zum Impulsoperator (Gleichung (3.80)). Dies ist allerdings auch kein Zufall, da die Eigenzustände zum Impulsoperator $\hat{p}$ natürlich auch Eigenzustände des Operators der kinetischen Energie ($\hat{T} \propto \hat{p}^2$) sind.[1]

In Abschnitt 3.4.8 bestand die Lösung darin, eine normierbare Überlagerung dieser Zustände zu betrachten. Genau dieses Vorgehen soll auch hier angewendet werden. Eine allgemeine Wellenfunktion für das freie Teilchen muss also die Form eines „Wellenpakets" haben:

$$\psi(x) = \frac{1}{\sqrt{2\pi}} \int_{\mathbb{R}} \phi(k)e^{ikx}dk.\tag{5.10}$$

Diese Superposition ist natürlich nicht mehr ein Eigenzustand der stationären Schrödingergleichung (Gleichung (5.5)), da verschiedene k-Werte überlagert werden. Das „freie

---

1 Falls nämlich $\hat{p}\psi = \lambda\psi$ gilt, folgt $\hat{p}^2\psi = \hat{p}\lambda\psi = \lambda^2\psi$.

Teilchen" in der Quantenmechanik ist also kein Zustand mit fester Energie und festem Impuls. Die Lösung der zeitabhängigen Schrödingergleichung erfolgt natürlich wieder durch Multiplikation mit $e^{-i\omega_k t}$:

$$\Psi(x,t) = \frac{1}{\sqrt{2\pi}} \int_{\mathbb{R}} \phi(k) e^{i(kx - \omega_k t)} dk. \tag{5.11}$$

In Gleichung (5.10) (bzw. (5.11)) muss nun die Funktion $\phi(k)$ geschickt gewählt werden, um die Normierbarkeit sicherzustellen.

5.1.2 Das Gauß'sche Wellenpaket

Eine besonders einfache Lösung stellt das Gauß'sche Wellenpaket dar. Man fordert also etwa für $t = 0$ eine Wellenfunktion vom Typ $\Psi(x,0) = A \cdot e^{-ax^2}$ ($a \in \mathbb{R}$). Die Normierungsbedingung ergibt $|A| = (\frac{2a}{\pi})^{1/4}$.

Wie schon in Abschnitt 3.4.8 erwähnt, stellt Gleichung (5.10) nichts anderes als die Fourier-Transformation dar (und $\phi(k)$ entspricht der Wellenfunktion im Impulsraum). Die gesuchte Funktion $\phi(k)$ gewinnt man also durch die *inverse* Fourier-Transformation:[2]

$$\phi(k) = \frac{1}{\sqrt{2\pi}} \int_{\mathbb{R}} \Psi(x,0) e^{-ikx} dx \tag{5.12}$$

$$= \frac{A}{\sqrt{2\pi}} \int e^{-ax^2} e^{-kx} dx \tag{5.13}$$

$$= \frac{1}{(2\pi a)^{\frac{1}{4}}} e^{-k^2/4a}. \tag{5.14}$$

Für $\phi(k)$ erhält man also ebenfalls eine gaußförmige Verteilung, deren Breite jedoch umgekehrt proportional zur Breite der räumlichen Wellenfunktion ist. Diese Eigenschaft der Fourier-Transformation von Gauß'schen Wellenpaketen stellt sicher, dass die Heisenberg'sche Unbestimmtheitsrelation erfüllt wird.

Damit kann mithilfe von Gleichung (5.11) $\Psi(x,t)$ berechnet werden. Die Breite dieses Zustandes ist jedoch zeitabhängig. Im Ortsraum nimmt sie zu (Belloni und Robinett, 2014):

$$(\Delta x_t)^2 = (\Delta x_0)^2 + \frac{(\Delta p_0)^2 t^2}{m^2}. \tag{5.15}$$

Charakteristisch ist also das „zerfließen" des Wellenpakets, denn durch die Dispersionsrelation $\omega \propto k^2$ bewegen sich die verschiedenen Partialwellen mit unterschiedlicher

---

2 Bei der Berechnung verwendet man das Gaußintegral: $\int_{\mathbb{R}} e^{-(ax^2+bx)} dx = \sqrt{\frac{\pi}{a}} e^{b^2/4a}$, das wir schon für die Bestimmung von A (mit $b = 0$) ausgenutzt haben.

Phasengeschwindigkeit $u = u(k)$. Das „freie Teilchen" wird also mit zunehmender Dauer im Ort immer weniger lokalisiert sein, während sein Impuls einen zunehmend genauer definierten Wert erhält.[3]

Kehren wir noch einmal zu der Frage zurück, mit welcher Geschwindigkeit sich das „freie Teilchen" in der QM bewegt. Die *Phasengeschwindigkeit* der ebenen Welle (Gleichung (5.9)) betrug nur den halben Wert, den man gemäß $p = mv$ erwarten würde. Die Gruppengeschwindigkeit jedoch, d. h. die Geschwindigkeit, mit der sich etwa das Maximum eines Wellenpakets ausbreitet, dessen k-Werte um k_0 konzentriert sind, beträgt:

$$u_g = \left.\frac{\partial\omega}{\partial k}\right|_{k=k_0} = \frac{\hbar k_0}{m} = \frac{p_0}{m}.$$ (5.16)

Dies entspricht nun genau der Erwartung.

Das freie Teilchen: Newton und QM im Vergleich
In der Newton'schen Mechanik ist das freie Teilchen ein triviales Problem. Die quantenmechanische Beschreibung führt zunächst auf Zustände, die gar keine physikalische Bedeutung haben. Erst die Bildung von „Wellenpaketen" erlaubt eine Beschreibung – aber das „freie Teilchen" besitzt dadurch notwendig keinen festen Impuls und es „zerfließt" räumlich mit der Zeit. Es stellt somit eher einen Fremdkörper dar, und die QM ist keine Theorie von „Teilchen".

5.2 Der unendlich hohe Potenzialtopf

Wenn bereits der im letzten Abschnitt behandelte Fall $V = 0$ solche Probleme aufwirft, wird man für $V \neq 0$ noch größere Schwierigkeiten erwarten. Diese Sorge ist jedoch für das jetzt betrachtete Kastenpotenzial (zunächst) unbegründet.

Der unendlich hohe Potenzialtopf in einer Raumdimension ist in Abbildung 5.1 dargestellt. Die Potenzialfunktion lautet also:

$$V(x) = \begin{cases} 0 & \text{für } 0 \leq x \leq L \\ \infty & \text{sonst} \end{cases}$$ (5.17)

Die erste Diskussion eines Teilchens mit Masse m in diesem Potenzial findet sich bereits bei Nevill F. Mott (1930, S. 59ff) („Let us consider an electron shut up in a box") und es wird in fast allen Lehrbüchern zur Quantenmechanik als elementare Anwendung

---

3 Bei elektromagnetischen Wellen gilt hingegen $\omega = ck$, d. h. die Geschwindigkeit $c = \frac{\omega}{k}$ ist von k unabhängig. Zudem haben hier Phasen- und Gruppengeschwindigkeit den selben Wert. Deshalb können z. B. Radiowellen überhaupt erst zur Signalübermittlung verwendet werden. Zur Dispersion kommt es hier erst bei der Ausbreitung in einem Medium. Aber z. B. in einem Koaxialkabel verläuft die Ausbreitung elektromagnetischer Wellen ebenfalls näherungsweise dispersionsfrei.

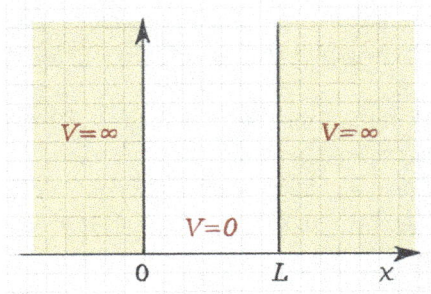

Abb. 5.1: Potenzial des unendlich hohen Potenzial-topfes in einer Dimension.

diskutiert. Dieses Problem führt auf diskrete Energien und fungiert somit als Modell für gebundene Zustände allgemein. Allerdings werden auch hier einige subtile mathematische Probleme aufgeworfen, die in vielen Darstellungen ignoriert werden (siehe Abschnitt 5.2.1).

Behandlung in der Newton'schen Mechanik

Betrachten wir zunächst wieder das analoge Problem der Newton'schen Mechanik. Zwischen den Punkten 0 und L wirkt keine Kraft und das „klassische" Teilchen kann sich mit konstanter Geschwindigkeit bewegen (oder ruht).

Bei $x = 0$ und $x = L$ hingegen ändert sich das Potenzial unstetig und die Kraft $F = -\frac{d}{dx}V$ ist zunächst gar nicht definiert. Salopp könnte man davon sprechen, dass auf das Teilchen an diesen Stellen eine „unendliche" Kraft wirkt. Das ganze Problem erscheint aus der Perspektive Newtons also eher unphysikalisch. Ob eine Näherung jedoch „physikalisch" ist, hängt stark vom Kontext ab. Im Prinzip beruht das Konzept des „starren Körpers" ebenfalls auf der Annahme unendlicher Potenziale. Gemeint ist aber lediglich, dass die reale Verformung kleiner ist, als die anderen relevanten Längenskalen des Problems. Dies ist häufig eine sinnvolle Annahme. In diesem Sinne beschreibt unser Kastenpotenzial undurchdringliche Wände, an denen das Teilchen vollkommen elastisch reflektiert. Der Impuls ist hier natürlich nicht erhalten.

Behandlung in der Quantenmechanik

Bereits in der Bohr–Sommerfeld-Theorie kann man dieses System beschreiben und wird dabei sogar auf die korrekten Energie-Eigenwerte geführt (Balakrishnan, 2022).

In der quantenmechanischen Behandlung suchen wir die Lösung der entsprechenden stationären Schrödingergleichung:

$$\left(-\frac{\hbar^2}{2m}\frac{d^2}{dx^2} + V(x) \right)\psi(x) = E\psi(x). \tag{5.18}$$

Da das Potenzial hier stückweise definiert ist, muss auch die Schrödingergleichung stückweise gelöst werden. An den Intervallgrenzen muss dann die *Stetigkeit* der Wellenfunktion gefordert werden.

Im Bereich mit „$V = \infty$" hat die Eigenwertgleichung natürlich keine Lösung, also gilt dort $\psi(x) = 0$. Das liefert die Stetigkeitsbedingungen:

$$\psi(0) = \psi(L) = 0. \tag{5.19}$$

Innerhalb des Potenzialtopfes gilt jedoch $V = 0$ und somit Gleichung (5.3) für das „freie Teilchen". Im letzten Abschnitt haben wir an dieser Stelle die komplexe Lösung $\psi \propto e^{ikx}$ angesetzt, aber man kann natürlich auch den Ausdruck $\psi(x) = A \sin kx + B \cos kx$ ($A, B \in \mathbb{C}$) wählen. Die Bedingung $\psi(0) = 0$ können wir befriedigen, wenn wir $B = 0$ setzen. Es bleibt also nur der Sinus-Term übrig. Einsetzen von $\psi(x) = A \sin kx$ in Gleichung (5.3) ergibt:

$$-\frac{\hbar^2}{2m}\frac{d^2}{dx^2}\psi(x) = \underbrace{\frac{\hbar^2 k^2}{2m}}_{=E_k}\psi(x). \tag{5.20}$$

Die Stetigkeit bei $x = L$ liefert:

$$\psi(L) = A \sin(L \cdot k) \stackrel{!}{=} 0, \tag{5.21}$$

woraus bei $A \neq 0$ folgt, dass das Argument der Sinusfunktion ein *ganzzahliges* Vielfaches von π sein muss:

$$L \cdot k = n \cdot \pi \quad \text{mit } n \in \mathbb{Z}. \tag{5.22}$$

Dies ist technisch betrachtet der entscheidende Grund dafür, dass man auf diskrete Lösungen geführt wird und bringt uns zur ersten Antwort auf unsere „Leitfrage" (siehe den blauen Kasten vor Abschnitt 5.1):

Antwort auf die Leitfrage
Nicht alle Wellenfunktionen, die die Schrödingergleichung im *Inneren* des Potenzialtopfes erfüllen, sind auch Lösungen des *Gesamtproblems*. Erst die Stetigkeitsbedingungen am Rand des Potenzialtopfes erzwingen die diskreten Lösungen, die für die Quantentheorie charakteristisch sind.

In Gleichung (5.22) gilt $n \in \mathbb{Z}$, aber wegen der Asymmetrie der Sinusfunktion ($\sin(-x) = -\sin x$) führen betraglich gleiche n auf linear abhängige Zustände. Der Wert $n = 0$ liefert *keine* Lösung, denn bei $\psi(x) = 0$ wird ja gar kein Teilchen beschrieben. Wir können somit $n \in \mathbb{N}$ (ohne Null) annehmen.

Gleichung (5.22) bedeutet eine Einschränkung an die möglichen k-Werte bzw. (wegen $k = \frac{2\pi}{\lambda}$) die zulässigen Wellenlängen:

$$k_n = \frac{n\pi}{L} \quad \text{bzw.} \quad n\frac{\lambda_n}{2} = L. \tag{5.23}$$

Bei den zulässigen Lösungen muss also das (natürliche) Vielfache der halben Wellenlänge gleich der Kastenlänge L sein. Dies entspricht der Situation von elektromagnetischen

Wellen in einem leitfähigen Volumen (siehe etwa die Bestimmung der spektralen Modendichte in Appendix A.1) oder den Eigenschwingungen einer Saite mit festen Enden. Für die ebenfalls diskreten Energien E_n folgt daraus:

$$E_n = \frac{(\hbar k_n)^2}{2m} = \frac{(\hbar n\pi)^2}{2mL^2} \quad n = 1, 2, 3, \ldots . \tag{5.24}$$

In der Quantenmechanik treten die diskreten Energien also auf organische Weise auf. Ebenfalls wird deutlich, wie verführerisch es ist, der Wellenfunktion ψ eine unmittelbar physikalische Deutung im Ortsraum zu geben (vgl. jedoch Abschnitt 3.3.3).

Die Bestimmung der Normierungskonstanten

Es bleibt nur noch die Bestimmung der Konstante A – und exakt diese Normierung ist im Falle des freien Teilchens im letzten Abschnitt nicht gelungen. Nun haben wir jedoch ein *endliches* „Volumen" (bzw. im hier betrachteten eindimensionalen Fall das endliche Intervall $[0, L]$) zu betrachten:

$$\int_0^L A^* A \sin^2 k_n x\, dx \overset{!}{=} 1. \tag{5.25}$$

Mithilfe der Beziehung $\sin^2 x = \frac{1-\cos 2x}{2}$ kann dieses Integral vereinfacht werden:

$$|A|^2 \int_0^L \sin^2 \frac{n\pi x}{L}\, dx = \frac{|A|^2}{2} \int_0^L 1 - \cos \frac{2n\pi x}{L}\, dx \tag{5.26}$$

$$= \frac{|A|^2}{2} \left(\int_0^L dx - \int_0^L \cos \frac{2n\pi x}{L}\, dx \right) \tag{5.27}$$

$$= \frac{|A|^2}{2} \left(L - \underbrace{\left[\frac{L}{2n\pi} \sin \frac{2n\pi x}{L} \right]_0^L}_{=0} \right) \tag{5.28}$$

$$= |A|^2 \frac{L}{2} \overset{!}{=} 1. \tag{5.29}$$

Für A müssen wir i. allg. eine komplexe Zahl ansetzen, also $A = \sqrt{\frac{2}{L}} \cdot e^{i\phi}$. Wellenfunktionen sind aber grundsätzlich nur bis auf eine komplexe Phase bestimmt, weshalb wir $\phi = 0$ wählen können. Damit erhalten wir:

Die Energie-Eigenfunktionen des unendlich hohen Potenzialtopfes

$$\psi_n(x) = \sqrt{\frac{2}{L}} \sin\left(\frac{n\pi x}{L} \right) \quad x \in [0, L] \text{ und } n \in \mathbb{N} \tag{5.30}$$

mit $E_n = \frac{(\hbar k_n)^2}{2m} = \frac{(\hbar n\pi)^2}{2mL^2}$.

Diese Eigenfunktionen bilden ein vollständiges Orthonormalsystem mit $\langle \psi_n | \psi_m \rangle = \delta_{n,m}$. Beliebige Funktionen über dem Intervall $[0, L]$, die am Rand verschwinden, können nach dieser Basis entwickelt werden. Abbildung 5.2 zeigt die ersten sechs Lösungen (links) sowie die zugehörigen Wahrscheinlichkeitsdichten (rechts).

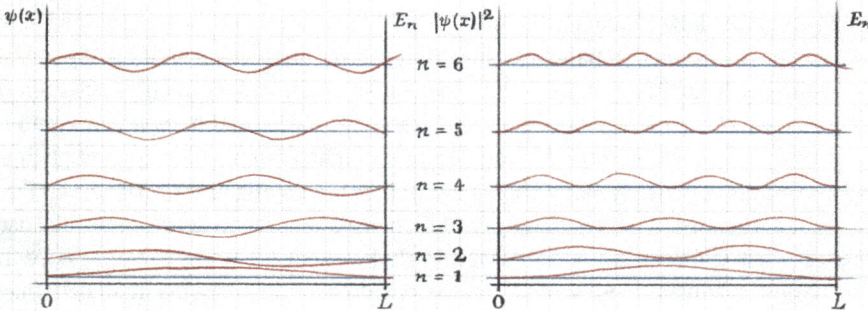

Abb. 5.2: Energieniveaus E_n (waagerechte Linien), Eigenfunktionen ψ_n (links) und Wahrscheinlichkeitsdichten $|\psi_n|^2$ (rechts) für die ersten sechs Lösungen des unendlich tiefen Potenzialtopfes. Um die verschiedenen Graphen unterscheiden zu können, wurden sie jeweils auf der Höhe des entsprechenden Energieniveaus eingetragen.

Schließlich wollen wir noch auf einige Eigenschaften hinweisen (vgl. Filk, 2019, S. 145f und Balakrishnan, 2022):

1. Die drei Parameter des Problems lauten m, L und $\hbar$. Ihre Dimension ist Masse (M), Länge (L) sowie ML^2T^{-1} (T für die Dimension der Zeit). Die einzige Kombination daraus mit der Dimension Energie lautet $\frac{\hbar^2}{mL^2}$. Es folgt also bereits aus dieser Dimensionsanalyse, dass die E_n proportional zu diesem Ausdruck sind.

2. Wegen $\int |\psi|^2 dx = 1$ folgt, dass ψ die Dimension $L^{-\frac{1}{2}}$ hat. Der Normierungsfaktor $\propto \sqrt{1/L}$ folgt daraus.

3. Die Lösung $\psi(x)$ enthält nicht das Planck'sche Wirkungsquantum, obwohl wir uns ja in der Quantentheorie bewegen. Aber die Dimension von $\hbar$ ist ML^2T^{-1} und mit den Größen m und L kann T^{-1} nicht eliminiert werden. In der zeitabhängigen Lösung $\Psi(x,t) = e^{-\frac{i}{\hbar}E_n t}\psi(x)$ ist dies natürlich anders.

4. Es gilt jedoch $E_n \propto \hbar^2$, das Auftreten diskreter Energien ist also ein Quanteneffekt. Der naive Limes $\hbar \to 0$ führt aber offensichtlich zu keinem „klassischen" Resultat.

5. Wegen $E_n \propto \frac{1}{L^2}$ rücken die Energieniveaus bei wachsendem L jedoch zusammen. Je größer der Potenzialkasten, desto kleiner ist also der Effekt der Energiequantisierung.[4]

---

4 In Abschnitt 5.1 waren wir dem Problem begegnet, dass die ebene Welle $\psi = e^{ikx}$ nicht normiert werden kann, und wir hatten die Bildung von Wellenpaketen diskutiert. Durch die Einführung eines

6. Ebenfalls gilt $E_n \propto \frac{1}{m}$, d. h. bei Zunahme der Masse rücken die Energien zusammen. Je massiver ein Körper also ist, desto kleiner ist der Effekt der Quantisierung.

7. Schließlich gilt $E_n \propto n^2$. Die Lücken zwischen den Energien wachsen mit zunehmendem n also an. In diesem Sinne führen „große" Quantenzahlen hier nicht zu „klassischem" (d. h. kontinuierlichem) Verhalten.[5]

Wir wollen an die letzte Bemerkung anknüpfen. Für $n \to \infty$ erhalten wir zwar keinen „klassischen" Grenzwert im naheliegenden Sinne, aber für große n sind die Eigenfunktionen sehr rasch oszillierend. Die Aufenthaltswahrscheinlichkeit in einem kleinen Intervall $[x, x + \Delta x] \subset [0, L]$ ist dann $\int_x^{x+\Delta x} |\psi_n|^2 dx \approx \frac{\Delta x}{L}$ – also unabhängig von x und im ganzen Intervall gleich. Betrachtet man den unendlichen Potenzialkasten lediglich als Idealisierung eines beliebig tiefen Topfes mit steilen, aber stetig differenzierbaren Flanken, ergibt die klassische Beschreibung ein Teilchen, das zwischen den Wänden elastisch reflektiert wird. In diesem Sinne ähnelt sein Verhalten dem Zustand ψ_n für $n \to \infty$, denn seine Energie ist konstant und seine Aufenthaltswahrscheinlichkeit in einem beliebigen Intervall Δx beträgt ebenfalls konstante $\frac{\Delta x}{L}$.

5.2.1 Die HUR beim unendlichen Potenzialtopf

Die niedrigste Energie beträgt $E_1 = \frac{(\pi \hbar)^2}{2mL^2} \neq 0$. Wäre die Energie dieses Grundzustandes dagegen Null, müsste anschaulich argumentiert auch der Impuls verschwinden – und damit auch $\Delta p = 0$ gelten (hier bezeichnet Δ wieder die Standardabweichung und nicht, wie im letzten Abschnitt, ein beliebiges Intervall). Aus der Heisenberg'schen Unbestimmtheitsrelation ließe sich dann aber auf einen völlig unbestimmten Ort schließen („$\Delta x = \infty$"), was in einem endlichen Kasten der Länge L nicht möglich ist.

Dieses Argument lässt sich auch umkehren: Setzen wir für den Grundzustand $\Delta x \approx L$, so muss für die Impulsunbestimmtheit $\Delta p \approx \frac{\hbar}{L}$ gelten. Dazu passt aber die minimale Energie $\frac{(\Delta p)^2}{2m} \approx \frac{\hbar^2}{2mL^2}$. Dies entspricht (bis auf den Faktor π^2) der Grundzustandsenergie E_1.

Um die Heisenberg'sche Unbestimmtheitsrelation exakt zu überprüfen, müssen wir jedoch die Standardabweichung von Orts- und Impulsoperator betrachten. Man rechnet leicht nach, dass $\langle \hat{p} \rangle = 0$ (diese Eigenschaft gilt für stationäre Zustände immer). Für den Erwartungswert von $\hat{p}^2$ findet man $\langle \hat{p}^2 \rangle = 2mE_n = (\frac{n\hbar\pi}{L})^2$.

Normierungsvolumens V kann diese Schwierigkeit auch umgangen werden. De facto sperrt man den Zustand damit in einen Potenzialkasten ein. Der normierte Zustand $\psi = \frac{1}{\sqrt{V}} e^{ikx}$ besitzt nun zwar diskrete Energien, aber bei Wahl eines großen Volumens, ist dieser Effekt zu vernachlässigen.

5 Man könnte allerdings einwenden, dass $\frac{E_{n+1} - E_n}{E_n} = \frac{2n+1}{n^2}$ gilt. Für $n \to \infty$ geht dieser Ausdruck gegen Null. Die *relativen* Abstände der Energie verringern sich mit zunehmendem n also doch.

Für den Ort ist es etwas komplizierter. Man findet noch leicht, dass $\langle \hat{x} \rangle = \frac{L}{2}$ gilt, aber eine etwas aufwendigere Rechnung ergibt $\langle \hat{x}^2 \rangle = L^2(\frac{1}{3} - \frac{1}{2n^2\pi^2})$. Daraus folgt:

$$\Delta x \cdot \Delta p = \frac{\hbar}{2} \underbrace{\sqrt{\frac{n^2\pi^2}{3} - 2}}_{\approx 1,13 \text{ bei } n=1} \geq \frac{\hbar}{2}. \tag{5.31}$$

Weil die Wurzel schon bei $n = 1$ größer als Eins ist, wird die Heisenberg'sche Unbestimmtheitsrelation in der Formulierung von Kennard (Gleichung (4.4)) erfüllt. Δp und Δx nehmen beide mit n zu, aber die Standardabweichung des Ortes nähert sich einem konstanten Wert: $\lim_{n\to\infty} \Delta x = \frac{L}{\sqrt{12}}$. Dies ist die bekannte Standardabweichung für eine gleichförmige Zufallsverteilung und bestätigt somit unsere Bemerkung über die konstante Aufenthaltswahrscheinlichkeit im Limes großer n.

Diese Betrachtungen zur Orts- und Impulsstreuung machen einen sehr plausiblen Eindruck, aber ich habe dabei (in typischer Physikermanier) einfach vorausgesetzt, dass der Impulsoperator $\hat{p}_x = -i\hbar\frac{d}{dx}$ selbstadjungiert ist. Bei den hier gewählten Randbedingungen ist dies jedoch gar nicht ausgemacht. Im nächsten Abschnitt wird sich zeigen, dass dies tatsächlich *nicht* zutrifft.

5.2.2 Der Impuls beim unendlichen Potenzialtopf

Wir haben bereits die Energieniveaus und Aufenthaltswahrscheinlichkeiten beim unendlichen Potenzialtopf berechnet. Nun wollen wir betrachten, welchen Impuls das Teilchen besitzt. Beginnen wir mit einer allgemeinen Beobachtung.

Im Inneren des Potenzialkastens gilt die freie Schrödingergleichung mit $H = \frac{\hat{p}^2}{2m}$, und wir hatten in Abschnitt 3.6.2 gezeigt, dass für diesen Hamiltonoperator $[H, \hat{p}] = 0$ gilt. Kommutieren zwei Operatoren, können jedoch gemeinsame Eigenzustände angegeben werden. Sind die Energie-Eigenzustände ψ_n also ebenfalls Impuls-Eigenzustände (mit Eigenwerten „$p_n = \hbar k_n$")? Dies ist nicht der Fall, denn wendet man den Impulsoperator auf die Energie-Eigenzustände (5.30) an, findet man:[6]

$$\hat{p}\psi_n(x) = -i\hbar\frac{d}{dx}\left[\sqrt{\frac{2}{L}} \sin\frac{n\pi x}{L}\right]$$

$$= -i\frac{\hbar n\pi}{L}\sqrt{\frac{2}{L}} \cos\frac{n\pi x}{L} \neq p_n \cdot \psi_n(x). \tag{5.32}$$

Offensichtlich ist das Kommutator-Argument hier also nicht anwendbar. *Ein* Grund dafür (wir werden später noch einen anderen kennenlernen) lautet, dass der Operator $H = \frac{\hat{p}^2}{2m}$ nicht das ganze System („Innenraum + Wände") beschreibt. Die Wände des Potenzials sind es aber gerade, die die Translationsinvarianz verletzen. Der Impuls ist

---

6 Statt $\hat{p}$ sollten wir in diesem Abschnitt genauer $\hat{p}_x$ schreiben.

somit keine Erhaltungsgröße und besitzt keine gemeinsamen Eigenzustände mit dem Hamiltonoperator.

Außerdem könnte man argumentieren, dass die kinetische Energie $\propto p^2$ den Impuls ja auch nur bis auf ein Vorzeichen festlegt (klassisch: $p = \pm\sqrt{2mE}$). Nun trifft es tatsächlich zu, dass die ψ_n mit der Euler'schen Formel durch eine Überlagerung von zwei ebenen Wellen (also „Impuls-Eigenzuständen") ausgedrückt werden können:

$$\psi_n = \sqrt{\frac{2}{L}}\sin\frac{n\pi x}{L} = \underbrace{\sqrt{\frac{2}{L}}\frac{1}{2i}e^{+i\frac{n\pi x}{L}}}_{=\psi_n^+} - \underbrace{\sqrt{\frac{2}{L}}\frac{1}{2i}e^{-i\frac{n\pi x}{L}}}_{\psi_n^-}. \tag{5.33}$$

Wendet man $\hat{p}$ auf eine Komponente $\psi_n^\pm$ an, findet man in der Tat die „Impuls-Eigenwerte" $\pm\hbar k_n = \pm\frac{\hbar n\pi}{L}$.

Sind also vielleicht diese Komponenten (in Analogie zur klassischen Beschreibung mit dem hin und zurücklaufenden Teilchen) auch die Impuls-Eigenzustände unseres Systems? Auch diese Vermutung ist falsch, denn ebene Wellen sind wieder nur eine Lösung der *freien* Schrödingergleichung, während wir hier ein Potenzial haben, das den Definitionsbereich der Operatoren einschränkt. An seinen Rändern mussten wir dementsprechend Randbedingungen wählen und hatten $\psi(0) = \psi(L) = 0$ („Dirichlet-Randbedingungen") gefordert. Für die $\psi_n^\pm$ gilt jedoch $\psi_n^\pm(0) \neq 0$ sowie $\psi_n^\pm(L) \neq 0$. Damit scheiden sie aber als mögliche Lösungen aus.

Randbedingungen und Selbstadjungiertheit

Die Bedeutung von Definitionsbereich und Randbedingungen ist nun offensichtlich, und damit können wir das bereits in Abschnitt 3.4.3 angekündigte Beispiel für den Unterschied zwischen Hermitizität und Selbstadjungiertheit diskutieren. Dazu betrachten wir den Operator $\hat{p}_D = -i\hbar\frac{d}{dx}$ (D wie Dirichlet) mit dem scheinbar „richtigen" Definitionsbereich:[7]

$$\mathcal{D}(\hat{p}_D) = \{\psi \in \mathcal{H}^1[0,L] \mid \psi(0) = \psi(L) = 0\}. \tag{5.34}$$

Für diesen Impuls-Operator gilt jedoch, dass er (i) keine Eigenvektoren aus dem Definitionsbereich $\mathcal{D}(\hat{p}_D)$ besitzt, sowie (ii) $\hat{p}_D$ zwar hermitesch, aber nicht selbstadjungiert ist.

Zu (i): Die Lösung der Eigenwertgleichung für den Impuls führt auf ebene Wellen $\psi \propto e^{\frac{i}{\hbar}px}$ (Gleichung (3.80)) und hier gilt immer $\psi(0) \neq 0$.

Zu (ii): Der Definitionsbereich von $\hat{p}_D^\dagger$ lautet (Gieres, 2000, Gl. 2.20):

$$\mathcal{D}(\hat{p}_D^\dagger) = \{\phi \in \mathcal{H}^1[0,L] \mid \forall\psi \in \mathcal{D}(\hat{p}_D) \; \exists\tilde{\phi} \; \text{sodass:} \; \langle\phi|\hat{p}_D\psi\rangle = \langle\tilde{\phi}|\psi\rangle\}. \tag{5.35}$$

---

7 Wie in Abschnitt 3.4.3 eingeführt: Der Sobolev-Raum $\mathcal{H}^1[0,L]$ besteht aus den quadratintegrablen Funktionen auf $[0,L]$, deren erste Ableitung ebenfalls $\in \mathcal{L}_2[0,L]$ ist.

Für $\phi \in \mathcal{D}(\hat{p}_D^\dagger)$ definiert man dann: $\hat{p}_D^\dagger \phi = \tilde{\phi}$. Der adjungierte Operator ist hermitesch, da auch hier bei der partiellen Integration der Randterm verschwindet (vgl. Gleichung (3.65)):

$$\frac{\hbar}{i}\phi^*(x)\psi(x)\bigg|_0^L = \phi^*(L)\psi(L) - \phi^*(0)\psi(0) = 0. \tag{5.36}$$

Man beachte jedoch, dass ψ aus dem Definitionsbereich von $\hat{p}_D$ stammt, und die dort geforderte Bedingung $\psi(0) = \psi(L) = 0$ bereits ausreicht, um die Gleichung (5.36) zu erfüllen („ein Produkt ist Null, wenn einer der Faktoren Null ist"). Für die Zustände $\phi \in \mathcal{D}(\hat{p}_D^\dagger)$ müssen diese Randbedingungen also *nicht* gefordert werden, wodurch der Definitionsbereich des adjungierten Operators *größer* ist als $\mathcal{D}(\hat{p}_D)$. Damit wird aber die Bedingung für Selbstadjungiertheit ($\mathcal{D}(\hat{p}_D) = \mathcal{D}(\hat{p}_D^\dagger)$) verletzt (siehe Abschnitt 3.4.3). Dieses so technisch anmutende Argument hat eine weitreichende Folgerung:

> Der Impulsoperator für den unendlich hohen Potenzialtopf mit den üblichen Randbedingungen $\psi(L) = \psi(0) = 0$ ist nicht selbstadjungiert. Bei diesem System ist der Impuls also keine Observable.

Dies ist ein bemerkenswertes Resultat, das einige der bisherigen Aussagen kompromittiert bzw. in neuem Licht erscheinen lässt. So hat unsere Behandlung der Unbestimmtheitsrelation (Abschnitt 5.2.1) ganz naiv mit dem Ausdruck $\hat{p} = -i\hbar\frac{d}{dx}$ operiert, obwohl seiner Anwendung die Grundlage fehlt. Ebenso hatten wir am Anfang des Abschnitts mit dem Kommutator $[H, \hat{p}] = 0$ argumentiert und uns zunächst gewundert, dass dennoch keine gemeinsamen Eigenzustände vorliegen. Nun erkennen wir, dass die Voraussetzungen für dieses Argument gar nicht vorliegen. Und falls sich Leserinnen und Leser fragen: Hamilton- und Ortsoperator für den unendlichen Potenzialtopf sind (zum Glück) selbstadjungiert (Cintio und Michelangeli, 2021, S. 282).

Selbstadjungierte Erweiterungen
Dies ist jedoch noch nicht das Ende der Geschichte. Man kann nämlich für den Impulsoperator sogenannte „selbstadjungierte Erweiterungen" (auch „selbstadjungierte Fortsetzungen" genannt) angeben. Der Operator behält dabei seine Wirkung auf Zustände (also $-i\hbar\frac{d}{dx}$), aber die Randbedingungen werden so modifiziert, dass $\mathcal{D}(\hat{p}) = \mathcal{D}(\hat{p}^\dagger)$ gilt. Bonneau et al. (2001) erläutern die anspruchsvollen Details, aber die Grundidee kann ganz einfach erklärt werden:

Wir suchen zunächst hermitesche Kandidaten für diese selbstadjungierten Erweiterungen (es gilt schließlich A selbstadjungiert $\Rightarrow A$ hermitesch). Inspiziert man die Bedingung (5.36) genauer, erkennt man, dass die Wellenfunktionen ϕ und ψ für $x = 0$ und $x = L$ gar nicht Null sein müssen, um sie zu erfüllen. Es genügt vollkommen, wenn $\psi(0) = \psi(L)$ sowie $\phi(0) = \phi(L)$ gilt. Dies führt auf sogenannte „periodische Randbedingungen". Auf diese Weise kann formal der Wertebereich auf $\mathbb{R}$ erweitert werden und man fordert:

$$\psi(x + L) = \psi(x). \tag{5.37}$$

Wenn man die Bedingung (5.36) („Randterm = 0") noch genauer inspiziert, bemerkt man zudem, dass wir die Komplexwertigkeit der Wellenfunktionen noch gar nicht ausgenutzt haben. Tatsächlich genügt die Forderung $\psi(L) = e^{i\theta}\psi(0)$ und $\phi(L) = e^{i\theta}\phi(0)$ mit $\theta \in [0, 2\pi]$, da sich die komplexe Phase im Term

$$\phi^*(L)\psi(L) = \underbrace{e^{-i\theta}e^{+i\theta}}_{=1} \phi^*(0)\psi(0) \tag{5.38}$$

heraushebt. Auf diese Weise lässt sich eine ganze *Familie von Impulsoperatoren* $\hat{p}_\theta = -i\hbar\frac{d}{dx}$ definieren, deren Definitionsbereich

$$\mathcal{D}(\hat{p}_\theta) = \{\psi \in \mathcal{H}^1[0, L] \mid \psi(L) = e^{i\theta}\psi(0), \theta \in [0, 2\pi]\} \tag{5.39}$$

lautet. Für $\theta = 0$ gewinnt man die periodischen Randbedingungen (Gleichung (5.37)) als Spezialfall. Man kann nun zeigen, dass die so definierten Impulsoperatoren nicht bloß hermitesch, sondern auch selbstadjungiert sind (Bonneau et al., 2001). Sie besitzen ein diskretes Spektrum, aber die Eigenzustände und Eigenwerte hängen von dem freien Parameter θ ab:

$$\psi_n(x, \theta) = \frac{1}{\sqrt{L}}e^{\frac{i}{\hbar}p_n x} \tag{5.40}$$

$$p_n = \frac{\hbar}{L}(2\pi n + \theta) \quad \text{mit } n \in \mathbb{Z}. \tag{5.41}$$

Setzt man hier $x = L$ ein, bestätigt man sofort die Randbedingung $\psi_n(L, \theta) = e^{i\theta}\psi_n(0, \theta)$. Diese Zustände bilden (für jeden θ-Wert) eine Orthonormalbasis des Zustandsraumes. Gleichzeitig sind die $\psi_n(x, \theta)$ auch Eigenzustände des Hamiltonoperators. Die Energie-Eigenwerte lauten:

$$E_n^\theta = \frac{p_n^2}{2m} = \frac{\hbar^2}{2mL^2}(2\pi n + \theta)^2. \tag{5.42}$$

Man beachte, dass hier $n \in \mathbb{Z}$ gilt (d. h. die Impulseigenzustände können, bildlich ausgedrückt, nach links oder rechts laufen). Das Energiespektrum ist also entartet, da $\psi_{+|n|}$ und $\psi_{-|n|}$ denselben Eigenwert $\propto n^2$ haben. Aber für *keinen* Wert von θ entsprechen diese Energieniveaus den Werten des unendlichen Potenzialtopfes mit den üblichen Randbedingungen $\psi(L) = \psi(0) = 0$.

Randbedingungen als Teil der physikalischen Modellierung

Dies alles ist nicht ohne Ironie. Zunächst mussten wir feststellen, dass der unendlich hohe Potenzialtopf mit den üblichen Dirichlet-Randbedingungen *keine* Impuls-Observable besitzt. Nun haben wir, für andere Randbedingungen, buchstäblich *unendlich viele* selbstadjungierte Erweiterungen dieses Operators, und müssen uns entscheiden, *welche* wir auswählen.[8]

Aus all dem erkennt man, dass die Wahl von Randbedingungen eine eminent physikalische Angelegenheit sein kann, und nicht bloß ein mathematisches Detail darstellt. Die Bedingung $\psi(L) = \psi(0) = 0$ (Gleichung (5.19)) hatten wir „Stetigkeitsbedingung" genannt. Diese übliche Bezeichnung ist ja auch nicht unzutreffend, aber sie kann den falschen Eindruck erwecken, dass diese Wahl durch die Mathematik eindeutig diktiert wird.

Tatsächlich ist sie Teil der physikalischen Modellierung, d. h. die Forderung $\psi(L) = \psi(0) = 0$ beschreibt ein System, in dem die Wände das Teilchen buchstäblich abstoßen. Die Aufenthaltswahrscheinlichkeit ist an diesen Stellen schließlich null, während bei den „θ-Randbedingungen" die Wände „anziehend" wirken, d. h. $\psi(0) \neq 0$ gilt. Die Wände sind vor allem nicht mehr undurchdringlich, und was den Potenzialkasten auf der einen Seite verlässt, tritt auf der gegenüberliegenden Seite (mit $e^{i\theta}$ multipliziert) wieder in ihn ein. Bei periodischen Randbedingungen schließlich kann man sich (im eindimensionalen Fall) das System auch gedanklich zu einem Ring mit Umfang L verformt denken. Die „Randbedingung" $\psi(x + L) = \psi(x)$ bedeutet dann, dass es gar keinen Rand gibt.

Im nächsten Abschnitt untersuchen wir das sogenannte Elektronengasmodell. Es liefert ein Beispiel für die Verwendung verschiedener Randbedingungen beim unendlich hohen Potenzialtopf und illustriert zusätzlich, dass dieses Potenzial nicht bloß aus didaktischen Gründen von Bedeutung ist.

5.2.3 Das Elektronengasmodell

Einige Eigenschaften metallischer Leiter werden mit dem sogenannten Elektronengasmodell beschrieben, bei dem der Leiter mithilfe des unendlich hohen Potenzialtopfes beschrieben wird. Unter Vernachlässigung der Wechselwirkung zwischen den N Valenzelektronen in einem würfelförmigen Volumen ($V = L^3$) verwendet man die *freie* Schrödingergleichung – sperrt die Elektronen also in einen Kasten der Größe L^3 ein. Die Länge L ist hier die Ausdehnung des makroskopischen Körpers. Ashcroft und Mermin (1976, S. 30ff) diskutieren in ihrem bekannten Lehrbuch der Festkörperphysik die Frage der Randwerte wie folgt:

> The choice of boundary condition, whenever one is dealing with problems that are not explicitly concerned with effects of the metallic surface, is to a considerable degree at one's disposal and can be determined by mathematical convenience, for if the metal is sufficiently large we should expect its *bulk* properties to be unaffected by the detailed configuration of its surface.

---

[8] Die selbstadjungierte Erweiterung eines Operators kann in bestimmten Fällen auch zu eindeutigen Ergebnissen führen oder gar nicht gelingen (Bonneau et al., 2001). Diese Quelle diskutiert auch physikalische und mathematische Kriterien für die Auswahl einer Erweiterung.

In diesem Sinne, so Ashcroft und Mermin weiter, seien periodische Randbedingungen besonders günstig, da bei ihnen die irrelevante Oberfläche ja praktisch wegfalle.

Wählt man periodische Randbedingungen, also $\psi(L) = \psi(0)$, muss nicht bloß die *halbe* Wellenlänge (bzw. ein natürliches Vielfaches davon; siehe Gleichung (5.23)) in den Kasten passen, sondern ein Vielfaches der *ganzen* Wellenlänge. Dies führt auf:

$$k_n = \frac{2\pi n}{L} \quad \text{bzw.} \quad n \cdot \lambda_n = L \quad n \in \mathbb{Z}. \tag{5.43}$$

Dieser zusätzliche Faktor 2 geht quadratisch in die Energie ($\propto k^2$) ein, sodass die Energieniveaus nun dem *4-fachen* der ursprünglichen Energien entsprechen:

$$\text{periodische Randbedingungen:} \quad E_n = \frac{2(\hbar n\pi)^2}{mL^2} \quad n \in \mathbb{Z} \tag{5.44}$$

$$\text{Dirichlet Randbedingungen:} \quad E_n = \frac{(\hbar n\pi)^2}{2mL^2} \quad n \in \mathbb{N}. \tag{5.45}$$

Der andere Unterschied besteht darin, dass im periodischen Fall der Index n alle ganzen Zahlen durchläuft (vgl. unsere Bemerkung bei Gleichung (5.42)).

Berechnung der Fermi-Energie

In einem ersten Schritt sucht man den Grundzustand dieses Systems aus N Elektronen und beachtet dabei das *Pauliprinzip* (siehe Abschnitt 5.6.4). Dieses besagt, dass jeder Quantenzustand von einem Elektron nur *einfach* besetzt werden kann. Die Niveaus werden also bis zum maximalen Wert E_F („Fermi-Energie") von unten aufgefüllt. Durch den zusätzlichen Spin-Freiheitsgrad (Abschnitt 5.6.3) bedeutet dies, dass jede Energie doppelt besetzt sein kann, also N Elektronen auf $\frac{N}{2}$ Energieniveaus Platz finden. Diese Energie kann mit der Beziehung $E_F = \frac{\hbar^2 k_F^2}{2m}$ natürlich auch durch die zugehörige Wellenzahl k_F ausgedrückt werden.

Die Anzahl dieser Zustände wird typischerweise im k-Raum berechnet, d. h. man betrachtet (für $N \gg 1$) das Verhältnis aus dem Kugelvolumen $\frac{4}{3}\pi k_F^3$ und dem Volumen eines *einzelnen* Zustandes. Dieses Volumen beträgt nun $(\pi/L)^3$ bei Dirichlet-Randbedingungen und $(2\pi/L)^3$ bei periodischen Randbedingungen.

Der abweichende Faktor 2 sollte naiv betrachtet dafür sorgen, dass bei Dirichlet-Randbedingungen $2^3 = 8$-mal mehr k-Zellen in der Kugel Platz finden. Man muss aber zusätzlich beachten, dass dort $n \in \mathbb{N}$ gilt – und deshalb nur *ein* Oktant berücksichtigt werden darf. Dies liefert gerade einen Faktor $\frac{1}{8}$. Auf diese Weise hängt das Ergebnis bei dieser Anwendung doch nicht von den Randbedingungen ab.

Man findet bei dieser Berechnung $N = \frac{k_F^3}{3\pi^2}L^3$ Zustände im Volumen L^3 bzw. die Zustandsdichte $\rho = \frac{N}{L^3} = \frac{k_F^3}{3\pi^2}$. Dieser Ausdruck kann nach k_F aufgelöst werden und ergibt für die Fermi-Energie:

$$E_F = \frac{\hbar^2}{2m}(3\pi^2\rho)^{2/3}. \tag{5.46}$$

In Metallen liegt ρ zwischen 10^{28} und 10^{29} $\frac{1}{m^3}$, woraus E_F zwischen 1,5 und 15 eV folgt (Ashcroft und Mermin, 1976, S. 35).

Die Fermi-Energie kann in zahlreiche andere Größen umgerechnet werden. Mit $v_F = \frac{\hbar k_F}{m}$ erhält man etwa die „Fermi-Geschwindigkeit" der energetischsten Elektronen. Diese beträgt ca. 1 % der Lichtgeschwindigkeit, obwohl der Körper im Grundzustand bei $T = 0$ K betrachtet wird.

5.2.4 Der unendliche Potenzialtopf und NOS

Die meisten Lehrbücher diskutieren den unendlich hohen Potenzialtopf als vorgeblich „einfaches" Beispiel. Bei genauerer Betrachtung zeigt sich jedoch, wie raffiniert und buchstäblich abgründig er ist. Dies macht ihn in meinen Augen aber nur zu einem *noch besseren* Beispiel für die Anwendung des quantenmechanischen Formalismus.

Vielen Autorinnen und Autoren scheint das Problem der Selbstadjungiertheit des Impulsoperators unbekannt zu sein (oder sie ignorieren es). Unsere Überprüfung der HUR am Potenzialtopf findet sich in vielen Lehrbüchern. Zahlreiche Quellen wenden die Fourier-Transformation an, um beim unendlichen Potenzialtopf von der Orts- in die Impulsdarstellung zu wechseln. Die *mathematischen* Manipulationen sind in all diesen Fällen korrekt, aber da der Impulsoperator nicht selbstadjungiert ist, sind sie *physikalisch* ohne jede Bedeutung.

Die Frage, ob und wann hier sinnvoll über die Observable „Impuls" gesprochen werden kann, wird kontrovers diskutiert. Einige Autorinnen und Autoren (Garbaczewski und Karwowski, 2004) argumentieren, dass der unendlich hohe Potenzialtopf notwendig als Grenzwert eines endlich hohen Potenzialkastens (siehe Abschnitt 5.3) aufgefasst werden muss. Die fehlende Selbstadjungiertheit von $\hat{p}_D$ sehen sie als bloßes Artefakt der Modellierung, denn alle realen Potenzialstufen seien endlich und das Problem des Definitionsbereichs trete dann nicht auf. Bonneau et al. (2001) zeigen, dass diese Strategie nicht immer anwendbar ist.

Aber selbst wenn in diesem Spezialfall das Problem durch eine Grenzwertbeziehung zum endlich hohen Potenzialtopf gelöst werden kann, illustriert das Beispiel einen subtilen, aber wichtigen Aspekt des Formalismus. Araujo et al. (2004) und Cintio und Michelangeli (2021) diskutieren Fälle, in denen die Frage der Selbstadjungiertheit von Operatoren Gegenstand der aktuellen Forschung ist.

Ein Aspekt der *Nature of Science* (siehe Abschnitt 1.3) besteht darin, dass wissenschaftliche Ergebnisse vorläufig und auch Gegenstand von Aushandlungsprozessen in der *scientific community* sind. Dem Anschein nach kann dieser Aspekt jedoch nur behandelt werden, wenn man aktuelle und sehr voraussetzungsreiche Forschungsgegenstände betrachtet. Unser Fall zeigt, dass solche Fragestellungen auch schon bei einem elementaren Beispiel auftreten können.

Der unendlich hohe Potenzialtopf...

...scheint in der quantenmechanischen Beschreibung ein triviales Problem zu sein. Die stückweise definierte Potenzialfunktion führt auf Stetigkeitsbedingungen, die für die Lösungen der freien Schrödingergleichung diskrete Eigenwerte der Energie liefern. Die Normierung im endlichen Volumen stellt ebenfalls kein Problem dar und die diskreten Eigenfunktionen entsprechen (zumindest formal) den Eigenschwingungen einer Saite mit festen Enden.

Eine genauere Analyse des Impulsoperators unter den verwendeten Randbedingungen führt jedoch auf formidable technische Schwierigkeiten. Bereits bei diesem vorgeblich einfachen Beispiel werden kontroverse Forschungsfragen berührt.

5.3 Der endlich hohe Potenzialtopf

Vom unendlich hohen Potenzialtopf kommen wir mit dem *endlich* hohen Potenzialtopf zu einer realistischeren Näherung. Seine Potenzialfunktion kombiniert die beiden zuvor betrachteten Beispiele:

$$V(x) = \begin{cases} 0 & \text{für } x < -\frac{L}{2} \quad \text{(Bereich I)} \\ -V_0 & \text{für } -\frac{L}{2} \leq x \leq +\frac{L}{2} \quad \text{(Bereich II)} \\ 0 & \text{für } +\frac{L}{2} < x \quad \text{(Bereich III)} \end{cases} \tag{5.47}$$

Im Inneren des Topfes, also falls für die Teilchenenergie $E < 0$ gilt, erwartet man Lösungen mit *diskreter* Energie. Falls jedoch $E > 0$ gilt, sollte die Situation im Wesentlichen dem „freien Teilchen" (Abschnitt 5.1) entsprechen, d. h. auf *kontinuierliche* Lösungen führen.[9]

Charakteristische Unterschiede ergeben sich dennoch. Für die gebundenen Zustände ($E < 0$) wird die Wellenfunktion in den Bereichen I und III exponentiell abfallen. Man sagt, dass das Teilchen in die Bereiche I und III hinein „tunnelt". Umgekehrt kann es für die ungebundenen Zustände ($E > 0$) an der Potenzialmulde zur Reflexion kommen.

In Abbildung 5.3 ist das Potenzial dargestellt, sowie die drei Bereiche I, II und III, die wir im Folgenden unterscheiden. Der exponentielle Abfall der gebundenen Lösungen in den Bereichen I und III ist dort ebenfalls angedeutet.

5.3.1 Gebundene Lösungen ($E < 0$)

Falls die Energie des Teilchens $-V_0 < E < 0$ ist, erwartet man für die quantenmechanische Beschreibung diskrete Lösungen. Da das Potenzial stückweise konstant ist, können wir im Prinzip für alle Bereiche den folgenden Ansatz wählen:

---

9 Und da das Potenzial auf ganz $\mathbb{R}$ definiert ist, entstehen auch keine Probleme mit der Selbstadjungiertheit von $\hat{p}$.

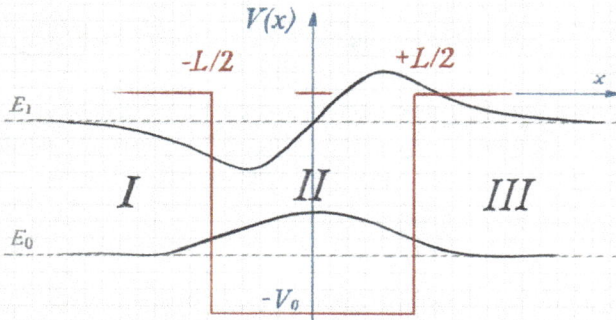

Abb. 5.3: Das Potenzial des endlich hohen Potenzialtopfes mit den ersten beiden gebundenen Lösungen für $E < 0$. Im folgenden unterscheiden wir die Bereiche links vom Potenzialtopf (*I*), im Potenzialtopf (*II*) und rechts davon (*III*).

$$\psi(x) = A_R \cdot e^{+ikx} + A_L \cdot e^{-ikx}. \tag{5.48}$$

Der erste Term beschreibt hier eine nach rechts laufende Welle, und der zweite Term die Bewegung in Gegenrichtung.

Für den Abschnitt II eignet sich jedoch ein alternativer Ansatz. Da wir ein symmetrisches Potenzial betrachten ($V(x) = V(-x)$), müssen die Lösungen definierte Symmetrieeigenschaften haben. Sie sind entweder ebenfalls symmetrisch ($\psi(-x) = \psi(x)$) oder antisymmetrisch ($\psi(-x) = -\psi(x)$). Viel günstiger ist deshalb der äquivalente Ansatz über (antisymmetrische) Sinus- und (symmetrische) Kosinusfunktionen:

$$\psi_{II}(x) = B\sin(kx) + C\cos(kx). \tag{5.49}$$

Einsetzen in die Schrödingergleichung

$$\left(-\frac{\hbar^2}{2m}\frac{d^2}{dx^2} - V_0\right)\psi_{II}(x) = E \cdot \psi_{II}(x) \tag{5.50}$$

liefert für die Wellenzahl k:

$$k = \frac{\sqrt{2m(E + V_0)}}{\hbar}. \tag{5.51}$$

Die Bereiche I und III sind bei $E < 0$ „klassisch verboten", aber weil unser Potenzialtopf eine endliche Tiefe hat, gibt es gar keinen Grund, warum auch die Wellenfunktion dort verschwinden sollte. Allerdings werden wir fordern müssen, dass die Lösungen in I und III asymptotisch gegen Null gehen, um die Normierung zu ermöglichen.

Diese Bedingung wird erfüllt, wenn wir im Ansatz (5.48) $k = i\kappa$ wählen. Dann beschreibt $e^{ikx} = e^{-\kappa x}$ nämlich nicht mehr eine ebene Welle, sondern einen exponentiellen Abfall. Wir setzen also an:

$$\psi_I(x) = A \cdot e^{\kappa x} \tag{5.52}$$

$$\psi_{III}(x) = D \cdot e^{-\kappa x}. \tag{5.53}$$

Die Vorzeichenwahl im Exponenten trägt bereits der Tatsache Rechnung, dass ψ_I „nach links zerfällt" (also für $x \to -\infty$), während ψ_{III} einen exponentiellen Abfall in positive x-Richtung beschreibt. Einsetzen in die Schrödingergleichung liefert hier:

$$\kappa = \frac{\sqrt{-2mE}}{\hbar}. \tag{5.54}$$

Wegen $E < 0$ ist der Radikant positiv. Dies führt schließlich auf die folgende Struktur der gesuchten Lösung:

$$\psi(x) = \begin{cases} Ae^{\kappa x} & \text{(Bereich I)} \\ B\sin(kx) + C\cos(kx) & \text{(Bereich II)} \\ De^{-\kappa x} & \text{(Bereich III)} \end{cases} \tag{5.55}$$

Aus diesen unendlich vielen Wellenfunktionen werden, wie beim unendlich hohen Potenzialtopf, die Bedingungen bei $x = \pm\frac{L}{2}$ die Lösungen mit diskreter Energie auszeichnen. Allerdings muss man nicht bloß die Stetigkeit der Wellenfunktion ψ, sondern auch die Stetigkeit ihrer ersten Ableitung $\frac{d\psi}{dx} = \psi'$ fordern (Schwabl, 2007, S. 58).

Wir erwähnten bereits, dass aufgrund der Symmetrie des Potenzials die Lösungen gerade bzw. ungerade Funktionen sein müssen. Deshalb genügt es auch, die Stetigkeitsbedingungen an einer Seite (z. B. $x = +L/2$ zu fordern, weil sie für die andere Seite wegen $\psi(x) = \pm\psi(-x)$ dann automatisch erfüllt sind.

Betrachten wir den Fall der geraden bzw. symmetrischen Funktionen vom Kosinus-Typ. Weil wir ψ_{II} bereits als Überlagerung von Sinus- und Kosinusfunktionen angesetzt haben, gilt hier einfach $B = 0$. Außerdem erhalten wir $D = A$ (bzw. $\psi_I = \psi_{III}$):

$$\psi_{\text{sym}}(x) = \begin{cases} Ae^{\kappa x} & \text{(Bereich I)} \\ C\cos(kx) & \text{(Bereich II)} \\ Ae^{-\kappa x} & \text{(Bereich III)} \end{cases} \tag{5.56}$$

Aus $\psi_{III}(L/2) = \psi_{II}(L/2)$ folgt:

$$Ae^{-\kappa\frac{L}{2}} = C\cos\left(k\frac{L}{2}\right). \tag{5.57}$$

Die Stetigkeit der Ableitung $\psi'_{III}(L/2) = \psi'_{II}(L/2)$ liefert:

$$-\kappa Ae^{-\kappa\frac{L}{2}} = -kC\sin\left(k\frac{L}{2}\right). \tag{5.58}$$

Aus diesen beiden Gleichungen sowie der Normierungsbedingung lassen sich die noch unbekannten Koeffizienten A und C bestimmen. Wir interessieren uns jedoch mehr für die diskreten Werte für k und κ, aus denen die Energiewerte der gebundenen Zustände berechnet werden können. Dividiert man Gleichung (5.58) durch (5.57) erhält man:

$$\frac{-\kappa \cdot Ae^{-\kappa L/2}}{Ae^{-\kappa L/2}} = \frac{-k \cdot C\sin(kL/2)}{C\cos(kL/2)} \tag{5.59}$$

$$\kappa = k \cdot \tan\left(k\frac{L}{2}\right) \quad \text{(Symmetrischer Fall)} \tag{5.60}$$

Der antisymmetrische Fall ($\psi_{II} = B\sin(kx)$) liefert nach analoger Rechnung:

$$\kappa = -k \cdot \cot\left(k\frac{L}{2}\right) \quad \text{(Antisymmetrischer Fall)} \tag{5.61}$$

Diese Gleichungen lassen sich nicht analytisch lösen. Wir haben aber noch eine nützliche Beziehung zwischen k und κ, die für symmetrische *und* antisymmetrische Lösungen gilt:

$$\kappa^2 + k^2 = \frac{-2mE}{\hbar^2} + \frac{2m(E+V_0)}{\hbar^2} = \frac{2mV_0}{\hbar^2}. \tag{5.62}$$

In der k-κ-Ebene definiert Gleichung (5.62) also einen Kreis mit dem Radius $\sqrt{\frac{2mV_0}{\hbar^2}}$. Die transzendenten Gleichungen (5.60) und (5.61) können nun ganz anschaulich grafisch gelöst werden, indem man die Schnittpunkte mit positiven Koordinaten zwischen dieser Kreislinie und den Graphen der Funktionen $\kappa = k\tan(kL/2)$ (symmetrischer Fall) bzw. $\kappa = -k\cot(kL/2)$ (antisymmetrischer Fall) bestimmt. Abbildung 5.4 illustriert dieses Vorgehen. Dabei wollen wir über den mathematischen Details unsere Leitfrage nach der Ursache für die quantentypische Diskretheit nicht aus dem Blick verlieren:

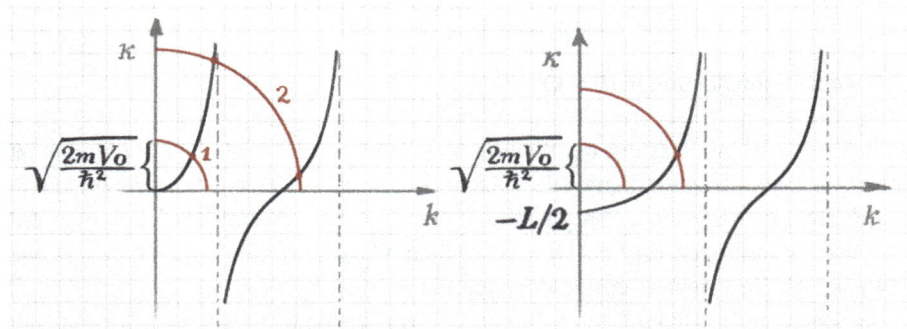

Abb. 5.4: Grafische Bestimmung der Lösungen für k und κ für den endlich tiefen Potenzialtopf. Die Bedingung $k^2 + \kappa^2 = \sqrt{\frac{2mV_0}{\hbar^2}}$ liefert Kreislinien in der k-κ-Ebene. Die Schnittpunkte mit den Graphen von Gleichung (5.60) (links) und (5.61) (rechts) liefern die zulässigen Werte von k bzw. κ und damit die diskreten Energien der gebundenen Zustände.

Antwort auf die Leitfrage
Nicht alle Wellenfunktionen, die die Schrödingergleichung des endlichen Potenzialtopfes erfüllen, sind physikalisch akzeptabel. Fordert man Stetigkeitsbedingungen für ψ und ψ' am Rand, erzwingt dies diskrete Werte der Wellenzahl bzw. der Energie.

Man erkennt, dass die Anzahl der gebundenen Zustände endlich ist. Nach Energien geordnet wechseln sich symmetrische und antisymmetrische Lösungen ab (vgl. Abschnitt 5.3). Der symmetrische Grundzustand existiert dabei immer, was technisch gesprochen daraus folgt, dass die Tangensfunktion durch den Ursprung geht und immer einen Schnittpunkt mit der Kreislinie im ersten Quadranten erzeugt (siehe Abschnitt 5.4, links). Der Graph von $\kappa = -k \cot kL/2$ (antisymmetrischer Fall) geht für $k \to 0$ jedoch gegen $\kappa = -\frac{2}{L}$. Bei einem sehr flachen Potenzialtopf gibt es hier also keinen Schnittpunkt, und der symmetrische Grundzustand ist dann der einzige gebundene Zustand des Systems.

Wählt man zum Beispiel die Tiefe des Potenzialtopfes bei $-14\,\text{eV}$ und $L = 4 \cdot 10^{-10}$ m, liegen die ersten beiden Energieniveaus bei $E_1 \approx -12,5\,\text{eV}$ und $E_2 \approx -8,3\,\text{eV}$.[10] Im Vergleich dazu hat der unendlich hohe Potenzialtopf bei gleichem L höhere Eigenzustände: $E_1 \approx -11,6\,\text{eV}$ bzw. $E_2 \approx -4,6\,\text{eV}$. Dadurch, dass die Wellenfunktionen sich in die Bereiche I und III erstrecken, sind ihre Wellenlängen nämlich *größer* und die Energien somit *geringer* als im unendlich hohen Potenzialtopf.

Ist das Potenzial so breit und tief, dass sich zahlreiche gebundene Zustände ergeben, gilt für die tiefen Niveaus jedoch in guter Näherung die Beziehung für den unendlichen Potenzialtopf, also $E_n \approx \frac{(\hbar n \pi)^2}{2mL^2}$. Die Amplituden sind jedoch (bei gleicher Länge L) geringer. Auch dies ist eine Folge davon, dass die Teilchen aus dem Bereich II heraustunneln können, denn dadurch verringert sich natürlich ihre Aufenthaltswahrscheinlichkeit innerhalb des Potenzialtopfes.

5.3.2 Kontinuumslösungen ($E > 0$)

Wir hatten gesehen, dass ein quantenmechanisches Teilchen mit $E < 0$ die Potenzialmulde bereits verlassen kann. Die Wellenfunktion ist dabei jedoch exponentiell gedämpft. Bei einer positiven Energie ($E > 0$) kann es ihm vollständig entkommen und wir erwarten Lösungen, die dem „freien Teilchen" (Abschnitt 5.1) entsprechen, also ebene Wellen mit Energiewerten, die nicht quantisiert sind.

Welchen Einfluss hat die Potenzialmulde dann überhaupt? Ein klassisches Teilchen würde an dem einen Rand des Potenzialtopfes durch einen Kraftstoß beschleunigt, d. h. die kinetische Energie würde um V_0 zunehmen. Zwischen $-L/2$ und $+L/2$ würde es sich mit entsprechend größerer Geschwindigkeit bewegen, um am gegenüberliegenden

---

10 $1\,\text{eV} \approx 1,6 \cdot 10^{-19}$ J. Durch die Reform des SI-Systems von 2019 ist der Elementarladung ein exakter Wert zugewiesen worden. Es gilt dadurch: $1\,\text{eV} = 1,602\,176\,634 \cdot 10^{-19}$ J.

Rand durch einen erneuten Kraftstoß wieder auf seine ursprüngliche Geschwindigkeit abgebremst zu werden.

Die quantenmechanische Beschreibung ist davon gar nicht so verschieden. In allen Bereichen (d. h. I, II und III) hat die Lösung wieder die propagierende Form:[11]

$$\psi(x) = A_R \cdot e^{+ikx} + A_L \cdot e^{-ikx}. \tag{5.63}$$

Lediglich die Wellenzahl k ist verschieden, d. h. $k_I = k_{III} = \frac{\sqrt{2mE}}{\hbar}$ sowie $k_{II} = \frac{\sqrt{2m(E+V_0)}}{\hbar}$. Im Bereich II ist also auch hier der Impuls p ($\propto k$) vergrößert. Auf der Suche nach der allgemeinen Lösung wird man also den folgenden Ansatz wählen:

$$\psi(x) = \begin{cases} A \cdot e^{+ik_I x} + B \cdot e^{-ik_I x} & \text{(Bereich I)} \\ C \cdot e^{+ik_{II} x} + D \cdot e^{-ik_{II} x} & \text{(Bereich II)} \\ F \cdot e^{+ik_{III} x} + G \cdot e^{-ik_{III} x} & \text{(Bereich III)} \end{cases} \tag{5.64}$$

Mithilfe der Stetigkeitsbedingungen können dann erneut Bestimmungsgleichungen für die Koeffizienten angegeben werden. In der Regel interessiert man sich jedoch für Spezialfälle. Lässt man etwa nur von links eine Welle einlaufen ($G = 0$ und $A \neq 0$), kann man sich fragen, mit welcher Wahrscheinlichkeit diese transmittiert bzw. an der Potenzialmulde reflektiert wird. Dazu definiert man den *Transmissionskoeffizienten* T gemäß:[12]

$$T = \frac{|F|^2}{|A|^2}. \tag{5.65}$$

Hier wird also das Verhältnis der in Bereich III nach rechts laufenden Welle ($\propto |F|^2$) mit der in Abschnitt I einlaufenden Welle ($\propto |A|^2$) berechnet. Der Reflexionskoeffizient R ist definiert als:

$$R = \frac{|B|^2}{|A|^2}. \tag{5.66}$$

Hier berechnet man also das Verhältnis zwischen der in Bereich I nach links laufenden Welle ($\propto |B|^2$) zur einlaufenden Welle. Für ein „klassisches" Teilchen würde natürlich $T = 1$ sowie $R = 0$ gelten. Man findet nach längerer Rechnung $R = 1 - T$ sowie:

$$T(E) = \left(1 + \frac{V_0^2}{4E(E + V_0)} \cdot \sin^2\left(L \cdot \underbrace{\frac{\sqrt{2m(E + V_0)}}{\hbar}}_{=k_{II}}\right)\right)^{-1}. \tag{5.67}$$

---

11 Die hier betrachteten „Streuzustände" sind natürlich allesamt nicht normierbar. Um ihren Gebrauch physikalisch zu rechtfertigen, muss man also entweder aus ihnen ein normierbares Wellenpaket bilden (siehe Abschnitt 5.1), oder wenigstens ein Normierungsvolumen einführen (siehe Fußnote 4).

12 Da die Wahrscheinlichkeiten $\propto |\psi|^2$ sind, müssen auch die Amplituden quadriert werden.

Abbildung 5.5 zeigt den Graphen dieser Funktion. Der Transmissionskoeffizient wächst zunächst an und zeigt ein resonantes Verhalten in der Nähe (aber unterhalb) von Eins. Den Wert $T = 1$ (bzw. $R = 0$) nimmt die Funktion für die Nullstellen der $\sin^2$-Funktion an, d. h.

$$L \cdot k_{II} = n \cdot \pi \quad \text{mit } n \in \mathbb{N}. \tag{5.68}$$

Dies ist genau die Quantisierungsbedingung für den unendlich hohen Potenzialtopf (siehe Gleichung (5.23)). Berechnet man die Energien, für die $T(E) = 1$ gilt, findet man deshalb auch:

$$E_n + V_0 = \frac{n^2 \pi^2 \hbar^2}{2mL^2}. \tag{5.69}$$

Diese „Resonanzenergien", für die der *endliche* Potenzialtopf für ungebundene Zustände vollkommen transparent wird, entsprechen also exakt dem diskreten Spektrum des *unendlich* hohen Potenzialtopfes (Gleichung (5.24)). Deshalb überwiegt für niedrige Energien (also unterhalb der ersten Anregung) auch die Reflexion.

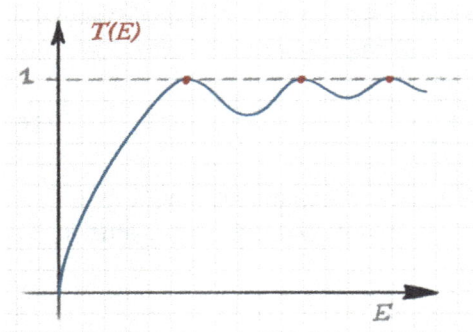

Abb. 5.5: Energieabhängigkeit des Transmissionskoeffizienten. Eine von links einlaufende Welle wird bei wachsender Energie zunächst vorrangig reflektiert.

Bemerkenswert ist natürlich, dass es für ungebundene Zustände am Potenzialtopf überhaupt zur Reflexion kommt. Wir sahen bereits, dass gebundene Zustände in den „klassisch verbotenen" Bereich eindringen können. Hier beobachten wir, dass Zustände umgekehrt auch von einem „klassisch erlaubten" Bereich reflektiert werden können. Zum „klassischen" Verhalten $T = 1$ kommt es aber lediglich durch das Zusammenwirken quantenmechanischer Effekte, nämlich der gegenseitigen Auslöschung der jeweils an $-\frac{L}{2}$ und $+\frac{L}{2}$ reflektierten Anteile unter der Resonanzbedingung (5.68) (vgl. Nolting (2009, S. 277)).

Dabei ist dieses Verhalten gar nicht ohne „klassische" Analogie – zumindest wenn man die Beispiele nicht in der Punktmechanik, sondern der Wellenlehre sucht. Die Eigenschaft $T < 1$ ähnelt der Reflexion von elektromagnetischen oder akustischen Wellen an Grenzflächen, bei denen der Wellenwiderstand (auch Wellenimpedanz genannt) sich ändert. So verwendet man bei Blasinstrumenten speziell geformte Trichter zur Impedanzanpassung, um die Reflexion des „Signals" beim Übergang zwischen Instrument und Außenraum zu verringern. Die pauschale Behauptung, dass quantenmechanische Effekte ganz und gar „unklassisch" seien, leidet also erneut an der ungenauen Bedeutung des Begriffs „klassisch".

Der endlich hohe Potenzialtopf

Der endlich hohe Potenzialtopf in der Quantenmechanik besitzt diskrete, gebundene Lösungen und kontinuierliche, ungebundene Zustände („Streuzustände"). Charakteristisch ist, dass die gebundenen Zustände sich in den „klassisch verbotenen" Bereich ausdehnen können, während die ungebundenen Zustände vom „klassisch erlaubten" Bereich reflektiert werden können. „Klassisch erlaubt" bzw. „verboten" bezieht sich hier allerdings auf die klassische Punktmechanik. Aus der Perspektive einer klassischen Wellentheorie sind die Effekte nicht ohne Analogie. Das charakteristisch quantenmechanische an diesen Effekten besteht also darin, dass wir mit der Wellenfunktion keine Welle im Anschaungsraum betrachten, sondern eine Wahrscheinlichkeitsamplitude, die keine raumzeitliche Beschreibung der Vorgänge erlaubt.

5.4 Der Tunneleffekt

Dem Tunneleffekt waren wir bereits beim endlich hohen Potenzialtopf begegnet. Dort gab es für gebundene Zustände eine endliche Aufenthaltswahrscheinlichkeit im „klassisch verbotenen" Bereich (siehe Abschnitt 5.3.1). Die Lösungen klangen zwar exponentiell ab, aber bei einer Potenzialbarriere von bloß *endlicher* Dicke sollte es eine ebenfalls *endliche* Wahrscheinlichkeit für seine Durchquerung geben. Bildlich gesprochen wird die Barriere dabei „durchtunnelt".[13]

Wir betrachten nun als konkretes Beispiel ein Kastenpotenzial mit Höhe V_0 sowie Länge L. Dieses System besitzt keine gebundenen Zustände und vor allem links und rechts der Barriere sind die Lösungen wieder durch ebene Wellen gegeben. Wir interessieren uns jedoch nicht für die allgemeine Lösung, sondern betrachten lediglich die Wahrscheinlichkeit, dass ein von links einlaufender Zustand mit $E < V_0$ diese Barriere dennoch durchquert. Dies entspricht nun exakt der Berechnung des Transmissionskoeffizienten bei der Behandlung von Streuzuständen im endlichen Potenzialtopf (Abschnitt 5.3.2), wenn man einige einfache Ersetzungen vornimmt:

1. In der Definition des Potenzialtopfes (Gleichung (5.47)) muss $V = -V_0$ durch $V = +V_0$ ersetzt werden (wir „klappen" den Potenzialtopf also nach oben).
2. Für die Wellenzahl innerhalb der Barriere gilt dadurch $k^2 = \frac{2m(E-V_0)}{\hbar^2}$. Weil wir $E < V_0$ betrachten, ist dieser Ausdruck negativ, k also rein imaginär. Man definiert:

---

[13] Natürlich ist dieser Ausdruck metaphorisch gemeint, da die Barriere ja keine *räumliche* Höhe hat, sondern ein energetisches Hindernis darstellt.

$$k^2 = \frac{2m(E - V_0)}{\hbar^2} \tag{5.70}$$

$$= -\underbrace{\frac{2m(V_0 - E)}{\hbar^2}}_{=\kappa^2} \Rightarrow k = i\kappa. \tag{5.71}$$

Die Wellenzahl $\kappa = \frac{\sqrt{2m(V_0-E)}}{\hbar}$ ist also reell, da E und V_0 die Plätze getauscht haben.

3. Wegen $\sin ix = i \sinh x$, können die Ausdrücke „$\sin Lk$" durch „$i \sinh L\kappa$" ersetzt werden. Dabei ist sinh der „Sinus hyperbolicus":

$$\sinh x = \frac{1}{2}(e^x - e^{-x}). \tag{5.72}$$

Auf diese Weise gewinnt man mit der identischen Rechnung wie bei Streuzuständen im endlichen Potenzialtopf einen Transmissionskoeffizienten, der große Ähnlichkeit mit Ausdruck (5.67) hat:

$$T(E) = \left(1 + \frac{V_0^2 \sinh^2(L \cdot \kappa)}{4E(V_0 - E)}\right)^{-1}. \tag{5.73}$$

Lediglich der Ausdruck $(E + V_0)$ im Nenner wurde durch $(V_0 - E)$, sowie der Sinus durch einen Sinus hyperbolicus ersetzt.

Die Tunnelwahrscheinlichkeit ist also immer größer als Null, hängt jedoch auf komplizierte Weise von der Teilchenenergie E, der Barrierenhöhe V_0 und deren Länge L ab. Einfacher wird es für $L \cdot \kappa \gg 1$. Dann gilt die Näherung $\sinh^2 L\kappa \approx \frac{1}{4}e^{2L\kappa}$ und somit:

$$T(E) \approx \frac{16E(V_0 - E)}{V_0^2} \cdot \exp\left(-2L\frac{\sqrt{2m(V_0 - E)}}{\hbar}\right). \tag{5.74}$$

Die Tunnelwahrscheinlichkeit nimmt also exponentiell mit der Länge L und der Wurzel aus der „effektiven Höhe" der Potenzialbarriere $(V_0 - E)$ ab. Dieses Resultat ist natürlich erwartbar: Die Wellenfunktion ist exponentiell gedämpft ($\psi \propto e^{-\kappa x}$) und fällt auf $e^{-\kappa L}$ nach Durchquerung der Barriere mit Länge L. Die Wahrscheinlichkeit ist jedoch $\propto |\psi|^2$, wodurch der zusätzliche Faktor 2 im Exponenten auftritt.

Der Tunneleffekt liegt vielen physikalisch relevanten Prozessen zugrunde. Der α-Zerfall ist etwa eine Folge davon, dass die Potenzialbarriere eines radioaktiven Kerns passiert werden kann. Ebenfalls basiert die Kernfusion darauf, dass die elektrische Abstoßung zwischen den positiv geladenen Kernen auf diese Weise überwunden wird. In der Sonne fusioniert Wasserstoff zu Helium, und in diesem Sinne beruhen alle Lebensprozesse auf unserem Planeten auf diesem quantenmechanischen Effekt.

5.5 Der quantenmechanische harmonische Oszillator

Mit dem Modell des harmonischen Oszillators (HO) werden Schwingungsvorgänge in allen Bereichen der Physik beschrieben. In der Mechanik gilt hier $F = -kx$, mit k der

Federkonstanten und x der Auslenkung aus der Ruhelage. Das Potenzial lautet also $V = \frac{1}{2}kx^2$ und die Lösung der Bewegungsgleichung führt auf harmonische Schwingungen: $x(t) \propto \sin(\omega t)$ mit $\omega = \sqrt{\frac{k}{m}}$. Es gilt also $k = m\omega^2$, und das Potenzial kann auch als

$$V = \frac{m\omega^2 x^2}{2} \tag{5.75}$$

geschrieben werden. Diesen Ausdruck überträgt man in die Quantenmechanik. Beim quantenmechanischen HO suchen wir für ein Teilchen der Masse m in einer Dimension die Lösung der Gleichung:

$$\left(-\frac{\hbar^2}{2m}\frac{d^2}{dx^2} + \frac{m\omega^2 x^2}{2}\right)\psi(x) = E\psi(x). \tag{5.76}$$

Zahllose Lehrbücher diskutieren das Lösen dieser Gleichung (siehe etwa Filk (2019, S. 153ff)) und ich gebe deshalb direkt das komplizierte Ergebnis an:

$$\psi_n(x) = \left(\frac{1}{\pi b^2}\right)^{1/4} \cdot \frac{1}{\sqrt{2^n n!}} H_n(y)e^{-y^2/2} \quad \text{mit } b = \sqrt{\frac{\hbar}{m\omega}}, \, y = \frac{x}{b} \tag{5.77}$$

Die H_n sind die Hermite-Polynome. Die ersten vier lauten

$$H_0(y) = 1, \quad H_1(y) = 2y$$
$$H_2(y) = 4y^2 - 2, \quad H_3(y) = 8y^3 - 12y$$

Das wichtigste Resultat für den quantenmechanischen HO ist die Energie dieser Zustände:

$$E_n = \hbar\omega\left(n + \frac{1}{2}\right). \tag{5.78}$$

Auch im Grundzustand $n = 0$ gibt es also eine nicht verschwindende „Nullpunktsenergie" $E_0 = \frac{1}{2}\hbar\omega$. Die Abstände der Energieniveaus sind zudem konstant $\hbar\omega$. Abschnitt 5.6 zeigt die ersten fünf Eigenzustände $\psi_n(x)$.

5.5.1 Auf- und Absteigeoperatoren

Besonders elegant ist die Behandlung des harmonischen Oszillators mit den sogenannten Aufsteigeoperatoren $\hat{a}^\dagger \sim (\hat{x} - i\hat{p})$ (sprich „a adjungiert" oder „a dagger"; das englische *dagger* bedeutet „Dolch") und Absteigeoperatoren $\hat{a} \sim (\hat{x} + i\hat{p})$. Der Hamiltonoperator kann dann nämlich auch wie folgt geschrieben werden:

$$\hat{H} = \hbar\omega\left(\hat{a}^\dagger\hat{a} + \frac{1}{2}\right). \tag{5.79}$$

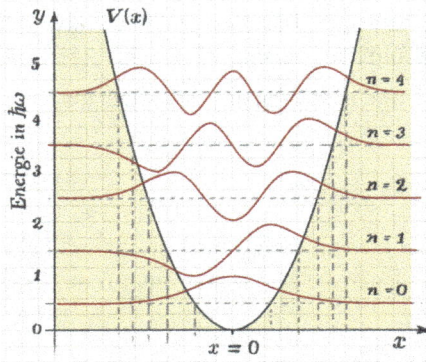

Abb. 5.6: Die ersten fünf Eigenzustände $\psi_n(x)$ des quantenmechanischen harmonischen Oszillators. Bereits im Grundzustand liegt die Energie $E_0 = \frac{1}{2}\hbar\omega$ vor. Benachbarte Niveaus unterscheiden sich um $\hbar\omega$.

Es fällt die strukturelle Ähnlichkeit zwischen den Gleichungen (5.78) und (5.79) auf. Tatsächlich werden wir gleich sehen, dass der Ausdruck $N = \hat{a}^\dagger\hat{a}$ den sogenannten „Besetzungszahloperator" definiert (siehe Abschnitt 5.5.2).

Wie kommt man jedoch auf die Auf- und Absteigeoperatoren und welche Funktion haben sie? Dazu betrachten wir folgende Form der Schrödingergleichung (5.76):

$$\frac{1}{2m}(\hat{p}^2 + (m\omega\hat{x})^2)\psi = E\psi. \tag{5.80}$$

Wir würden die Summe aus Quadraten gerne als Produkt schreiben. In aller Naivität darf man hier an die binomischen Formeln aus der Schulmathematik denken. Bekanntlich gilt $a^2 - b^2 = (a + b)(a - b)$. Möchte man ein Pluszeichen zwischen den Quadraten haben, muss man die imaginäre Einheit einfügen: $a^2 + b^2 = (ia + b)(-ia + b)$ $(a, b \in \mathbb{R})$. Wir wählen deshalb versuchsweise:

$$\hat{p}^2 + (m\omega\hat{x})^2 \stackrel{?}{=} (i\hat{p} + m\omega\hat{x})(-i\hat{p} + m\omega\hat{x}) \tag{5.81}$$

$$= \hat{p}^2 + \underbrace{im\omega\hat{p}\hat{x} - im\omega\hat{x}\hat{p}}_{=im\omega[\hat{p},\hat{x}]} + (m\omega x)^2 \tag{5.82}$$

$$= \hat{p}^2 + (m\omega\hat{x})^2 - im\omega[\hat{x},\hat{p}] \tag{5.83}$$

$$= \hat{p}^2 + (m\omega\hat{x})^2 + m\hbar\omega \tag{5.84}$$

$$\neq \hat{p}^2 + (m\omega\hat{x})^2 \tag{5.85}$$

Die Rechnung geht also nicht ganz auf, weil $\hat{x}$ und $\hat{p}$ nicht miteinander vertauschen. Damit müssen wir zufrieden sein. Man definiert nun die bereits erwähnten Auf- und Absteigeoperatoren mit Vorfaktoren, die die späteren Rechnungen erleichtern:[14]

---

[14] Man sieht, dass diese Operatoren nicht selbstadjungiert sind. Sie selber entsprechen also keiner Beobachtungsgröße.

$$\hat{a} = \frac{1}{\sqrt{2\hbar m\omega}}(i\hat{p} + m\omega\hat{x}) \tag{5.86}$$

$$\hat{a}^\dagger = \frac{1}{\sqrt{2\hbar m\omega}}(-i\hat{p} + m\omega\hat{x}). \tag{5.87}$$

Berechnet man jetzt die Produkte $\hat{a}\hat{a}^\dagger$ und $\hat{a}^\dagger\hat{a}$ (auch diese Objekte vertauschen nicht) findet man:

$$\hat{a}\hat{a}^\dagger = \frac{H}{\hbar\omega} + \frac{1}{2} \quad \text{und} \quad \hat{a}^\dagger\hat{a} = \frac{H}{\hbar\omega} - \frac{1}{2}. \tag{5.88}$$

Daraus lernen wir (i), dass $[\hat{a}, \hat{a}^\dagger] = 1$ gilt, sowie (ii) durch Auflösen der letzten Gleichung nach H:

$$H = \hbar\omega\left(\hat{a}^\dagger\hat{a} + \frac{1}{2}\right). \tag{5.89}$$

Dies ist also gerade Gleichung (5.79) und man erkennt, wie die Nullpunktsenergie ihre Ursache in der Nichtvertauschbarkeit von $\hat{x}$ und $\hat{p}$ hat. Aber was ist an dieser Darstellung vorteilhaft? Dazu muss man die Anwendung der Auf- und Absteigeoperatoren auf Energie-Eigenzustände $|n\rangle$ betrachten. Wir wählen hier also die Dirac-Schreibweise aus Abschnitt 3.5. Es gilt:

$$\hat{a}^\dagger|n\rangle \propto |n+1\rangle \quad \text{und} \quad \hat{a}|n\rangle \propto |n-1\rangle. \tag{5.90}$$

Wie der Name bereits andeutet, führt der Aufsteigeoperator zu einem Zustand mit um $\hbar\omega$ *erhöhter* Energie und der Absteigeoperator zu einen Zustand mit um $\hbar\omega$ *verringerter* Energie. Zum Beweis betrachten wir dir Wirkung des Hamiltonoperators H auf $\hat{a}^\dagger|n\rangle$:

$$H\hat{a}^\dagger|n\rangle = \hbar\omega\left(\hat{a}^\dagger\hat{a} + \frac{1}{2}\right)\hat{a}^\dagger|n\rangle \tag{5.91}$$

$$= \hbar\omega\left(\hat{a}^\dagger\hat{a}\hat{a}^\dagger + \frac{1}{2}\hat{a}^\dagger\right)|n\rangle \tag{5.92}$$

$$= \hbar\omega\hat{a}^\dagger\left(\underbrace{\hat{a}\hat{a}^\dagger}_{=\hat{a}^\dagger\hat{a}+1} + \frac{1}{2}\right)|n\rangle \tag{5.93}$$

$$= \hat{a}^\dagger(H + \hbar\omega)|n\rangle \tag{5.94}$$

$$= \underbrace{(E_n + \hbar\omega)}_{=E_{n+1}}\hat{a}^\dagger|n\rangle \tag{5.95}$$

Der Zustand $\hat{a}^\dagger|n\rangle$ ist also Eigenzustand des Hamiltonoperators mit Energie $E_n + \hbar\omega = E_{n+1}$. Eine ganz ähnliche Rechnung liefert die Wirkung des Absteigeoperators. Dies bedeutet jedoch *nicht*, dass die Gleichung $\hat{a}^\dagger|n\rangle = |n+1\rangle$ gilt. Aus der Normierungsbedingung $\langle n|m\rangle = \delta_{nm}$ und $[\hat{a}, \hat{a}^\dagger] = 1$ folgt:

$$\hat{a}^\dagger|n\rangle = \sqrt{n+1}|n+1\rangle \quad \text{und} \quad \hat{a}|n\rangle = \sqrt{n}|n-1\rangle. \tag{5.96}$$

Die Energie des harmonischen Operators ist nach oben unbegrenzt. Allerdings sollte es eine *untere* Grenze geben, bei der der Absteigeoperator keine Wirkung mehr hat: $\hat{a}|0\rangle = 0$. Setzt man hier die Definition (5.86) ein, findet man eine Differentialgleichung für den Grundzustand mit der Lösung:

$$\psi_0(x) = \left(\frac{m\omega}{\pi\hbar}\right)^{1/4} e^{-m\omega x^2/2\hbar}. \tag{5.97}$$

Dies entspricht nun genau der allgemeinen Lösung (5.77) für $n = 0$. Im Prinzip lassen sich durch n-fache Anwendung von $\hat{a}^\dagger$ daraus alle weiteren Eigenfunktionen erzeugen, die wir zu Beginn dieses Abschnitt ohne Beweis angegeben hatten.

5.5.2 Besetzungszahloperator und Unbestimmtheitsrelation

Wir hatten im Zusammenhang mit Gleichung (5.79) erwähnt, dass der Operator $N = \hat{a}^\dagger\hat{a}$ als „Besetzungszahloperator" bezeichnet wird. Seine Wirkung können wir nun ganz einfach ermitteln. Es gilt:

$$N|n\rangle = \hat{a}^\dagger\hat{a}|n\rangle \tag{5.98}$$
$$= \hat{a}^\dagger\sqrt{n}|n-1\rangle \tag{5.99}$$
$$= n|n\rangle. \tag{5.100}$$

Die Anwendung von $\hat{a}$ verringert die Energie (die „Besetzungszahl") und die anschließende Wirkung von $\hat{a}^\dagger$ ist es, sie wieder zu vergrößern. Durch die Normierung ist der zugehörige Eigenwert einfach n. Der Operator N ist selbstadjungiert, was direkt aus der Eigenschaft $(AB)^\dagger = B^\dagger A^\dagger$ folgt.

Der große Rechenvorteil dieses algebraischen Zugangs zeigt sich etwa bei der Bestimmung von Erwartungswerten.[15] $\hat{x}$ und $\hat{p}$ können nämlich auch durch die Auf- und Absteiger (vgl. Gleichungen (5.86) und (5.87)) ausgedrückt werden:

$$\hat{x} = \sqrt{\frac{\hbar}{2m\omega}}(\hat{a}^\dagger + \hat{a}) \tag{5.101}$$

$$\hat{p} = i\sqrt{\frac{\hbar m\omega}{2}}(\hat{a}^\dagger - \hat{a}) \tag{5.102}$$

---

15 Ein Wort der Warnung: Bei selbstadjungierten Operatoren kann der Erwartungswert $\langle n|A|n\rangle$ geschrieben werden. Man trennt A also durch zwei Striche ab, denn es spielt gar keine Rolle, auf welchen Faktor A wirkt. Unsere Auf- und Absteiger sind jedoch *nicht* selbstadjungiert. Die Notation $\langle n|\hat{a}|n\rangle$ ist also missverständlich, und wir schreiben stattdessen $\langle n|(\hat{a}|n\rangle)$. Gleichzeitig ist z. B. $\hat{a}^\dagger\hat{a}$ selbstadjungiert, also $\langle n|\hat{a}^\dagger\hat{a}|n\rangle$ wieder sinnvoll.

Dann findet man z. B. sofort:

$$\langle n|\hat{x}|n\rangle = \sqrt{\frac{\hbar}{2m\omega}} \langle n|\hat{a}^\dagger + \hat{a}|n\rangle \tag{5.103}$$

$$= \sqrt{\frac{\hbar}{2m\omega}} [\langle n|(\hat{a}^\dagger|n\rangle) + \langle n|(\hat{a}|n\rangle)] \tag{5.104}$$

$$= \sqrt{\frac{\hbar}{2m\omega}} [\sqrt{n+1}\underbrace{\langle n|n+1\rangle}_{=0} + \sqrt{n}\underbrace{\langle n|n-1\rangle}_{=0}] = 0 \tag{5.105}$$

Aufgrund der Orthogonalität der Zustände verschwindet der Erwartungswert. Das gleiche Resultat folgt für $\langle \hat{p}\rangle$. Berechnet man jedoch $\langle \hat{x}^2\rangle$, fallen einige Terme nicht weg:

$$\langle \hat{x}^2\rangle = \frac{\hbar}{2m\omega} \langle n|(\hat{a}^\dagger + \hat{a})(\hat{a}^\dagger + \hat{a})|n\rangle \tag{5.106}$$

$$= \frac{\hbar}{2m\omega} [\langle n|\hat{a}^\dagger \hat{a}|n\rangle + \langle n|\hat{a}\hat{a}^\dagger|n\rangle] \tag{5.107}$$

$$= \frac{\hbar}{2m\omega} \underbrace{[\langle n|n|n\rangle + \langle n|n+1|n\rangle]}_{=2n+1} \tag{5.108}$$

$$= \frac{\hbar}{m\omega} \left(n + \frac{1}{2}\right). \tag{5.109}$$

Eine ganz ähnliche Rechnung ergibt $\langle \hat{p}^2\rangle = \hbar m\omega(n + \frac{1}{2})$. Wir können damit die Heisenberg'sche Unbestimmtheitsrelation überprüfen (hier gilt ja $\Delta A = \sqrt{\langle A^2\rangle}$, weil $\langle A\rangle = 0$):

$$\Delta \hat{x}\Delta \hat{p} = \hbar \cdot \left(n + \frac{1}{2}\right) \geq \frac{\hbar}{2}. \tag{5.110}$$

Für $n = 0$ findet man exakt die untere Schranke der HUR in der Formulierung von Robertson (Gleichung (4.3)) bzw. Kennard (Gleichung (4.4)) und bei zunehmender Energie wächst die Unbestimmtheit weiter an. Man erkennt gut, dass die Nullpunktsenergie dafür verantwortlich ist, die HUR einzuhalten. Die Nullpunktsenergie wiederum hat ihre Ursache, wie die Robertson-Beziehung, in der Nichtvertauschbarkeit von $\hat{x}$ und $\hat{p}$.

5.5.3 Historische Anmerkung zum quantenmechanischen HO

Beim Bohr'schen Atommodell besteht die entscheidende Neuerung darin, dass die Strahlungsfrequenz *nicht* mit der Umlauffrequenz der Elektronen übereinstimmt (Abschnitt 2.6). Es gilt deshalb auch *nicht* $E_n \propto \omega$, mit E_n der Energie einer stationären Bahn und ω der Strahlungsfrequenz, sondern erst die *Energiedifferenz* zwischen stationären Bahnen legt die Abstrahlung gemäß der Bohr'schen Frequenzbedingung $E_n - E_m \propto \omega$ fest. Beim quantenmechanischen harmonischen Oszillator gilt hingegen sowohl $E_n \propto \omega$, als auch $E_n - E_m \propto \omega$, weil die Energieniveaus den gleichen Abstand haben.

Technisch gesprochen ist dies der Grund dafür, dass die frühen Anwendungen der Quantentheorie, wie Plancks Beschreibung der Schwarzkörperstrahlung im Jahr 1900 (Abschnitt 2.1.5) oder Einsteins Theorie der spezifischen Wärme von 1907 (Abschnitt 2.3), das Modell des harmonischen Oszillators erfolgreich anwenden konnten. Bohrs Einsicht aus dem Jahr 1913 war bei diesem Modell noch nicht relevant.

5.6 Das Wasserstoffatom

Die erfolgreiche Berechnung des Wasserstoffspektrums aus der Schrödingergleichung

$$\left(-\frac{\hbar^2}{2m_e}\Delta - \underbrace{\frac{e^2}{4\pi\epsilon_0|\vec{r}|}}_{=V_{\text{Coul.}}}\right)\psi(\vec{r}) = E \cdot \psi(\vec{r}) \tag{5.111}$$

war die erste große Bewährungsprobe der neuen Theorie. Die Bewegung eines Elektrons im Coulombpotenzial des Kerns ist eines der wenigen exakt lösbaren Probleme der Quantenmechanik. Wie beim endlich hohen Potenzialtopf wird man für $E > 0$ auf Streulösungen und für $E < 0$ auf gebundene Zustände geführt. Im Folgenden konzentrieren wir uns auf diese gebundenen Zustände.

Die Rechnung kann auch für die Ladung Ze^2 durchgeführt werden, und beschreibt dann wasserstoffähnliche Atome (einfach ionisiertes Helium etc.). Ebenfalls kann man die Mitbewegung des Kerns mit Masse M berücksichtigen, wenn man m_e durch die reduzierte Masse $\mu = \frac{m_e}{1+m_e/M}$ ersetzt. Wir verzichten auf diese kleine Korrektur.[16]

Das Wasserstoffatom ist ein Problem in drei Raumdimensionen. Es gibt uns deshalb Gelegenheit, den Operator für den Bahndrehimpuls einzuführen, den es im eindimensionalen gar nicht gibt.

5.6.1 Der Drehimpuls

Die Definition des Bahndrehimpulses lautet in der Mechanik $\vec{L} = \vec{r} \times \vec{p}$, und diesen Zusammenhang überträgt man auf die Quantenmechanik. In kartesischen Koordinaten hat der L-Operator die Form:

$$\hat{L} = \hat{r} \times \hat{p} = \frac{\hbar}{i}\begin{pmatrix} \hat{y}\frac{\partial}{\partial z} - \hat{z}\frac{\partial}{\partial y} \\ \hat{z}\frac{\partial}{\partial x} - \hat{x}\frac{\partial}{\partial z} \\ \hat{x}\frac{\partial}{\partial y} - \hat{y}\frac{\partial}{\partial x} \end{pmatrix}. \tag{5.112}$$

---

16 Für Deuterium (d. h., schweres Wasser mit einem zusätzlichen Neutron im Kern) verkleinert sich dieser Effekt zusätzlich. Dennoch konnte durch diesen Einfluss 1932 die Existenz dieses Isotops nachgewiesen werden.

Die Komponenten erfüllen charakteristische Vertauschungsrelationen:

$$[\hat{L}_x, \hat{L}_y] = i\hbar\hat{L}_z, \quad [\hat{L}_y, \hat{L}_z] = i\hbar\hat{L}_x, \quad [\hat{L}_z, \hat{L}_x] = i\hbar\hat{L}_y. \tag{5.113}$$

Diese Operatoren können also keine gemeinsamen Eigenzustände besitzen und erfüllen Unbestimmtheitsrelationen (vgl. Gleichung (4.3)). Der Beweis dieser Relationen nutzt aus, dass die Operatoren $\hat{x}$, $\hat{y}$ und $\hat{z}$ sowie $\hat{p}_x$, $\hat{p}_y$ und $\hat{p}_z$ jeweils untereinander vertauschen. Miteinander vertauschen sie ebenfalls, falls sie sich auf verschiedene Komponenten beziehen. Sonst gilt bekanntlich $[\hat{x}, \hat{p}_x] = [\hat{y}, \hat{p}_y] = [\hat{z}, \hat{p}_z] = i\hbar$. Daraus folgt zum Beispiel:

$$[\hat{L}_x, \hat{L}_y] = [\hat{y}\hat{p}_z - \hat{z}\hat{p}_y, \hat{z}\hat{p}_x - \hat{x}\hat{p}_z] \tag{5.114}$$

$$= [\hat{y}\hat{p}_z, \hat{z}\hat{p}_x] - \underbrace{[\hat{y}\hat{p}_z, \hat{x}\hat{p}_z]}_{=0} - \underbrace{[\hat{z}\hat{p}_y, \hat{z}\hat{p}_x]}_{=0} + [\hat{z}\hat{p}_y, \hat{x}\hat{p}_z] \tag{5.115}$$

$$= \hat{y}\hat{p}_x \underbrace{[\hat{p}_z, \hat{z}]}_{=-i\hbar} + \hat{x}\hat{p}_y \underbrace{[\hat{z}, \hat{p}_z]}_{=i\hbar} \tag{5.116}$$

$$= i\hbar \underbrace{(\hat{x}\hat{p}_y - \hat{y}\hat{p}_y)}_{=\hat{L}_z} \tag{5.117}$$

Die anderen Kommutatoren können nach demselben Muster berechnet werden, aber sie folgen auch (und leichter) aus zyklischer Permutation $x \to y \to z \to x$.

Das Coulombpotenzial ist rotationssymmetrisch, weshalb der Wechsel in Kugelkoordinaten (siehe Abschnitt 5.7) günstig ist. Es gelten (mit $0 \le \phi \le 2\pi$ dem Azimutwinkel, $0 \le \theta \le \pi$ dem Polarwinkel sowie r dem Abstand vom Ursprung) folgende Transformationsvorschriften:

$$x = r\sin\theta\cos\phi, \quad r = \sqrt{x^2 + y^2 + z^2}$$

$$y = r\sin\theta\sin\phi \quad \leftrightarrow \quad \theta = \arctan\frac{\sqrt{x^2+y^2}}{z} \tag{5.118}$$

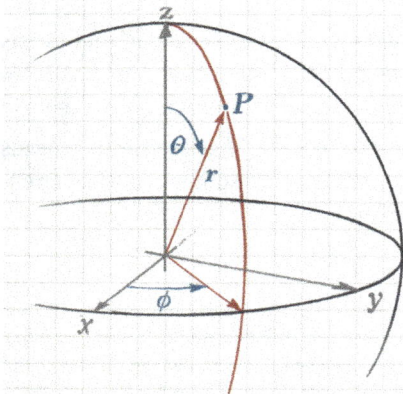

Abb. 5.7: Definition der Kugelkoordinaten r (Radius), θ (Polarwinkel) und ϕ (Azimutwinkel) eines Punktes P.

$$z = r\cos\theta, \quad \phi = \arctan\frac{y}{x}$$

Wir müssen natürlich nicht bloß die Koordinaten, sondern auch die Ableitungen transformieren:[17]

$$\frac{\partial}{\partial x} = \frac{\partial r}{\partial x}\frac{\partial}{\partial r} + \frac{\partial\theta}{\partial x}\frac{\partial}{\partial\theta} + \frac{\partial\phi}{\partial x}\frac{\partial}{\partial\phi}, \tag{5.119}$$

und analog für die anderen Komponenten. Drückt man die *kartesischen* Komponenten des Drehimpulsoperators durch die Kugelkoordinaten aus, findet man:

$$\hat{L} = \frac{\hbar}{i}\begin{pmatrix} -\sin\phi\frac{\partial}{\partial\theta} - \frac{\cos\theta\cos\phi}{\sin\theta}\frac{\partial}{\partial\phi} \\ \cos\phi\frac{\partial}{\partial\theta} - \frac{\cos\theta\sin\phi}{\sin\theta}\frac{\partial}{\partial\phi} \\ \frac{\partial}{\partial\phi} \end{pmatrix}. \tag{5.120}$$

Die verschiedenen Komponenten des Drehimpulses besitzen keine gemeinsamen Eigenzustände. Auf der Suche nach einer weiteren „guten" Quantenzahl wird man bei dem Quadrat des Drehimpulsoperators $\hat{L}^2 = \hat{L}_x^2 + \hat{L}_y^2 + \hat{L}_z^2$ fündig. Es gilt nämlich $[\hat{L}^2,\hat{L}_x] = [\hat{L}^2,\hat{L}_y] = [\hat{L}^2,\hat{L}_z] = 0$, und man kann gemeinsame Eigenzustände für $\hat{L}^2$ und *eine* Komponente des Drehimpulses angeben. Traditionell wählt man hier $\hat{L}_z$. Mit den Komponenten aus Gleichung (5.120) findet man für diesen Operator ein erstaunlich schlankes Resultat:

$$\hat{L}^2 = -\hbar^2\left(\frac{1}{\sin\theta}\frac{\partial}{\partial\theta}\left(\sin\theta\frac{\partial}{\partial\theta}\right) + \frac{1}{\sin^2\theta}\frac{\partial^2}{\partial\phi^2}\right). \tag{5.121}$$

Die Operatoren $\hat{L}^2$ und $\hat{L}_z$ besitzen also gemeinsame Eigenfunktionen $F(\theta,\phi)$:

$$\hat{L}_zF(\theta,\phi) = \hbar\cdot c_1 F(\theta,\phi) \tag{5.122}$$

$$\hat{L}^2F(\theta,\phi) = \hbar^2\cdot c_2 F(\theta,\phi). \tag{5.123}$$

Da beide Operatoren hermitesch sind, müssen die Eigenwerte c_i reell sein und c_2 (als Summe von Quadraten) positiv. Mehr ist über sie zunächst nicht bekannt. Aus $\hat{L}_z = -i\hbar\frac{\partial}{\partial\phi}$ folgt $F \sim e^{ic_1\phi}$ und wegen der Eindeutigkeit der Wellenfunktion haben wir die Bedingung $F(\phi) = F(\phi + 2\pi)$. Dies bedeutet aber, dass $e^{ic_1\cdot 2\pi} = 1$ gelten muss, woraus $c_1 \in \mathbb{Z}$ folgt. Üblich ist es, diesen Eigenwert m zu nennen. Die z-Komponente des Drehimpulses kann sich also nur in Sprüngen von $\hbar$ verändern.

---

[17] Für den arctan muss beachtet werden, dass die Zuordnung eines Winkels aufgrund der Periodizität der Winkelfunktionen nicht eindeutig ist. Der Taschenrechner bildet arctan auf die „Hauptwerte" $[-\pi/2,\pi/2]$ ab. Weil wir $\phi \in [0,2\pi]$ haben, muss im 2. und 3. Quadranten π addiert werden, und im 4. Quadranten sogar 2π.

Die θ-Abhängigkeit der Eigenfunktion F ist viel komplizierter, aber aus der Mathematik bekannt. F ist nämlich eine sogenannte Kugelflächenfunktion $Y_{lm}(\theta,\phi) \sim e^{im\phi}P_{lm}(\cos\theta)$ (mit P_{lm} den sogenannten zugeordneten Legendre-Polynomen). Es gilt dann für den $\hat{L}^2$-Eigenwert $c_2 = l(l+1)$, und aus der Forderung, dass die Lösung endlich, eindeutig und stetig ist, folgt $l \in \mathbb{N}$ und $|m| \leq l$. Wir geben nicht die allgemeine Definition, sondern nur einige Beispiele für die Kugelflächenfunktionen $Y_{lm}(\theta,\phi)$ an:

$$Y_{00}(\theta,\phi) = \frac{1}{\sqrt{4\pi}}, \quad Y_{10}(\theta,\phi) = \sqrt{\frac{3}{4\pi}}\cos\theta \tag{5.124}$$

$$Y_{11}(\theta,\phi) = -\sqrt{\frac{3}{8\pi}}\sin\theta \cdot e^{i\phi}, \quad Y_{l,-m}(\theta,\phi) = (-1)^m Y_{lm} \tag{5.125}$$

Das wichtige Resultat bis hierhin lautet also:

$$\hat{L}^2 Y_{lm}(\theta,\phi) = \hbar^2 \cdot l(l+1) \cdot Y_{lm}(\theta,\phi) \quad \text{mit } l = 0,1,2,\dots \tag{5.126}$$

$$\hat{L}_z Y_{lm}(\theta,\phi) = \hbar \cdot m \cdot Y_{lm}(\theta,\phi), \quad |m| \leq l \tag{5.127}$$

Hier ist l also eine natürliche Zahl, und die z-Komponente des Drehimpulses kann vernünftigerweise nicht größer als l sein. Jedoch ist das Quadrat des Drehimpulses nicht einfach l^2, sondern $l(l+1)$, bzw. sein Betrag nicht l, sondern $\sqrt{l(l+1)}$. Also ist, wie Stauffer (1993, S. 97) treffend bemerkt, auch im Falle $m = l$ noch „etwas Drehimpuls für y- und x-Komponente vorhanden, da sonst alle drei Komponenten scharf bestimmt wären". Als konkretes Beispiel betrachten wir den Fall $l = m = 1$. Dann gilt:

$$\langle\hat{L}_x^2\rangle + \langle\hat{L}_y^2\rangle = \langle\hat{L}^2\rangle - \langle\hat{L}_z^2\rangle \tag{5.128}$$

$$= \hbar^2 \underbrace{(l(l+1) - m^2)}_{=1} \neq 0. \tag{5.129}$$

5.6.2 Die Schrödingergleichung in Kugelkoordinaten

Warum ist all das wichtig für das Wasserstoffspektrum? Dazu muss man beachten, dass für die Transformation der Schrödingergleichung in Kugelkoordinaten der Laplaceoperator $\Delta = \frac{\partial^2}{\partial x^2} + \frac{\partial^2}{\partial y^2} + \frac{\partial^2}{\partial z^2}$ durch r, ϕ und θ ausgedrückt werden muss. Man findet bei zweifacher Anwendung von Gleichung (5.119):

$$\Delta = \frac{1}{r^2}\frac{\partial}{\partial r}\left(r^2\frac{\partial}{\partial r}\right) - \frac{\hat{L}^2}{r^2\hbar^2}. \tag{5.130}$$

Der Winkelanteil des Laplaceoperators kann also durch $\hat{L}^2$ ausgedrückt werden! Der Hamiltonoperator für den Wasserstoff hat deshalb eine Summenstruktur, die die radiale und Winkelabhängigkeit trennt:

$$\left[-\frac{\hbar^2}{2m}\frac{1}{r^2}\frac{\partial}{\partial r}\left(r^2\frac{\partial}{\partial r}\right) + \frac{\hat{L}^2}{2mr^2} - \frac{Ze^2}{4\pi\epsilon_0 r}\right]\psi_{nlm} = E \cdot \psi_{nlm}. \tag{5.131}$$

Setzt man nun den Separationsansatz $\psi_{nlm}(r, \theta, \phi) = R_{nl}(r)Y_{lm}(\theta, \phi)$ in Gleichung (5.131) ein und dividiert durch die Kugelflächenfunktionen, gewinnt man eine Gleichung für den Radialteil:

$$\left[-\frac{\hbar^2}{2m}\frac{1}{r^2}\frac{\partial}{\partial r}\left(r^2 \frac{\partial}{\partial r} \right) + \frac{\hbar^2 l(l+1)}{2mr^2} - \frac{Ze^2}{4\pi\epsilon_0 r} \right]R_{nl}(r) = E \cdot R_{nl}(r). \tag{5.132}$$

Der einzige Unterschied zwischen den Gleichungen (5.131) und (5.132) ist also die Ersetzung von $\hat{L}^2$ durch seine Eigenwerte $l(l+1)$ (und natürlich die Ersetzung von ψ durch R). Mithilfe der Substitution $R(r) = \frac{u(r)}{r}$ gewinnt man schließlich eine eindimensionale Schrödingergleichung für $u(r)$ mit dem effektiven Potenzial

$$U_{\text{eff}} = \frac{\hbar^2}{2m_e}\frac{l(l+1)}{r^2} + V_{\text{Coul.}}(r). \tag{5.133}$$

Wir haben damit gezeigt, wie sich das Problem der Energiebestimmung auf die Lösung einer eindimensionalen Gleichung für $r \in [0, \infty]$ reduziert. Auf den genauen Lösungsweg wollen wir an dieser Stelle gar nicht eingehen (siehe etwa Griffith (2005, S. 145)), aber im Sinne unserer „Leitfrage" skizzieren wir kurz die Schritte, die zur Diskretheit der Eigenzustände führen. Bei gebundenen Zuständen ($E < 0$) löst man die betreffende Gleichung über den Ansatz mit einer Potenzreihe. Dies führt jedoch zu einem asymptotisch divergierenden Verhalten, das der Normierbarkeit der Lösung widerspricht. Um diese sicherzustellen, wird man deshalb auf die Abbruchbedingung $l < n$ für die Potenzreihe geführt.

Antwort auf die Leitfrage
Auch beim Wasserstoffatom ist es die Forderung der Eindeutigkeit und Normierbarkeit, die zu diskreten Energien führt, indem sie die Bedingungen $n \in \mathbb{N}$ sowie $l \leq n - 1$ erzwingt (ursprünglich stehen l und n ja in keinem Zusammenhang). Zusätzlich muss die Randbedingung $u(0) = 0$ gefordert werden, damit der Laplaceoperator selbstadjungiert ist (Filk, 2019, S. 173).

Mit $a = \frac{4\pi\epsilon_0 \hbar^2}{m_e e^2} \approx 0{,}53 \cdot 10^{-10}$ m (Bohr'scher Radius, siehe Gleichung (2.47)) lauten einige Lösungen $R_{nl}(r)$:

$$R_{10}(r) = 2a^{-\frac{3}{2}}e^{-\frac{r}{a}} \tag{5.134}$$

$$R_{20}(r) = \frac{1}{\sqrt{2}}a^{-\frac{3}{2}}\left(1 - \frac{r}{2a} \right)e^{-\frac{r}{2a}} \tag{5.135}$$

$$R_{21}(r) = \frac{1}{\sqrt{24}}a^{-\frac{3}{2}}\frac{r}{a}e^{-\frac{r}{2a}} \tag{5.136}$$

$$R_{30}(r) = \frac{1}{\sqrt{27}}a^{-\frac{3}{2}}\left(1 - \frac{2r}{3a} + \frac{2r^2}{27a^2} \right)e^{-\frac{r}{3a}} \tag{5.137}$$

Diese sind in Abbildung 5.8 dargestellt. Für die Energie-Eigenwerte der gebundenen

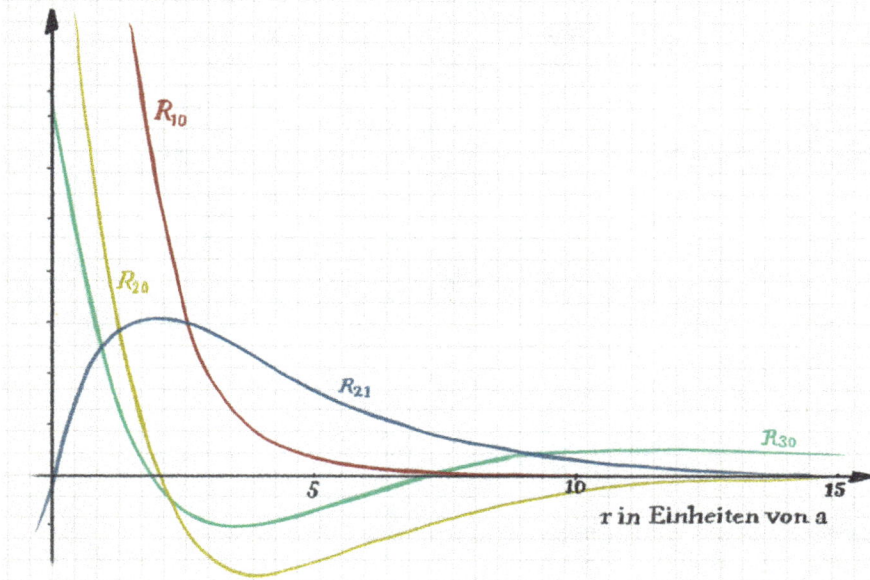

Abb. 5.8: Radialer Anteil der Wasserstoff-Wellenfunktion R_{10}, R_{20}, R_{21} und R_{30}. Bei $l = 0$ haben die Funktionen $n - 1$ Nullstellen („Knotenpunkte"). Bei zunehmendem Drehimpuls nimmt die Anzahl der Knoten jedoch ab. Sie beträgt $n - l - 1$.

Zustände findet man das Bohr'sche Resultat (Gleichung (2.43)), wenn man n mit der Hauptquantenzahl identifiziert:

$$E_n = -\frac{m_e}{2\hbar^2}\left(\frac{e^2}{4\pi\epsilon_0}\right)^2 \frac{1}{n^2} = -\frac{13{,}6\,\text{eV}}{n^2}. \tag{5.138}$$

Einen durch n, l und m charakterisierten Zustand bezeichnet man auch als *Orbital* – in diesem Begriff lebt also die Vorstellung von Elektronenbahnen weiter. Orbitale mit gleichem n fasst man zu sogenannten *Schalen* zusammen. Innerhalb einer Schale bilden die Zustände mit gleichem l *Unterschalen*. Für die Werte der Drehimpulsquantenzahl l ist eine historische Bezeichnungsweise aus der Spektroskopie immer noch gebräuchlich. Statt von $l = 0, 1, 2, 3, 4, 5$ spricht man von s, p, d, f, g oder h-Zuständen. Dann bezeichnet man etwa die durch $n = 3$ und $l = 2$ charakterisierte Unterschale als „$3d$".

Um die Verwirrung perfekt zu machen, existiert in der Chemie auch eine gebräuchliche Kodierung der Hauptquantenzahl n mithilfe von Buchstaben. Dort spricht man von der K-Schale ($n = 1$), L-Schale ($n = 2$), M-Schale ($n = 3$), N-Schale ($n = 4$) oder O-Schale ($n = 5$). Wir waren im Zusammenhang mit dem Gesetz von Moseley (Abschnitt 2.6.4) bereits darauf gestoßen, als von K_α oder L_α-Linien in der charakteristischen Röntgenstrahlung die Rede war. Diese werden gerade ausgesendet, wenn ein Elektron in die K

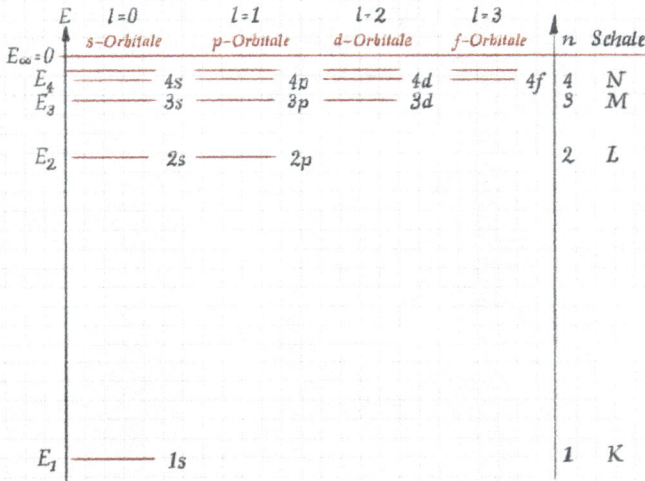

Abb. 5.9: Termschema des Wasserstoffatoms mit spektroskopischen Bezeichnungen.

($n = 1$) bzw. L-Schale ($n = 2$) fällt. Abbildung 5.9 zeigt das sogenannte „Termschema" des Wasserstoffatoms, d. h., die Energieniveaus zusammen mit der Bezeichnung für Schalen und Unterschalen.

Der Begriff der Schale weckt erneut geometrische Assoziationen, die an das Bohr'sche Planetenmodell erinnern. Aber welche räumliche Vorstellung sollte man sich vom Wasserstoffatom in der Wellenmechanik eigentlich machen?

Bilder des Wasserstoffatoms

Die Wellenfunktion des Wasserstoffatoms ist nicht leicht zu visualisieren und liefert natürlich keine „Bahnen", sondern lediglich Aufenthaltswahrscheinlichkeiten des Elektrons. Interessiert man sich etwa für den mittleren Abstand vom Kern, muss man den Erwartungswert von r berechnen. Für den Grundzustand $\psi_{100}(r, \theta, \phi) = R_{10}(r)Y_{00}(\theta, \phi)$ ist dies recht einfach. Es gilt (siehe Gleichungen (5.124) und (5.134)) $\psi_{100} = \frac{1}{\sqrt{4\pi}} \frac{2}{\sqrt{a^3}} e^{-\frac{r}{a}}$.
Der Erwartungswert für r ist dann

$$\langle \psi_{100} | r | \psi_{100} \rangle = \int_0^\infty \int_0^\pi \int_0^{2\pi} r \cdot |\psi_{100}|^2 r^2 dr \sin\theta d\theta d\phi \tag{5.139}$$

$$= \int_0^\infty r^3 \left| \frac{2}{\sqrt{a^3}} e^{-\frac{r}{a}} \right|^2 dr \underbrace{\int_0^\pi \sin\theta d\theta \int_0^{2\pi} \left| \frac{1}{\sqrt{4\pi}} \right|^2 d\phi}_{=1} \tag{5.140}$$

$$= \frac{3}{2} a. \tag{5.141}$$

Die Integration über Polar- und Azimutwinkel in Kugelkoordinaten ergibt einen Faktor 4π, der sich mit der Normierung der Kugelflächenfunktion heraushebt. Die r-Integration (man beachte den Term r^3 – einen Faktor r aus der Erwartungswertbildung und das r^2 aus dem Volumenelement in Kugelkoordinaten) kann man mithilfe einer mehrfachen partiellen Integration ausführen.[18] Das Resultat ist also in der Größenordnung des Bohr'schen Radius ($\approx 0{,}5 \cdot 10^{-10}$ m). Für beliebige Orbitale findet man:

$$\langle \psi_{nlm} | r | \psi_{nlm} \rangle = \frac{a}{2} (3n^2 - l(l+1)). \tag{5.142}$$

Man erkennt, dass mit wachsendem n sowie kleinerem l der mittlere Abstand zum Kern zunimmt.

Die *Verteilung* der Aufenthaltswahrscheinlichkeit ist natürlich durch die Wellenfunktion gegeben. Einen ersten Überblick erhält man, wenn man ihren radialen Teil betrachtet (Abschnitt 5.8). Interessanter als die Wahrscheinlichkeitsamplitude ist jedoch ihr Quadrat, also die Wahrscheinlichkeitsdichte. Abbildung 5.10 zeigt den Graphen von

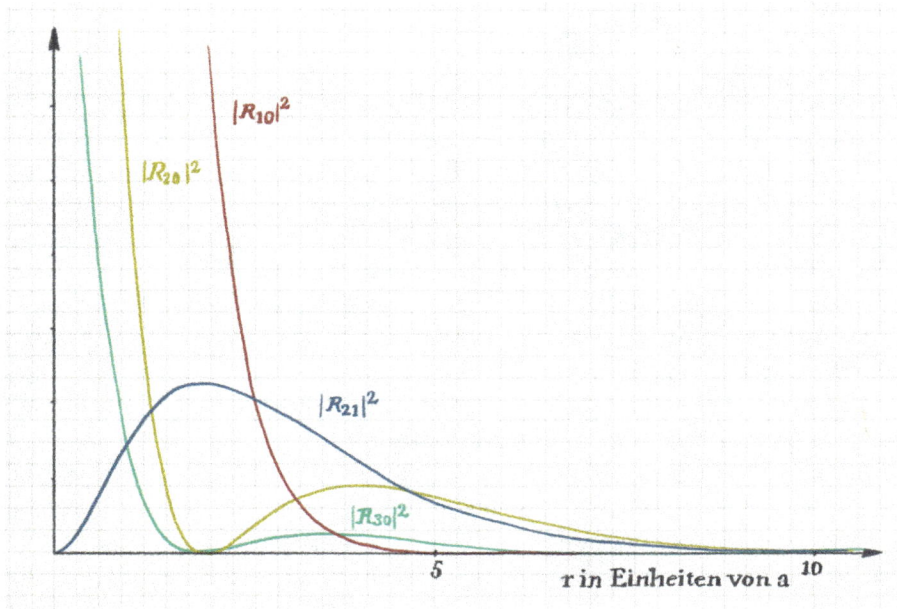

Abb. 5.10: Radialer Anteil der räumlichen Wahrscheinlichkeisdichte für das Elektron im Wasserstoff bei verschiedenen Werten für n und l. Bei Zuständen ohne Drehimpuls, also $|R_{n0}(r)|^2$, ist diese Größe im Ursprung maximal.

---

18 Bei jeder partiellen Integration verringert man die Potenz von r um Eins – dieses Verfahren muss also drei Mal angewendet werden.

$|R_{nl}(r)|^2$ für einige Werte von n und l. Man erkennt zum Beispiel, dass bei $l = 0$ die Funktion $|R_{nl}(r)|^2$ im Ursprung (also am Ort des Kerns) ein Maximum hat.

Der radiale Anteil der räumlichen Wahrscheinlichkeitsdichte entspricht allerdings erst nach Multiplikation mit dem Winkelanteil $|Y_{lm}(\theta, \phi)|^2$ der vollständigen Wahrscheinlichkeitsdichte $|\psi|^2$. Von diesem **radialen Anteil der räumlichen Wahrscheinlichkeitsdichte** wollen wir deshalb eine Größe unterscheiden, deren Name allerdings zum Verwechseln ähnlich klingt: Die sogenannte **radiale Wahrscheinlichkeitsdichte** $W_{nl}(r) = r^2|R_{nl}(r)|^2$. Diese Größe gibt die Wahrscheinlichkeit an, ganz *unabhängig* von den Werten für θ und ϕ, ein Elektron im Abstand zwischen r und $r + dr$ anzutreffen. Hierzu muss man also über die Winkel integrieren:

$$W_{nl}(r)dr = \int\limits_0^\pi \int\limits_0^{2\pi} |Y_{lm}(\theta, \phi)R_{nl}(r)|^2 r^2 dr \sin\theta d\theta d\phi \tag{5.143}$$

$$= r^2|R_{nl}(r)|^2 dr \underbrace{\int_0^\pi d\theta \sin\theta \int_0^{2\pi} d\phi |Y_{lm}(\theta, \phi)|^2}_{=1} \tag{5.144}$$

$$= r^2|R_{nl}|^2 dr. \tag{5.145}$$

Die Kugelflächenfunktionen sind alle so normiert, dass das Integral über θ und ϕ den Wert 1 liefert (für Y_{00} hatten wir dies bereits in Gleichung (5.140) ausgenutzt). Durch die Transformation des Volumenelements dV in Kugelkoordinaten tritt der zusätzliche Faktor r^2 in $W_{nl}(r)$ auf. Die anschauliche Bedeutung dieses Faktors ist ganz einfach: Mit r^2 wächst die Oberfläche einer Kugel um den Ursprung mit Radius r. In der radialen Wahrscheinlichkeitsdichte gewichtet man $|R_{nl}(r)|^2$ also mit der zur Verfügung stehenden Fläche. Diese Kenngröße ist dadurch ein sinnvolles Maß für die Größe des Atoms, aber sie stellt eine *Liniendichte* (und keine *räumliche Dichte*) der Aufenthaltswahrscheinlichkeit dar.

Abschnitt 5.11 zeigt die radiale Wahrscheinlichkeitsdichte für einige Werte von n und l. Das Maximum von $r^2 R_{10}(r)$ liegt z. B. exakt bei $r = a$.

Bei dieser Darstellung der Wahrscheinlichkeit ergeben sich einige markante Unterschiede zu $|R_{nl}|^2$. Obwohl das Elektron im Wasserstoff mit $l = 0$ (ein s-Zustand in der spektroskopischen Sprechweise) also eine hohe Aufenthaltswahrscheinlichkeit im Kern besitzt, gilt für die radiale Wahrscheinlichkeitsdichte dennoch $W_{nl}(0) = 0$. Dies liegt natürlich einfach an der Multiplikation mit r^2. Anders formuliert: Die Aufenthaltswahrscheinlichkeit im Kern ist zwar groß, der Ursprung aber bloß ein Punkt.

Der Winkelanteil der Wellenfunktionen des Wasserstoff
Die vollständigen Wellenfunktionen der Eigenzustände des Wasserstoffatoms ergeben sich, wenn der radiale Anteil $R_{nl}(r)$ mit den Kugelflächenfunktionen $Y_{lm}(\theta, \phi)$ (siehe Gleichung (5.124) und (5.125)) multipliziert wird.

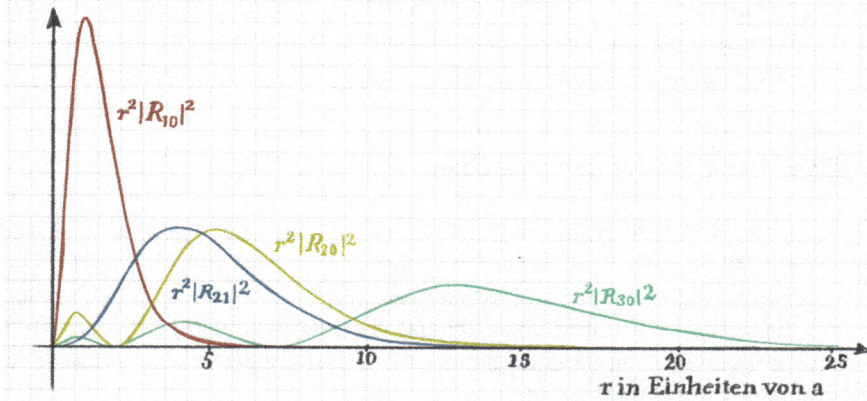

Abb. 5.11: Radiale Wahrscheinlickeisdichte $W_{nl}(r) = r^2 |R_{nl}(r)|^2$ für verschiedene Werte von n und l. Bei dieser Größe wird der radiale Anteil der räumlichen Wahrscheinlichkeitsdichte mit der Fläche r^2 gewichtet, die beim jeweiligen Abstand zur Verfügung steht.

Besonders einfach ist der Fall $l = 0$. Die Kugelflächenfunktion hängt dann gar nicht vom Winkel ab, sondern ist eine Konstante. Sie beschreibt also eine Kugeloberfläche mit einem Radius, der aus der Normierungsbedingung folgt (siehe Abschnitt 5.12).

Bei $l > 0$ ergeben sich hantelförmige Strukturen, Tori oder Kombinationen aus beidem. Abbildung 5.12 zeigt einige einfache Beispiele. Bei $m \neq 0$ tritt hier der Term $e^{im\phi}$ auf. Dargestellt wurde der Betrag dieser komplexwertigen Funktion.

Bei diesen Lösungen fällt auf, dass die Kugelsymmetrie verloren geht, obwohl das Coulombpotenzial nur von r abhängt. Sie sind jedoch symmetrisch unter Rotationen um die z-Achse. Dies ist damit verknüpft, dass die Funktionen Eigenzustände von $\hat{L}_z$ sind. Die fehlende Symmetrie unter Rotationen um x- und y-Achse drückt also aus, dass die

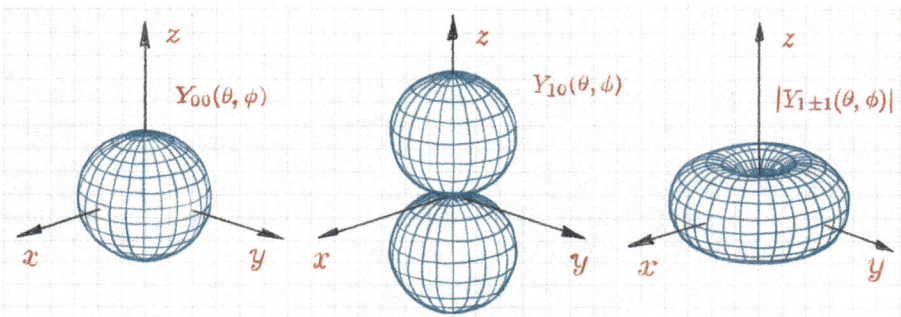

Abb. 5.12: Kugelflächenfunktionen für $l = 0$ sowie $l = 1$ ($m = 0, \pm 1$). Für $m \neq 0$ ist der Betrag der komplexwertigen Funktion dargestellt.

Funktionen keine gemeinsamen Eigenzustände von $\hat{L}_x, \hat{L}_y$ und $\hat{L}_z$ sein können. Viele weitere Visualisierungen (für alle möglichen Probleme der Quantenmechanik) finden sich in der Standardreferenz „Quantenmechanik in Bildern" (Brandt und Dahmen, 2015).

5.6.3 Magnetfelder und der Elektronenspin

Die Energieniveaus von Wasserstoff hängen nur von der Hauptquantenzahl n ab, sind also hochgradig entartet. Die fehlende m-Abhängigkeit folgt direkt aus Gleichung (5.132), denn darin kommt diese Quantenzahl gar nicht vor. Dies liefert eine $2l + 1$-fache Entartung. Dass die Energie auch nicht von l abhängt, ist eine Besonderheit des Coulomb-potenzials. Da l von 0 bis $n - 1$ läuft, beträgt die Entartung der Energiezustände im Wasserstoffatom schließlich:[19]

$$\sum_{l=0}^{n-1}(2l+1) = n^2. \tag{5.146}$$

Genau wie im Modell von Bohr–Sommerfeld (Abschnitt 2.6.3) ist die Entartung ein Schlüssel zur Erklärung von Eigenschaften des Spektrums. Die Aufspaltung im Magnetfeld etwa kann durch eine Aufhebung der m-Entartung erklärt werden. Dazu muss der Hamiltonoperator H_{Coul} (Gleichung (5.111)) um einen Term ergänzt werden, der die Wechselwirkung zwischen Magnetfeld und Drehimpuls (bzw. dem dadurch erzeugten magnetischen Moment; klassisch: $\vec{\mu} = -\frac{e}{2m_e}\vec{L}$) beschreibt.[20] Die potenzielle Energie eines magnetischen Moments $\vec{\mu}$ im Magnetfeld $\vec{B}$ beträgt aber $-\vec{\mu}\vec{B}$. Man wählt also:

$$H = H_{\text{Coul.}} + \underbrace{\frac{e}{2m_e}\hat{L}_z \cdot B_z}_{=\hat{H}_{LB}}, \tag{5.147}$$

wobei das Magnetfeld in z-Richtung orientiert ist. Nun sind die Lösungen des Wasserstoffproblems ψ_{nlm} natürlich auch Eigenfunktionen des $\hat{L}_z$-Operators mit Eigenwerten $\hbar m$. Die Lösung der stationären Schrödingergleichung zum Hamiltonoperator (5.147) kann also direkt angegeben werden:

$$H\psi_{nlm} = \left(E_n + \underbrace{\frac{e}{2m_e}\hbar m \cdot B_z}_{E_m}\right)\psi_{nlm}. \tag{5.148}$$

E_n ist durch Gleichung (5.138) gegeben. Die magnetische Quantenzahl m (diese Bezeichnung wird nun erklärlich) durchläuft aber die $2l + 1$ Werte von $-l$ bis $+l$ und es kommt zu einer Aufspaltung jeder Energie in $2l + 1$ Niveaus.

---

19 Der Spinfreiheitsgrad wird noch einen zusätzlichen Faktor 2 liefern.

20 Ich verwende $q = -e$, wodurch sich das Minuszeichen erklärt. In der Literatur wird das magnetische Moment häufig in cgs-Einheiten angegeben. Dies liefert einen zusätzlichen Faktor c im Nenner: $\mu = \frac{q}{2m_e c}$.

Der Beitrag aus der Kopplung zwischen Drehimpuls und Magnetfeld kann auf instruktive Weise umgeschrieben werden:

$$E_m = \underbrace{\frac{e\hbar}{2m_e}}_{\mu_B} mB_z. \qquad (5.149)$$

Hier bezeichnet $\mu_B \approx 5{,}8 \cdot 10^{-5}$ eV/T das „Bohr'sche Magneton", d. h., eine natürliche Einheit für das magnetische Moment des Elektrons. Man kann aber auch:

$$E_m = \underbrace{\frac{eB_z}{2m_e}}_{\omega_L} m \cdot \hbar \qquad (5.150)$$

schreiben, mit ω_L der sogenannten Larmorfrequenz. Mit dieser Frequenz präzediert der Drehimpuls eines Teilchens mit magnetischem Dipolmoment um die Richtung eines äußeren Magnetfelds.

Im sogenannten „normalen Zeeman-Effekt" beobachtet man nun tatsächlich eine Aufspaltung in z. B. drei Linien, die man etwa als Übergänge zwischen den Niveaus 2p ($m = 0, \pm 1$) nach 1s ($m = 0$) deuten kann. Auch andere *ungeradzahlig* Vielfache kommen vor, und in der Regel untersucht man den Zeeman-Effekt nicht am Wasserstoff, sondern an komplexen Atomen, bei denen die l-Entartung der Energien nicht mehr gilt (siehe Abschnitt 5.7).

Aufspaltungen wie die im Stern–Gerlach–Schmidt-Versuch (Abschnitt 2.11) in *zwei* Teilstrahlen, oder andere *geradzahlige* Vielfache („anormaler Zeeman-Effekt") können damit jedoch nicht erklärt werden. Schließlich folgt aus $2l + 1 = 2$ für die Drehimpuls-quantenzahl $l = \frac{1}{2} \notin \mathbb{N}$.

Beobachtungen dieser Art motivierten noch in der alten Quantentheorie (also vor 1925) die Einführung einer *halbzahligen* Quantenzahl durch Alfred Landé (1921), deren physikalische Bedeutung jedoch noch unklar war. Nach einem Modell von Heisenberg sollte die Halbzahligkeit durch die Wechselwirkung zwischen dem Atomrumpf und den Valenzelektronen entstehen, in deren Folge der Rumpf gerade die Hälfte des Drehimpulses des Valenzelektrons aufnimmt (Arabatzis, 2019, S. 204).

Im November 1925 deuteten die niederländischen Physiker George Uhlenbeck (1900–1988) und Samuel Goudsmit (1902–1978) diese Quantenzahl als zusätzlichen *Freiheitsgrad des Elektrons*, den „Spin" oder „Eigendrehimpuls" (Uhlenbeck und Goudsmit, 1925). Der entscheidende Schritt bestand dabei darin, den Spin nicht (wie etwa den Bahndrehimpuls oder die Energie des Elektrons) als Folge der Wechselwirkung zwischen den Bestandteilen des Atoms zu deuten, sondern ihn als eine *intrinsische* Eigenschaft des Elektrons aufzufassen. Uhlenbeck und Goudsmit gelten dadurch als die „Entdecker" des Spins, obwohl ihre Vorstellung von einer buchstäblich „rotierenden Ladung" aus heutiger Sicht zu naiv war. Auch aus diesem Grund wurde das Konzept des „spinning electrons" von Wolfgang Pauli zunächst abgelehnt, und ich werde später auf die Rezeptionsgeschichte zurückkommen. Zunächst wollen wir jedoch die (aktuelle) fachwissenschaftliche Beschreibung des Spins betrachten.

Die mathematische Beschreibung von Spin $\frac{1}{2}$

Eine physikalische Größe wird in der Quantenmechanik durch einen selbstadjungierten Operator beschrieben, dessen Eigenzustände das System beschreiben und dessen Eigenwerte den Messwerten entsprechen. Bisher konnten wir hier mithilfe klassischer Analogien (sowie den Operatoren für Ort und Impuls) argumentieren. Im Falle des Spins ist dieser Weg jedoch komplizierter, denn die betreffende Größe ist ohne „klassische" Entsprechung.

Wir wissen jedoch, dass der Spin Eigenschaften eines Drehimpulses hat, denn er soll durch sein magnetisches Moment beispielsweise die Linienaufspaltung beim Zeeman-Effekt beschreiben. Wie der Drehimpuls soll der Spin also einem Vektor $\vec{S}$ entsprechen, dessen (operatorwertige) Komponenten $\hat{S}_x$, $\hat{S}_y$ und $\hat{S}_z$ gesucht werden. Allerdings kennen wir bereits die Eigenwerte, die wir in Analogie zum Bahndrehimpuls $m_s = \pm\frac{1}{2}$ schreiben. Die zugehörigen orthogonalen Eigenvektoren $|s, m_s\rangle$ des Operators $\hat{S}_z$ nennen wir $|\frac{1}{2}, +\frac{1}{2}\rangle = |\uparrow_z\rangle$ und $|\frac{1}{2}, -\frac{1}{2}\rangle = |\downarrow_z\rangle$. Man nennt sie „spin up" bzw. „spin down" und der Index z drückt aus, dass sie entlang des B-Feldes gemessen werden, das wir konventionellerweise in z-Richtung orientieren. Diese beiden Zustände bilden eine Basis – der Raum der Zustände ist also zweidimensional. Damit begegnet uns hier ein endlich-dimensionaler Hilbertraum als Zustandsraum, der isomorph zum $\mathbb{C}^2$ ist.

Wir wollen diese beiden Zustände durch die Standardbasis

$$|\uparrow_z\rangle = \begin{pmatrix} 1 \\ 0 \end{pmatrix}, \quad |\downarrow_z\rangle = \begin{pmatrix} 0 \\ 1 \end{pmatrix} \tag{5.151}$$

ausdrücken, und in dieser Basis ist nach Konstruktion $\hat{S}_z$ diagonal:

$$\hat{S}_z = \begin{pmatrix} \frac{\hbar}{2} & 0 \\ 0 & -\frac{\hbar}{2} \end{pmatrix} = \frac{\hbar}{2} \underbrace{\begin{pmatrix} 1 & 0 \\ 0 & -1 \end{pmatrix}}_{=\sigma_z}. \tag{5.152}$$

Wie sehen die anderen Komponenten aus? Für den Bahndrehimpuls in der Quantenmechanik sind die Beziehungen (5.113) („Drehimpulsalgebra") charakteristisch. Wir fordern deshalb auch hier:

$$[\hat{S}_x, \hat{S}_y] = i\hbar\hat{S}_z, \quad [\hat{S}_y, \hat{S}_z] = i\hbar\hat{S}_x \quad \text{und} \quad [\hat{S}_z, \hat{S}_x] = i\hbar\hat{S}_y. \tag{5.153}$$

Man kann zeigen, dass dies die anderen Komponenten eindeutig festlegt:

$$\hat{S}_x = \frac{\hbar}{2} \underbrace{\begin{pmatrix} 0 & 1 \\ 1 & 0 \end{pmatrix}}_{=\sigma_x}, \quad \hat{S}_y = \frac{\hbar}{2} \underbrace{\begin{pmatrix} 0 & -i \\ i & 0 \end{pmatrix}}_{=\sigma_y}. \tag{5.154}$$

Wir beweisen dies nicht, aber man kann leicht nachrechnen, dass die $\hat{S}_i$ ($i \in \{x, y, z\}$) diese Vertauschungsrelationen tatsächlich erfüllen.

Die Matrizen σ_i werden Paulimatrizen genannt und können formal zu einem dreidimensionalen Vektor $\vec{\sigma}$ zusammengefasst werden. Sie erfüllen eine Reihe von nützlichen Eigenschaften, etwa $\sigma_i^2 = 1$. Wie im Fall des Bahndrehimpulses (vgl. die Diskussion in Abschnitt 5.6.1) kann man den Operator $\hat{S}^2 = \hat{S}_x^2 + \hat{S}_y^2 + \hat{S}_z^2$ gemeinsam mit einer Komponente des Spins diagonalisieren. Es gilt:

$$\hat{S}^2 = \left(\frac{\hbar}{2}\right)^2 \underbrace{(\sigma_x^2 + \sigma_y^2 + \sigma_z^2)}_{=3\mathbb{1}} = \frac{3}{4}\hbar^2 \cdot \mathbb{1}. \tag{5.155}$$

Dieser Operator ist in der Standardbasis also bereits diagonal, d. h., die Vektoren $|\uparrow_z\rangle$ und $|\downarrow_z\rangle$ sind ebenfalls Eigenzustände von $\hat{S}^2$, und der Faktor $\frac{3}{4}$ ist einfach $s(s+1)$ für $s = \frac{1}{2}$. An dieser Stelle lernen wir jedoch nichts Neues, denn nach *Voraussetzung* betrachten wir ja ein Objekt mit dem Spin $\frac{1}{2}$. Die Rechnung illustriert aber noch einmal, dass der Eigendrehimpuls („Spin") genauso wie der Bahndrehimpuls durch Zustände $|s, m_s\rangle$ beschrieben wird, und bei der Untersuchung des Gesamtspins von Zweielektronensystemen wird uns die Größe $\hat{S}^2$ noch einmal begegnen (Abschnitt 5.8).

Beliebige „Spinoren" können also durch eine Superposition

$$|\phi\rangle = c_1|\uparrow_z\rangle + c_2|\downarrow_z\rangle \tag{5.156}$$

mit $c_i \in \mathbb{C}$ und $|c_1|^2 + |c_2|^2 = 1$ dargestellt werden. Die Eigenzustände mit definiertem Spin in z. B. x-Richtung sehen in dieser Darstellung so aus:

$$|\uparrow_x\rangle = \frac{1}{\sqrt{2}}(|\uparrow_z\rangle + |\downarrow_z\rangle) = \frac{1}{\sqrt{2}}\begin{pmatrix} 1 \\ 1 \end{pmatrix} \tag{5.157}$$

$$|\downarrow_x\rangle = \frac{1}{\sqrt{2}}(|\uparrow_z\rangle - |\downarrow_z\rangle) = \frac{1}{\sqrt{2}}\begin{pmatrix} 1 \\ -1 \end{pmatrix}. \tag{5.158}$$

Ein Zustand mit Spin $\frac{\hbar}{2}$ entlang der positiven x-Achse ist also eine 50:50-Überlagerung von Zuständen mit Spin up und down entlang der z-Achse. Gemeinsame Eigenzustände können die Operatoren σ_i und σ_j $(i \neq j)$ nicht besitzen, da der Kommutator nicht verschwindet. Es gilt hier also erneut eine Unbestimmtheitsrelation vom Robertson-Typ (siehe Kapitel 4).

Natürlich kann man auch einen beliebigen (Einheits-)Vektor $\vec{n}$ wählen, bezüglich dessen die Spinkomponente einen definierten Wert (z. B. $+\frac{\hbar}{2}$) hat. Dessen Richtung sei durch die Polarwinkel θ_s und den Azimutwinkel ϕ_s charakterisiert. Aus der Umrechnung (5.118) (mit $r = 1$) entnimmt man:

$$\vec{n} = \begin{pmatrix} \sin\theta_s \cos\phi_s \\ \sin\theta_s \sin\phi_s \\ \cos\theta_s \end{pmatrix}. \tag{5.159}$$

Für den gesuchten Zustand $|\theta_s, \phi_s\rangle$ muss nun gelten:

$$\vec{\sigma} \cdot \vec{n} |\theta_s, \phi_s\rangle = +1 \cdot |\theta_s, \phi_s\rangle. \tag{5.160}$$

Bezüglich der Standardbasis (5.151) lautet die Lösung (Fließbach, 2018, S. 279):

$$|\theta_s, \phi_s\rangle = \begin{pmatrix} \cos(\frac{\theta_s}{2}) \cdot e^{-i\frac{\phi_s}{2}} \\ \sin(\frac{\theta_s}{2}) \cdot e^{+i\frac{\phi_s}{2}} \end{pmatrix}. \tag{5.161}$$

An diesem Zustand kann man eine erstaunliche Eigenschaft des Spins illustrieren. Nimmt man an $|\theta_s, \phi_s\rangle$ eine *volle* Drehung um die z-Achse vor, findet man:

$$|\theta_s, \phi_s + 2\pi\rangle = -|\theta_s, \phi_s\rangle. \tag{5.162}$$

Das Gleiche gilt für den Polarwinkel, d. h., auch hier führt $\theta_s \to \theta_s + 2\pi$ zu einem Vorzeichenwechsel. Weil in die Exponential- bzw. Winkelfunktionen der *halbe* Winkel eingeht, muss um 4π gedreht werden, um den Ausgangszustand zu erhalten!

Durch den bloß endlichdimensionalen Zustandsraum ist der Spin ein beliebtes Beispiel für die Illustration quantenmechanischer Eigenschaften und vor allem des Messprozesses. Wir wollen jedoch zunächst aufklären, wie er sinnvoll mit der Wasserstoff-Wellenfunktion kombiniert werden kann.

Die Pauligleichung
Der Spin erzeugt nun ebenfalls ein magnetisches Moment:

$$\mu_s = -g_e \frac{e}{2m_e} \hat{S}. \tag{5.163}$$

Hier bezeichnet g_e den gyromagnetischen Faktor des Elektrons (auch Landé-Faktor genannt).[21] Für diesen Faktor findet man $g \approx 2$. Das magnetische Moment des Elektrons mit $s = \frac{1}{2}$ ist also praktisch genauso groß, wie der Beitrag eines Elektrons mit Bahndrehimpuls $l = 1$.

Innerhalb der nichtrelativistischen Quantenmechanik sind all dies empirische Befunde, die „von Hand" in den Formalismus eingepflegt werden müssen. Erst die relativistische Dirac-Gleichung enthält für Elektronen automatisch die Eigenschaft $s = \frac{1}{2}$ und sagt $g_e = 2$ voraus.[22]

---

21 Alfred Landé wurde 1888 in Elberfeld geboren, das heute ein Stadtteil von Wuppertal ist. Er ist der einzige bedeutende Quantenmechaniker, den meine Heimatstadt hervorgebracht hat. Landé entstammte einer liberalen Familie jüdischer Herkunft. Aufgrund des zunehmenden Antisemitismus in Deutschland nahm er bereits 1931 eine Professur an der *Ohio State University* an, wo er bis zu seiner Emeritierung lehrte und forschte. Er starb 1975 in Columbus (Ohio).

22 Tatsächlich findet man eine kleine Abweichung von diesem Wert („anormales magnetische Moment"), die unter anderem durch die Quantenelektrodynamik erklärt werden kann. Die dort erreichte Übereinstimmung zwischen Theorie und Experiment gilt als besonderer Triumph der Quantentheorie.

Für den Hamiltonoperator erhalten wir nun einen zusätzlichen Summanden, der die Wechselwirkung von Spin und Magnetfeld beschreibt. Orientieren wir $\vec{B}$ wieder in z-Richtung ($|\vec{B}| = B_z$) gilt also:

$$H_s = g_e \frac{e}{2m_e} \hat{S}_z B_z \tag{5.164}$$

$$= \mu_B \sigma_z B_z. \tag{5.165}$$

Hier bezeichnet μ_B das Bohr'sche Magneton (siehe Gleichung (5.149)) und wir haben $g_e = 2$ angenommen. Die Lösungen der zugehörigen Schrödingergleichung müssen nun als Produktzustände gewählt werden, d. h., sie sind auf dem (Tensor-)Produkt von Spin und (z. B.) Ortsraum definiert. Man schreibt:

$$\mathbf{\Psi}(r, t) = \Psi_+ |\uparrow\rangle + \Psi_- |\downarrow\rangle = \begin{pmatrix} \Psi_+(r, t) \\ \Psi_-(r, t) \end{pmatrix}. \tag{5.166}$$

Für ein freies Elektron (d. h. $V(r) = 0$) in einem homogenen Magnetfeld $|\vec{B}| = B_Z$ lautet der Hamiltonoperator dann:

$$H = \left(-\frac{\hbar^2}{2m_e} \Delta \right) \mathbb{1}_{2 \times 2} + \mu_B \sigma_z B_z. \tag{5.167}$$

Damit der zweikomponentige Spinor auf den ersten Term angewendet werden kann, muss man die 2×2-Einheitsmatrix hinzufügen. Die zugehörige Schrödingergleichung lautet dann voll ausgeschrieben:

$$i\hbar \frac{\partial}{\partial t} \begin{pmatrix} \Psi_+(r, t) \\ \Psi_-(r, t) \end{pmatrix} = \begin{pmatrix} -\frac{\hbar^2 \Delta}{2m_e} + \mu_B B_z & 0 \\ 0 & -\frac{\hbar^2 \Delta}{2m_e} - \mu_B B_z \end{pmatrix} \begin{pmatrix} \Psi_+(r, t) \\ \Psi_-(r, t) \end{pmatrix}. \tag{5.168}$$

Dies ist ein Spezialfall der „Pauligleichung", bei der man (in nichtrelativistischer Näherung) eine beliebige elektromagnetische Wechselwirkung mit Vektorpotenzial $\vec{A}$ und Potenzial Φ berücksichtigt:

$$H_{\text{Pauli}} = \left[\frac{1}{2m} (\hat{p} + e\vec{A}) - e\Phi \right] \mathbb{1}_{2 \times 2} + \mu_B \vec{\sigma} \vec{B}. \tag{5.169}$$

Mit dieser Gleichung gelingt dann unter anderem die Erklärung des anormalen Zeeman-Effekts (Aufspaltung in ungeradzahlige Niveaus), und der normale Zeeman-Effekt stellt sich als Spezialfall des anormalen heraus.

Was sollte man sich unter dem Spin vorstellen und wie verlief seine Rezeptionsgeschichte?

Die physikalische Größe „Spin" hat alle Eigenschaften eines Drehimpulses. Im besonderen erfüllen die Operatoren $\hat{S}_i$ die Drehimpulsalgebra (Gleichung (5.113)) und der Spin addiert sich mit dem Bahndrehimpuls zum Gesamtdrehimpuls („$J = L + S$").[23]

Die Modellvorstellung einer „rotierenden Ladung" ist aber vollständig irreführend. Dies erkennt man alleine schon daran, dass das Neutron ebenfalls den Spin $\frac{1}{2}$ besitzt. Außerdem ist der Spinzustand (Gleichung (5.161)) 4π-periodisch. In diesem Sinne versagen „klassische" Vorstellungen hier sogar noch gründlicher, als bei anderen Observablen. Der Spin stellt also einfach einen zusätzlichen Freiheitsgrad dar, der einem physikalischen System (hier dem Elektron) zugeschrieben werden kann.

Bei seiner Einführung 1925 war dies allerdings noch nicht klar, denn die Arbeit von Uhlenbeck und Goudsmit fiel in die Endphase der frühen Quantentheorie (d. h. *vor* Heisenbergs Artikel zur Matrizenmechanik). Die Autoren diskutierten deshalb auch Fragen der Rotation eines kugelförmigen Elektrons – bewegten sich also noch in der Tradition der Bohr'schen Modellbildung.

Die Veröffentlichung der Matrizenmechanik geschah dann zwischen der deutschen Publikation (Uhlenbeck und Goudsmit, 1925) und der Vorstellung des Konzepts eines *spinning electrons* 1926 in *Nature*. Diesem *Nature*-Artikel war ein Kommentar von Niels Bohr angefügt, in dem er sich anerkennend äußerte. Er hob besonders hervor, dass mithilfe des Spins gerade die *mechanische Modellbildung* neuen Auftrieb erhalte:

> Indeed, it opens up a very hopeful prospect of our being able to account more extensively for the properties of elements by means of mechanical models [...] (Bohr in Uhlenbeck und Goudsmit (1926))

Dies, so Bohr weiter, sei umso willkommener, da mit der in der Zwischenzeit erschienenen Arbeit von Heisenberg (1925) auch die quantitative Behandlung in Reichweite sei. Diese Bemerkung ist nicht ohne Ironie, da doch gerade die Matrizenmechanik als bewusster und notwendiger Bruch mit der mechanischen Modellbildung inszeniert wird.

Während Bohr hier also differenziertere Auffassungen hatte, trifft das übliche Narrativ allem Anschein nach auf Pauli zu. Dieser widersprach nämlich 1925 der Spin-Hypothese, weil er gerade den darin enthaltenen Aspekt der mechanischen Modellbildung ablehnte. Und dies, wie wir heute wissen, auch völlig zu Recht! Erst 1926 revidierte er seine Auffassung zum Spin und leistete mit der bereits diskutierten Pauligleichung sogar bedeutende Beiträge auf diesem Gebiet.[24]

---

23 Die Addition von Drehimpulsen ist ein kompliziertes Thema, auf das ich in Abschnitt 5.8 am Beispiel des Spins eingehe. Die Kombination von Bahn- und Eigendrehimpuls zum Gesamtdrehimpuls wird von mir nicht behandelt.

24 Paulis Sinneswandel wurde wohl hauptsächlich durch eine Arbeit von Llewellyn Thomas ausgelöst, der mithilfe des Spins ein bestimmtes Problem im Zusammenhang mit der Feinstrukturaufspaltung klären konnte (Duncan und Janssen, 2023).

Paulis ambivalente Rolle bei der Verbreitung des Spin-Konzepts enthält noch einen leicht tragischen Aspekt. Der deutsch-US-amerikanische Physiker Ralph Kronig (1904–1995) hatte tatsächlich bereits Anfang 1925 die Entdeckung von Uhlenbeck und Goudsmit antizipiert. Bei einem Treffen mit Pauli äußerte sich dieser jedoch so kritisch, dass Kronig von einer Veröffentlichung der Idee absah. Auf diese Weise verpasste Kronig die Anerkennung für eine Entdeckung ersten Ranges (Duncan und Janssen, 2023, S. 126ff). 1931 wurde Pauli die Lorentzmedaille verliehen, und in seiner Laudatio spielte Paul Ehrenfest auf diese Vorkommnisse an (Ehrenfest, 1931):

> Nun – eine mündliche Überlieferung murmelt, daß Sie dieses zarte, neugeborene Gedankenkind sehr wenig ermunternd, ja geradezu paulisch begrüßt haben! Aber natürlich; das Spin-Elektron wird Ihnen diese anfänglich lebensgefährliche Unfreundlichkeit schon lange verziehen haben. Denn Sie, Herr Pauli, haben ja das Spin-Elektron bald danach so liebevoll in die Welt der Wellenmechanik eingeführt. Ja Sie haben sogar seinetwillen die Physik mit einer ganz neuen Klasse von mathematischen Größen beschenkt: den Spinoren.

Diese „mündliche Überlieferung" kann natürlich nicht mehr rekonstruiert werden. Eine wichtige Rolle kann hier jedoch die Berücksichtigung des wissenschaftlichen Briefwechsels spielen, in dem auch vertrauliche Gedanken und noch unfertige Ideen mitgeteilt werden. Karl von Meyenn (1988) behandelt die Hintergründe der Spin-Entdeckung mithilfe des Briefwechsels. Es zeigt sich dabei, wie produktiv die Kritik von Pauli war, die zur Klärung offener Fragen entscheidend beitrug.

Interessant ist ebenfalls Kronigs Reaktion auf die Arbeit von Uhlenbeck und Goudsmit (1926). Anstatt Priorität zu reklamieren, äußerte er heftige Kritik an dem Konzept (Kronig, 1926). Im Übrigen scheint es, dass der oben geschilderte Vorfall das Verhältnis von Kronig zu Pauli nicht weiter belastet hat und 1928 wurde Kronig in Zürich Paulis Assistent.

5.6.4 Das Pauliprinzip und die quantenmechanische Ununterscheidbarkeit

Mit dem Spin war die vierte und letzte Quantenzahl gefunden, die z. B. den Zustand eines Elektrons im Atom charakterisiert. Gemäß dem Pauliprinzip (auch „Ausschließungsprinzip" oder „Pauli-Verbot" genannt) kann jeder Zustand aber nur einfach besetzt sein:

> Es kann niemals zwei oder mehrere äquivalente Elektronen im Atom geben, für welche in starken Feldern die Werte aller Quantenzahlen […] übereinstimmen. Ist ein Elektron im Atom vorhanden, für das diese Quantenzahlen (im äußeren Felde) bestimmte Werte haben, so ist dieser Zustand „besetzt". (Pauli, 1925, S. 776)

Man könnte leicht denken, dass dieses Prinzip auf die Entdeckung von Uhlenbeck und Goudsmit folgte und eine frühe Anwendung des Spins darstellte. Dies trifft jedoch nicht zu, denn Pauli veröffentlichte das Ausschließungsprinzip bereits im Februar 1925, während Uhlenbeck und Goudsmit (1925) im November erschien. Pauli bezog sich also auf

die damals noch uninterpretierte halbzahlige Quantenzahl und Uhlenbeck und Goudsmit (1925) zitierten das Pauliprinzip als Stütze für *ihre* Hypothese.

In der modernen Quantenmechanik schließlich übersetzt sich das Pauliprinzip in
eine Symmetrieforderung für die Wellenfunktion. Ausgangspunkt ist hier das grundlegende Prinzip der quantenmechanischen Ununterscheidbarkeit, d. h., gleichartige Objekte (wie Elektronen oder Photonen) besitzen keine „Identität".

> **Das Ununterscheidbarkeits-Postulat der Quantenmechanik**
> Unterscheiden sich zwei Zustände nur durch die Permutation von gleichartigen Objekten, kann keine
> physikalische Messung zwischen diesen Zuständen unterscheiden.

Für alle realistischen Hamiltonoperatoren bedeutet dies, dass sie invariant unter der
Permutation von gleichartigen Teilchen sein müssen. Dieses Phänomen wird also erst
relevant, wenn mindestens zwei Teilchen betrachtet werden. Eine noch größere Bedeutung gewinnt es, wenn die Teilchenzahl groß ist – deshalb spielt das Konzept vor allem
in der (Quanten-)Statistik eine Rolle.

Betrachten wir als konkretes Beispiel den einfachsten Fall von zwei gleichartigen Teilchen (z. B. Elektronen). Nennen wir den „Permutationsoperator" P_{12}, also $P_{12}\psi(x_1, x_2) = \psi(x_2, x_1)$. Die Invarianz von H unter Permutation bedeutet jedoch
$[H, P_{12}] = 0$, woraus folgt, dass beide Operatoren gemeinsame Eigenzustände besitzen.
Offensichtlich gilt jedoch $(P_{12})^2 = 1$, d. h., die zweifache Permutation $1 \leftrightarrow 2$ führt auf
den Ausgangszustand zurück. Die Eigenwerte von P_{12} sind also ±1. Dies hat jedoch zur
Folge, dass die Eigenzustände des Hamiltonoperators entweder vollkommen symmetrisch (Eigenwert +1) oder antisymmetrisch (Eigenwert –1) unter Teilchenpermutation
sein müssen:

$$\psi(x_1, x_2) = +\psi(x_2, x_1) \quad \text{symmetrischer Fall} \tag{5.170}$$

$$\psi(x_1, x_2) = -\psi(x_2, x_1) \quad \text{antisymmetrischer Fall} \tag{5.171}$$

Es ist nun eine Naturtatsache, dass Teilchen mit halbzahligem Spin („Fermionen" genannt, z. B. Elektronen, Neutronen oder Protonen) durch **antisymmetrische** Zustände
beschrieben werden, während Teilchen mit ganzzahligem Spin („Bosonen" genannt,
z. B. Photonen, Higgsteilchen oder Pionen) durch **symmetrische** Zustände beschrieben
werden.[25]

Aber wie hängt all dies mit dem Pauliprinzip zusammen? Stimmen zwei Elektronen in allen Quantenzahlen überein, darf ihre Permutation keinen Effekt haben, also
muss $\psi(x_1, x_2) = \psi(x_2, x_1)$ gelten. Elektronen sind jedoch Fermionen, das heißt, die Wellenfunktion muss unter Permutation antisymmetrisch sein: $\psi(x_1, x_2) = -\psi(x_2, x_1)$. Diese

---

25 Ab einer Teilchenzahl von drei existiert noch eine weitere Möglichkeit, denn im Prinzip könnten einige Paare symmetrisch und andere antisymmetrisch transformieren. Von einer solchen „Parastatistik",
scheint die Natur aber keinen Gebrauch zu machen.

beiden Gleichungen erfüllt nur die Wellenfunktion $\psi(x_1, x_2) = 0$, d. h., in Übereinstimmung mit dem Pauliprinzip existiert kein nicht-trivialer Zustand mit dieser Eigenschaft.

Bosonen unterliegen dieser Einschränkung nicht, weshalb sie bei niedrigen Temperaturen in großer Zahl den Grundzustand eines Systems bevölkern können („Bose–Einstein-Kondensat"). Anmerkungen zur Frühgeschichte dieser Konzepte wurden bereits in Abschnitt 2.2.1 („Lichtquanten sind keine Erbsen") im Zusammenhang mit der Lichtquanten-Hypothese gemacht. Ich schlage vor, diesen Abschnitt jetzt noch einmal zu lesen!

Mithilfe des Pauliprinzips gelang schließlich die prinzipielle Aufklärung des Periodensystems der chemischen Elemente. Dieser Anwendung der Quantenmechanik auf die Chemie wenden wir uns im nächsten Abschnitt zu.

5.7 Atombau und das Periodensystem der Elemente

Bereits für das Heliumatom mit zwei Elektronen lassen sich die Energieniveaus nicht exakt berechnen, und für komplexe Atome mit Z Elektronen (und eigentlich schon ab $Z = 3$, also dem auch in der klassischen Mechanik nicht lösbaren Dreikörperproblem) ist man auf zusätzliche Näherungen angewiesen. Wir betrachten das einfachste Beispiel.

Beim sogenannten Hartree-Verfahren verwendet man ein (kugelsymmetrisches) Potenzial $V(r)$, welches die Coulombanziehung mit dem Kern sowie die Wechselwirkung der Elektronen untereinander kollektiv beschreibt (Hartree, 1928). Die Methoden zur Berechnung dieses Potenzials sind „selbstkonsistent", d. h., sie verwenden ein iteratives Verfahren zur numerischen Annäherung an eine stabile Lösung.[26]

Entscheidend ist nun, dass auf diese Weise die Elektronen unabhängig voneinander beschrieben werden, d. h., das Vielteilchenproblem ist unter dieser Näherung auf ein Z-faches Einteilchenproblem zurückgeführt. Die Lösungen in diesem Modell können also durch Einteilchen-Wellenfunktionen ausgedrückt werden. Für die jeweiligen Grundzustände ergibt sich somit eine Struktur wie bei den Wasserstoff-Orbitalen:

$$\psi^{(Z)}_{nlm}(r, \theta, \phi) = R^{(Z)}_{nl}(r) Y_{lm}(\theta, \phi). \tag{5.172}$$

---

26 Darunter versteht man das Folgende: Als Startpotenzial kann eine beliebige Funktion $V_0(r)$ verwendet werden, die für $r \to 0$ die Form $V(r) = \frac{-Ze^2}{4\pi\epsilon_0 r}$ besitzt und sich für $r \to \infty$ der Form $V(r) = \frac{-e^2}{4\pi\epsilon_0 r}$ annähert (d. h., bei großen Abständen wird die Kernladung Ze maximal abgeschirmt). Damit kann die Schrödingergleichung numerisch gelöst werden, und man erhält die Orbitale für die Z Elektronen. Aus diesen kann die Ladungsverteilung berechnet werden, die ein bestimmtes elektrisches Feld zur Folge hat. Das Integral über das Feld liefert jedoch wieder ein Potenzial $V_1(r)$ – typischer Weise gilt jedoch $V_0 \neq V_1$. Mit diesem Potenzial V_1 kann das Verfahren wiederholt werden, bis ein stabiles („selbstkonsistentes") Resultat vorliegt (Rao, 2022, S. 108ff). Es handelt sich um eine sogenannte *ab initio* Methode, d. h., es werden keine empirischen Werte (außer den Naturkonstanten) verwendet. Von Wladimir A. Fock zum Hartree–Fock-Verfahren erweitert, existieren zahlreiche Verallgemeinerungen; man spricht von „Post-Hartree–Fock-Methoden".

Winkelabhängigkeit sowie Quantenzahlen sind identisch, und lediglich der radiale Anteil der Wellenfunktion unterscheidet sich vom Wasserstoffatom. Die resultierenden Energieniveaus hängen natürlich von Z ab und sind hinsichtlich der Drehimpulsquantenzhal l nicht mehr entartet. Man schreibt also $E_{nl}^{(Z)}$.

Berücksichtigt man zusätzlich den Spin des Elektrons, verdoppelt sich die Anzahl der möglichen Konfigurationen. Aus dem Pauliprinzip lässt sich dann im Wesentlichen die Struktur des Periodensystems der Elemente (PSE) begründen. Diese entsteht durch sukzessives Auffüllen der möglichen Zustände unter der Bedingung, dass die Summe der Energien im Grundzustand

$$E_{\text{ges}} = \sum_{i=1}^{Z} E_{nl}^{(i)} \tag{5.173}$$

minimal ist. Entscheidend für die chemischen Eigenschaften ist nun, dass sich in der Regel *zwischen* den Schalen die Bindungsenergie stärker ändert als *innerhalb* jeder Schale. Die Elektronen, die sich in den äußersten Atomorbitalen aufhalten und sich an Bindungen zwischen Atomen beteiligen können, werden „Valenzelektronen" genannt. Die Atome mit einer abgeschlossenen Schale (Helium, Neon, Argon etc.) sind deshalb die besonders stabilen und wenig reaktiven Edelgase.

Das Periodensystem der Elemente ordnet nun die Elemente nach aufsteigender Ordnungszahl Z (= Kernladung) nebeneinander in Zeilen (sogenannten „Perioden") an. Jede Zeile endet mit einem Edelgas, und man schreibt die nächste Zeile darunter. Auf diese Weise stehen Elemente mit ähnlichen chemischen Eigenschaften (d. h. der gleichen Zahl von Valenzelektronen) im PSE untereinander in den sogenannten Gruppen. Die periodische Wiederkehr der Eigenschaften begründet die Bezeichnung als „Periodensystem".

Diese Systematik gilt zumindest für die „Hauptgruppen", bei denen die Nummer (I bis VIII) die Anzahl der Valenzelektronen angibt (mit Ausnahme von Helium, das trotz zweier Valenzelektronen in der VIII. Hauptgruppe steht). Auf die wichtige Abweichung von diesem Prinzip durch die sogenannten „Nebengruppen" kommen wir nun zu sprechen.

5.7.1 Aufbauprinzip und Nebengruppen

Aus dem bisher gesagten folgt, dass Schalen (festes n) und Unterschalen (festes l) gemäß folgendem „Aufbauprinzip" gefüllt werden: 1s $\to$ 2s $\to$ 2p $\to$ 3s $\to$ 3p $\to$ $\cdots$. Tatsächlich besitzt ein Element wie Argon ($Z = 18$) die Konfiguration $1s^2 2s^2 2p^6 3s^2 3p^6$ (die hochgestellte Ziffer gibt an, wie viele Elektronen sich in diesem Zustand befinden).

Zwischen $Z = 20$ (Calcium) und $Z = 21$ (Scandium) passiert allerdings etwas Interessantes. Calcium hat die Konfiguration $1s^2 2s^2 2p^6 3s^2 3p^6 4s^2$ (oder kurz: [Ar]$4s^2$, also die Argon-Konfiguration plus zwei 4s-Elektronen). Dies könnte bereits Misstrauen erregen, denn die 3d-Orbitale ($l = 2$) der dritten Schale werden übersprungen, und stattdessen bereits der s-Zustand der vierten Schale besetzt. Bei dem direkt benachbarten Scandium findet man dann: $[Ar]4s^23d^1$. Die Besetzung des d-Orbitals der dritten Schale wird nun also nachgeholt – und dies setzt sich bei Titan ($Z = 22$) bis Zink ($Z = 30$) weiter fort. Man spricht von „Übergangsmetallen" und die betreffenden Spalten des PSE werden „Nebengruppen" genannt.[27]

In vielen Lehrbüchern der Chemie wird das obige Aufbauprinzip der Elektronenfonfigurationen also wie folgt fortgesetzt: 1s → 2s → 2p → 3s → 3p → 4s → 3d → $\cdots$. Das Schema ergibt zwar das richtige Endergebnis, aber es entsteht der falsche Eindruck, dass das 3d-Orbital auch innerhalb eines Atoms erst *nach* dem 4s-Orbital gefüllt wird – das 3d-Orbital also *schwächer* gebunden ist. Die häufige Schreibweise für Scandium als „$[Ar]4s^23d^1$" mit dem nachgestellten 3d-Elektron drückt dies ebenfalls aus. Dies würde nun tatsächlich die Denk- und Sprechweise von Schalen kompromittieren. Sollte das vorgeblich schwächer gebundene 3d-Orbital dann nicht auch wie ein Valenzelektron wirken? Was bedeutet die Zugehörigkeit zu einer Schale dann überhaupt?

Die Verwirrung wird schließlich vollständig, wenn man bemerkt, dass bei Ionisierung von z. B. Scandium tatsächlich zuerst ein 4s-Elektron abgestreift wird (wie spektroskopische Untersuchungen bestätigen). Sollte sich aber nicht zunächst das vorgeblich schwächer gebundene 3d-Elektron ablösen?

Die Aufklärung dieser Fragen ist erstaunlich simpel, aber Gegenstand einer recht aktuellen Debatte in der Chemiedidaktik (Scerri, 2013). Tatsächlich sind bei den Übergangsmetallen die 3d-Elektronen gar nicht schwächer gebunden, als die 4s-Elektronen (Schwarz, 2010). Für Kalium und Calcium (Hauptgruppe II und III) trifft es zwar zu, dass der 4s-Zustand energetisch günstiger ist, als das Auffüllen der d-Unterschale. Für die Übergangsmetalle ist dies jedoch nicht der Fall. Es ist deshalb auch ganz unnötig, besondere Mechanismen für deren Ionisierungseigenschaften verantwortlich zu machen, und die Zugehörigkeit zu einer Schale behält auch bei den Übergangsmetallen ihre energetische Bedeutung. Die Konfiguration von z. B. Scandium sollte man deshalb auch $[Ar]3d^14s^2$ schreiben (das 3d-Elektron also *vor* die 4s-Elektronen).

Wie konnte dieses Missverständnis entstehen und warum ist es so hartnäckig? Eine Ursache liegt sicherlich in einem naiven und zu stofflichen Verständnis von Atomen und Elektronen. Im Bild des sukzessiven Auffüllens von Schalen und Unterschalen missachtet man, dass ein neutrales Scandiumatom nicht als „Calciumatom + Proton + Elektron" vorgestellt werden darf. Die zusätzliche Kernladung und das Elektron erzeugen ein neues System, dessen Eigenschaften nicht einfach aus denen der Nachbarelemente gefolgert werden können.

---

[27] Von diesen Nebengruppen gibt es zehn Stück, und auf diese Weise erhält das PSE in seiner üblichen Darstellung 18 Spalten. Andere Darstellungsformen sind jedoch ebenfalls in Gebrauch (Scerri, 2019).

5.7.2 Kann die Chemie auf die Physik reduziert werden?

Das bisher Gesagte verstärkt den Eindruck, dass die Chemie vollständig auf die (Quanten-)Physik zurückgeführt werden kann. Diese Auffassung wurde etwa von Paul Dirac vertreten, der 1929 nur noch einige Schwierigkeiten bei der relativistischen Verallgemeinerung der Quantentheorie ausmachte. Deshalb erklärte er (Dirac, 1929):

> The underlying physical laws necessary for the mathematical theory of a large part of physics and the whole of chemistry are thus completely known, and the difficulty is only that the exact application of these laws leads to equations much too complicated to be soluble.

Die kontroverse Debatte um diese Frage findet dabei in der Regel im Spannungsfeld der beiden Begriffe „Reduktion" und „Emergenz" statt. Der Reduktionismus behauptet dabei, dass sich die Gesetze der Chemie vollständig auf physikalische Sachverhalte zurückführen lassen. Dies ist offensichtlich die Position Diracs, aber in der *Praxis* noch nicht gelungen. Die Emergenztheorie behauptet hingegen (wenn auf die Chemie angewendet), dass die chemischen Gesetzmäßigkeiten nicht vollständig abgeleitet werden können und eine Form von Autonomie beanspruchen können.[28]

Der bereits zitierte theoretische Chemiker Eugen Schwarz argumentiert nun (für Chemiker nicht untypisch) ebenfalls gegen die Möglichkeit, die Chemie auf die Physik zu reduzieren. Sein Argument ist jedoch originell und stellt kein Plädoyer für die Emergenz dar. Vielmehr seien zum jetzigen Zeitpunkt die Konzepte der Chemie (etwa „chemische Eigenschaft") viel zu vage formuliert, um eine solche Reduktion auch nur prinzipiell durchzuführen (Schwarz, 2007, S. 172). Um hier Abhilfe zu schaffen, sollten die Physikerinnen und Physiker mehr von Chemie verstehen, aber natürlich auch umgekehrt. In diesem Zusammenhang zitiert Schwarz den Aphorismus von Georg Christoph Lichtenberg: „Wer nichts als Chemie versteht, versteht auch die nicht recht".[29]

5.8 Spin-Addition und Verschränkung

Charakteristisch für Quantensysteme ist die Möglichkeit einer besonders starken Korrelation, die „Verschränkung" genannt wird. Sie ist eine Beziehung zwischen verschiedenen Freiheitsgraden, kann also etwa an Mehr-Teilchen-Systemen untersucht werden. Als konkretes Beispiel betrachten wir die möglichen Spinzustände von zwei Elektronen – also die Addition des Spins. Damit erfüllt dieser Abschnitt gleich drei Ziele, nämlich die

---

28 Emergenz wird nicht immer antireduktionistisch verstanden. Wir beziehen uns hier auf den sogenannten „starken" Begriff von Emergenz (Hoyningen-Huene, 1994).

29 Das vollständige Zitat lautet: „Rousseau hat glaube ich gesagt: ein Kind, das bloß seine Eltern kennt, kennt auch die nicht recht. Dieser Gedanke läßt sich [auf] viele andere Kenntnisse, ja auf alle anwenden, die nicht ganz reiner Natur sind: Wer nichts als Chemie versteht versteht auch die nicht recht" (Lichtenberg, 1793, Nr. 860). Es handelt sich hier also um keine reine Chemiker-Schelte!

Einführung (i) des Tensorprodukts als Werkzeug zur Beschreibung von Mehr-Teilchen-Systemen, (ii) die Vertiefung der Diskussion des Drehimpulses, sowie (iii) die Behandlung des Konzepts der „Verschränkung".

5.8.1 Das Tensorprodukt und die Spin-Addition

Betrachten wir beispielsweise den gemeinsamen Spin von *zwei* Elektronen – man denke etwa an die möglichen Spinzustände von Helium. Die Spins seien bezüglich der z-Komponente des Spinoperators $\hat{S}_z$ jeweils in den Zuständen $|\uparrow_z\rangle = \left(\begin{smallmatrix}1\\0\end{smallmatrix}\right)$ bzw. $|\downarrow_z\rangle = \left(\begin{smallmatrix}0\\1\end{smallmatrix}\right)$. Könnte der „Gesamtspin" in z-Richtung dieses Systems vielleicht durch die folgende Summe beschrieben werden:

$$|\hat{S}_{z,\text{ges}}\rangle \overset{?}{=} \frac{1}{\sqrt{2}}(|\uparrow_z\rangle + |\downarrow_z\rangle) = \frac{1}{\sqrt{2}}\begin{pmatrix}1\\1\end{pmatrix}. \tag{5.174}$$

Nach Gleichung (5.157) beschreibt dieser Zustand aber *ein* Elektron in einem Eigenzustand bezüglich der x-Komponente des Spins: $|\uparrow_x\rangle$. Die Berechnung des Gesamtspins zweier Elektronen muss offensichtlich vollkommen anderen Regeln genügen.

Erinnern wir uns an dieser Stelle an den Zusammenhang zwischen Zustandsräumen und physikalischen Größen: Charakteristisch für die Quantenmechanik ist die Beschreibung physikalischer Größen durch Operatoren und des physikalischen Zustandes eines Systems durch Elemente des Hilbertraums, auf dem diese Operatoren wirken. Zur Beschreibung des Gesamtspins eines Systems aus zwei Elektronen muss also zunächst der zugehörige *Zustandsraum* identifiziert werden. Anschließend muss geklärt werden, wie die Operatoren $\hat{S}_z$ und $\hat{S}^2$ auf diesem erweiterten Zustandsraum definiert werden können und welche Eigenzustände $|s,m_s\rangle$ (mit $\hat{S}_z|s,m_s\rangle = m_s\hbar|s,m_s\rangle$ sowie $\hat{S}^2|s,m_s\rangle = s(s+1)\hbar^2|s,m_s\rangle$) sich daraus ergeben. Der Fehler in Gleichung (5.174) besteht also darin, dass man die Zustandsräume der beiden Elektronen, nennen wir sie H^A und H^B, gar nicht unterscheidet.

Für den gesuchten Zustandsraum des Systems aus zwei Elektronen verwendet man nun das sogenannte „Tensorprodukt" $\otimes$ der beiden einzelnen Räume:

$$H^{AB} = H^A \otimes H^B \cong \mathbb{C}^2 \otimes \mathbb{C}^2. \tag{5.175}$$

Die Eigenschaften dieser Operation wollen wir nicht formal definieren, sondern an einem einfachen Beispiel einführen.[30]

---

30 In der Physik wird häufiger von „Tensoren" gesprochen. Damit meint man „Tensorfelder", d. h. geometrische Objekte, die Vektoren oder Matrizen verallgemeinern. Das hier betrachtete „Tensor-Produkt" ist davon zunächst einmal zu unterscheiden.

H^{AB} wird durch Basisvektoren aufgespannt, bei deren Definition man ebenfalls das Symbol „⊗" verwendet. Dabei kombiniert man alle Basiszustände der Unterräume:

$$|\uparrow_z\rangle_A \otimes |\uparrow_z\rangle_B \tag{5.176}$$

$$|\uparrow_z\rangle_A \otimes |\downarrow_z\rangle_B \tag{5.177}$$

$$|\downarrow_z\rangle_A \otimes |\uparrow_z\rangle_B \tag{5.178}$$

$$|\downarrow_z\rangle_A \otimes |\downarrow_z\rangle_B \tag{5.179}$$

Im Falle von zwei Räumen mit Dimension $d = 2$ hat das Tensorpodukt die Dimension $d = 2^2 = 4$. Man erkennt jedoch sofort, dass der Zustandsraum eines dreifachen Tensor-produkts die Dimension $d = 2^3 = 8$ hat (und nicht $d = 3 \cdot 2 = 6$). Die Dimension wächst also exponentiell mit der Anzahl der Teilräume.

Das Tensorprodukt von Operatoren

Nun suchen wir Spinoperatoren, zum Beispiel $\hat{S}_z^{AB}$, die auf diesen Zuständen operieren. Auch diese werden natürlich aus den Operatoren für die Teilsysteme zusammengesetzt – und zwar auf solche Weise, dass die $\hat{S}_z^A$ und $\hat{S}_z^B$ nur auf ihren jeweiligen Teilraum an-gewendet werden:[31]

$$\hat{S}_z^{AB} = \hat{S}_z^A \otimes \mathbb{1}^B + \mathbb{1}^A \otimes \hat{S}_z^B. \tag{5.180}$$

Das Symbol $\mathbb{1}$ bezeichnet hier das Eins- bzw. neutrale Element, dessen Anwendung den Zustand nicht verändert. Betrachten wir als konkretes Beispiel die Anwendung von $\hat{S}_z^{AB}$ auf den Zustand (5.176):

$$\begin{aligned}
\hat{S}_z^{AB}|\uparrow_z\rangle_A \otimes |\uparrow_z\rangle_B &= (\hat{S}_z^A \otimes \mathbb{1}^B + \mathbb{1}^A \otimes \hat{S}_z^B)|\uparrow_z\rangle_A \otimes |\uparrow_z\rangle_B \\
&= \hat{S}_z^A|\uparrow_z\rangle_A \otimes \mathbb{1}^B|\uparrow_z\rangle_B + \mathbb{1}^A|\uparrow_z\rangle_A \otimes \hat{S}_z^B|\uparrow_z\rangle_B \\
&= \frac{\hbar}{2}|\uparrow_z\rangle_A \otimes |\uparrow_z\rangle_B + |\uparrow_z\rangle_A \otimes \frac{\hbar}{2}|\uparrow_z\rangle_B \\
&= \left(\frac{\hbar}{2} + \frac{\hbar}{2}\right)|\uparrow_z\rangle_A \otimes |\uparrow_z\rangle_B \\
&= \hbar|\uparrow_z\rangle_A \otimes |\uparrow_z\rangle_B
\end{aligned} \tag{5.181}$$

Nach Konstruktion ist $|\uparrow_z\rangle_A \otimes |\uparrow_z\rangle_B$ tatsächlich ein Eigenzustand des Operators $\hat{S}_z^{AB}$, und der zugehörige Eigenwert berechnet sich aus der *Summe* der Eigenwerte bezüglich der jeweiligen Unterräume.

---

31 Wir sehen hier also, dass das Tensorprodukt „⊗" von Hilberträumen auf deren Zustandsvektoren und Operatoren ausgedehnt werden kann.

Man erkennt allerdings auch, dass die Notation äußerst umständlich ist. Immer wenn keine Verwechslungsgefahr droht, unterdrückt man deshalb das $\otimes$-Zeichen und die Indizes A und B. So vereinbart man die Abkürzungen:

$$|\uparrow_z\rangle_A \otimes |\uparrow_z\rangle_B = |\uparrow_z\rangle|\uparrow_z\rangle = |\uparrow_z\uparrow_z\rangle \quad \text{sowie} \quad \hat{S}_z^{AB} = \hat{S}_z^A + \hat{S}_z^B. \tag{5.182}$$

Man kann nun leicht zeigen, dass auch die Basisvektoren (5.177)–(5.179) Eigenvektoren von $\hat{S}_z^{AB}$ sind:

$$\hat{S}_z^{AB}|\uparrow_z\downarrow_z\rangle = 0 \cdot |\uparrow_z\downarrow_z\rangle = 0 \tag{5.183}$$

$$\hat{S}_z^{AB}|\downarrow_z\uparrow_z\rangle = 0 \cdot |\downarrow_z\uparrow_z\rangle = 0 \tag{5.184}$$

$$\hat{S}_z^{AB}|\downarrow_z\downarrow_z\rangle = -\hbar \cdot |\downarrow_z\downarrow_z\rangle \tag{5.185}$$

Entgegengesetzte Einstellungen des Spins heben sich also auf und führen zum Eigenwert Null.[32]

Wenn die Basisvektoren (5.176)–(5.179) ebenfalls Eigenzustände von $(\hat{S}^{AB})^2$ wären, hätten wir das Problem der Spin-Addition damit bereits gelöst, denn dann könnte man die möglichen Zustände $|s, m_s\rangle$ vollständig charakterisieren. Dies ist jedoch *nicht* der Fall, und erst dadurch wird die Fragestellung anspruchsvoll und interessant. Betrachten wir also den Operator $(\hat{S}^{AB})^2$. Seine Definition lautet:

$$(\hat{S}^{AB})^2 = (\hat{S}_x^{AB})^2 + (\hat{S}_y^{AB})^2 + (\hat{S}_z^{AB})^2. \tag{5.186}$$

Untersuchen wir die Summanden getrennt, etwa $(\hat{S}_z^{AB})^2$. Nach Gleichung (5.180) gilt:

$$(\hat{S}_z^{AB})^2 = (\hat{S}_z^A \otimes \mathbb{1}^B + \mathbb{1}^A \otimes \hat{S}_z^B)^2 \tag{5.187}$$

$$= (\hat{S}_z^A)^2 \otimes \mathbb{1}^B + \mathbb{1}^A \otimes (\hat{S}_z^B)^2 + 2 \cdot \hat{S}_z^A \otimes \hat{S}_z^B. \tag{5.188}$$

Für die x- und y-Komponente gilt das entsprechende Resultat. Damit erhalten wir (ich lasse die Indizes A und B fort, wenn die Stellung im Produkt die eindeutige Zuordnung erlaubt):

$$(\hat{S}^{AB})^2 = \hat{S}^2 \otimes \mathbb{1} + \mathbb{1} \otimes \hat{S}^2 + 2 \underbrace{(\hat{S}_x \otimes \hat{S}_x + \hat{S}_y \otimes \hat{S}_y + \hat{S}_z \otimes \hat{S}_z)}_{= \frac{\hbar^2}{4}(\sigma_x \otimes \sigma_x + \sigma_y \otimes \sigma_y + \sigma_z \otimes \sigma_z)}. \tag{5.189}$$

Nach Gleichung (5.155) gilt $\hat{S}^2 = \frac{3}{4}\hbar^2 \cdot \mathbb{1}$, d. h., die Terme $(\hat{S}^A)^2$ und $(\hat{S}^B)^2$ sind bereits diagonal. Dadurch kann der Operator $(\hat{S}^{AB})^2$ (Gleichung (5.186)) wie folgt geschrieben werden:

---

[32] Man erinnert sich aus der Linearen Algebra: Der Eigenwert darf auch Null sein – lediglich der Nullvektor ist kein zulässiger Eigenvektor.

$$(\hat{S}^{AB})^2 = \frac{\hbar^2}{4}\left[6\mathbb{1} \otimes \mathbb{1} + 2(\sigma_x \otimes \sigma_x + \sigma_y \otimes \sigma_y + \sigma_z \otimes \sigma_z)\right].\tag{5.190}$$

Bei der Berechnung von beispielsweise $(\hat{S}^{AB})^2|\uparrow\uparrow\rangle$ (ich lasse den Index z fort) müssen also die Terme $\sigma_i \otimes \sigma_i|\uparrow\uparrow\rangle$ ($i \in \{x,y,z\}$) berechnet werden. Erinnert man sich an die Darstellung der Paulimatrizen hinsichtlich der Standardbasis

$$\sigma_x = \begin{pmatrix} 0 & 1 \\ 1 & 0 \end{pmatrix}, \quad \sigma_y = \begin{pmatrix} 0 & -i \\ i & 0 \end{pmatrix}, \quad \sigma_z = \begin{pmatrix} 1 & 0 \\ 0 & 1 \end{pmatrix},\tag{5.191}$$

rechnet man leicht nach:

$$\sigma_x \otimes \sigma_x|\uparrow\uparrow\rangle = |\downarrow\downarrow\rangle\tag{5.192}$$

$$\sigma_y \otimes \sigma_y|\uparrow\uparrow\rangle = i^2|\downarrow\downarrow\rangle = -|\downarrow\downarrow\rangle\tag{5.193}$$

$$\sigma_z \otimes \sigma_z|\uparrow\uparrow\rangle = |\uparrow\uparrow\rangle.\tag{5.194}$$

Setzen wir all dies zusammen, findet man schließlich:

$$(\hat{S}^{AB})^2|\uparrow\uparrow\rangle = \frac{\hbar^2}{4}\left[6|\uparrow\uparrow\rangle + \underbrace{2|\downarrow\downarrow\rangle + 2i^2|\downarrow\downarrow\rangle}_{=0} + 2|\uparrow\uparrow\rangle\right]\tag{5.195}$$

$$= \frac{\hbar^2}{4} \cdot 8|\uparrow\uparrow\rangle = 2\hbar^2|\uparrow\uparrow\rangle\tag{5.196}$$

$$= s(s+1)\hbar^2|\uparrow\uparrow\rangle \quad \text{mit } s = 1.\tag{5.197}$$

Dieser Zustand ist also Eigenzustand von $(\hat{S}^{AB})^2$ mit Eigenwert $s = 1$. Mit der selben Technik zeigt man $(\hat{S}^{AB})^2|\downarrow\downarrow\rangle = 2\hbar^2|\downarrow\downarrow\rangle$. Auch dieser Zustand hat den Gesamtdrehimpuls $s = 1$. Allerdings gilt:

$$(\hat{S}^{AB})^2|\uparrow\downarrow\rangle = (\hat{S}^{AB})^2|\downarrow\uparrow\rangle = \hbar^2(|\uparrow\downarrow\rangle + |\downarrow\uparrow\rangle).\tag{5.198}$$

Diese Zustände sind also *keine* Eigenzustände des quadrierten Spinoperators. Es existiert allerdings ein systematisches Verfahren zur Berechnung der geeigneten Linearkombinationen. Bei aufwendigeren Problemen ist die Bestimmung dieser sogenannten *Clebsch–Gordon-Koeffizienten* von großem Wert. In unserem einfachen Beispiel kann die Lösung auch einfach geraten werden. Man findet, dass die Zustände $\frac{1}{\sqrt{2}}(|\uparrow\downarrow\rangle \pm |\downarrow\uparrow\rangle)$ die Gleichungen

$$(\hat{S}^{AB})^2 \frac{1}{\sqrt{2}}(|\uparrow\downarrow\rangle + |\downarrow\uparrow\rangle) = 2\hbar^2 \frac{1}{\sqrt{2}}(|\uparrow\downarrow\rangle + |\downarrow\uparrow\rangle)\tag{5.199}$$

$$(\hat{S}^{AB})^2 \frac{1}{\sqrt{2}}(|\uparrow\downarrow\rangle - |\downarrow\uparrow\rangle) = 0\tag{5.200}$$

erfüllen. Wir haben damit drei Zustände, für die $s = 1$ gilt (ein sogenanntes Triplett):

$$|1, -1\rangle = |\downarrow\downarrow\rangle \tag{5.201}$$

$$|1, 0\rangle = \frac{1}{\sqrt{2}}\left(|\uparrow\downarrow\rangle + |\downarrow\uparrow\rangle\right) \tag{5.202}$$

$$|1, +1\rangle = |\uparrow\uparrow\rangle. \tag{5.203}$$

Daneben gibt es einen sogenannten Singulett-Zustand mit $s = 0$ (sowie $m_s = 0$):

$$|0, 0\rangle = \frac{1}{\sqrt{2}}\left(|\uparrow\downarrow\rangle - |\downarrow\uparrow\rangle\right). \tag{5.204}$$

Dies sind also die vier möglichen Zustände des Gesamtspins – das Problem der Spinaddition für unser konkretes Beispiel ist damit gelöst.

Die Addition von Bahn- und Eigendrehimpuls oder die Kombination von mehr als zwei Teilsystemen verläuft nach dem gleichen Schema. Ebenfalls ist das Tensorprodukt natürlich nicht auf die Kombination von Zustandsräumen bezüglich der Größe „Drehimpuls" beschränkt. Im Zusammenhang mit der Messung betrachtet man etwa das Tensorprodukt zwischen Zustandsräumen, die den jeweiligen Freiheitsgrad und das Messgerät beschreiben.

5.8.2 Verschränkung

Eine naheliegende Fragestellung bei Zuständen aus dem Tensorproduktraum lautet, ob sie bezüglich der Elemente der Teilräume faktorisieren. Dies gibt Anlass für die folgenden Definitionen:

> **Separabilität und Verschränkung**
> Der Zustand $|\psi^{AB}\rangle \in H^A \otimes H^B$ heißt separabel, wenn er als Produkt $|\psi^{AB}\rangle = |\phi^A\rangle \otimes |\phi^B\rangle$ von Zuständen $|\phi^A\rangle \in H^A$ und $|\phi^B\rangle \in H^B$ geschrieben werden kann. Andernfalls heißt der Vektor $|\psi^{AB}\rangle$ verschränkt.

Diese Begriffe sind also zunächst sehr einfach: Bei einem separablen Zustand kann jedem Teilsystem ein eigener Zustand zugewiesen werden, während bei verschränkten Zuständen diese Möglichkeit nicht besteht. Die Konsequenzen dieser Unterscheidung sind allerdings äußerst weitreichend. Im Besonderen kommt es bei verschränkten Zuständen zu Korrelationen zwischen den Teilsystemen, die interessante Fragen aufwerfen. Diesen werden wir uns im Kapitel 6.2 zur Bell'schen Ungleichung zuwenden. Zuvor wollen wir dieses Konzept noch besser verstehen.

Im letzten Abschnitt haben wir, ohne es zu wissen, mit dem Zustand $|0, 0\rangle$ (Gleichung (5.204)) bereits ein Beispiel für einen verschränkten Zustand kennengelernt. Wie kann man zeigen, dass $|0, 0\rangle$ nicht separabel ist? Dazu definieren wir zwei beliebige normierte Zustände $|\phi^A\rangle$ und $|\phi^B\rangle$ (mit $a_i, b_i \in \mathbb{C}$):

$$|\phi^A\rangle = a_1|\uparrow\rangle + a_2|\downarrow\rangle \tag{5.205}$$

$$|\phi^B\rangle = b_1|\uparrow\rangle + b_2|\downarrow\rangle. \tag{5.206}$$

Deren (Tensor-)Produkt hat die Form:

$$|\phi^A\phi^B\rangle = (a_1|\uparrow\rangle + a_2|\downarrow\rangle) \otimes (b_1|\uparrow\rangle + b_2|\downarrow\rangle) \tag{5.207}$$

$$= a_1 b_1|\uparrow\uparrow\rangle + a_1 b_2|\uparrow\downarrow\rangle + a_2 b_1|\downarrow\uparrow\rangle + a_2 b_2|\downarrow\downarrow\rangle. \tag{5.208}$$

Es wurde also das Distributivgesetz angewendet. Es muss nun gezeigt werden, dass die Gleichung $|0,0\rangle = |\phi^A\phi^B\rangle$ für *keine* Wahl der Koeffizienten a_i und b_i erfüllt werden kann:

$$|0,0\rangle = \frac{1}{\sqrt{2}}(|\uparrow\downarrow\rangle - |\downarrow\uparrow\rangle) \tag{5.209}$$

$$= \underset{\overset{!}{=}0}{\underline{a_1 b_1}}|\uparrow\uparrow\rangle + \underset{\overset{!}{=}\frac{1}{\sqrt{2}}}{\underline{a_1 b_2}}|\uparrow\downarrow\rangle + \underset{\overset{!}{=}-\frac{1}{\sqrt{2}}}{\underline{a_2 b_1}}|\downarrow\uparrow\rangle + \underset{\overset{!}{=}0}{\underline{a_2 b_2}}|\downarrow\downarrow\rangle. \tag{5.210}$$

Diese Bedingungen für die Koeffizienten sind in der Tat widersprüchlich. Wenn etwa $a_1 b_1 = 0$ gelten soll, muss mindestens ein Faktor den Wert Null haben. Dann können die $a_i b_j$-Kombinationen aber nicht beide ungleich Null sein.

Auch der Triplett-Zustand $|1,0\rangle = \frac{1}{\sqrt{2}}(|\uparrow\downarrow\rangle + |\downarrow\uparrow\rangle)$ (Gleichung (5.202)) ist ein verschränkter Zustand. Die anderen Triplett-Zustände $|1,1\rangle$ und $|1,-1\rangle$ sind hingegen separabel.

Man erkennt an dieser Stelle, dass verschränkte Zustände in der Quantenmechanik gar nicht ungewöhnlich sind. Tatsächlich entstehen sie grundsätzlich bei der Wechselwirkung zwischen Quantensystemen.

Unabhängigkeit von der Basiswahl

Wie alle wichtigen Eigenschaften der Quantenmechanik muss auch die Verschränkung unabhängig von der Basiswahl sein.

Für den Singulett-Zustand gilt zusätzlich, dass er *forminvariant* unter Basiswechsel ist, d. h., in jeder Basis hat er die gleiche Gestalt. In Abschnitt 3.5.1 hatte ich gezeigt, dass der Basiswechsel durch eine unitäre Abbildung beschrieben wird. Gleichung (3.119) beschreibt die allgemeine Form einer unitären 2×2-Abbildung. Diese wird durch die beiden Koeffizienten $a, b \in \mathbb{C}$ mit $|a|^2 + |b|^2 = 1$ parametrisiert. Eine neue Basis $|\beta_1\rangle, |\beta_2\rangle$ hat dann die allgemeine Form:

$$|\beta_1\rangle = \quad a|\uparrow\rangle + b|\downarrow\rangle \tag{5.211}$$

$$|\beta_2\rangle = -b^*|\uparrow\rangle + a^*|\downarrow\rangle. \tag{5.212}$$

Um die Pfeil-Basis durch die β-Basis auszudrücken, muss man die inverse Matrix verwenden:

$$|\uparrow\rangle = a^*|\beta_1\rangle - b|\beta_2\rangle \tag{5.213}$$

$$|\downarrow\rangle = b^*|\beta_1\rangle + a|\beta_2\rangle. \tag{5.214}$$

Diese Ausdrücke können jetzt in den Singulett-Zustand eingesetzt werden:

$$|0,0\rangle = \frac{1}{\sqrt{2}}(|\uparrow\downarrow\rangle - |\downarrow\uparrow\rangle) \tag{5.215}$$

$$= \frac{1}{\sqrt{2}}[((a^*|\beta_1\rangle - b|\beta_2\rangle)(b^*|\beta_1\rangle + a|\beta_2\rangle))$$

$$- ((b^*|\beta_1\rangle + a|\beta_2\rangle)(a^*|\beta_1\rangle - b|\beta_2\rangle))]. \tag{5.216}$$

Ausmultiplizieren, Terme sortieren und $|a|^2 + |b|^2 = 1$ beachten, führt dann schließlich auf den Ausdruck:

$$|0,0\rangle = \frac{1}{\sqrt{2}}(|\beta_1\beta_2\rangle - |\beta_2\beta_1\rangle). \tag{5.217}$$

Der Singulett-Zustand hat also in allen Basen die selbe Gestalt. Dieser Zustand illustriert auch bereits die typische Korrelation bzw. Antikorrelation der Teilsysteme bei verschränkten Zuständen. Wird bei A der Zustand $|\uparrow\rangle$ gemessen, liegt am Teilsystem B der Zustand $|\downarrow\rangle$ vor (und umgekehrt). Solche (Anti-)Korrelationen sind für sich genommen gar nicht ungewöhnlich, aber in Abschnitt 6.2 wird gezeigt werden, in welchem Sinne sie hier nicht „klassisch" erklärt werden können. Dabei wird auch die Forminvarianz unter Basiswechsel eine Rolle spielen.

Eine Basis aus verschränkten Zuständen
Man kann nun leicht zeigen, dass die folgenden Zustände verschränkt sind *und* eine Basis des $\mathbb{C}^2 \otimes \mathbb{C}^2$ bilden:

$$|\phi^\pm\rangle = \frac{|\uparrow\uparrow\rangle \pm |\downarrow\downarrow\rangle}{\sqrt{2}} \tag{5.218}$$

$$|\psi^\pm\rangle = \frac{|\uparrow\downarrow\rangle \pm |\downarrow\uparrow\rangle}{\sqrt{2}}. \tag{5.219}$$

Die Zustände $|\psi^\pm\rangle$ entsprechen dabei dem Triplett-Zustand $|1,0\rangle$ bzw. dem Singulett-Zustand $|0,0\rangle$. Diese Zustände werden auch die Bell-Basis des Zustandsraumes genannt. Dass es eine Basis aus verschränkten Zuständen gibt, zeigt besonders deutlich, dass die verschränkten bzw. separablen Vektoren *keinen* Unterraum bilden, denn sie sind nicht abgeschlossen unter der Bildung von Superpositionen. Offensichtlich kann jeder separable Zustand als Überlagerung der Bell-Basis dargestellt werden.

Dichtematrizen für Tensorprodukt-Zustände
In Abschnitt 3.6.1 haben wir mit der Dichtematrix eine alternative Beschreibung quantenmechanischer Zustände kennengelernt. Natürlich können wir auch für Zustände aus

dem Tensorproduktraum eine solche Darstellung wählen. Betrachten wir zunächst den Fall eines separablen Zustandes $|\psi^{AB}\rangle = |\phi^A\rangle \otimes |\phi^B\rangle \in \mathbb{C}^2 \otimes \mathbb{C}^2$. Diesem Zustand kann eine Dichtematrix ρ^{AB} zugeordnet werden, die sich ganz naheliegend aus den ρ^A bzw. ρ^B der Teilsysteme zusammensetzt:

$$\rho^{AB} = (|\phi^A\rangle \otimes |\phi^B\rangle)(\langle\phi^A| \otimes \langle\phi^B|) \tag{5.220}$$

$$= \underbrace{|\phi^A\rangle\langle\phi^A|}_{=\rho^A} \otimes \underbrace{|\phi^B\rangle\langle\phi^B|}_{=\rho^B} \tag{5.221}$$

$$= \rho^A \otimes \rho^B. \tag{5.222}$$

Die letzte Gleichung formuliert einfach die Bedingung für die Separabilität von Zuständen, wenn man diese durch Dichtematrizen darstellt. Drückt man die Dichtematrizen durch ihre Komponenten ρ_{ij} aus, kann man auch folgende Matrixdarstellung angeben:

$$\rho^{AB} = \rho^A \otimes \rho^B$$
$$= \begin{pmatrix} \rho^A_{11}\begin{pmatrix} \rho^B_{11} & \rho^B_{12} \\ \rho^B_{21} & \rho^B_{22} \end{pmatrix} & \rho^A_{12}\begin{pmatrix} \rho^B_{11} & \rho^B_{12} \\ \rho^B_{21} & \rho^B_{22} \end{pmatrix} \\ \rho^A_{21}\begin{pmatrix} \rho^B_{11} & \rho^B_{12} \\ \rho^B_{21} & \rho^B_{22} \end{pmatrix} & \rho^A_{22}\begin{pmatrix} \rho^B_{11} & \rho^B_{12} \\ \rho^B_{21} & \rho^B_{22} \end{pmatrix} \end{pmatrix} \tag{5.223}$$

Auch hier können wir mithilfe der Dichtematrix den Erwartungswert $\langle C^{AB}\rangle$ berechnen, wenn wir die Spur von $\rho^{AB} \cdot C^{AB}$ auswerten. Ein typisches Beispiel für einen solchen Operator haben wir in Gleichung (5.180) kennengelernt. Er besitzt Anteile, die auf jeweils einen Teilraum wirken:

$$C^{AB} = C^A \otimes \mathbb{1}^B + \mathbb{1}^A \otimes C^B. \tag{5.224}$$

Es gilt für lineare Operatoren $(A \otimes B)(C \otimes D) = AC \otimes BD$ und $\mathrm{tr}[A \otimes B] = \mathrm{tr}[A] \cdot \mathrm{tr}[B]$. Außerdem ist die Spurbildung linear, d. h., es gilt $\mathrm{tr}[\lambda A + \mu B] = \lambda \cdot \mathrm{tr}[A] + \mu \cdot \mathrm{tr}[B]$. Daraus folgt:

$$\langle C^{AB}\rangle_{\rho^{AB}} = \mathrm{tr}[\rho^{AB}C^{AB}] \tag{5.225}$$

$$= \mathrm{tr}[(\rho^A \otimes \rho^B)(C^A \otimes \mathbb{1}^B + \mathbb{1}^A \otimes C^B)] \tag{5.226}$$

$$= \mathrm{tr}[\rho^A C^A \otimes \rho^B \mathbb{1}^B + \rho^A \mathbb{1}^A \otimes \rho^B C^B] \tag{5.227}$$

$$= \mathrm{tr}[\rho^A C^A] \cdot \underbrace{\mathrm{tr}[\rho^B \mathbb{1}^B]}_{=1} + \underbrace{\mathrm{tr}[\rho^A \mathbb{1}^A]}_{=1} \cdot \mathrm{tr}[\rho^B C^B] \tag{5.228}$$

$$= \langle C^A\rangle_{\rho^A} + \langle C^B\rangle_{\rho^B}. \tag{5.229}$$

Dieses Ergebnis darf niemanden überraschen, denn nach Voraussetzung betrachten wir einen separablen Zustand, bei dem die Teilsysteme durch unabhängige reine Zustände bzw. die zugehörigen Dichtematrizen beschrieben werden. Hinsichtlich einer Messung sind die Resultate also notwendig unabhängig, oder anders formuliert: Durch eine Messung an A lernt man nichts über das Teilsystem B.

Die reduzierte Dichtematrix für verschränkte Zustände

Interessanter ist deshalb der Fall eines *verschränkten* Zustands $|\psi^{AB}\rangle$. Die allgemeine Form eines reinen Zustandes aus dem Tensorproduktraum lautet:

$$|\psi^{AB}\rangle = \sum_{n,m} a_{nm} |\phi_n^A\rangle |\phi_m^B\rangle. \tag{5.230}$$

In diesem Ausdruck bezeichnen die Mengen $\{|\phi_n^A\rangle\}$ und $\{|\phi_m^B\rangle\}$ orthonormale Basen der beiden Teilräume A und B. Auch diesem Zustand kann eine Dichtmatrix $\rho^{AB} = |\psi^{AB}\rangle\langle\psi^{AB}|$ zugeordnet werden, aber wegen der vorausgesetzten Verschränkung erlaubt diese *keine* Produktdarstellung, d. h., es gilt $\rho^{AB} \neq \rho^A \otimes \rho^B$.

Aber natürlich kann man auch an einem solchen System Messungen durchführen und Erwartungswerte bestimmen. Betrachten wir den Fall einer Messgröße C^A, die lediglich auf den Teilraum A wirkt (genauer also: $C^A \otimes \mathbb{1}^B$). Der Erwartungswert berechnet sich nun wie folgt:

$$\langle C^A \rangle = \text{tr}[\rho^{AB} C^A] \tag{5.231}$$

$$= \sum_n \sum_m \langle\phi_n^A| \langle\phi_m^B| \rho^{AB} C^A |\phi_m^B\rangle |\phi_n^A\rangle \tag{5.232}$$

$$= \sum_n \langle\phi_n^A| \underbrace{\sum_m \langle\phi_m^B| \rho^{AB} |\phi_m^B\rangle}_{\equiv\,\tilde\rho^A} C^A |\phi_n^A\rangle. \tag{5.233}$$

In der letzten Zeile wurde der Bra-Vektor $\langle\phi_n^A|$ vor die m-Summe gezogen, sowie der Operator C^A hinter den Ket-Vektor $|\phi_m^B\rangle$ geschrieben, da C^A auf das Teilsystem B keine Wirkung hat. Man definiert nun den Ausdruck

$$\sum_m \langle\phi_m^B| \rho^{AB} |\phi_m^B\rangle = \text{tr}_B[\rho^{AB}] \equiv \tilde\rho^A \tag{5.234}$$

als *reduzierte Dichtematrix* und die Spurbildung über ein Teilsystem wird *partielle Spur* (hier: tr_B) genannt. Ganz analog definiert man $\tilde\rho^B$ durch Spurbildung über die Basis von A. Die verbreitete Sprechweise lautet, dass das Teilsystem A bzw. B „ausgespurt" wird. Für die reduzierte Dichtematrix eines verschränkten Zustandes gilt jedoch $\tilde\rho^2 \neq \tilde\rho$. Sie beschreibt also einen gemischten Zustand.

Mit dieser Definition vereinfacht sich Gleichung (5.233) zu dem bekannten Ausdruck:

$$\langle C^A \rangle = \text{tr}[\tilde\rho^A C^A]. \tag{5.235}$$

Auf die Frage, welche Bedeutung die reduzierte Dichtematrix hat, werde ich noch zurückkommen, aber dass diese Definition konsistent ist, erkennt man an folgender Beobachtung. Wendet man die partielle Spur auf die Dichtematrix eines separablen Zustandes an ($\rho^{AB} = \rho^A \otimes \rho^B$), so entsprechen die reduzierten Dichtematrizen $\tilde\rho^A$ und $\tilde\rho^B$ den Dichtematrizen der Teilsysteme:

$$\text{tr}_B \, \rho^{AB} = \rho^A \quad \text{und} \quad \text{tr}_A \, \rho^{AB} = \rho^B. \tag{5.236}$$

Diesen Zusammenhang erkennt man besonders leicht, wenn man Gleichung (5.223) betrachtet. Man beachte jedoch einen wichtigen Unterschied: Die reduzierte Dichtematrix eines separablen Zustandes beschreibt *keine* Mischung, sondern einen *reinen* Zustand (d. h. $\rho^2 = \rho$). Dies liefert ein weiteres Kriterium, um zwischen separablen und verschränkten Zuständen zu unterscheiden.

Untersuchen wir ein konkretes Beispiel, um mit diesen neuen Begriffen vertrauter zu werden. Der Singulett-Zustand $|0, 0\rangle$ (Gleichung (5.204)) ist verschränkt und besitzt folgende Dichtematrix:

$$\rho_{|0,0\rangle} = \frac{1}{2}(|\uparrow\downarrow\rangle - |\downarrow\uparrow\rangle)(\langle\uparrow\downarrow| - \langle\downarrow\uparrow|) \tag{5.237}$$

$$= \frac{1}{2}(|\uparrow\downarrow\rangle\langle\uparrow\downarrow| + |\downarrow\uparrow\rangle\langle\downarrow\uparrow| - |\uparrow\downarrow\rangle\langle\downarrow\uparrow| - |\downarrow\uparrow\rangle\langle\uparrow\downarrow|) \tag{5.238}$$

Wählt man die Basis $\{|\uparrow\uparrow\rangle, |\downarrow\uparrow\rangle, |\uparrow\downarrow\rangle, |\downarrow\downarrow\rangle\}$, kann man für diesen Ausdruck eine Matrixdarstellung angeben, was ich persönlich viel übersichtlicher finde:

$$\rho_{|0,0\rangle} = \frac{1}{2} \begin{pmatrix} 0 & 0 & 0 & 0 \\ 0 & 1 & -1 & 0 \\ 0 & -1 & 1 & 0 \\ 0 & 0 & 0 & 0 \end{pmatrix}. \tag{5.239}$$

Man rechnet leicht nach, dass dieser Ausdruck hermitesch ($\rho = \rho^\dagger$) ist und $\text{tr}[\rho] = 1$ gilt. Ebenfalls wird mit $\rho^2 = \rho$ die Bedingung für reine Zustände erfüllt.

Möchte man nun den Erwartungswert einer Messung am Teilsystem A berechnen, muss nach Gleichung (5.235) die reduzierte Dichtematrix $\tilde{\rho}^A = \text{tr}_B[\rho^{AB}]$ bestimmt werden. Die Spurbildung erfolgt also über die zweiten Komponenten der Vektoren:

$$\tilde{\rho}^A = \text{tr}_B[\rho_{|0,0\rangle}] \tag{5.240}$$

$$= \frac{1}{2}(|\uparrow\rangle\langle\uparrow| \cdot \underbrace{\text{tr}[|\downarrow\rangle\langle\downarrow|]}_{=1} + |\downarrow\rangle\langle\downarrow| \cdot \underbrace{\text{tr}[|\uparrow\rangle\langle\uparrow|]}_{=1} \cdots$$

$$- |\uparrow\rangle\langle\downarrow| \cdot \underbrace{\text{tr}[|\downarrow\rangle\langle\uparrow|]}_{=0} - |\downarrow\rangle\langle\uparrow| \cdot \underbrace{\text{tr}[|\uparrow\rangle\langle\downarrow|]}_{=0}) \tag{5.241}$$

$$= \frac{1}{2}(|\uparrow\rangle\langle\uparrow| + |\downarrow\rangle\langle\downarrow|) \tag{5.242}$$

$$= \frac{1}{2}\begin{pmatrix} 1 & 0 \\ 0 & 1 \end{pmatrix}. \tag{5.243}$$

Die Matrixdarstellung gilt, wenn man die Vektoren mit der Standardbasis identifiziert. Dies hilft auch dabei, einzusehen, warum $\text{tr}[|\uparrow\rangle\langle\uparrow|] = \text{tr}[|\downarrow\rangle\langle\downarrow|] = 1$ gilt (und die anderen Kombinationen Null ergeben; siehe Gleichung (3.124)).

Man erkennt auch sofort, dass

$$(\tilde{\rho}^A)^2 = \frac{1}{4}\begin{pmatrix} 1 & 0 \\ 0 & 1 \end{pmatrix} \neq \tilde{\rho}^A \tag{5.244}$$

gilt, d. h., es liegt die Dichtematrix eines *gemischten* Zustandes vor, weil das Gesamtsystem verschränkt ist.

Die Bedeutung der reduzierten Dichtematrix

Die reduzierten Dichtematrizen eines verschränkten Zustands leisten etwas Bemerkenswertes. Obwohl den Teilsystemen hier keine eigenen Zustände zugeordnet werden können, liefert beispielsweise $\tilde{\rho}^A$ eine Beschreibung, die durch lokale Messungen an A nicht vom *gemischten Zustand* mit den Anteilen $|\uparrow\rangle$ und $|\downarrow\rangle$ (mit den Gewichten $p_i = \frac{1}{\sqrt{2}}$) unterschieden werden kann, da dieser derselben Dichtematrix entspricht.

Am Ende von Abschnitt 3.6.1 hatte ich begründet, warum die Wahrscheinlichkeiten der Mischung p_i im Allgemeinen nicht bloß unserer Unkenntnis über den „wahren" Zustand des Systems geschuldet sind. Die reduzierte Dichtematrix von verschränkten Zuständen liefert ein weiteres Beispiel für die Unzulässigkeit dieser Ignoranzinterpretation. Bei einem Teilsystem eines verschränkten Zustandes kann schließlich gar nicht behauptet werden, es befinde sich *tatsächlich* im Zustand $|\uparrow\rangle$ oder $|\downarrow\rangle$, da es nach Voraussetzung gar keinen eigenen Zustand *besitzt*.

Dekohärenz und die reduzierte Dichtematrix

Eine wichtige Anwendung findet die reduzierte Dichtematrix in der Beschreibung der sogenannten „Dekohärenz" (Joos et al., 2013). Dieses Forschungsprogramm untersucht unter anderem den Übergang zwischen der Quantenmechanik und makroskopischen Objekten.

Während in der Quantenmechanik die Zustände zu Überlagerung und Interferenz fähig sind, besitzen die makroskopischen materiellen Gegenstände unserer alltäglichen Erfahrung im Wesentlichen feste Eigenschaften (etwa Ort und Impuls), interferieren nicht und bewegen sich auf definierten Bahnen.

Um diesen Übergang zu verstehen, erweist es sich als nützlich, die praktisch unvermeidliche Wechselwirkung mit der Umgebung zu berücksichtigen. Makroskopische Objekte können nur mit größter Anstrengung von Quanteneffekten der Umgebung abgeschirmt werden, und die übliche Strategie der Physik, *abgeschlossene Systeme* zu betrachten, ist hier in der Regel gar nicht sinnvoll.

Hier kommt der Formalismus der reduzierten Dichtematrix ins Spiel. Zur Berücksichtigung der Umgebung werden beispielsweise die Stöße mit Gasmolekülen oder die Wechselwirkung mit dem Strahlungsfeld modelliert. Mikroskopisch betrachtet kommt es notwendig zur Verschränkung zwischen dem System und den Freiheitsgraden der Umgebung. Da die ungezählten Freiheitsgrade dieser Umgebung sich jedoch jeder Kontrolle entziehen, kann keine Dichtematrix für den resultierenden reinen Zustand angegeben werden. Stattdessen werden die Freiheitsgrade der Umgebung „ausgespurt", d. h., man geht zu einer *reduzierten Dichtematrix* wie in Gleichung (5.234) über.

Das Resultat davon hilft dabei, das Verhalten makroskopischer Objekte besser zu verstehen. Modelliert man die Wechselwirkung mit der Umgebung quantenmechanisch, erhält man auf diese Weise nämlich eine reduzierte Dichtematrix, die typischerweise in der Ortsbasis näherungsweise diagonal ist (Joos et al., 2013, S. 359). Dass makroskopische Objekte lokalisiert erscheinen und nicht interferenzfähig sind, steht also nicht bloß in keinem Widerspruch zur Quantenmechanik, sondern kann in diesem Sinne aus ihr abgeleitet werden.[33]

Die betreffende reduzierte Dichtematrix beschreibt jedoch eine uneigentliche Mischung im Sinne von Abschnitt 3.6.1, d. h., die Wahrscheinlichkeiten sind nicht ignoranzinterpretierbar. Zudem gilt, dass sich das Gesamtsystem mitsamt der Umgebung immer noch in einem reinen (und verschränkten) Zustand befindet.

Im Kapitel 6 zur Philosophie der Quantenmechanik werden wir auf die Konzepte der Dekohärenz und der Verschränkung noch einmal zurückkommen.

Verschränkung bietet jedoch nicht nur Stoff für Überraschungen und philosophische Diskussionen, sondern lässt sich auch technologisch nutzen. In den modernen Quantentechnologien (als Oberbegriff für Quantencomputer, Quantenkommunikation und Quantensensorik) stellt sie eine entscheidende *Ressource* dar. Die allgegenwärtige Dekohärenz ist in diesem Zusammenhang jedoch nicht erwünscht, da speziell die Quanteneffekte genutzt werden sollen, die durch diesen Mechanismus unterdrückt werden. Eine lesenswerte Darstellung dieser Quantentechnologien geben Müller und Greinert (2023).

5.9 Die Wechselwirkung von Strahlung und Materie in der semiklassischen Näherung

Wir haben in Kapitel 2 gesehen, wie sich die Quantentheorie aus der Beschäftigung mit Fragen der elektromagnetischen Strahlung entwickelt hat (Stichworte: Schwarzkörperstrahlung und photoelektrischer Effekt). Erst mit Bohrs Atommodell von 1913 wurde die Quantentheorie zur Atomphysik, und die sich daraus entwickelnde moderne (nichtrelativistische) Quantenmechanik ist dann im Kern eine Theorie der Materie geworden – und nicht der elektromagnetischen Strahlung.

---

[33] Ein Spezialfall für den Übergang von der Quanten- zur Makrophysik stellt die Messung an einem Quantenobjekt dar. Jedes Messgerät ist schließlich ein makroskopisches Objekt, an dem definierte Eigenschaften („Zeigerstellungen") beobachtet werden können. In diesem Zusammenhang erklärt der Mechanismus der Dekohärenz, wie die reduzierte Dichtematrix in der jeweiligen „Zeigerbasis" diagonal wird. Allerdings bietet dies noch keine Lösung für das sogenannte „Messproblem der Quantenmechanik" (siehe Abschnitt 6.1.2).

Natürlich kann auch das elektromagnetische Strahlungsfeld quantentheoretisch behandelt (man sagt auch „quantisiert") werden, aber dies geschieht im Rahmen der Quantenelektrodynamik (QED). In dieser relativistischen Quantenfeldtheorie werden zum Beispiel *Operatoren* für E- und B-Feld eingeführt. Erst bei der Beschreibung der Zustände *dieser* Theorie erhält dann auch der Begriff des *Photons* eine Bedeutung. Die QED ist nicht Inhalt dieses Buches, aber in Abschnitt 5.9.2 wird die Grundidee kurz angedeutet.

Trotzdem, und dies mag zunächst irritieren, können viele Erscheinungen der Wechselwirkung zwischen Materie und dem elektromagnetischen Strahlungsfeld auch in der nichtrelativistischen Quantenmechanik behandelt werden. Dazu verwendet man die sogenannte semiklassische Näherung, bei der die Materie quantenmechanisch, das Strahlungsfeld aber „klassisch" (d. h. kontinuierlich) beschrieben wird. Ohne es ausdrücklich hervorzuheben, haben wir diese Technik sogar schon angewendet. So wurde bei der Beschreibung des Wasserstoffatoms das übliche Coulombpotenzial $V(r) = -\frac{e^2}{4\pi\epsilon_0 r}$ verwendet (Gleichung (5.111)) und die Wechselwirkung zwischen magnetischem Moment und B-Feld durch einen Term $\propto \hat{L}_z B_z$ (Gleichung (5.147)) im Hamiltonoperator berücksichtigt. Das hier verwendete B-Feld stammt aus der Maxwell'schen Elektrodynamik.

Im nächsten Abschnitt werde ich zeigen, dass sogar der Photoeffekt auf diese Weise beschrieben werden kann. Ohne eine Quantisierung des Strahlungsfeldes kann hier jedoch nicht sinnvoll von *Photonen* gesprochen werden. Wir haben es also buchstäblich mit einer Erklärung des Photoeffekts ohne Photonen zu tun.

5.9.1 Photoeffekt ohne Photonen

Die Behandlung des Photoeffekts in der nichtrelativistischen Quantenmechanik wurde unmittelbar nach Schrödingers Arbeiten zur Wellenmechanik durch Gregor Wentzel (1926) und Guido Beck (1927) entwickelt. Sie stellt das typische Beispiel für die sogenannte „zeitabhängige Störungstheorie" dar; siehe etwa Stauffer (1993), Nolting (2012) oder Fließbach (2018). Unsere Darstellung folgt Kuhn und Strnad (1995).

Ausgangspunkt ist der Hamiltonoperator des „ungestörten" Systems H_0. In unserem Fall beschreibt er den Körper, aus dem durch Bestrahlung die Photoelektronen entfernt werden sollen. Seine (nichtentarteten) Eigenfunktionen zu den Energien W_n seien bekannt:[34]

$$\Psi_n = e^{-\frac{i}{\hbar}W_n t} \cdot \psi_n \quad \text{mit } H_0 \Psi_n = i\hbar \frac{\partial \Psi_n}{\partial t} = W_n \psi_n, \tag{5.245}$$

oder in der Bra-Ket-Schreibweise:

---

34 Um der Verwechslung mit dem elektrischen Feld vorzubeugen, werden die Energien hier mit W bezeichnet.

$$|n, t\rangle = e^{-\frac{i}{\hbar} W_n t} |n\rangle \quad \text{mit } H_0 |n, t\rangle = i\hbar \frac{\partial}{\partial t} |n, t\rangle = W_n |n\rangle. \tag{5.246}$$

Die einfallende Strahlung soll durch einen zeitabhängigen Hamiltonoperator H_{St} beschrieben werden. Seine Gestalt betrachten wir weiter unten, denn zunächst soll die Methode der Störungstheorie noch etwas entwickelt werden. Wir suchen also die Lösung des Problems:

$$(H_0 + H_{St}) |\widetilde{\Psi}\rangle = i\hbar \frac{\partial}{\partial t} |\widetilde{\Psi}\rangle. \tag{5.247}$$

In der Regel kann hier keine exakte Lösung gefunden werden, aber sie kann nach Eigenfunktionen des ungestörten Problems entwickelt werden:

$$|\widetilde{\Psi}\rangle = \sum_n c_n \cdot |n, t\rangle. \tag{5.248}$$

Dabei sind die c_n im Allgemeinen zeitabhängig. Setzt man diesen Ausdruck in Gleichung (5.247) ein und berücksichtigt, dass die $|n\rangle$ Eigenfunktionen von H_0 sind, ergibt sich:

$$i\hbar \sum_n \frac{dc_n}{dt} |n, t\rangle = \sum_n c_n \cdot H_{St} |n, t\rangle. \tag{5.249}$$

Bildet man nun das Skalarprodukt mit $\langle m, t|$ und beachtet die Orthonormiertheit, erhält man eine Differentialgleichung für die c_m:

$$i\hbar \frac{dc_m}{dt} = \sum_n c_n \cdot \langle m, t|H_{St}|n, t\rangle. \tag{5.250}$$

Der Ausdruck $\langle m, t|H_{St}|n, t\rangle$ kann als Matrixelement gelesen werden, das die Wahrscheinlichkeitsamplitude eines Übergangs $n \to m$ angibt.

Wir betrachten nun den Fall, dass sich das System bis zur Zeit $t = 0$ im Grundzustand $|g, t\rangle$ (mit der Energie W_g) befindet und die Störung erst anschließend wirkt. Der Zustand $|\widetilde{\Psi}\rangle$ lautet also für $t \leq 0$ $|\widetilde{\Psi}\rangle = |g, t\rangle$, oder anders formuliert: die Entwicklungskoeffizienten lauten für $t \leq 0$ $c_n(t) = \delta_{ng}$. Setzen wir diesen Ausdruck in Gleichung (5.250) ein, erhalten wir

$$i\hbar \frac{dc_m}{dt} = \langle m, t|H_{St}|g, t\rangle, \tag{5.251}$$

also die Wahrscheinlichkeitsamplitude für den Übergang $g \to m$.[35]

---

[35] Wir arbeiten mit diskreten Endzuständen, obwohl in unserem Beispiel der Körper ja ionisiert wird – also $|m\rangle$ ein Kontinuumszustand ist und W_m seine kinetische Energie. Man denke sich die Zustände also dadurch normiert, dass sie – salopp formuliert – in einen „großen Kasten" eingesperrt werden (vgl. Fußnote 4). Sie sind also „quasikontinuierlich".

Es sollte nun aber endlich die Form von H_{St} angegeben werden. Die einfallende Strahlung beschreiben wir durch ein periodisch veränderliches elektrisches Feld:

$$E(t) = E_0 \cos \omega t. \tag{5.252}$$

Der Festkörper besitze ein elektrisches Dipolmoment μ_E, das wie das magnetische Dipolmoment einen Beitrag zur potenziellen Energie liefert: $W = -\vec{\mu}_E \cdot \vec{E}$. Wir betrachten ein einzelnes Elektron mit Ladung $-e$ und orientieren das E-Feld längs der x-Achse. Dann lautet der Beitrag zum Hamiltonoperator:

$$H_{St} = e \cdot \hat{x} \cdot E_0 \cos \omega t. \tag{5.253}$$

Das „klassische" elektrische Feld wird also mit dem „Dipoloperator" $e \cdot \hat{x}$ multipliziert und in den Hamiltonoperator eingefügt. Von „diskreten Photonen" ist also nicht die Rede. Nun soll gezeigt werden, dass dennoch Einsteins Beziehung für den Photoeffekt (Gleichung (2.24)) hergeleitet werden kann.

Da aus Gleichung (5.251) der Koeffizient c_m durch Integration nach der Zeit gewonnen wird, ist es sinnvoll, die t-Abhängigkeit zu isolieren. Zunächst trennt man die Zeitabhängigkeit aus den Zuständen $\langle m, t| = \langle m|e^{\frac{i}{\hbar} W_m t}$ und $|g, t\rangle = e^{-\frac{i}{\hbar} W_g t}|g\rangle$:

$$\langle m, t|H_{St}|g, t\rangle = e^{\frac{i}{\hbar}(W_m - W_g)t} \cdot \langle m|H_{St}|g\rangle. \tag{5.254}$$

Das Matrixelement $\langle m|H_{St}|g\rangle$ hat jedoch ebenfalls einen t-abhängigen Teil:

$$\langle m|H_{St}|g\rangle = \underbrace{\langle m|\frac{1}{2} e\hat{x} E_0|g\rangle}_{=H'_{mg}} \cdot (e^{i\omega t} + e^{-i\omega t}). \tag{5.255}$$

Dabei wurde $\cos \omega t = \frac{1}{2}(e^{i\omega t} + e^{-i\omega t})$ ausgenutzt. Einsetzen in Gleichung (5.251) ergibt:

$$i\hbar \frac{dc_m}{dt} = \langle m, t|H_{St}|g, t\rangle \tag{5.256}$$

$$= e^{\frac{i}{\hbar}(W_m - W_g)t} \cdot (e^{i\omega t} + e^{-i\omega t}) \cdot H'_{mg} \tag{5.257}$$

$$= (e^{\frac{i}{\hbar}(W_m - W_g + \hbar\omega)t} + e^{\frac{i}{\hbar}(W_m - W_g - \hbar\omega)t}) \cdot H'_{mg}. \tag{5.258}$$

Man beachte, dass im Argument der Exponentialfunktion bereits der Term $\hbar\omega$ auftaucht, der hier aber gerade nicht als Photonenergie gedeutet werden kann. Die Integration dieser Gleichung von 0 bis t liefert schließlich:

$$c_m = iH'_{mg}\left(\frac{e^{\frac{i}{\hbar}(W_m - W_g + \hbar\omega)t} - 1}{(W_m - W_g + \hbar\omega)/\hbar} + \frac{e^{\frac{i}{\hbar}(W_m - W_g - \hbar\omega)t} - 1}{(W_m - W_g - \hbar\omega)/\hbar} \right). \tag{5.259}$$

Falls die Energie des angeregten Zustandes näherungsweise $\hbar\omega$ über der Grundzustandsenergie liegt, dominiert der zweite Term vollständig. Vernachlässigt man nun den ersten Term in Gleichung (5.259) kann das Betragsquadrat von c_m mithilfe der „Spaltfunktion" $\mathrm{sinc}^2(x) = \frac{\sin^2 x}{x^2}$ ausgedrückt werden, die uns bereits bei der Diskussion der Unbestimmtheitsrelation am Einfachspalt in Abschnitt 4.2.2 begegnet war:

$$|c_m|^2 = \frac{2\pi t}{\hbar} |H'_{mg}|^2 g(\Delta W), \tag{5.260}$$

mit $\Delta W = W_m - W_g - \hbar\omega$ und

$$g(\Delta W) = \frac{2\hbar \sin^2 \frac{\Delta W t}{2\hbar}}{\pi(\Delta W)^2 t}. \tag{5.261}$$

Diese Funktion hat ein ausgeprägtes Maximum bei $\Delta W = 0$ (also wenn $W_m - W_g = \hbar\omega$).[36] Übergänge $|g\rangle \to |m\rangle$ werden also besonders wahrscheinlich, wenn die Frequenz der Störung die „Resonanzbedingung" (bzw. Bohr'schen Frequenzbedingung) $\omega = \frac{W_m - W_g}{\hbar}$ erfüllt. Das Resultat kann noch in eine schönere Form gebracht werden. Für „große" t nähert sich die Spaltfunktion der δ-Distribution $\delta(\Delta W)$ an (siehe Abschnitt 3.4.8). Führt man zusätzlich die Übergangsrate $\Gamma_{g \to m} = \frac{|c_m|^2}{t}$ ein, erhält man:

$$\Gamma_{g \to m} = \frac{2\pi}{\hbar} |H'_{mg}|^2 \delta(\Delta W). \tag{5.262}$$

Die δ-Distribution hat allerdings nur dann eine sinnvolle Bedeutung, wenn über sie integriert wird. Tatsächlich wollen wir Übergänge in ein *Kontinuum* beschreiben, betrachten also eigentlich die Zustände in einem infinitesimalen Intervall um W_m. Die Dichte dieser Zustände sei $\rho(W)$ (d. h. $\rho(W)dW$ die Zahl der ungestörten Eigenzustände mit Energien im Intervall $[W, W + dW]$). Integriert man also über diese Dichte, projiziert die δ-Distribution den Wert bei $\Delta W = 0$ heraus und verschwindet aus dem Resultat:

$$\Gamma_{g \to m} = \frac{2\pi}{\hbar} |H'_{mg}|^2 \rho(W_m) \quad \text{mit } W_m - W_g = \hbar\omega. \tag{5.263}$$

Dieses Ergebnis gilt ganz allgemein und wird als *Fermis goldene Regel* bezeichnet. Sie formuliert also zwei Bedingungen für einen Übergang: Er muss dynamisch ($H'_{mg} \neq 0$) und kinematisch (freie Endzustände $\rho \neq 0$) zulässig sein. In unserem Kontext beschreibt die Regel nun die drei Eigenschaften des Photoeffekts:

1. Setzt man die Austrittsarbeit $P = -W_g$ und die kinetische Energie $E_{\mathrm{kin}} = W_m$, folgt aus der Bedingung $\Delta W = 0$ die „Einstein-Gleichung" 2.24:

$$E_{\mathrm{kin}} = \hbar\omega - P.$$

---

36 Die Funktion $\frac{\sin x}{x}$ ist bei $x = 0$ natürlich singulär (also nicht definiert), kann aber mit der Regel von de L'Hospital stetig fortgesetzt werden.

2. In das Matrixelement H'_{mg} geht der Betrag der elektrischen Feldstärke E_0 ein. Da die Rate $\Gamma_{g \to m}$ proprtional zu $|H'_{mg}|^2$ ist, erklärt die semiklassische Näherung also ebenfalls, warum die Anzahl der Photoelektronen sich proportional zu E_0^2 verhält.
3. Und schließlich treten die Photoelektronen ohne messbare Verzögerung aus dem Festkörper aus. Gleichung (5.260) zeigt jedoch, dass die Übergangswahrscheinlichkeit $\propto t$ ist – also auch bei beliebig kurzer Bestrahlung einen endlichen Wert hat.

An dieser Stelle könnte man einwenden, dass die Einführung des Photons über den Photoeffekt doch lediglich die richtige Auffassung („es existieren Photonen") mit den falschen Argumenten vertrete. Aber natürlich geht es nicht nur um die Frage „ob es Photonen gibt", sondern auch, welche Eigenschaften sie haben.

Zusätzlich ist die semiklassische Beschreibung nicht bloß äquivalent zur naiven teilchenhaften Vorstellung, sondern überlegen. Der obigen Liste ließe sich nämlich noch ein vierter Punkt hinzufügen:

4. Nicht immer fallen die Richtung des elektrischen Feldes und die Richtung der Photoelektronen zusammen. Die Winkelverteilung der Photoelektronen folgt experimentell einer $\cos^2 \theta$-Verteilung, mit θ dem Winkel zwischen Elektronenrichtung und der Feldstärke. Diese Verteilung folgt aber sofort aus dem Dipoloperator $\vec{r}\vec{E} \propto \cos \theta$, der quadratisch eingeht. Die Vorstellung von „Lichtteilchen", die die Elektronen herausstoßen, kann diese Verteilung und den entsprechenden Wirkungsquerschnitt *nicht* erklären (Kuhn und Strnad, 1995, S. 230).

Auch der Compton-Effekt (siehe Abschnitt 2.12) erlaubt eine semiklassische Erklärung, wie Erwin Schrödinger 1927 zeigen konnte (Kuhn und Strnad, 1995, S. 221). In der Rückschau versagen also die frühen Belege für die Lichtquantenhypothese, um als Kronzeugen für die Quantennatur der Strahlung zu dienen. Es ist bedauerlich, dass die Lehrbuchtradition davon ganz unbeeindruckt ist.

Es soll nun gar nicht behauptet werden, dass die Quantisierung des Strahlungsfeldes unnötig und „Photonen" überflüssig seien. Tatsächlich existieren Erscheinungen, die nur mithilfe der Quantenelektrodynamik (QED) bzw. Quantenoptik erklärt werden können. Hier gewinnt der Begriff des Photons seine aktuelle fachwissenschaftliche Bedeutung. Dieses Photon besitzt jedoch ganz andere Eigenschaften.

Im nächsten Abschnitt werden wir diese Fragen diskutieren, aber tatsächlich liefert bereits der Photoeffekt einen subtilen Hinweis darauf, dass die semiklassische Theorie trotz aller Erfolge inkonsistent ist. Muthukrishnan et al. (2003) bemerken nämlich, dass die verzögerungsfreie Emission hier nur aus der Perspektive des *Atoms* erklärt wird (Punkt 3 der obigen Liste), während das Argument für das *klassische Strahlungsfeld* zu einem Widerspruch führt. Dieses erzeugt nämlich einen Energiefluss $\propto E_0^2 t$, der für kleine t unterhalb von $\hbar \omega$ liegt. Für das Strahlungsfeld wird bei verzögerungsfreier Emission die Energieerhaltung also verletzt.

Und noch an einer anderen Stelle wird deutlich, dass die semiklassische Theorie ungenügend ist. Phänomene wie die Verschränkung von Freiheitsgraden (siehe Abschnitt 5.8.2) können nämlich auch hier auftreten. Spätestens an dieser Stelle versagt die semiklassische Erklärung.[37]

5.9.2 Was sind Photonen?

Ab 1927 verbreitete sich der Begriff „Photon" und löste die Bezeichnung „Lichtquant" zunehmend ab.[38] Die Endung -on ist in offensichtlicher Ähnlichkeit zum Elektr-on oder Prot-on gewählt und weckt dadurch Assoziationen mit anderen „Teilchen". Die in Schulbüchern verbreitete Bezeichnung „Quantenobjekt" als Oberbegriff für Photon und Elektron betont ebenfalls die vorgeblichen Gemeinsamkeiten.

Eine beliebte Aufgabe des Physikunterrichts ist etwa die Berechnung der Photonenzahl, die ein elektromagnetisches Feld enthält, das beispielsweise die Energie $W = 1\,J$ und die Wellenlänge $\lambda = 500\,nm$ (dies entspricht $\omega \approx 3{,}8 \cdot 10^{15}\,Hz$) besitzt. Löst man nun die Gleichung

$$n \cdot \hbar\omega = W \tag{5.264}$$

nach der „Anzahl" n auf, findet man (mit $\hbar \approx 1{,}05 \cdot 10^{-34}\,Js$) $n \approx 2{,}5 \cdot 10^{18}$.

Diese Zahl ist aber praktisch ohne physikalische Bedeutung. Zwar gilt diese Rechnung näherungsweise für die *mittlere* Photonenzahl $\bar{n}$, missachtet aber, dass für Photonen die „Anzahl" genauso unbestimmt ist, wie für Elektronen der „Ort". Bei einem Elektron nach dem genauen Ort zu fragen, ist auch nicht sinnvoll.

Ebenfalls legt Gleichung (5.264) die Vorstellung nahe, dass der Zusammenhang zwischen Photonen und Licht auch räumlich im Sinne einer Teil-Ganze-Relation aufzufassen ist. In der Logik der obigen Aufgabe ist Licht also buchstäblich aus Photonen zusammengesetzt, und um einzelne Photonen zu erhalten, müsste ein Lichtstrahl nur stark genug abgeschwächt werden. Warum all dies nicht zutrifft, soll im Folgenden genauer erläutert werden.

Nehmen wir dabei die fragwürdige Rechenaufgabe (Gleichung (5.264)) zum Ausgangspunkt, um zu untersuchen, (i) welche konzeptionellen Schritte zu einer tatsächlichen Quantisierung des Strahlungsfeldes führen und (ii) welche Eigenschaften das daraus resultierende Photon besitzt.[39]

---

[37] Die semiklassische Strahlungstheorie kann als lokale Theorie verborgener Variablen aufgefasst werden. Die Verletzung der Bell'schen Ungleichung impliziert dann ihr Scheitern; siehe Abschnitt 6.2.

[38] Der Name „Photon" wurde von Compton popularisiert, der sich dabei auf den amerikanischen Chemiker Gilbert N. Lewis bezog. Dieser hatte in einer Veröffentlichung aus dem Jahr 1926 den Begriff, wenngleich in abweichender Bedeutung, verwendet. Allerdings ist es falsch, Lewis als alleinigen Urheber dieses Neologismus anzusehen, denn andere und weniger einflussreiche Autoren verwendeten den Namen bereits zuvor. Der amerikanische Physiker und Physiologe Leonard T. Troland (1889–1932) scheint 1916 der erste gewesen zu sein (Kragh, 2014).

[39] Ich verdanke die Anregung für dieses Argument Michael Komma, siehe http://www.mikomma.de

Die Energiedichte des Feldes ist in der Elektrodynamik durch den Ausdruck $\frac{1}{2}\epsilon_0(\vec{E}^2 +$ $c^2\vec{B}^2)$ gegeben. Wir betrachten nun eine Variante der Gleichung (5.264):

$$n \cdot \hbar\omega = \frac{1}{2}\epsilon_0 \int_V (\vec{E}^2 + c^2\vec{B}^2)dV. \tag{5.265}$$

Anstatt diese Gleichung nach n aufzulösen, sollten wir jedoch nach den Termen der rechten Seite „umformen", d. h., die Frage beantworten, wie die Energie bzw. die elektrische und magnetische Feldstärke durch Operatoren ausgedrückt werden können.

Die Energie setzt sich aus der *Summe zweier Quadrate* zusammen. Einer solchen Struktur sind wir jedoch beim quantenmechanischen harmonischen Oszillator bereits begegnet. Dessen Hamiltonoperator lautet nämlich (Gleichung (5.80)):

$$H_{HO} = \frac{1}{2m}((m\omega\hat{x})^2 + \hat{p}^2). \tag{5.266}$$

Ein Verfahren der Quantisierung des elektromagnetischen Feldes besteht nun darin, diese mathematische Strukturgleichheit mit dem harmonischen Oszillator (HO) auszunutzen. Ich deute hier nur die Grundidee an, und Details finden sich etwa in Gerry und Knight (2005, S. 10ff) oder Kuhn und Strnad (1995). Hervorzuheben ist jedoch:

> **Die Feldquantisierung und der harmonische Oszillator**
> Bei der Quantisierung des Strahlungsfeldes nutzt man die mathematische Ähnlichkeit mit dem quantenmechanischen harmonischen Oszillator aus. Dies bedeutet jedoch nicht, dass das Quantenfeld buchstäblich als Ansammlung von Oszillatoren aufgefasst werden kann.

Die Quantisierung des elektromagnetischen Feldes

Wir betrachten eine stehende elektromagnetische Welle mit Frequenz ω in einem vollständig reflektierenden Hohlraum (vgl. Appendix A.1). Einer solchen Schwingungsmode entspricht formal ein quantenmechanischer HO, wenn man den Operator des elektrischen Feldes $\hat{E}$ mit $\hat{x}$ und den Operator des magnetischen Feldes $\hat{B}$ mit $\hat{p}$ identifiziert.[40]

Ganz analog gelingt die Einführung von „Leiteroperatoren" $\hat{a}^\dagger$ und $\hat{a}$, die dieselben algebraischen Eigenschaften wie die Auf- und Absteigeoperatoren $\hat{a}^\dagger \sim (\hat{x} - i\hat{p})$ und $\hat{a} \sim (\hat{x} + i\hat{p})$ des HO besitzen, in diesem Zusammenhang jedoch Erzeugungs- und Vernichtungsoperatoren genannt werden. Und ebenso wie in Abschnitt 5.5 für den HO gezeigt,

---

[40] Genauer: Man setzt $\hat{E}_x(z,t) = \sqrt{\frac{2\omega^2}{V\epsilon_0}}\,\hat{x}\sin kz$ und $\hat{B}_y(z,t) = (\frac{\mu_0\epsilon_0}{k})\sqrt{\frac{2\omega^2}{V\epsilon_0}}\,\hat{p}\cos kz$. Das E-Feld ist also in x-Richtung polarisiert und erstreckt sich längs der z-Richtung. Der Zusammenhang zwischen $\vec{E} = \vec{e}_x E_x$ und $\vec{B} = \vec{e}_y B_y$ folgt dabei aus der Maxwellgleichung $\mu_0\epsilon_0 \frac{\partial \vec{E}}{\partial t} = \text{rot } \vec{B}$. Einsetzen in die rechte Seite von Gleichung (5.265) liefert dann Gleichung (5.266) (Tipp: Für V wählt man einfach L^3).

kann nun der Hamiltonoperator des elektromagnetischen Feldes (für die betrachtete Mode ω) in die Form

$$H_{EM} = \hbar\omega\left(\hat{a}^\dagger\hat{a} + \frac{1}{2}\right) \qquad (5.267)$$

gebracht werden. Der Ausdruck $N = \hat{a}^\dagger\hat{a}$ definiert dabei wieder den „Besetzungszahloperator" (mit Eigenwerten $n \in \mathbb{N}$) und die Größen $\hat{E}$ und $\hat{B}$ können analog zu den Gleichungen (5.101) und (5.102) durch die Leiteroperatoren ausgedrückt werden:

$$\hat{E} \propto (\hat{a}^\dagger + \hat{a}) \qquad (5.268)$$

$$\hat{B} \propto (\hat{a}^\dagger - \hat{a}). \qquad (5.269)$$

Aber wie sehen die Zustände des quantisierten Feldes nun aus? Die Eigenzustände des Besetzungszahloperators $|n\rangle$ (man nennt sie auch „Fock-Zustände") haben ebenfalls eine definierte Energie $(n + \frac{1}{2})\hbar\omega$. Man sagt, dass die betreffende Schwingungsmode mit „n Photonen besetzt" ist. Selbst im Grundzustand $n = 0$ ist die Energie dabei nicht null, denn die Nullpunktsenergie des HO entspricht nun der nicht verschwindenden Energie des „Vakuums": $H_{EM}|0\rangle = \frac{1}{2}\hbar\omega|0\rangle$.

Bis zu diesem Zeitpunkt ist vielleicht schon plausibel geworden, dass über den Ort des Photons keine Aussage getroffen werden kann, da es der gesamten Mode (im Volumen V) zugeordnet ist. Auf diese Frage werde ich später noch zurückkommen. Aber die Formulierung von einer „mit n Photonen besetzten Schwingungsmode" klingt dann doch so, als wenn Photonen als „Bestandteile" des Feldes aufgefasst werden können. In der Einleitung hatte ich jedoch behauptet, dass diese Sprech- und Denkweise unangemessen ist. Betrachten wir nun die Gründe dafür.

Kohärente Zustände

Der Fock-Zustand $|n\rangle$ besitzt offensichtlich eine definierte Energie, aber er ist kein Eigenzustand der Operatoren $\hat{E}$ oder $\hat{B}$. Dies ist grundsätzlich kein Problem, denn wir können ja immer noch sinnvoll nach dem Erwartungswert fragen. Betrachten wir beispielsweise das elektrische Feld, findet man jedoch:[41]

$$\langle n|\hat{E}|n\rangle \propto \langle n|\hat{a}^\dagger + \hat{a}|n\rangle \qquad (5.270)$$

$$\propto \langle n|\hat{a}^\dagger|n\rangle + \langle n|\hat{a}|n\rangle \qquad (5.271)$$

$$\propto \sqrt{n+1}\underbrace{\langle n|n+1\rangle}_{=0} + \sqrt{n}\underbrace{\langle n|n-1\rangle}_{=0} = 0. \qquad (5.272)$$

Der Erwartungswert von $\hat{E}$ (und das selbe gilt für $\hat{B}$) für Fock-Zustände ist also immer Null, und zwar ganz unabhängig davon, wie groß die Photonenzahl ist! Wie kann diese

---

41 Wir unterdrücken hier alle Vorfaktoren des Operators $\hat{E}$; siehe Gerry und Knight (2005, S. 44) für die Details.

Theorie nun aber Situationen beschreiben, bei denen die mittlere Feldstärke *nicht* verschwindet? Ein Blick auf Gleichung (5.271) verrät sofort die Lösung. Statt Fock-Zuständen $|n\rangle$, müssen Überlagerungen von Zuständen gebildet werden, deren Besetzungszahl sich um ±1 unterscheidet (etwa $\langle\phi|\hat{E}|\phi\rangle$ mit $|\phi\rangle = c_1|n\rangle + c_2|n+1\rangle$ und $|c_1|^2 + |c_2|^2 = 1$). Auf diese Weise treten nach Anwendung der Operatoren $\hat{a}$ und $\hat{a}^\dagger$ nämlich Skalarprodukte zwischen *identischen* Zuständen auf, und die Erwartuzngswerte von $\hat{a}$ und $\hat{a}^\dagger$ sind $\neq 0$.

Eine besonders elegante Möglichkeit, Zustände zu finden, bei denen die Erwartungswerte der Vernichtungs- und Erzeugungsoperatoren nicht Null sind, besteht natürlich darin, direkt Eigenzustände $|\alpha\rangle$ von $\hat{a}$ aufzusuchen:

$$\hat{a}|\alpha\rangle = \alpha|\alpha\rangle. \tag{5.273}$$

Da die Leiteroperatoren jedoch nicht hermitesch sind ($\hat{a} \neq \hat{a}^\dagger$), sind die Eigenwerte α im Allgemeinen nicht reell. Aus dem gleichen Grund sind die $|\alpha\rangle$ auch nicht Eigenzustände von $\hat{a}^\dagger$. Äquivalent zu Gleichung (5.273) ist jedoch die Aussage:

$$\langle\alpha|\hat{a}^\dagger = \langle\alpha|\alpha^*. \tag{5.274}$$

Diese Beziehung wird gleich noch nützlich werden. Die Zustände $|\alpha\rangle$ werden *kohärente Zustände* genannt. Ihre Bedeutung für die Quantenoptik wurde 1963 von Roy Glauber erkannt, weshalb sie auch als Glauber-Zustände bezeichnet werden (Glauber, 1963).[42]

Nach Konstruktion sind sie natürlich keine Eigenzustände des Hamilton- bzw. Besetzungszahloperators. Der *Erwartungswert* von $\hat{N}$ lässt sich jedoch ganz einfach berechnen:

$$\langle\alpha|\hat{N}|\alpha\rangle = \underbrace{\langle\alpha|\hat{a}^\dagger}_{=\langle\alpha|\alpha^*}\ \underbrace{\hat{a}|\alpha\rangle}_{=\alpha|\alpha\rangle} \tag{5.275}$$

$$= \underbrace{\langle\alpha|\alpha\rangle}_{=1}\ \alpha^*\alpha \tag{5.276}$$

$$= |\alpha|^2. \tag{5.277}$$

Nun folgt unmittelbar:

$$\langle\alpha|H_{EM}|\alpha\rangle = \hbar\omega\left(|\alpha|^2 + \frac{1}{2}\right). \tag{5.278}$$

---

42 Der Amerikaner Roy J. Glauber (1925–2018, Nobelpreis 2005) gehörte zu den Begründern der Quantenoptik. Die Quantentheorie der elektromagnetischen Strahlung ist natürlich schon viel älter, aber Anfang der 1960er Jahre war noch unklar, ob es unmittelbare Auswirkungen auf die Optik gibt. Glauber war ein Wunderkind, der schon als Zehnjähriger Teleskope konstruierte und erfolgreich an wissenschaftlichen Wettbewerben teilnahm. Mit 16 begann er sein Physikstudium in Harvard, und bereits mit 18 wurde er wissenschaftlicher Mitarbeiter des Manhattan-Projekts zum Bau der ersten Atombombe. Die längste Zeit seiner Karriere war er Professor an der Universität Harvard. Von Glauber stammt der bemerkenswerte Ausspruch (Glauber, 2007, S. xv): „Ich weiß nichts über Photonen, aber ich erkenne eines, wenn ich es sehe."

Kehren wir jetzt aber zu der Frage zurück, welchen Erwartungswert der Operator $\hat{E}$ bezüglich dieser Zustände besitzt. Dies ist erneut besonders einfach zu berechnen, weil die $|\alpha\rangle$ ja Eigenzustände des Vernichtungsoperators $\hat{a}$ sind:

$$\langle a|\hat{E}|a\rangle \propto \langle a|\hat{a}^\dagger + \hat{a}|a\rangle \tag{5.279}$$

$$\propto \underbrace{\langle a|\hat{a}^\dagger}_{=\alpha^*\langle a|}|a\rangle + \langle a|\underbrace{\hat{a}|a\rangle}_{=\alpha|a\rangle} \tag{5.280}$$

$$\propto \alpha^* + \alpha \tag{5.281}$$

$$\propto \mathrm{Re}(\alpha) \tag{5.282}$$

Damit kann nun auch die Bedeutung des Koeffizienten α erläutert werden: Er entspricht der (komplexen) Amplitude der Strahlungsmode mit Frequenz ω und definiert über $\alpha = |\alpha|e^{i\varphi}$ die Phase φ des Zustandes. Man sagt deshalb, dass kohärente Zustände diejenigen sind, die einem „klassischen" elektrischen Feld $E(r,t) = E_0 \sin(kr - \omega t + \varphi)$ mit konstanter Amplitude E_0, Frequenz ω, Wellenzahl k und Phase φ am ähnlichsten sind. In guter Näherung kann Laserlicht mit kohärenten Zuständen beschrieben werden.

Die *mittlere* Photonenzahl $\bar{n} = |\alpha|^2$ dieser Zustände hatten wir bereits berechnet. Da die Fock-Zustände eine Basis bilden, können die kohärenten Zustände nach $|n\rangle$ entwickelt werden. Man findet (Glauber, 1963, S. 2769):

$$|\alpha\rangle = e^{-\frac{1}{2}|\alpha|^2} \sum_{n=0}^{\infty} \frac{\alpha^n}{\sqrt{n!}}|n\rangle \quad \text{bzw.} \quad \langle \alpha| = e^{-\frac{1}{2}|\alpha|^2} \sum_{n=0}^{\infty} \frac{(\alpha^*)^n}{\sqrt{n!}}\langle n|. \tag{5.283}$$

Jeder kohärente Zustand ist also eine Überlagerung *aller* Fock-Zustände $|n\rangle$ mit $n \in \mathbb{N}$. Seine Photonenzahl ist also ganz unbestimmt.

Warum Licht nicht aus Photonen „besteht"

Fassen wir zusammen: Bei der Quantisierung elektromagnetischer Wellen wird man zunächst auf sogenannte Fock-Zustände $|n\rangle$ geführt. Diese Zustände mit definierter Photonenzahl (und im besonderen Einzelphotonen-Zustände) können übrigens erst seit den 1970er Jahren experimentell realisiert werden. Experimente zur Erzeugung und zum Nachweis von Einzelphotonen kosten aktuell ca. 100.000 € und finden sich wohl kaum in einer schulischen Physiksammlung.

Alle anderen natürlichen oder technischen Lichtquellen senden eine Strahlung aus, die keine definierte Photonenzahl besitzt. Im Besonderen emittiert der Laser in guter Näherung kohärente Zustände $|\alpha\rangle$, die eine minimale Unbestimmtheit in $\hat{E}$ und $\hat{B}$ besitzen und dadurch einer „klassischen" elektromagnetischen Welle ähneln. Diese Strahlung ist in hohem Maße monochromatisch, aber eine definierte Photonenzahl besitzt sie nicht.

Die Strahlung einer konventionellen Leuchtdiode ist im Gegensatz dazu nur näherungsweise monochromatisch und besitzt eine statistische Phasenverteilung. In dieser Hinsicht ähnelt sie den vielen thermischen Lichtquellen (Sonne, Kerzenflamme oder

Glühlampe). Diese Strahler emittieren eine statistische Mischung, da sehr viele Elementarprozesse gemeinsam wirken und die emittierenden Atome beispielsweise Stöße erleiden, die die Phasenbeziehung zerstören. Auf diese Weise gibt es hier in der Regel weder eine definierte Amplitude, Phase oder Photonenzahl. Ihnen kann deshalb auch kein reiner Zustand zugeordnet werden, und ihre Beschreibung verwendet den Formalismus der Dichtematrix (siehe Abschnitt 3.6.1). Für die mittlere Photonenzahl eines thermischen Strahlers im Gleichgewicht in der Mode ω findet man beispielsweise (Gerry und Knight, 2005, S. 26):

$$\bar{n} = \frac{1}{e^{\frac{\hbar\omega}{kT}} - 1}. \tag{5.284}$$

Dies entspricht aber gerade dem Planck'schen Gesetz für die Schwarzkörperstrahlung (Gleichung (2.2)). Wir sind einen langen Weg gegangen, um nun wieder dem Ausgangspunkt der ganzen Quantentheorie zu begegnen!

In einer solchen Situation kann man aber offensichtlich die Frage nach der „Anzahl der Photonen im Feld" im Sinne von Gleichung (5.264) nicht sinnvoll stellen. Natürlich kann nach einer *durchschnittlichen* Photonenzahl gefragt werden, und etwa für kohärente Zustände liefert Gleichung (5.278) eine gewisse Rechtfertigung dafür, die Energie des Strahlungsfeldes in eine solche Anzahl umzurechnen. Es bleibt jedoch richtig, dass es um diesen Mittelwert zu beliebig großen Schwankungen kommt. Der kohärente Zustand ist nach Gleichung (5.283) schließlich eine Superposition der Fock-Zustände von $n = 0$ bis $n = \infty$.

Und noch aus einem anderen Grund ist es irreführend, die Lichtwelle als „aus Photonen zusammengesetzt" vorzustellen. Der kohärente Zustand $|\alpha\rangle$ kann zwar nach $|n\rangle$ entwickelt werden, aber die Fock-Zustände stellen lediglich *eine* mögliche Basis des Zustandsraums dar. Der amerikanische Wissenschaftsphilosoph Richard Healey hat darauf hingewiesen, dass Fock-Zustände ebenso gut als Überlagerung von kohärenten Zuständen ausgedrückt werden können (Healey, 2013):[43]

$$|n\rangle = \int_{\mathbb{C}} d^2\alpha \, e^{-\frac{1}{2}|\alpha|^2} \frac{(\alpha^*)^n}{\pi\sqrt{n!}} |\alpha\rangle. \tag{5.285}$$

Dabei bezeichnet $d^2\alpha$ die getrennte Integration über den Real- und Imaginärteil. Statt „kohärente Zustände bestehen aus Photonen", könnte man also ebenso gut „Photonen bestehen aus kohärenten Zuständen" sagen. Man erkennt daran, dass die übliche Teil-

---

[43] Die $|\alpha\rangle$ sind jedoch nicht paarweise orthogonal (es gilt: $\langle\alpha|\beta\rangle = e^{\alpha^*\beta - \frac{1}{2}|\alpha|^2 - \frac{1}{2}|\beta|^2}$) und ebenfalls nicht linear unabhängig voneinander. Die Entwicklung nach $|\alpha\rangle$ ist dadurch mehrdeutig. Dies ist erneut eine Folge davon, dass sie Eigenzustände eines nicht selbstadjungierten Operators sind. Die Tatsache, dass das Kontinuum der $|\alpha\rangle$ viel mehr Zustände als „notwendig" enthält, kann aber auch anders gedeutet werden: Es gibt genauso viele kohärente Zustände, wie Lösungen der kontinuierlichen Maxwellgleichungen (Glauber, 2007, S. 302).

Ganze-Beziehung von „X besteht aus Y" hier gar nicht anwendbar ist. Healey zieht daraus die Schlussfolgerung, dass die Teil-Ganze-Relation der Quantentheorie nicht mehr „Aggregation", sondern Superposition und Mischung sei.

Nach Healey (2013) beschreibt dies jedoch nicht die Trennlinie zwischen Quanten- und klassischer Physik, denn bereits in der Elektrodynamik hat beispielsweise die Frage nach den „Bestandteilen" des elektrischen Feldes keine eindeutige Antwort. Mögliche Kandidaten wären hier „die Schwingungsmoden" oder „die lokalen Feldstärken". Je nach Anwendung mag eine bestimmte Sichtweise nützlicher sein – aber sie begründet keinen fundamentalen Zusammenhang.

Gibt es eine „Photon-Wellenfunktion"?

Und schließlich verdient noch ein weiterer Aspekt unsere Aufmerksamkeit. Mit dem Photon als „Lichtteilchen" verbindet man die Vorstellung eines zumindest „unscharf" lokalisierten Objekts. Für die masselosen und notwendig relativistischen Photonen existiert jedoch kein Ortsoperator (Newton und Wigner, 1949). Es gibt also auch keine Orts-Eigenzustände $|x\rangle$ und eine Wellenfunktion für Photonen $\langle x|\psi\rangle$ mit der Born'schen Interpretation als Wahrscheinlichkeitsamplitude im Ortsraum kann nicht angegeben werden.[44] Dies scheint auf den ersten Blick der Tatsache zu widersprechen, dass Licht zeitlich und räumlich diskrete Signale, etwa auf einem CCD-Chip, erzeugen kann. Das Interferenzmuster hinter einem Doppelspalt baut sich auf diese Weise ebenso sukzessive auf, wie bei den entsprechenden Versuchen mit Elektronen. Der Nachweismechanismus beruht aber auch hier auf dem photoelektrischen Effekt – liefert also keinen Hinweis auf Photonen.

Für das Problem der Lokalisierbarkeit von Photonen lässt sich auch ein ganz intuitives Argument angeben. Kehren wir dafür noch einmal zu der Aufgabe zurück, bei der die Photonenzahl eines Feldes berechnet werden sollte. Eine offensichtliche Schwierigkeit liegt darin, dass im Falle einer nicht monochromatischen Strahlung gar keine Frequenz ω angegeben werden kann, durch die gemäß Gleichung (5.264) die Energie dividiert wird. Natürlich kann mithilfe der Fourier-Analyse festgestellt werden, welche Frequenzen in einem Feld überlagert sind. Zu diesem Zweck muss jedoch über den *gesamten Raum integriert* werden, den das Feld einnimmt. Es handelt sich also um keine *lokale* Eigenschaft. Dieses Argument hat Paul Ehrenfest bereits 1932 in seiner sehr lesenswerten Arbeit „Einige die Quantenmechanik betreffende Erkundigungsfragen" unter dem Stichwort „Grenzen der Analogie zwischen Photonen und Elektronen" angegeben (Ehrenfest, 1932).

---

44 Woran es in der Literatur hingegen nicht fehlt, sind Vorschläge, eine alternative Definition der „Photon-Wellenfunktion" anzugeben, die zumindest ähnliche Eigenschaften besitzt. Siehe hierzu etwa Kuhn und Strnad (1995) sowie Muthukrishnan et al. (2003).

„Quantenobjekte" und der „Welle-Teilchen-Dualismus": Didaktische Implikationen
Die meisten Bildungspläne und Schulbücher behandeln Elektronen und Photonen unter dem Oberbegriff „Quantenobjekte". Gemeinsam ist ihnen tatsächlich die Formel für den Impuls $p = \frac{h\nu}{c} = \frac{h}{\lambda}$. Aber damit erschöpft sich auch schon die Gemeinsamkeit.[45]

Da Elektronen eine Masse besitzen, existiert für sie mit der Quantenmechanik eine sinnvolle nichtrelativistische Beschreibung. Dort kann ihnen ein (in der Regel nicht genau bestimmter) Ort zugeschrieben werden. Außerdem ist ihre Anzahl konstant. Für die relativistischen Photonen kann jedoch kein Ortsoperator angegeben werden und ihre „Anzahl" ist unbestimmt. Wie erläutert, ist die Vorstellung, dass Licht aus Photonen „besteht", ebenfalls nicht sinnvoll.

Wenn man Elektronen und Photonen gemeinsam als „Quantenobjekte" bezeichnet, ist vermutlich auch an die vorgebliche Dualität von Teilchen- und Wellenbeschreibung gedacht, die in beiden Fällen notwendig sei. Dieser sogenannte „Welle-Teilchen-Dualismus" von Licht und Materie war in der frühen Quantentheorie tatsächlich eine enorm fruchtbare Heuristik. Zunächst schien die Behauptung sinnvoll, dass sich unter bestimmten Umständen die Elektronenteilchen wie eine Welle verhalten – ebenso wie den Lichtwellen auch Teilcheneigenschaften zugeschrieben werden mussten.

Im Zuge der weiteren Entwicklung hat dieser „Dualismus" jedoch seine Bedeutung verloren. Wie oben gezeigt, fehlen dem Photon entscheidende Merkmale eines Teilchens (vor allem die Lokalisierbarkeit). Die „Materiewelle" hingegen, die bei Louis de Broglie noch alle Attribute eines physikalischen Feldes besaß (siehe Abschnitt 2.13), wurde im Formalismus der Quantenmechanik zu einer Wahrscheinlichkeitsamplitude im Konfigurationsraum.

Und schließlich können weder Elektronen noch Photonen individuiert werden, d. h., sie sind „ununterscheidbar" (siehe Abschnitt 5.6.4). Auch dies kompromittiert die Vorstellung von ihnen als „Teilchen". Der ursprüngliche „Welle-Teilchen-Dualismus" ist also überholt und sollte nur noch in der historischen Diskussion eine Rolle spielen.

Anstatt mit „Teilchen" und „Welle" immer noch auf Konzepte aus der Punktmechanik und Elektrodynamik zu rekurrieren, sollte die Eigengesetzlichkeit der Quantentheorie hervorgehoben werden. In diesem Sinne ist die Bezeichnung „Quantenobjekt" dann sogar sinnvoll – zumindest wenn gleichzeitig die Unterschiede zwischen beispielsweise Photonen und Elektronen betont werden.

---

45 Die Beziehung $p = \frac{E}{c}$ zwischen Impuls p, Energie E und Ausbreitungsgeschwindigkeit c gilt dabei ebenso für elektromagnetische oder akustische Wellen. Ein Hinweis auf die „Quantennatur" lässt sich daraus also nicht ableiten.

6 Die Philosophie der Quantenmechanik

Die Quantenmechanik ist enorm erfolgreich und ihre vielen technischen Anwendungen prägen unsere Lebenswelt. In der Ökonomie schätzt man, dass diese Theorie in den entwickelten Volkswirtschaften für ca. ein Drittel des Bruttoinlandprodukts verantwortlich ist.

Offensichtlich ist die Quantenmechanik also *operational* sehr gut verstanden. Von der praktischen Beherrschung kann aber das *konzeptionelle* Verständnis sinnvoll unterschieden werden. Von Anfang an standen deshalb auch immer Fragen nach der Bedeutung des Formalismus und den Auswirkungen auf das physikalische Weltbild im Zentrum der Diskussion. Solche Fragen werden traditionell zur Philosophie gerechnet.

Zu Beginn der Entwicklung wurde diese Debatte hauptsächlich von den Forschenden geführt, die auch die Entwicklung der Theorie vorantrieben. In der zweiten Hälfte des 20. Jahrhunderts etablierte sich dann die *Philosophie der Physik* als eigenständiger Zweig der Wissenschaftsphilosophie. Diese Professionalisierung der Philosophie der Physik kontrastiert recht eigentümlich damit, dass ab den 1950er Jahren das Interesse an diesen Grundlagenfragen innerhalb der Physik sehr gering war. Dort war die vorherrschende Meinung, dass die Debatten der 1920er und 30er Jahre diese Fragen endgültig geklärt hätten. Erst in den 1980er Jahren wandelte sich diese Einstellung allmählich. Seitdem existieren die „Grundlagen der Quantenmechanik" (*quantum foundations*) als kleiner, aber etablierter Teil auch der physikalischen Forschung.

Auf den folgenden Seiten werfe ich Schlaglichter auf einige dieser Debatten. Eine detailliertere Diskussion findet sich etwa in Friebe et al. (2018). Eine glänzende populäre Darstellung findet sich auch bei Becker (2018).

6.1 Die Interpretation der Quantenmechanik

Die Interpretation der Quantenmechanik gehört zu den meistdiskutierten Themen in der Philosophie der Physik. In gewisser Weise müssen die mathematischen Theorien der Physik immer „interpretiert" werden, d. h., es gilt die Frage zu klären, wie ihre mathematischen Symbole den natürlichen Phänomenen zugeordnet werden können. Es ist ebenfalls richtig, dass beispielsweise die Newton'sche Mechanik, die statistische Physik oder die Elektrodynamik Gegenstand philosophischer Debatten darüber sind, wie diese Theorien am besten verstanden werden sollten. Aber im Fall der Quantenmechanik ist die Art und Weise, wie der mathematische Formalismus auf die natürliche Welt referiert, noch weniger offensichtlich. Die komplexwertige Wellenfunktion bezieht sich nicht in einfacher Weise auf ein physikalisches Objekt, und der Formalismus der Quantenmechanik liefert keine Beschreibung des Messprozesses (siehe Abschnitt 6.1.2). Dies hat zu einer Vielzahl von Interpretationen der Quantenmechanik geführt.

Ich erwähnte bereits, dass die Theorie *operational* sehr gut beherrscht wird. Dies spiegelt sich in der Tatsache wider, dass die verschiedenen Interpretationen in der Re-

https://doi.org/10.1515/9783111152622-006

gel in allen *experimentellen Vorhersagen* übereinstimmen. Bei eher pragmatisch orientierten Physikerinnen und Physikern führt dies dazu, der Interpretationsdebatte keine große Bedeutung beizumessen.

6.1.1 Die „Kopenhagener Deutung" der Quantentheorie

Nach üblicher Darstellung wurde die Kopenhagener Deutung (KD) Ende der 1920er Jahre von Niels Bohr und seinen Mitarbeitenden entwickelt und etablierte sich rasch als „Standardinterpretation" der Theorie. Allerdings wurde ihr Inhalt nie kodifiziert und die Mitglieder der Kopenhagener Schule, wie Heisenberg, Pauli, Born, Jordan und von Neumann, vertraten in wichtigen Fragen teilweise abweichende Ansichten. Die Vorstellung einer *einheitlichen* Kopenhagener Deutung der Quantentheorie ist vielmehr ein echtes Stück Quasigeschichte im Sinne von Abschnitt 1.2. Der Physikhistoriker und Philosoph Don Howard hat deshalb einer Arbeit über den Ursprung dieser Interpretation den Untertitel „Eine Studie in Mythologie" gegeben (Howard, 2004). Geprägt wurde die Bezeichnung „Kopenhagener Deutung" übrigens von den Gegnern dieser Auffassung. Dennoch lassen sich Grundzüge dieser Interpretation angeben, die trotz (oder wegen?) dieser begrifflichen Unschärfe bis in die 1970er Jahre sogar dominant war und immer noch Einfluss besitzt.

Die Grundlage von Bohrs Überlegungen zur Quantenmechanik war die These, dass Experimente auch in der Atomphysik notwendigerweise mit „klassischen Konzepten" (wie „Ort" oder „Impuls") beschrieben werden müssen, wobei deren Anwendung Einschränkungen unterworfen ist, wie sie sich etwa aus den Unbestimmtheitsrelationen ergeben. Bohr prägte den Begriff „Komplementarität" für die sich gegenseitig ausschließenden, aber gemeinsam notwendigen Beschreibungen. Beispielsweise kann man einem Teilchen nicht gemeinsam eine genaue Position und einen genauen Impuls zuschreiben. Nach Bohr sei dies entscheidend damit verknüpft, dass die Messung dieser Größen unterschiedliche (und sich gegenseitig ausschließende) Versuchsanordnungen erfordere.

In seiner berühmt gewordenen Como-Vorlesung vom 16. September 1927 hob Bohr ebenfalls hervor, dass es durch das endliche Wirkungsquantum bei einer Messung notwendig zu einer unkontrollierbaren Beeinflussung zwischen System und Messgerät komme, die die „selbständige physikalische Realität" sowohl der „Phänomene" als auch der „Beobachtungsmittel" kompromittiere (Bohr, 1928, S. 245). Im Zuge der EPR-Debatte (siehe Abschnitt 6.2) wurde von Bohr ab 1935 aber die Bedeutung einer *physikalischen* Beeinflussung relativiert (Held, 1994). Die Leugnung einer „selbständigen Realität" (in der englischen Fassung spricht Bohr von einer „independent reality") brachte der KD die Zuschreibung als antirealistisch bzw. positivistisch oder instrumentalistisch ein.[1]

---

1 Diese Zuschreibungen sind in der Regel als Vorwurf gemeint.

In Bohrs Interpretation gibt es keinen „Kollaps" der Wellenfunktion (siehe Abschnitt 6.1.2). Dieses Konzept zur Erklärung eindeutiger Messergebnisse an Einzelsystemen wird jedoch oft als Teil der Kopenhagener Deutung angesehen und findet sich etwa in den Arbeiten von John von Neumann oder Werner Heisenberg. Bei Bohr (1928, S. 246) wird stattdessen hervorgehoben, dass durch die Messung ein Übergang zwischen komplementären Modi der Beschreibung erfolge: der kausal-deterministischen und der raum-zeitlichen Beschreibungsweise. Schließlich entwickelt sich die Wellenfunktion gemäß der Schrödingergleichung deterministisch, aber beschreibt keinen raum-zeitlichen Ablauf. Bei der Messung (z. B. eines Ortes) wird dann die raum-zeitliche Einbettung erzwungen, aber der deterministische Ablauf unterbrochen.[2]

Dass die Statistik der Messergebnisse der Born'schen Regel folgt, wird ebenfalls zur Kopenhagener Deutung gezählt. Dabei behauptet die KD in praktisch allen Varianten die Anwendbarkeit der Theorie auf Einzelvorgänge. Die Frage, wie die Quantenmechanik den Ausgang von *Einzelmessungen* erklären kann, wird als das „Messproblem der Quantenmechanik" bezeichnet (siehe Abschnitt 6.1.2). Ob die Kopenhagener Deutung in ihren verschiedenen Varianten hier eine befriedigende Lösung bietet, wird in der Literatur kontrovers diskutiert. Diese Deutung wird spätestens seit den 1970er Jahren zunehmend kritisch bewertet, und sie stellt bei weitem nicht mehr den „Standard" in der philosophischen Debatte dar. Nicht zuletzt wird den Schriften von Bohr vorgeworfen, dass sie dunkel, mehrdeutig oder schlicht unverständlich seien. Eine harsche, aber nicht untypische Bewertung der Kopenhagener Deutung gibt etwa Dieter Zeh:

> Die Kopenhagener Deutung wird oft als die größte Revolution der Physik gepriesen, da sie die allgemeine Anwendbarkeit des Konzepts der objektiven physikalischen Realität ausschließt. Ich bin eher geneigt, sie als eine Art „Quanten-Voodoo" zu betrachten: Irrationalismus anstelle von Dynamik. (Joos et al. (2013, S. 27f), Übersetzung OP)

Gerade aber die historische Einsicht, dass Bohrs Arbeiten nicht als Teil einer einheitlichen Kopenhagener Deutung aufzufassen sind, hat zu einer Neubewertung ihrer Zentralbegriffe, wie „Komplementarität" oder die „Notwendigkeit klassischer Konzepte", geführt. Die französische Philosophin Catherine Chevalley hat argumentiert, dass die Einordnung der Bohr'schen Philosophie in den Kontext einer vorgeblich einheitlichen „Kopenhagener Deutung" zu ihrer Schwerverständlichkeit erheblich beigetragen habe (Chevalley, 1999). Folgt man dieser Argumentation, beruht ein Teil der Kritik an Bohr auch auf Missverständnissen.

In den letzten Jahrzehnten ist es dadurch zu vielen Versuchen gekommen, Bohrs Positionen neu zu rekonstruieren. In diesem Zusammenhang haben einige Autorinnen und Autoren in seinen Schriften auch frühe Hinweise auf das Konzept der Dekohärenz

---

2 Die Beziehung zwischen diesen Berschreibungsarten war auch Bohrs Musterbeispiel für die Komplementarität. Viele Darstellungen nennen stattdessen den Welle-Teilchen-Dualismus als seine Anwendung, aber dieser spielte in Bohrs Denken nie eine zentrale Rolle und wurde ab 1935 von Bohr gar nicht mehr als Beispiel für Komplementarität verwendet (Held, 1994).

und eine Betonung der Rolle von Verschränkung identifiziert; siehe etwa Howard (2021) und mit einer ähnlichen Stoßrichtung Schlosshauer und Camilleri (2011). Weiter oben wurde etwa Bohr mit der Bemerkung zitiert, dass System und Messgerät keine „selbständige Realität" besäßen. Anstatt darin ein Plädoyer für den Antirealismus zu sehen, kann diese Bemerkung auch als Hinweis auf die Verschränkung gedeutet werden. Schließlich gilt tatsächlich, dass Messgerät und System keine unabhängigen *Zustände* besitzen (siehe Abschnitt 6.1.2).

Eine kohärente Rekonstruktion von Bohrs Philosophie ist natürlich unabhängig davon, ob man ihr auch zustimmt. Umgekehrt gilt jedoch, dass jede Bewertung seiner Auffassungen voraussetzt, dass man sie bestmöglich verstanden hat. In Abschnitt 6.1.7 werde ich kurz auf Bohr zurückkommen, zunächst soll jedoch das Messproblem formuliert werden.

6.1.2 Schrödingers Katze und das Messproblem

Betrachtet man ein radioaktives Atom und lässt etwas Zeit verstreichen, befindet es sich gemäß der Quantenmechanik in einem Überlagerungszustand der Zustände „zerfallen" und „nicht zerfallen" (mit $|c_1|^2 + |c_2|^2 = 1$):[3]

$$|\psi\rangle = c_1|\text{zerfallen}\rangle + c_2|\text{nicht zerfallen}\rangle. \tag{6.1}$$

Einer solchen Überlagerung eine anschauliche Bedeutung zu geben, ist nicht möglich, aber da einzelne Atome ohnehin kein Gegenstand unserer Anschauung sind, lässt man sich dies vielleicht noch gefallen. Schrödinger (1935, S. 811) sah es genauso, aber eben nur „solange die Verwaschenheit sich auf atomare [...] Dimensionen beschränkt". Diese Unbestimmtheit kann jedoch auch „grob tastbare und sichtbare Dinge ergreifen", und in seinem „Katzen-Artikel" lieferte er dafür ein berühmt gewordenes Beispiel (Schrödinger, 1935, S. 812):

> Man kann auch ganz burleske Fälle konstruieren. Eine Katze wird in eine Stahlkammer gesperrt, zusammen mit folgender Höllenmaschine (die man gegen den direkten Zugriff der Katze sichern muß): in einem Geiger'schen Zählrohr befindet sich eine winzige Menge radioaktiver Substanz, so wenig, daß im Laufe einer Stunde vielleicht eines von den Atomen zerfällt, ebenso wahrscheinlich aber auch keines; geschieht es, so spricht das Zählrohr an und betätigt über ein Relais ein Hämmerchen, das ein Kölbchen mit Blausäure zertrümmert. Hat man dieses ganze System eine Stunde lang sich selbst überlassen, so wird man sich sagen, daß die Katze noch lebt, wenn inzwischen kein Atom zerfallen ist. Der erste Atomzerfall würde sie vergiftet haben. Die ψ-Funktion des ganzen Systems würde das so zum Ausdruck bringen, daß in ihr die lebende und die tote Katze (s. v. v.) zu gleichen Teilen gemischt oder verschmiert sind.

---

3 Ich weiche hier mit Absicht von unserer bisherigen Vereinbarung (Abschnitt 3.4.7) ab, einen Zustand lediglich als Beschreibung eines Ensembles identisch präparierter Systeme aufzufassen. Das Messproblem setzt nämlich voraus, dass die Anwendung der Quantenmechanik auf Einzelsysteme möglich ist.

> Das Typische an solchen Fällen ist, daß eine ursprünglich auf den Atombereich beschränkte Unbe-
> stimmtheit sich in grobsinnliche Unbestimmtheit umsetzt, die sich dann durch direkte Beobachtung
> entscheiden läßt. Das hindert uns, in so naiver Weise ein „verwaschenes Modell" als Abbild der
> Wirklichkeit gelten zu lassen. An sich enthielte es nichts Unklares oder Widerspruchsvolles. Es ist
> ein Unterschied zwischen einer verwackelten oder unscharf eingestellten Photographie und einer
> Aufnahme von Wolken und Nebelschwaden.

In heutiger Sprechweise wird damit das quantenmechanische Messproblem formuliert,
denn die Verwendung eines Haustiers ist glücklicherweise gar nicht notwendig. Es fungiert hier lediglich als Mittel, um die „auf den Atombereich beschränkte Unbestimmtheit" in eine „grobsinnliche", d. h. makroskopische Unbestimmtheit, zu übersetzen. Dies
leistet nach Definition aber jedes Messgerät, das die verschiedenen Quantenzustände
mit verschiedenen Anzeigen („Zeigerstellungen") korreliert. Anstatt einer Überlagerung
von toter und lebender Katze, resultiert dann eine Überlagerung von makroskopisch
verschiedenen Zeigerstellungen.

Die quantenmechanische Beschreibung des Endzustandes einer Messung ist also
falsch, denn solche Überlagerungen von Zeigerstellungen werden nicht beobachtet.
Schrödinger drückte hier seine Ablehnung des üblichen Verständnisses der Quantenmechanik aus (er nennt es in seinem Aufsatz die „offizielle Lehre"), demzufolge die
ψ-Funktion bloß einen Katalog von Voraussagen darstelle, der sich bei der Messung
abrupt ändere. Das Problem sei dabei gar nicht die unstetige Änderung, sondern die
vorgebliche Rolle der „Messung":

> Aus diesem Grund kann man die ψ-Funktion nicht direkt an die Stelle des Modells oder des Real-
> dings setzen. Und zwar nicht etwa, weil man […] einem Modell nicht abrupte unvorhergesehene
> Änderungen zumuten dürfte, sondern weil vom realistischen Standpunkt die Beobachtung ein Na-
> turvorgangs ist wie jeder andere und nicht per se eine Unterbrechung des regelmäßigen Naturlaufs
> hervorrufen darf. (Schrödinger, 1935b, S. 824)

Um das zugrunde liegende Problem noch deutlicher zu machen, möchte ich den Zusammenhang etwas formaler beschreiben. Wir betrachten dazu eine Beobachtungsgröße A
mit Eigenzuständen $\{|\psi_n\rangle\}$ ($n \in \{1, \dots, N\}$), also $A|\psi_n\rangle = n|\psi_n\rangle$. Die universelle Gültigkeit
der Quantenmechanik vorausgesetzt, kann das Messgerät zum Nachweis der A-Werte
ebenfalls durch einen normierten Zustand, nennen wir ihn $|\phi\rangle$, beschrieben werden.
Mit $|\phi_0\rangle$ wollen wir den Anfangszustand des Messgerätes bezeichnen, und der Zustand
$|\phi_n\rangle$ repräsentiert die Apparatur, wenn der Eigenwert n gemessen wird:

$$|\psi_n\rangle \otimes |\phi_0\rangle \xrightarrow{U} |\psi_n\rangle \otimes |\phi_n\rangle. \tag{6.2}$$

Der Pfeil symbolisiert hier die unitäre Zeitentwicklung $U(t) = e^{-\frac{i}{\hbar}Ht}$, die sich gemäß der
Schrödingergleichung ergibt, wenn der jeweilige Hamiltonoperator der Messwechsel-
wirkung angegeben wird. Seine konkrete Gestalt ist für das Argument jedoch irrelevant.

Betrachten wir nun den Überlagerungszustand $|\psi\rangle = \sum c_n|\psi_n\rangle$. Gemäß der
Born'schen Regel liefert $|c_n|^2$ die Wahrscheinlichkeit dafür, am System den Eigenwert n

zu messen. Nach der Messung sollte sich das System dann im zugehörigen Eigenzustand befinden. Wendet man jedoch den quantenmeschanischen Formalismus auf die Kombination von System und Messgerät an, folgt aus der Linearität der Schrödingergleichung und Gleichung (6.2):

$$\left(\sum_n c_n |\psi_n\rangle \right) \otimes |\phi_0\rangle \xrightarrow{U} \left(\sum_n c_n |\psi_n\rangle \otimes |\phi_n\rangle \right). \tag{6.3}$$

Der Endzustand der Messung ist hier jedoch *kein* Eigenzustand des Messgerätes, sondern eine verschränkte Überlagerung der verschiedenen System- und Zeigerstellungen (zum Begriff der Verschränkung siehe Abschnitt 5.8.2). Paradoxerweise wird durch die Anwendung der Quantenmechanik auf den Messvorgang die *Unterscheidung* zwischen Messgerät und Messobjekt mehrdeutig.

Provokant formuliert besteht das Messproblem also darin, dass die Quantenmechanik überhaupt keine Vorhersagen zu machen scheint. Schließlich entspricht die rechte Seite von (6.3) keinem eindeutigen Messwert.[4]

Eine verbreitete Ad-hoc-Lösung besteht nun darin, den „Kollaps der Wellenfunktion" zu postulieren. Hier wird behauptet, dass sich bei Messungen eine spezielle Zustandsänderung ergibt, die mit Wahrscheinlichkeit $|c_i|^2$ den Eigenzustand zum Eigenwert i liefert:

$$\left(\sum_n c_n |\psi_n\rangle \otimes |\phi_n\rangle \right) \xrightarrow{\text{Kollaps}} |\psi_i\rangle \otimes |\phi_i\rangle. \tag{6.4}$$

Offensichtlich ist dieser Übergang jedoch nicht unitär und wird natürlich auch nicht durch die Schrödingergleichung beschrieben. Hier scheint also eine zweite Art der Zeitentwicklung vorzuliegen.[5]

Unklar bleibt ebenfalls, was genau unter dem Begriff der „Messung" zu verstehen ist. Handelt es sich dabei um eine beliebige Wechselwirkung, müsste der Kollaps der Wellenfunktion praktisch ständig passieren. Bezeichnet die „Messung" jedoch eine spezielle Form der Wechselwirkung, stellt sich die Frage, warum die Quantenmechanik exklusiv mit der Vorhersage solcher Wechselwirkungen befasst ist. Ich tue mich deshalb schwer, den Kollaps überhaupt als „Lösung" des Messproblems anzusehen. Eigentlich handelt es sich nur um eine Pseudo-Lösung, die implizit eingesteht, dass es dieses Problem gibt.

---

4 Am Ende von Abschnitt 5.8.2 bin ich kurz auf die Arbeiten zur Dekohärenz eingegangen. Dieser dynamische Mechanismus beschreibt, wie die reduzierte Dichtematrix in der „Zeigerbasis" näherungsweise diagonal wird. Auf diese Weise wird zwar erklärt, warum keine Superposition beobachtet werden kann, aber eine Lösung des Messproblems wird nicht geleistet. Immer noch liegen *mehrere* von Null verschiedene Diagonalelemente vor, d. h. die Frage, warum überhaupt ein *bestimmter* Messwert auftritt, bleibt unbeantwortet.

5 Bei von Neumann (1932, Kapitel VI) wird diese Zeitentwicklung „Prozess 1" genannt und von der unitären Entwicklung durch die Schrödingergleichung („Prozess 2") unterschieden.

In Abschnitt 3.4.7 hatte ich deshalb argumentiert, dass der Zustand $|\psi\rangle$ nicht als Beschreibung einzelner Systeme, sondern lediglich als Beschreibung eines Ensembles identisch präparierter Systeme aufzufassen sei. Auf diese Weise vermeidet man das Auftreten von Zuständen, die vorgeblich einzelne Messgeräte in Überlagerung verschiedener Zeigerstellungen repräsentieren, denn *einzelne* Objekte werden überhaupt nicht beschrieben.

Eine solche Ensemble-Deutung umgeht also das Messproblem, aber wirft gleichzeitig die Frage auf, ob eine Beschreibung von Einzelsystemen nicht doch möglich sei. Das Messproblem folgt auf jeden Fall aus der Voraussetzung, dass die Quantenmechanik auch auf individuelle Systeme (einschließlich Messgeräte) angewendet werden kann.

6.1.3 Maudlins Trilemma und eine Klassifikation der Interpretationen

Der amerikanische Philosoph Tim Maudlin hat eine nützliche Formulierung des quantenmechanischen Messproblems in Form eines sog. Trilemmas angegeben (Maudlin, 1995). Unter einem Trilemma versteht man drei plausible Aussagen, die dennoch nicht gemeinsam zutreffen können. Genauer formuliert implizieren je zwei Aussagen eines Trilemmas die Negation der dritten. Maudlin wählte folgende drei Aussagen über die Quantenmechanik, die jede für sich genommen sehr plausibel klingen:

1. (VOLL) Der Zustand eines individuellen physikalischen Systems ist vollständig durch seine Wellenfunktion beschrieben.
2. (SCHRÖ) Die Zeitentwicklung der Wellenfunktion folgt stets der linearen Schrödingergleichung.
3. (EIN) Messungen liefern eindeutige Ergebnisse.

Diese drei Aussagen haben nun tatsächlich die logische Struktur eines Trilemmas, d. h. (VOLL) + (SCHRÖ) $\Rightarrow$ ¬(EIN), denn unter der linearen Zeitentwicklung wird sich ein Superpositionszustand nicht in einen Eigenzustand des Messgeräts (d. h. ein eindeutiges Messresultat) entwickeln. Ebenso gilt (VOLL) + (EIN) $\Rightarrow$ ¬(SCHRÖ), weil das eindeutige Messresultat nicht mit der linearen Zeitentwicklung der Schrödingergleichung verträglich ist. Und schließlich gilt auch (SCHRÖ) + (EIN) $\Rightarrow$ ¬(VOLL), denn falls unter der linearen Zeitentwicklung ein eindeutiges Messergebnis resultiert, kann die Wellenfunktion alleine nicht die vollständige Information über den Zustand des individuellen Systems enthalten.

Auch an dieser Stelle noch ein kurzes Wort zur Ensemble-Deutung, die offensichtlich die Annahme (VOLL) negiert, da hier die Wellenfunktion gerade nicht die vollständige Information *individueller* Systeme enthält. Maudlin erkennt an, dass dadurch in einem formalen Sinne das Messproblem gelöst wird, aber er macht keinen Hehl daraus, dass er diese Lösung uninteressant findet:

> [A] complete physics [...] must have more to it than ensemble wave-functions. If the wave-function does not completely describe the physical states of individual cats we should seek a new physics which does. (Maudlin, 1995, S. 10)

Das Messproblem zu lösen, bedeutet also, *eine* der plausiblen Aussagen des Maudlin-Trilemmas zurückzuweisen – und dafür die Gültigkeit der beiden anderen zu gewährleisten. Man gewinnt auf diese Weise eine Klassifikation von Interpretationen der Quantenmechanik, die ich im Folgenden darstelle. Einige Interpretationen stellen dabei eher alternative *Theorien* dar, da sie den mathematischen Formalismus ergänzen oder modifizieren. Die Interpretationsdebatte illustriert somit, dass auch nicht-empirische Faktoren eine Rolle bei der Auswahl einer Theorie spielen.

Die Entwicklung dieser alternativer Deutungen erfolgte dabei gegen teilweise erbitterte Widerstände der *scientific community*; siehe Freire Junior (2015) für eine Geschichte dieser „Dissidenten". Diesen wichtigen wissenschaftssoziologischen Aspekten werden wir uns in Abschnitt 6.2.5 genauer zuwenden.

6.1.4 Die De-Broglie–Bohm-Theorie

Verneint man die Prämisse VOLL, müssen zur vollständigen Beschreibung eines Systems noch weitere Informationen angegeben werden. Die Intuition dahinter ist äußerst naheliegend, denn vielleicht resultieren die statistischen Vorhersagen der Theorie ja bloß aus bisher unbekannten Bestimmungsstücken – vergleichbar mit dem Verhältnis zwischen Thermodynamik und statistischer Mechanik.

Aus historischen Gründen werden diese zusätzlichen Elemente „verborgene Variable" genannt, und die De-Broglie–Bohm (dBB)-Theorie ist der wichtigste Vertreter dieser Klasse.

Diese Theorie wird auch als Bohm'sche Mechanik, Führungswellentheorie oder kausale Interpretation bezeichnet. Louis de Broglie hatte eine Variante von ihr bereits auf der 5. Solvay-Konferenz 1927 vorgestellt, wandte sich aber nach Kritik von Pauli von dieser Auffassung wieder ab. Im Jahr 1952 kam es zu einer unabhängigen Wiederentdeckung durch David Bohm (1952), aber auch dieser verlor bald das Interesse an ihr. Zu einer Renaissance kam es erst, als Ende der 1970er Jahre computergenerierte Darstellungen der Teilchenbahnen erzeugt werden konnten, auf die ich gleich zu sprechen komme (Dewdney, 2023). Seitdem wurde sie unter anderem von Peter Holland, Detlef Dürr, Sheldon Goldstein und Nino Zanghì in verschiedenen Varianten weiterentwickelt.

Die Strategie der dBB-Theorie besteht darin, der Beschreibung eines Quantensystems die Positionen aller Teilchen, d. h. die Konfiguration $q = (q_1, q_2, \ldots)$ hinzuzufügen. Im Gegensatz zur Standardauffassung haben die Teilchen hier immer einen wohldefinierten Ort. Die genaue Formulierung der Theorie muss zwei Fragen beantworten, nämlich (i) welcher Bewegungsgleichung die Teilchenbewegung folgt und (ii) wie die Anfangsbedingungen verteilt sind. Die Antwort auf die erste Frage wird durch die sogenannte Führungsgleichung gegeben:

$$\frac{dq}{dt} = \frac{\nabla S}{m}. \qquad (6.5)$$

Hier bezeichnet S die Phase der zugehörigen Wellenfunktion in Polardarstellung $\psi = Re^{-\frac{i}{\hbar}S}$. Bildlich gesprochen werden die Teilchen durch die Wellenfunktion gelenkt, die immer noch durch die Schrödingergleichung bestimmt wird. Die Bedingung SCHRÖ wird also erfüllt. Abbildung 6.1 zeigt die Trajektorien dieser Theorie beim Doppelspaltexperiment.

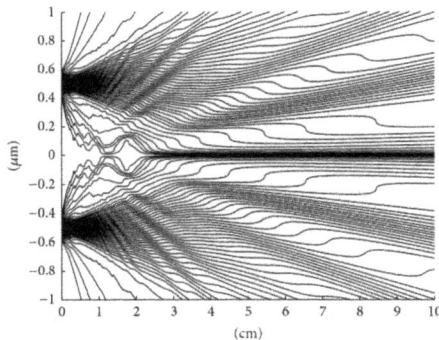

Abb. 6.1: Numerische Simulation von 100 Trajektorien der De-Broglie–Bohm-Theorie beim Doppelspaltexperiment. Die Wellenfunktion interferiert und leitet die Teilchenbahnen zum bekannten Interferenzmuster (Abbildung aus Gondran und Gondran, 2014).

In dieser Theorie haben Messungen eindeutige Ergebnisse (EIN), weil die Teilchenposition einen Zweig der Wellenfunktion auszeichnet, der dadurch dem beobachteten Ergebnis entspricht. Ein Kollaps der Wellenfunktion muss also nicht gefordert werden. Interessanterweise bestimmt hier allein die Position das Ergebnis von Messungen, ganz gleich, ob sie der Bestimmung von Spin, Impuls oder Energie dienen. Es werden also keine zusätzlichen Variablen benötigt, um diese Größen festzulegen (Passon, 2018).

Eine eindeutige Lösung der Führungsgleichung (6.5) erfordert jedoch Anfangsbedingungen, was uns zur zweiten oben gestellten Frage bringt. Wenn die Verteilung der Anfangsorte gemäß der Born'schen Regel gewählt wird (dies wird als „Quantengleichgewichtsbedingung" bezeichnet), gewährleistet die Schrödinger-Gleichung, dass alle Vorhersagen der Quantenmechanik reproduziert werden. Dies schließt beispielsweise die Gültigkeit der Heisenberg'schen Unbestimmtheitsrelation ein. Zur Begründung der Quantengleichgewichtshypothese und warum keine genauere Kontrolle über die Anfangsbedingungen möglich ist, siehe Norsen (2018).

Die wichtigste Eigenschaft der De-Broglie–Bohm-Theorie ist ihre explizite Nichtlokalität. Durch die Führungsgleichung (6.5) werden die Teilchenorte nämlich durch die Phase der Wellenfunktion bestimmt, in die *alle* Teilchenorte eingehen. Schließlich ist die Wellenfunktion ja auf dem Konfigurationsraum definiert. Es war übrigens diese Nichtlokalität der De-Broglie-Bohm-Theorie, die John Bell zur Entwicklung seiner Arbeiten anregte (siehe Abschnitt 6.2).

Während die Konsistenz dieser Formulierung allgemein akzeptiert wird, werden die zusätzlich eingeführten Teilchenorte von einigen als bloß fiktiv kritisiert. Schließlich schränkt die Quantengleichgewichtsbedingung die Kontrolle dieser Orte fundamental ein. Eine detailliertere Darstellung der De-Broglie–Bohm-Theorie findet sich etwa in Passon (2010).

6.1.5 Viele-Welten-Interpretation

Nach Maudlins Trilemma kann das Messproblem nur gelöst werden, wenn wenigstens eine seiner Prämissen zurückgewiesen wird. Die Viele-Welten-Interpretation negiert die Aussage EIN, stellt also die Behauptung infrage, dass Messungen eindeutige Ergebnisse haben.

Diese Interpretation wurde 1957 von Hugh Everett III unter dem Namen *Relative State Formulation* entwickelt und ist manchmal auch als „Everett-Interpretation" bekannt. Von Bryce DeWitt (zusammen mit Neil Graham) wurde diese Interpretation ab 1973 popularisiert. Auf DeWitt geht auch der einprägsame Name „Many-Worlds-Interpretation" zurück.

Innerhalb dieser Sichtweise wird lediglich der *Anschein* eindeutiger Messergebnisse erklärt. Wenn sich gemäß der Quantenmechanik eine Wellenfunktion in verschiedene Zweige aufspaltet (z. B. bei der Messung des Spinzustands eines Silberatoms in einem Stern–Gerlach–Schmidt-Experiment), geht die Viele-Welten-Interpretation davon aus, dass beide Komponenten der Superposition einen tatsächlichen Zustand des Systems darstellen. Metaphorisch gesprochen werden die entsprechenden Spinzustände $|\uparrow\rangle$ und $|\downarrow\rangle$ in verschiedenen „Welten" realisiert, die nicht raum-zeitlich, sondern dynamisch voneinander getrennt sind. Wallace (2012, S. 37) formuliert prägnant: „Macroscopic superpositions do not describe indefiniteness, they describe multiplicity".

Um zu verstehen, wieso Messungen dennoch eindeutige Ergebnisse zu haben scheinen, ist ein zusätzlicher gedanklicher Schritt notwendig. Tatsächlich unterliegt nämlich auch der Beobachter dieser Aufspaltung. Jedem Beobachter in seiner jeweiligen Welt müssen die Messergebnisse dadurch eindeutig *erscheinen*, obwohl für das Gesamtsystem alle möglichen Messwerte realisiert werden.

Natürlich hat diese Interpretation den Anschein von Extravaganz, aber es gab und gibt auch ernsthafte technische Probleme. So ist die Zerlegung eines Zustandes nicht eindeutig, da jede beliebige Basis verwendet werden kann. Dies wirft die Frage auf, in welche verschiedenen „Welten" sich das Universum aufspaltet. Erst die Arbeiten zur Dekohärenz durch Heinz-Dieter Zeh (ab den 1970er Jahren) und Wojciech H. Zurek (ab den 1980er Jahren) konnten erklären, wie durch Wechselwirkungen mit der Umgebung eine bestimmte Basis tatsächlich ausgezeichnet wird (vgl. den letzten Abschnitt in 5.8.2). Dabei waren die Arbeiten von Zeh zur Dekohärenz explizit durch die Viele-Welten-Interpretation inspiriert.

Allerdings tut sich die Viele-Welten-Interpretation immer noch schwer damit, die Rolle der Wahrscheinlichkeit zu erklären. Nach allgemeinem Verständnis braucht eine Wahrscheinlichkeitszuweisung (i) *mehrere mögliche Ergebnisse* und (ii) *Unwissen* über das tatsächliche Eintreten. In der Viele-Welten-Interpretation fehlen beide Prämissen, weil buchstäblich „alles" „immer" passiert. Eine mögliche Lösung mit Mitteln der Entscheidungstheorie diskutiert Wallace (2012).

Eine detailliertere Darstellung der Theorie mit Hinweisen auf weiterführende Literatur findet sich in Friebe et al. (2018, Abschnitt 5.2).

6.1.6 Spontane-Kollaps-Theorien

Und schließlich kann in Reaktion auf das Maudlin-Trilemma auch die Aussage (SCHRÖ), d. h. die Gültigkeit der Schrödingergleichung, abgelehnt werden. Bei den Spontanen-Kollaps-Theorien wird die Schrödinger-Gleichung durch eine modifizierte Gleichung ersetzt, die nichtlineare und stochastische Terme enthält. Diese Terme bewirken einen objektiven Kollaps der Wellenfunktion.

Es existieren verschiedene Varianten dieses Ansatzes. In der ursprünglichen Version von Giancarlo Ghirardi, Alberto Rimini und Tullio Weber (nach den Anfangsbuchstaben der Autoren kurz GRW-Theorie genannt) kollabiert der Quantenzustand stochastisch, und zwar mit einer Rate, die als freier Parameter im Modell behandelt wird (Ghirardi et al., 1986). Die Wahl des Parameters erlaubt die Reproduktion der quantenmechanischen Vorhersagen, während die Superposition makroskopischer Objekte verhindert wird.

Eine detailliertere Darstellung dieser Modelle mit Hinweisen auf weiterführende Literatur findet sich in Friebe et al. (2018, Abschnitt 2.4).

6.1.7 Epistemische Interpretationen

Bei den drei in den Abschnitten 6.1.4–6.1.6 skizzierten Interpretationen wird der Zustand $|\psi\rangle$ bzw. seine Zeitentwicklung ergänzt (dBB-Theorie), umgedeutet (Viele-Welten-Interpretation) oder modifiziert (Spontane-Kollaps-Theorien), damit der subjektive Akt der Messung keinen Einfluss hat. Bei allen Unterschieden ist ihnen also gemeinsam, dass sie den Zustand mit einer beobachterunabhängigen Bedeutung ausstatten. In der philosophischen Debatte spricht man davon, dass diese Interpretationen den Quantenzustand „ontisch" auffassen.[6]

Im Gegensatz dazu sehen die sogenannten „epistemischen" Deutungen im Zustand $|\psi\rangle$ eine Beschreibung dessen, was ein Beobachter zu einem gegebenen Zeitpunkt über ein physikalisches System weiß.[7] Hier ist der Zustand also kein Objekt der beobachterunabhängigen Realität, sondern existiert buchstäblich im Kopf des Beobachters.[8]

---

6 Die *Ontologie* bezeichnet in der Philosophie die Lehre vom Sein.

7 Die *Epistemologie* oder *Erkenntnistheorie* bezeichnet in der Philosophie die Lehre vom Wissen.

8 Die Begriffe ψ-epistemische und ψ-ontische Modelle lassen sich auch mathematisch präzisieren. Das sogenannte PBR-Theorem (benannt nach Matthew Pusey, Jonathan Barrett und Terry Rudolph) beweist,

Aber wie wird dadurch das Messproblem konkret gelöst? Ich hatte weiter oben den Kollaps der Wellenfunktion als Pseudo-Lösung kritisiert, weil der physikalische Mechanismus des Übergangs (6.4) ungeklärt bleibt. Sieht man jedoch in der Wellenfunktion keine Repräsentation eines physikalischen Sachverhalts, ist die Suche nach einem solchen Mechanismus von Anfang an fehlgeleitet. Dann wird vielmehr das Messproblem zu einem „Pseudo-Problem", und der Kollaps der Wellenfunktion drückt lediglich aus, dass sich das Wissen über das System plötzlich und unstetig verändert.

Eine konkrete und aktuelle Version einer ψ-epistemischen Interpretation stellt der sogenannte Quanten-Bayesianismus dar. Sein Ausgangspunkt ist eine Analyse des Wahrscheinlichkeitsbegriffs, dessen Bedeutung in der Mathematik kontrovers debattiert wird (Hájek, 2023).

Die verbreitete Auffassung identifiziert die Wahrscheinlichkeit eines Ereignisses mit seiner *relativen Häufigkeit*. Dadurch erhält sie eine objektive Bedeutung, kann aber nur auf wiederholbare Vorgänge angewendet werden. In der mathematischen Wahrscheinlichkeitstheorie gibt es jedoch auch eine Schule, die diesen „Frequentismus" ablehnt. Stattdessen interpretiert sie Wahrscheinlichkeit *subjektivistisch*, d. h. als Grad der Überzeugung über das Eintreten zukünftiger Ereignisse. Dieser Wahrscheinlichkeitsbegriff kann auch auf Hypothesen oder Einzelereignisse angewendet werden. Die daraus entwickelte Wahrscheinlichkeitstheorie wird als „Bayes'sche Statistik" bezeichnet, denn bei der Berechnung der subjektivistischen Wahrscheinlichkeit spielt der Satz von Bayes eine prominente Rolle. In vielen statistischen Anwendungen – auch innerhalb der Physik – verspricht dieser Ansatz Vorteile (Dose, 2005).

Die Grundidee des Quanten-Bayesianismus besteht nun darin, die quantenmechanischen Wahrscheinlichkeiten subjektivistisch zu deuten. Die Bedeutung der Physik und ihrer Gesetze wird dadurch jedoch radikal umgedeutet. Konkret wird die Wellenfunktion damit zu einem Werkzeug, das lediglich die Information eines Subjekts über die zeitliche Entwicklung eines physikalischen Systems kodiert (Fuchs et al., 2014). David Mermin verteidigt diesen Ansatz gegen den naheliegenden Einwand, dass physikalische Gesetze doch „objektiv" sein sollten, mit der provokanten Bemerkung:

> Why does our understanding of scientific laws have to be impersonal? Science is a human activity. Its laws are formulated in human language. As empiricists, most scientists believe that their understanding of the world is based on their own personal experience. Why should I insist that *my* interpretation of science, which *I* use to make sense of the world that *I* experience, should never make any mention of *me*? (Mermin, 2022, S. 63)

Wir erkennen hier die allen ψ-epistemischen Modellen gemeinsame Tendenz, den Begriff der „Information" zu einem Grundbegriff der Physik zu machen. Eine ganz grundsätzliche Diskussion der Frage, was der Informationsbegriff in der Quantenmechanik

---

dass eine bestimmte Klasse von epistemischen Modellen Vorhersagen trifft, die von der Quantenmechanik abweichen (Pusey et al., 2012). Die Debatte über die Konsequenzen daraus dauert noch an.

leisten kann, führt Holger Lyre (2017). Er bezweifelt, dass er sinnvoll zu einem irreduziblen Grundbegriff der Physik ausgebaut werden kann und weist insbesondere darauf hin, dass neben seinem syntaktischen auch sein semantischer Aspekt (d. h. die Bedeutungsdimension) berücksichtigt werden muss.

6.2 EPR und die Bell'schen Ungleichungen

In der Rückschau stellen die Arbeiten des nordirischen Physikers John S. Bell (1928–1990) einen Wendepunkt in der Interpretationsdebatte dar. Bis zu diesem Zeitpunkt war fraglich, ob alternative Deutungen der Quantenmechanik auch zu neuen experimentellen Vorhersagen führen, also buchstäblich im Labor getestet werden können. Bell konnte zeigen, dass für bestimmte Klassen von Theorien genau diese Möglichkeit besteht. Dies hat sowohl unser Verständnis der Quantenmechanik vertieft als auch die Grundlagen für das aktuelle Forschungsfeld der Quanteninformationstheorie gelegt.

Bells Arbeit von 1964 trägt den Titel „On the Einstein–Podolsky–Rosen paradox". Ausgangspunkt dieser Entwicklung war also das berühmte Gedankenexperiment von Albert Einstein, Boris Podolsky und Nathan Rosen (kurz: EPR) aus dem Jahr 1935.

6.2.1 Das EPR-Experiment

Einstein zählte zu den Kritikern der orthodoxen Interpretation der Quantentheorie. Im Jahr 1935 veröffentlichte er gemeinsam mit zwei Mitarbeitern einen Aufsatz mit dem Titel „Can quantum-mechanical description of physical reality be considered complete?" Ziel war der Nachweis der „Unvollständigkeit" dieser Theorie.

Kurz skizziert argumentierten EPR wie folgt: Man betrachtet in einem Gedankenexperiment zwei Teilsysteme, die in der Vergangenheit in Wechselwirkung gestanden haben. Der Gesamtzustand ist so konstruiert, dass durch Messungen von Ort *oder* Impuls an je einem Teil, Rückschlüsse auf die entsprechende Eigenschaft des anderen Teils gezogen werden können. Aufgrund der räumlichen Trennung ist eine physikalische Beeinflussung der Teile dabei ausgeschlossen, und EPR sprechen den Größen deshalb bereits vor der Messung „physikalische Realität" zu. Dieser indirekte Rückschluss auf exakte Werte für Ort und Impuls scheint jedoch der Unbestimmtheitsrelation zu widersprechen, und die Autoren schließen auf die „Unvollständigkeit" der quantenmechanischen Beschreibung. EPR resümieren ihre Arbeit wie folgt (Einstein et al., 1935, S. 780):

> While we have thus shown that the wave function does not provide a complete description of the physical reality, we left open the question of whether or not such a description exists. We believe, however, that such a theory is possible.

Diese Bemerkung kann als Hinweis auf die Existenz zusätzlicher (bzw. „verborgener") Variablen verstanden werden, die eine solche Vervollständigung erreichen.

Reaktionen auf die EPR Arbeit

Der Einfluss dieser Arbeit war vielfältig, und der bereits in Abschnitt 6.1.2 zitierte „Katzen-Artikel" war eine direkte Reaktion darauf. Schrödinger teilte die Kritik von EPR und prägte in diesem Aufsatz den Begriff der „Verschränkung", um die besondere Eigenschaft des von EPR betrachteten Zustandes zu charakterisieren.[9]

Die EPR-Arbeit richtete sich offensichtlich gegen die „offizielle Lehrmeinung", und die Erwiderung von Niels Bohr kam prompt. Er argumentierte, dass in der Tat keine „mechanische Beeinflussung" (*mechanical disturbance*) der beiden Teile stattfinden könne. Er behauptete allerdings eine „Beeinflussung der Bedingungen, die die möglichen Arten von Vorhersagen über das künftige Verhalten des Systems bestimmen." Diese Bedingungen seien jedoch ein „inhärentes Element" der Beschreibung der Eigenschaften, denen EPR „physikalische Realität" zusprechen – und eben deshalb sei deren Schlussfolgerung nicht zu rechtfertigen (Bohr, 1935, S. 700).

Wie in Abschnitt 6.1.1 bereits angedeutet, gibt es zahlreiche Versuche, die Argumente von Bohr zu rekonstruieren. In dieser Debatte wird kontrovers diskutiert, wie triftig diese EPR-Erwiderung ist; siehe etwa Whitaker (2004) für einen Überblick. In der damaligen Wahrnehmung wurde Bohrs Argument jedoch als überzeugend angesehen. Für viele Jahrzehnte galt die EPR-Debatte als Beweis dafür, dass Einsteins Kritik an der Quantenmechanik endgültig gescheitert war. Einstein und Schrödinger selber wurden von Bohr freilich nicht überzeugt, und das EPR-Experiment hat einen bleibenden Wert für die Debatte um die Grundlagen der Quantenmechanik (Näger, 2023).

Der Beweis über die Unmöglichkeit verborgener Parameter

In seinem einflussreichen Buch „Mathematische Grundlagen der Quantenmechanik" diskutierte John von Neumann 1932 (also bereits drei Jahre vor EPR) auch die Frage, ob die Wahrscheinlichkeitsaussagen der Quantenmechanik lediglich aus der „Unvollständigkeit unserer Kenntnisse entstehen", und durch bisher „verborgene Parameter" zu erklären seien (von Neumann, 1932, S. 2). Er führte in diesem Buch einen Beweis, dass diese Form der Vervollständigung der Quantenmechanik nicht möglich ist (von Neumann, 1932, S. 171).

Obwohl es bereits zeitgenössische Kritik an den Voraussetzungen des Beweises durch die Philosophin und Mathematikerin Grete Hermann (1901–1984) gab, erlebte die Suche nach verborgenen Parametern dadurch natürlich keinen Aufschwung.

Wie verträgt sich jedoch dieser mathematische Beweis mit der Existenz der De-Broglie–Bohm-Theorie (Abschnitt 6.1.4), die die Teilchenorte als „verborgene Parameter" einführt und alle Vorhersagen der Quantentheorie reproduzieren kann? Nach verbreiteter Darstellung macht von Neumanns Beweis zu starke und zudem ganz unver-

---

9 Schrödinger prägte diesen *Begriff*, aber das *Konzept* war bereits seit einigen Jahren etabliert und wurde beispielsweise in den Quantenmechanik-Lehrbüchern von Wolfgang Pauli, Hermann Weyl oder John von Neumann behandelt (siehe dazu auch Howard, 2021).

nünftige Annahmen, wie vorgeblich John Bell 1964 (unabhängig von Grete Hermann) zeigen konnte. Deshalb sei die dem Satz unterstellte Bedeutung gar nicht zu rechtfertigen, und er habe vielmehr die Forschung zu diesem Gegenstand über viele Jahrzehnte behindert.

Dennis Dieks (2017) kritisiert diese Lesart kenntnisreich. Er argumentiert, dass von Neumann die Möglichkeit verborgener Parameter gar nicht grundsätzlich ausgeschlossen habe, sondern lediglich eine bestimmte Klasse solcher Theorien. Die De-Broglie–Bohm-Theorie falle offensichtlich nicht in diese Klasse, aber dieses sogenannte *No-go*-Theorem träfe dennoch eine wichtige Aussage. Von Neumanns Argument zeigt nämlich, dass eine Theorie verborgener Parameter notwendig die Hilbertraumstruktur verletzt, die er als gemeinsamen Theorierahmen für Matrizen- und Wellenmechanik identifiziert hatte.

Nach Dieks hätten weder John Bell, noch Grete Hermann die Stoßrichtung des Theorems richtig bewertet. Folgt man diesem Argument, produziert das übliche Narrativ also den Mythos, nachdem alternative Ansätze sich erst gegen blinde Autoritätsgläubigkeit durchsetzen mussten.

Wie bereits erwähnt, wurde die EPR-Arbeit für einige Jahrzehnte kaum beachtet, da man Bohrs Erwiderung, die übrigens auf den von Neumann'schen Beweis keinen Bezug nahm, für schlüssig hielt. Zu den wenigen Lehrbüchern dieser Zeit, die diesen Gegenstand überhaupt erwähnten, gehörte der Text von David Bohm (1951). Zu diesem Zeitpunkt (also nur ein Jahr vor der Veröffentlichung seiner Theorie „verborgener Variablen"; siehe Abschnitt 6.1.4) vertrat Bohm jedoch noch eine „orthodoxe" Auffassung. Kurioserweise enthält das Buch auch eine Begründung, warum eine Theorie verborgener Variablen nicht möglich sei (Bohm, 1951, S. 622f). Auf den von Neumann'schen Beweis nahm Bohm jedoch keinen Bezug.

Bohm leistete in diesem Buch eine wichtige Umformulierung des EPR-Experiments. Er ersetzte den ursprünglichen EPR-Zustand, der Ort und Impuls verschränkte, durch eine Version, die stattdessen den Spin entlang verschiedener Richtungen betrachtete. Diese Variante wird auch EPR-Bohm-Experiment (oder kurz: EPRB) genannt und liegt praktisch allen folgenden Entwicklungen zugrunde (siehe Abbildung 6.3). Auch Bell bezog sich auf diese Version, die mathematisch wesentlich einfacher zu behandeln ist.

6.2.2 Die Bell'sche Ungleichung

John Bells Interesse an den Grundlagen der Quantenmechanik entwickelte sich zwar bereits in seiner Belfaster Studienzeit in den 1940er Jahren, aber sein eigentliches Arbeitsgebiet wurde die Beschleuniger- und theoretische Teilchenphysik (Bernstein, 1991). Ab 1960 und bis zu seinem Tod 1990 arbeitete er in Genf am CERN, dem europäischen Labor für Teilchenphysik (siehe Abbildung 6.2). Wohl in einer Mischung aus Koketterie und echter Bescheidenheit bezeichnete er seine Beschäftigung mit den Grundlagen der Quantenmechanik als „Hobby" (Jackiw, 1998).

Abb. 6.2: John S. Bell im Jahr 1982 in seinem Büro am CERN. Die Tafelzeichnung stellt ein Korrelationsexperiment mit verschränkten Photonen dar (© CERN).

Ein Sabbatjahr in den USA gab ihm aber 1963–64 die Gelegenheit, sich mit der Frage verborgener Variablen in der Quantenmechanik genauer zu befassen (Bernstein, 1991, S. 67f). Angeregt durch Bohms Theorie von 1952 (Abschnitt 6.1.4) untersuchte er in dem Aufsatz „On the problem of hidden variables in quantum mechanics" das Resultat von John von Neumann und ähnlicher *No-go*-Theoreme, die unter bestimmten Voraussetzungen die Möglichkeit von Theorien verborgener Variablen ausschlossen. Er kritisierte die Voraussetzungen dieser Theoreme als unplausibel (Bell, 1966). Folgt man Dieks (2017) (siehe die Bemerkungen im letzten Abschnitt) beruhte die Kritik am von Neumann'schen Beweis zwar teilweise auf Missverständnissen, aber man muss diesen „Fehler" als sehr produktiv ansehen.

In der Theorie verborgener Variablen von Bohm sind die Wahrscheinlichkeitsaussagen also tatsächlich nur unserer Unkenntnis geschuldet, aber ihre Dynamik verknüpft die Bewegung beliebig weit entfernter Objekte. Es ist diese „Nichtlokalität", die die Ergebnisse des EPR-Experiments erklärt. Bell bemerkte deshalb ebenso knapp wie zutreffend:

> In fact the Einstein–Podolsky–Rosen paradox is resolved in the way which Einstein would have liked least. (Bell, 1966, S. 452)

Dies führte ihn zu der Frage, ob man eventuell beweisen könne, ob diese „Nichtlokalität" eine *notwendige* Eigenschaft von Theorien verborgener Variablen sei. Aus technischen Gründen verzögerte sich die Veröffentlichung dieser Arbeit um zwei Jahre. Bell konnte dieser verspäteten Veröffentlichung deshalb noch die Fußnote hinzufügen, dass ein solcher Beweis in der Zwischenzeit gelungen sei. An dieser Stelle zitierte er seine bahnbrechende Arbeit, in der die sogenannte Bell'sche Ungleichung eingeführt wurde (Bell, 1964).

In der Zwischenzeit sind von Bell und anderen viele ähnliche Resultate bewiesen worden, und man spricht deshalb oft auch im Plural von „Bell'schen Ungleichungen".

Obwohl der Beweis der ersten Ungleichung in Bell (1964) für ein Resultat von solcher Bedeutung relativ simpel ist, soll hier eine noch einfachere Variante vorgestellt werden. Ich folge der besonders übersichtlichen Darstellung in Sakurai (1994, S. 223ff), die Beweisidee geht jedoch auf Eugene Wigner (1970) zurück.

Der Beweis der Bell-Ungleichung

Man betrachtet dazu ein EPRB-Experiment (siehe Abbildung 6.3) an einem 2-Teilchen-System, dessen Spinanteil sich im Singulett-Zustand (siehe Abschnitt 5.8.1) befindet:

$$|\psi_{\text{sing}}\rangle = \frac{1}{\sqrt{2}}(|+-\rangle - |-+\rangle). \tag{6.6}$$

Das System zerfällt in seine zwei Teile, die sich anschließend voneinander entfernen. Misst man den Spin beider Teilchen entlang derselben Richtung, ergibt sich bei diesem Singulett-Zustand eine strenge Antikorrelation. Der neue Gedanke von Bell bestand darin, die Spinmessung beider Teilchen entlang *verschiedener* Richtungen (**a**, **b** und **c**) zu betrachten.

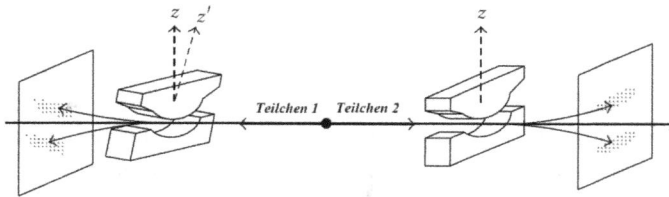

Abb. 6.3: Messung der Korrelation zwischen den Spinrichtungen im EPRB-Experiment. Die Orientierung der Magnete in den beiden Armen des Experiments muss dabei nicht übereinstimmen (Abbildung nach Gondran und Gondran, 2014).

Falls sich jedoch die Messungen nicht beeinflussen (das ist die entscheidende Lokalitätsannahme) muss deren Ausgang bereits festliegen. Ein Teilchen gehört also beispielsweise zur Klasse (**a**+, **b**−, **c**+), wenn durch eine „verborgene Variable" festgelegt wird, dass die Spinmessung entlang der Richtungen die jeweiligen Werte liefert. Dabei muss in Einklang mit der Quantenmechanik nicht angenommen werden, dass deren Bestimmung gleichzeitig möglich ist (es handelt sich schließlich um verschiedene Experimente).

Aus der Drehimpulserhaltung folgt immer noch, dass die Messung „+" bei Teilchen 1 entlang der **a**-Richtung den Wert „−" für Teilchen 2 entlang derselben Richtung erzwingt. Bei drei möglichen Richtungen für die Spinmessung ergeben sich also $2^3 = 8$ verschiedene Klassen. Diese sind in Tabelle 6.1 angegeben.

Als ein „Experiment" soll nun immer eine Spinmessung an *beiden* Teilchen entlang jeweils einer der drei Richtungen bezeichnet werden. Führt beispielsweise eine Mes-

Tab. 6.1: Die verschiedenen Klassen, in die bei einem EPRB-Experiment an einem Spin-Singulett-Zustand mit drei Richtungen (**a**, **b**, **c**) die Teilchen fallen, wenn der Ausgang der Messungen bereits *vorher* festliegt.

Anzahl	Teilchen 1 (a, b, c)	Teilchen 2 (a, b, c)
N_1	$(+,+,+)$	$(-,-,-)$
N_2	$(+,+,-)$	$(-,-,+)$
N_3	$(+,-,+)$	$(-,+,-)$
N_4	$(+,-,-)$	$(-,+,+)$
N_5	$(-,+,+)$	$(+,-,-)$
N_6	$(-,+,-)$	$(+,-,+)$
N_7	$(-,-,+)$	$(+,+,-)$
N_8	$(-,-,-)$	$(+,+,+)$

sung bei Teilchen 1 entlang der **a**-Richtung auf den Wert „+" und bei Teilchen 2 entlang der **b**-Richtung ebenfalls auf den Wert „+", entnimmt man der Tabelle 6.1, dass die Teilchen zu den Klassen 3 oder 4 gehören. Der Ausgang dieser Messung ist also für $N_3 + N_4$ Konfigurationen möglich.

Offensichtlich lassen sich für die positiven Häufigkeiten N_i Relationen vom folgenden Typ angeben:

$$N_3 + N_4 \leq (N_2 + N_4) + (N_3 + N_7). \tag{6.7}$$

Dividiert man die Anzahl durch die Summe $\sum N_i$, erhält man die relative Häufigkeit. Wir können also die Wahrscheinlichkeit für den Ausgang eines solchen Experiments angeben:

$$P_{\mathbf{ab}}(+,+) = \frac{N_3 + N_4}{\sum N_i}. \tag{6.8}$$

Die anderen Terme in Gleichung (6.7) wurden natürlich mit Bedacht gewählt, denn die Klammerausdrücke entsprechen (nach Normierung) folgenden Wahrscheinlichkeiten:

$$P_{\mathbf{ac}}(+,+) = \frac{N_2 + N_4}{\sum N_i}, \quad P_{\mathbf{cb}}(+,+) = \frac{N_3 + N_7}{\sum N_i}. \tag{6.9}$$

Zur Überprüfung muss man einfach die Zeilen in der Tabelle 6.1 finden, bei denen die jeweiligen Messwerte eingetragen sind. Auf diese Weise gewinnt man aus Gleichung (6.7) eine Ungleichung, die einen Zusammenhang zwischen im Prinzip messbaren Korrelationen enthält:

$$P_{\mathbf{ab}}(+,+) \leq P_{\mathbf{ac}}(+,+) + P_{\mathbf{cb}}(+,+). \tag{6.10}$$

Dies ist eine Form der Bell'schen Ungleichung.

Spinkorrelationen in der Quantenmechanik

Diese Korrelationen können natürlich auch in der Quantenmechanik berechnet werden, wobei man aber an *keiner* Stelle annimmt, dass die Teilchen sich bezüglich der Messwerte bereits in einer der acht Klassen befinden.

Stattdessen beschreibt man die möglichen Messwerte durch Zustände, etwa $|+, \mathbf{a}\rangle \otimes |+, \mathbf{b}\rangle = |++, \mathbf{ab}\rangle$, falls entlang der jeweiligen Richtungen Spin-up gemessen wurde. Die Wahrscheinlichkeit dieses Messwerts an einem Singulett-Zustand lautet dann:

$$P_{\mathbf{ab}}^{QM}(+, +) = \left|\langle ++, \mathbf{ab}|\psi_{\text{sing}}\rangle\right|^2. \tag{6.11}$$

Die Berechnung dieser Ausdrücke erfolgt am einfachsten dadurch, dass man den Singulett-Zustand durch eine Basis der Eigenzustände des Operators $\sigma_i \otimes \sigma_j$ (mit $i, j \in \{\mathbf{a}, \mathbf{b}, \mathbf{c}\}$) entwickelt. Die Vorfaktoren dieser Entwicklung liefern dann die Amplituden der gesuchten Wahrscheinlichkeiten P_{ij}. Diese Rechnung möchte ich kurz erläutern.

In Abschnitt 5.6.3 hatte ich angegeben, wie Spin-Eigenzustände bezüglich einer beliebigen Richtung n bezüglich der Standardbasis (diagonal in z) aussehen. Da wir drei Richtungen in einer Ebene betrachten, können wir den Azimutwinkel $\phi = 0$ setzen und erhalten aus Gleichung 5.161 für eine Richtung $\mathbf{b}$, die mit der z-Achse den Winkel θ einschließt:

$$|+, \mathbf{b}\rangle = \begin{pmatrix} \cos\frac{\theta}{2} \\ \sin\frac{\theta}{2} \end{pmatrix} = \cos\frac{\theta}{2}|+, z\rangle + \sin\frac{\theta}{2}|-, z\rangle \tag{6.12}$$

$$|-, \mathbf{b}\rangle = \begin{pmatrix} \sin(\frac{\theta}{2}) \\ -\cos(\frac{\theta}{2}) \end{pmatrix} = \sin\frac{\theta}{2}|+, z\rangle - \cos\frac{\theta}{2}|-, z\rangle. \tag{6.13}$$

Daraus kann natürlich sofort abgelesen werden, wie die z-Eigenzustände durch $\mathbf{b}$-Eigenzustände auszudrücken sind:

$$|+, z\rangle = \cos\frac{\theta}{2}|+, \mathbf{b}\rangle + \sin\frac{\theta}{2}|-, \mathbf{b}\rangle \tag{6.14}$$

$$|-, z\rangle = \sin\frac{\theta}{2}|+, \mathbf{b}\rangle - \cos\frac{\theta}{2}|-, \mathbf{b}\rangle. \tag{6.15}$$

Wir wollen nun vereinbaren, dass die $\mathbf{a}$-Richtung mit der z-Achse zusammenfällt. Da der Singulett-Zustand in allen Basen die gleiche Form hat (vgl. Gleichung 5.217), folgt daraus keine Einschränkung. Der Singulett-Zustand kann dann wie folgt umgeformt werden:

$$|\psi_{\text{sing}}\rangle = \frac{1}{\sqrt{2}}(|+, \mathbf{a}\rangle \otimes \underbrace{|-, \mathbf{a}\rangle}_{\text{Gl. (6.15)}} - |-, \mathbf{a}\rangle \otimes \underbrace{|+, \mathbf{a}\rangle}_{\text{Gl. (6.14)}}) \tag{6.16}$$

$$= \underbrace{\frac{1}{\sqrt{2}}\sin\frac{\theta_{ab}}{2}}_{=|\langle ++, \mathbf{ab}|\psi_{\text{sing}}\rangle|}|+, \mathbf{a}\rangle|+, \mathbf{b}\rangle - \underbrace{\frac{1}{\sqrt{2}}\cos\frac{\theta_{ab}}{2}}_{=|\langle +-, \mathbf{ab}|\psi_{\text{sing}}\rangle|}|+, \mathbf{a}\rangle|-, \mathbf{b}\rangle - \cdots$$

$$\frac{1}{\sqrt{2}} \cos \frac{\theta_{ab}}{2} \underbrace{|-,\mathbf{a}\rangle|+,\mathbf{b}\rangle}_{=|\langle -+,\mathbf{ab}|\psi_{\text{sing}}\rangle|} - \frac{1}{\sqrt{2}} \sin \frac{\theta_{ab}}{2} \underbrace{|-,\mathbf{a}\rangle|-,\mathbf{b}\rangle}_{=|\langle --,\mathbf{ab}|\psi_{\text{sing}}\rangle|}. \tag{6.17}$$

Es wurde also $z = \mathbf{a}$ gesetzt und für „Teilchen 2" (d. h. die hintere Stelle im Tensorprodukt) eine Darstellung in der $\mathbf{b}$-Basis gewählt. Die Vorfaktoren liefern die verschiedenen Wahrscheinlichkeitsamplituden. Für uns ist nur der Faktor vor dem Term $|+,\mathbf{a}\rangle|+,\mathbf{b}\rangle = |++,\mathbf{ab}\rangle$ von Interesse. Dessen Quadrat liefert das gesuchte Resultat:

$$P_{\mathbf{ab}}^{QM}(+,+) = \left|\langle ++,\mathbf{ab}|\psi_{\text{sing}}\rangle\right|^2 = \frac{1}{2} \sin^2 \frac{\theta_{ab}}{2}. \tag{6.18}$$

Auf die gleiche Weise findet man:

$$P_{\mathbf{ac}}^{QM}(+,+) = \frac{1}{2} \sin^2 \frac{\theta_{ac}}{2} \quad \text{und} \quad P_{\mathbf{cb}}^{QM}(+,+) = \frac{1}{2} \sin^2 \frac{\theta_{cb}}{2}. \tag{6.19}$$

Die Bell'sche Ungleichung (6.10) übersetzt sich nun also in die Bedingung:

$$\sin^2 \frac{\theta_{ab}}{2} \leq \sin^2 \frac{\theta_{ac}}{2} + \sin^2 \frac{\theta_{cb}}{2}. \tag{6.20}$$

Betrachten wir als konkretes Beispiel drei Richtungen mit $\mathbf{a} \perp \mathbf{b}$ und mit $\mathbf{c}$ auf der Winkelhalbierenden, also $\theta_{ab} = 90°$ sowie $\theta_{ac} = \theta_{cb} = 45°$. Einsetzen in Gleichung (6.20) führt auf:

$$0{,}5 \leq 0{,}29289\ldots. \tag{6.21}$$

Die quantenmechanische Vorhersage *verletzt* also die Bell'sche Ungleichung (bei $\mathbf{a} \perp \mathbf{b}$ übrigens für alle Winkel $0 \leq \theta_{ac} \leq 90°$, siehe Abbildung 6.4). Als Bell-Theorem bezeichnet man die Bell'sche Ungleichung in Kombination mit dem Beweis, dass die Quantenmechanik sie verletzt.

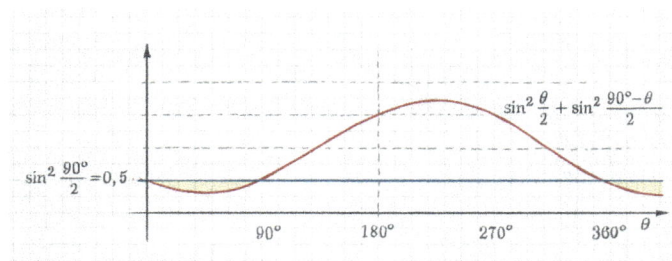

Abb. 6.4: Darstellung der beiden Seiten von Ungleichung (6.20) für $\theta_{ab} = 90°$ und variablem Winkel $\theta_{ac} = \theta$ (woraus $\theta_{cb} = 90°-\theta$ folgt). Die gekennzeichnete Fläche markiert den Bereich, der die Ungleichung verletzt.

John Bell war es dadurch gelungen, eine Situation anzugeben, in der die Quantenmechanik und eine hypothetische Theorie lokaler verborgener Variablen *unterschiedliche Vorhersagen* trifft. Zwischen diesen Alternativen konnte nun *experimentell* entschieden werden.

Der Test der Bell'schen Ungleichung (bzw. von Varianten, die unter noch schwächeren Voraussetzungen hergeleitet wurden) ist in der Zwischenzeit immer weiter verfeinert worden. Dabei wurde ihre Verletzung in Übereinstimmung mit der Quantenmechanik nachgewiesen. Bevor wir in Abschnitt 6.2.4 auf die Geschichte dieser Tests eingehen, soll zuvor jedoch der Frage behandelt werden, was aus dieser Verletzung der Bell-Ungleichung folgt.

6.2.3 Konsequenzen aus der Verletzung der Bell'schen Ungleichung

Die Geschichte der Bell'schen Ungleichung ist auch eine Geschichte der Missverständnisse und Irrtümer darüber, was sie bedeutet, und welche Folgerungen aus ihrer Verletzung zu ziehen sind.

Dies begann bereits zum frühestmöglichen Zeitpunkt, nämlich der Einreichung bei der Zeitschrift *Physics Physique Fizika* („Fysika" übrigens in kyrillischen Buchstaben). Deren Herausgeber Philip W. Anderson (1923–2020, Nobelpreis 1977) berichtete später, er habe die Arbeit auch deshalb zur Veröffentlichung akzeptiert, weil er in ihr ein willkommenes Argument gegen die De-Broglie–Bohm-Theorie gesehen habe (Becker, 2018, S. 161). Aber natürlich formuliert die Bell'sche Ungleichung keine Bedingung für Theorien verborgener Variablen *per se*. Dieses Missverständnis wurde von vielen prominenten Physikerinnen und Physikern vertreten, darunter Stephen Hawking, Murray Gell-Mann oder Eugene Wigner (siehe Bricmont (2016, S. 258–263) für Quellen und Zitate).

Die experimentelle Bestätigung der Quantenmechanik in Tests der Bell'schen Ungleichung darf natürlich zu Recht als Erfolg dieser Theorie verbucht werden. Aber unzutreffend ist es, darin ebenfalls eine Bestätigung ihrer orthodoxen Interpretation zu sehen. Schließlich existiert beispielsweise mit der de-Broglie–Bohm-Theorie eine konsistente Formulierung der Quantenmechanik mithilfe „verborgener Variablen", in der die Bell'sche Ungleichung ebenfalls verletzt wird. Gerade deren *Existenz* hat Bell ja zur Formulierung seiner Ungleichung inspiriert.

Schon etwas besser ist deshalb die Charakterisierung des Bell-Theorems als Widerlegung von *lokalen* Theorien mit verborgenen Variablen. Nach dieser Lesart bedeutet das Resultat von Bell eine Verschärfung von *No-go* Theoremen wie dem von Neumann'schen Beweis. Die De-Broglie–Bohm-Theorie (siehe Abschnitt 6.1.4) ist wegen ihrer Nichtlokalität davon nicht betroffen.

Aber selbst diese an sich zutreffende Beschreibung ist an einer wichtigen Stelle noch unvollständig und irreführend. Übersehen wird nämlich, dass die Existenz verborgener Variablen im Bell-Theorem nicht vorausgesetzt wird, sondern aus der Annahme folgt, dass die Messungen an weit entfernten Apparaturen keinen kausalen Einfluss aufeinander ausüben. Die „verborgenen Variablen" bezeichnen einfach den Mechanismus, der eine lokale Verursachung erlaubt.

> Die Verletzung der Bell'schen Ungleichung hat Konsequenzen für *alle* Theorien, die die gemessenen Korrelationen korrekt beschreiben, und die Quantenmechanik ist offensichtlich eine davon. Das Bell-Theorem impliziert nicht bloß die Nichtlokalität von Theorien verborgener Variablen, sondern ebenso die Nichtlokalität der Quantenmechanik selbst.

Bei all dem ist zu beachten, dass sich diese Nichtlokalität nicht zur Signalübertragung mit Überlichtgeschwindigkeit eignet, da bei den Experimenten lediglich *zufällige* Werte (Spin- oder Polarisationsrichtungen) aufgezeichnet werden. Dass die starke Korrelation vorliegt, kann erst festgestellt werden, wenn die Messreihen anschließend verglichen werden.

In diesem Sinne wird der Konflikt mit der speziellen Relativitätstheorie vermieden, die bekanntlich *Signale* mit Überlichtgeschwindigkeit ausschließt. Ob sich hier dennoch ein tieferes Spannungsverhältnis zwischen Quanten- und Relativitätstheorie ausdrückt, wird kontrovers diskutiert (Maudlin, 2011).

Unsere bisherige Darstellung der Konsequenzen aus dem Bell-Theorem hat die Debatte jedoch noch verkürzt. Nicht selten wird in der Literatur die Auffassung vertreten, dass der Schluss auf die Nichtlokalität auch vermieden werden könne. Dies gründet auf der Behauptung, dass die Bell'sche Ungleichung lediglich für „lokal-realistische" Theorien gelte, und ihre Verletzung deshalb auch als Scheitern des „Realismus" gedeutet werden könne.

Reinhard Werner nennt diese zusätzliche Annahme nicht „Realismus", sondern „Klassikalität" und gibt ihr auch eine präzise mathematische Bedeutung. In dieser Sprechweise folgt aus dem Bell-Theorem, dass „klassische" Erklärungen der EPRB-Korrelationen notwendigerweise nichtlokal sind, die „nichtklassische" Quantenmechanik aber sehr wohl lokal sei (Werner, 2014).[10]

An dieser Stelle ist jedoch zu beachten, was Werner oder andere Vertreter einer „lokalen" Quantenmechanik *nicht* behaupten. Sie geben *keinen* quantenmechanischen Mechanismus der lokalen Verursachung an, der bisher lediglich übersehen wurde. Im Wesentlichen leugnen sie die Notwendigkeit, in der Quantenmechanik eine *Erklärung* der Korrelation überhaupt angeben zu müssen. Ihre Argumente ähneln somit der Erwiderung Bohrs auf die EPR-Arbeit (siehe Abschnitt 6.2.1). Die Analyse der Voraussetzungen der Bell'schen Ungleichung zeigt jedoch, dass der „Realismus" bzw. die „Klassikalität" darin gar nicht vorkommt (Näger und Stöckler, 2018, S. 147f).

---

10 Es ist deshalb ironisch, dass Reinhard Werner die Max-Planck-Medaille 2025 für seine Arbeiten zu „Verschränkung und Nichtlokalität" erhalten hat (https://pro-physik.de/nachrichten/dpg-preise-2025).

6.2.4 Der experimentelle Test der Bell'schen Ungleichung

Die Bell'sche Ungleichung gilt als Meilenstein der (Quanten-)Physik und der Physik-Nobelpreis 2022 wurde Alain Aspect, John Clauser und Anton Zeilinger für Experimente verliehen, die ihre Verletzung nachweisen konnten und Pionierarbeit auf dem Gebiet der Quanteninformationstheorie leisteten.

Diese breite Anerkennung erfolgte allerdings erst ab den 1980er Jahren. Bevor wir in Abschnitt 6.2.5 auf diesen Umstand genauer eingehen, soll zunächst die Chronologie der Ereignisse geschildert werden, die zum ersten experimentellen Test der Bell'schen Ungleichung führte. Bereits hier wird jedoch deutlich, wie schleppend die Rezeption dieser Arbeit erfolgte.

Die erste Reaktion, die Bell auf seine Arbeit erhielt, war ein Brief des Physik-Doktoranden John Clauser von der Colombia Universität (New York) im Februar 1969. Dieser erkundigte sich, ob es bereits Versuche der experimentellen Überprüfung gäbe und ob diese von Bedeutung seien. Bell konnte von keinen Versuchen berichten und bemerkte zum zweiten Punkt, dass es bei einem solchen Test eine kleine Aussicht auf eine Überraschung gäbe „which would shake the world" (Clauser, 2002, S. 80).

Derart ermutigt, entwickelte Clauser einen Vorschlag für die experimentelle Überprüfung der Ungleichung, bzw. einer Variante davon, die experimentell leichter zu prüfen war. Diesen veröffentlichte er noch im selben Jahr im *Bulletin of the American Physical Society*, wodurch Abner Shimony auf Clauser aufmerksam wurde. Shimony, Physiker und Philosoph an der *Boston University*, hatte Bells Arbeit bereits 1964 wahrgenommen, aber ohne Expertise in der Experimentalphysik diesen Gegenstand zunächst nicht weiter verfolgt. In der Zwischenzeit hatte er jedoch gemeinsam mit seinem Doktoranden Mike Horne ebenfalls ein Projekt zur Überprüfung der Bell'schen Ungleichung gestartet und man beschloss, die Bemühungen zu bündeln. Dies führte schließlich zu der gemeinsamen Veröffentlichung von John Clauser, Michael Horne, Abner Shimony sowie dem weiteren Doktoranden Richard Holt (Clauser et al., 1969). Diese gemeinsam verfasste Arbeit löste auch die Prioritätsfrage auf elegante Weise (Kaiser, 2011, S. 44f).

Die Gelegenheit zur tatsächlichen Durchführung dieses Experiments bot sich Clauser jedoch nicht unmittelbar. Nach Abschluss seiner Dissertation im Jahr 1969 bekam er jedoch ein Stellenangebot in der Radioastronomie aus Berkeley (Kalifornien). Seinen dortigen Vorgesetzten Charles Townes konnte er davon überzeugen, die Hälfte seiner Arbeitszeit dem Test der Bell'schen Ungleichung widmen zu dürfen. Dabei dürfte auch eine Rolle gespielt haben, dass die Kosten für dieses Experiment gering waren, da fast nur ausrangierte Gerätschaften zum Einsatz kamen (Kaiser, 2011, S. 47).

Im Jahr 1972 gelang Clauser dann gemeinsam mit Stuart Freedman der erste Nachweis der Verletzung der Bell'schen Ungleichung in Übereinstimmung mit der Quantenmechanik (Freedman und Clauser, 1972).

Die frühen Experimente verwendeten verschränkte Photonen, die aus dem Zerfall angeregten Calciums stammten. Anstelle des Spins wurde die Polarisation der Photonen betrachtet. Weil die Polarisationsfilter jedoch eine *feste* Orientierung besaßen, konnte eine hypothetische Wechselwirkung zwischen ihnen für die Korrelation verantwortlich gemacht werden. Die Arbeiten von Alain Aspect konnten dieses Schlupfloch (*locality loophole*) teilweise schließen, indem sie Polfilter mit rasch *veränderlicher* Orientierung verwendeten (Aspect et al., 1981). Bis auf den heutigen Tag handelt die Geschichte des experimentellen Tests der Bell'schen Ungleichung davon, weitere „loopholes" zu schließen. Dies gelang auch Anton Zeilinger und seiner Arbeitsgruppe. Aspect, Clauser und Zeilinger erhielten 2022 den Physik-Nobelpreis für diese Arbeiten.

6.2.5 Die Rezeptionsgschichte des Bell-Theorems

Wie bereits erwähnt, blieb die Resonanz auf diese Forschung bis in die 1980er Jahre gering. Es ist instruktiv, die Gründe für das damalige Desinteresse an den Arbeiten zum Bell-Theorem und den Grundlagen der Quantenmechanik genauer zu untersuchen. Fasst man den naturwissenschaftlichen Fortschritt lediglich als Wechselspiel zwischen theoretischer Spekulation und experimenteller Überprüfung auf, lässt sich die verzögerte Rezeption nicht verständlich machen. Stattdessen wird hier die Rolle von politischen, sozialen und ideologischen Faktoren besonders deutlich.

Noch den kleinsten Anteil an der geringen Resonanz hatte der Umstand, dass John Bell 1964 ein eher obskures Journal für die Veröffentlichung gewählt hatte, das bereits 1968 wieder eingestellt wurde.

Eine größere Rolle spielte die Tatsache, dass in der Wahrnehmung der meisten Physikerinnen und Physiker die Deutungsdebatte um die Quantenmechanik seit den 1930er Jahren als im Wesentlichen abgeschlossen galt. Im Zentrum des Interesses standen vielmehr die zahl- und erfolgreichen Anwendungen der Theorie. Zu der geringen Bereitschaft, diese Fragen erneut zu diskutieren, hatte vermutlich auch die Forschungspraxis während des Zweiten Weltkrieges beigetragen. Naturgemäß wurde militärische Forschung unter großem Zeit- und Verwertungsdruck geleistet, und dies förderte auch in der theoretischen Physik einen zuvor unbekannten Pragmatismus. Dieser prägte auch noch im Kalten Krieg die Forschung in der Physik.

Die kriegswichtige Rolle der Physik führte nach 1945 in den USA zu einem Anwachsen der Forschungsetats, und es boomte etwa die Elementarteilchenphysik. Gleichzeitig nahm die Anzahl der Physik-Studierenden stark zu, und dieser Ansturm konnte nach Kaiser (2011, S. 17) nur mit einem veränderten Curriculum bewältigt werden. Die Ausbildung legte dadurch einen größeren Schwerpunkt auf die leichter abzuprüfende Rechenfertigkeit, was einem instrumentellen Verständnis Vorschub leistete. Der nur halb ironisch gemeinte Slogan bezüglich der Quantenmechanik lautete *„shut up and calculate"*.

Als es Ende der 1960er Jahre zu empfindlichen Kürzungen der Forschungsetats in den USA kam, reduzierte sich die Studierendenzahlen zwar wieder, aber gleichzeitig verschlechterten sich die Berufsaussichten der Absolventinnen und Absolventen. Auch dies war eine ungünstige Voraussetzung, um Forschungsinteressen abseits des *mainstream* zu verfolgen (Kaiser, 2011, S. 22f).

John Clauser hat den in den 1960er und 1970er Jahren verbreiteten Glauben an die Vollständigkeit der Quantenmechanik und ihre orthodoxe Interpretation sogar mit einem „religiösen Dogma" verglichen. Der Zweifel an ihr hatte eine regelrechte Stigmatisierung zur Folge (Clauser, 2002, S. 70f), und ihm selber wurde damals vorgeworfen, gar keine „richtige Physik" zu betreiben.

Dieses Phänomen war dabei nicht auf die USA beschränkt, denn zur selben Zeit sah sich beispielsweise auch H. Dieter Zeh (der Pionier der Dekohärenztheorie und Anhänger der Everett-Interpretation) in Heidelberg diesen Vorwürfen ausgesetzt (Becker, 2018). Die Beschäftigung mit diesen Fragen stellte also ein ernsthaftes Karrierehindernis dar. Als Alain Aspect 1975 sein geplantes Experiment mit Bell diskutierte, lautete dessen erste Gegenfrage: „Haben Sie eine feste Stelle?" Aspects Anstellung an der Universität Paris-Saclay war unbefristet, und so ermutigte Bell ihn, diese Arbeiten durchzuführen (Aspect, 2022).[11]

Eingangs erwähnte ich bereits, dass Bell seine eigenen Arbeiten zu diesem Gegenstand als „Hobby" bezeichnete (Jackiw, 1998). Die Kommentatoren sehen darin in der Regel einen Ausdruck von Bescheidenheit, aber vermutlich handelte es sich dabei ebenfalls um einen professionellen Selbstschutz. Die Beschäftigung mit den Grundlagen der Quantenmechanik galt in den 1960er und 70er Jahren zwar als reine Zeitverschwendung, aber als „Hobby" mochte man es einem erfolgreichen Elementarteilchenphysiker wie Bell zugestehen.

In diesem Zusammenhang darf auch die Gründung spezieller Veröffentlichungsorgane, wie den *Epistemological Letters* (1973–84) oder *Foundations of Physics* (ab 1970), nicht bloß als typischer Ausdruck der Spezialisierung in den Wissenschaften gedeutet werden. Tatsächlich verhinderten die rigiden Richtlinien, etwa der *Physical Review*, dass spekulative Arbeiten zur Quantenmechanik dort publiziert werden konnten (Kaiser, 2011, S. 121f). Die Forschung zu den Grundlagen der Quantenmechanik wurde also nicht bloß *nicht gefördert*, sondern *aktiv behindert*.

Die Rolle von gesellschaftlichen, sozialen und ideologischen Faktoren wird ebenfalls deutlich, wenn man einen Blick auf die kleine Zahl von Physikerinnen und Physikern richtet, die zu diesem Gegenstand arbeiteten.

---

11 Zu den wenigen Ländern, in denen die Forschung zu den Grundlagen der Quantenmechanik keine institutionellen Widerstände überwinden musste, gehörte Italien. Dort zählten beispielsweise Kritiker der Kopenhagener Deutung zum Vorstand der SIF (*Società Italiana di Fisica*) und eingebettet in die politischen Proteste der späten 1960er und frühen 1970er Jahre, also ebenfalls ideologisch motiviert, erlebte die Arbeit an Grundlagenfragen eine ausgesprochene Renaissance. Eine treibende Kraft war Franco Selleri (1936–2013), und die von ihm mitorganisierte Sommerschule in Varenna brachte im Sommer 1970 viele internationale Akteurinnen und Akteure dieser Forschung zusammen, die in ihren Heimatländern relativ isoliert waren. Dies spielte eine wichtige Rolle bei der Bildung von Netzwerken (Del Santo, 2022). Aus ganz anderen Gründen bot die Universität Wien in dieser Zeit ebenfalls ein kulturelles Milieu, das die Forschung an der Grenze zwischen Physik und Philosophie begünstigte (Del Santo und Schwarzhans, 2022).

Zu ihnen gehörte ab 1975 eine informelle Diskussionsgruppe unter Leitung von Elizabeth Rauscher und George Weissmann am *Lawrence Berkeley Laboratory* in Kalifornien, die sich den skurrilen Namen *Fundamental Fysiks Group* gab. Zu dieser Gruppe bzw. ihrem Umfeld gehörten neben John Clauser noch weitere schillernde Persönlichkeiten, wie Nick Herbert, Jack Sarfatti, Henry Stapp, Fred A. Wolf, Fritjof Capra oder Gary Zukav. Neben ihrem gemeinsamen Interesse an der Quantenmechanik hatten die Mitglieder auch keinerlei Berührungsängste gegenüber dem Studium paranormaler Phänomene oder anderer „Grenzwissenschaften". All dies war eingebettet in die gegenkulturelle Hippie-Bewegung, die in der *Bay Area* von San Francisco ihr Zentrum hatte. Man erkennt, wie der Begriff „Gegenkultur" hier eine weitere Bedeutung erhielt. Diese „Hippies" übten nicht bloß Kritik an gängigen Lebens- und Moralvorstellungen, sondern ebenfalls am gängigen Verständnis der Quantenmechanik.

In der Forschung zu den Grundlagen der Quantenmechanik und dem Bell-Theorem waren bis in die 1980er Jahre Mechanismen der ideologisch motivierten Ausgrenzung wirksam, die im starken Widerspruch zum Selbstbild der Naturwissenschaften als Hort des rationalen Diskurses stehen. Gleichzeitig waren auch einige der Forschenden, die sich in dieser Zeit mit Grundlagenfragen beschäftigten, ideologisch motiviert. Die Vorstellung einer weltanschaulich neutralen Physik wird dadurch kompromittiert.

Die *Fundamental Fysiks Group* besaß ein großes Sendungsbewusstsein, und einige Mitglieder verfassten internationale Bestseller. Bücher wie Capras „The Tao of Physics" (1975), „The Dancing Wu Li Masters" von Zukav (1979) oder Nick Herberts „Quantum Reality" von 1985 popularisierten EPR, Bell und die Nichtlokalität, noch bevor sie in die Physikausbildung integriert wurden.[12]

Diese Gruppe lieferte auch ganz konkrete Anstöße für wissenschaftliche Resultate, wie das sogenannte *No-cloning*-Theorem, und gemeinsam mit der Förderung einer offenen Diskussionskultur sieht Kaiser in ihr eine Keimzelle für die aktuelle Quanteninformationstheorie. Seinem unterhaltsamen Buch über die Geschichte der *Fundamental Fysiks Group* hat er deshalb den Titel „*How the Hippies Saved Physics*" gegeben (Kaiser, 2011).[13]

Der bekannte Physikhistoriker Silvan (Sam) Schweber behauptete in seiner Rezension, dass Kaiser die Bedeutung der *Fundamental Fysiks Group* deutlich überschätzt habe.

---

12 Die erste Lehrbuchdarstellung der Bell'schen Ungleichung gab J. J. Sakurai in *Modern Quantum Mechanics* (1985). Sakurai war bereits 1982 verstorben und das Buch erschien posthum. Eine erste hochschuldidaktische Veröffentlichung legte David Harrison 1982 vor. In der Danksagung erwähnte er die Hilfe von Nick Herbert, einem Mitglied der *Fundamental Fysiks Group* (Harrison, 1982).

13 Eine ganz persönliche Bemerkung sei mir an dieser Stelle gestattet: Mein eigenes Interesse an der Physik wurde Ende der 1980er Jahre durch die Lektüre von Fritjof Capras „Tao der Physik" geweckt, das mir mein Freund Andreas Schreiner empfahl. Dieser Text behauptet die Nähe zwischen östlichen Weisheitslehren und der modernen Physik und ist somit ein typisches Produkt der Diskussionen in der *Fundamental Fysiks Group*.

Nicht zuletzt seien in damals verbreiteten Lehrbüchern durchaus Grundlagenfragen angesprochen worden (Schweber, 2011). Diese Besprechung veranlasste Jack Sarfatti zu einem Leserbrief. Dieses ehemalige Mitglied der *Fundamental Fysiks Group* erinnerte daran, dass er Anfang der 1960er Jahre Schüler von Sam Schweber an der Brandeis Universität gewesen sei und dort unter der verbreiteten *„shut up and calculate"*-Mentalität sehr gelitten habe (Sarfatti, 2013).

Aber vermutlich übertreibt Kaiser wirklich ein bisschen, bzw. ist der Titel seines Buches natürlich auch nur halbernst gemeint. Peter Woit bemerkt jedoch zutreffend, dass ganz egal, ob die Hippies die Physik gerettet haben oder nicht, sie dabei viel Spaß gehabt hätten.[14]

Die Etablierung der Forschung zu den „Grundlagen der Quantenmechanik"

Ab den 1980er Jahren wandelten sich die „Grundlagen der Quantenphysik" allmählich zu einem etablierten Forschungsgegenstand der Physik. Auch bei dieser Entwicklung spielten neben wissenschaftlichen Motiven auch wirtschaftliche und militärische Interessen eine Rolle. Die Arbeiten zum Bell-Theorem hatten nämlich zu technologischen und theoretischen Durchbrüchen beigetragen, aus denen sich die Quanteninformationstheorie entwickelte (Freire Junior, 2015, S. 327).

Die vielversprechenden Anwendungen, wie Quantencomputer oder Verschlüsselungstechniken, führten im Umkehrschluss zur Aufwertung der Forschungsarbeit, aus der sie hervorgegangen waren. Nicht zuletzt konnten die Forschenden, die bisher nur zu Grundlagenfragen gearbeitet hatten, ihre Karriere nahtlos in dem neuen Anwendungsfeld fortsetzen.

Abseits der angewandten Forschung bleibt die Arbeit zu den Grundlagen der Quantenmechanik jedoch auch noch heute ein Nischenthema mit unsicheren Karriereaussichten. Dies illustriert etwa die folgende Anekdote, die der italienische Physiker Valerio Scarani im Vorwort seines Buches „Bell Nonlocality" berichtet. Als Scarani im Jahr 2000 eine *postdoc*-Stelle in der Quanteninformationstheorie bei Nicolas Gisin (Genf) antrat, erhielt er den Hinweis *„Avec la nonlocalité on ne gagne pas sa vie"*, also sinngemäß: „Mit der Nichtlokalität kann man seinen Lebensunterhalt nicht verdienen" (Scarani, 2019, S. IX). Scaranis Forschung konzentrierte sich dann auch auf das angewandte Gebiet der Quantenkryptographie.

Begleitet wurde die oben geschilderte Entwicklung von einer größeren Offenheit, auch alternative Deutungen der Quantenmechanik zu diskutieren. Die „Kopenhagener Deutung" wird in diesen Debatten immer noch vertreten, aber eben nicht mehr als „Dogma", sondern als eine von verschiedenen Alternativen. David Mermin bemerkte vor einigen Jahren augenzwinkernd:„New interpretations appear every day. None ever disappear" (Mermin, 2012). Hier klingt erneut der Vorwurf einer gewissen Beliebigkeit an, und sicherlich verspricht die Formulierung von neuen Interpretationen, die

---

14 https://www.americanscientist.org/article/fun-with-fysiks

identische Vorhersagen machen, wenig unmittelbaren Fortschritt. Das Ringen um die Interpretation der Quantenmechanik und eine Lösung des Messproblems wird von vielen Forschenden jedoch damit begründet, dass erst auf dieser Grundlage erfolgreiche Verallgemeinerungen (Stichwort: Quantentheorie der Gravitation) möglich sind.

Außerdem haben wir gesehen, wie Fragen der Interpretation Anlass zu weitreichenden Entwicklungen gegeben haben. Die Arbeiten zur Dekohärenz durch Dieter Zeh in den 1970er Jahren etwa waren durch die Viele-Welten-Deutung inspiriert. Ebenso waren die Bell'schen Ungleichungen eine Frucht der Beschäftigung mit der De-Broglie–Bohm-Theorie. Es kann also kein begründeter Zweifel daran bestehen, dass die Debatte um die Interpretation der Quantenmechanik einen wichtigen Beitrag zur Forschung geleistet hat. Bei allen Erfolgen der Quantenmechanik gilt jedoch:

> Bis auf den heutigen Tag gibt es keinen allgemeinen Konsens über die begrifflichen Grundlagen und die Interpretation der Quantenmechanik.

A Appendix

A.1 Die Berechnung der spektralen Modendichte

Zur Bestimmung der spektralen Modendichte der Schwarzkörperstrahlung berechnen wir zunächst die Anzahl N der Moden (= stehende Wellen) in einem Würfel der Kantenlänge L an dessen Wänden das Feld verschwindet. Der Übergang zur Modendichte $n(\nu)$ (d. h. Moden pro Volumen und Frequenz) ist durch $n(\nu) = \frac{1}{V}\frac{dN}{d\nu}$ gegeben.

Es gilt für stehende Wellen in einem Würfel, dass das ganzzahlige Vielfache ihrer halben Wellenlänge gleich der Kantenlänge ist:

$$L = m\frac{\lambda}{2} \Leftrightarrow \lambda = \frac{2L}{m}. \tag{A.1}$$

Für die Wellenzahl k (nicht mit der Boltzmann-Konstante verwechseln) gilt $k = \frac{2\pi}{\lambda}$. Die Bedingung aus Gleichung (A.1) entspricht dann:

$$k = \frac{2\pi m}{2L} = \pi\left(\frac{m}{L}\right). \tag{A.2}$$

Natürlich können sich in dem betrachteten Würfel die stehenden Wellen bezüglich aller drei Raumrichtungen ausbilden. In kartesischen Koordinaten ergibt dies:

$$\left(\frac{k}{\pi}\right)^2 = \left[\left(\frac{m_x}{L}\right)^2 + \left(\frac{m_y}{L}\right)^2 + \left(\frac{m_z}{L}\right)^2\right]. \tag{A.3}$$

Man erkennt, dass die zulässigen Koeffizienten (m_x, m_y, m_z) auf einer Kugel im Raum der Wellenzahlen liegen. Da wir uns jedoch für die Frequenzabhängigkeit interessieren, verwenden wir die Umrechnung $k = \frac{2\pi\nu}{c}$ und erhalten:

$$\frac{2L\nu}{c} = \sqrt{m_x^2 + m_y^2 + m_z^2}. \tag{A.4}$$

Um die Anzahl der Moden zu ermitteln, sollte man diese diskreten Werte eigentlich summieren. Da L aber beliebig gewählt werden kann, die Moden also beliebig dicht liegen können, ist es einfacher, zu einer Integration überzugehen. Im k-Raum müssen wir also einfach das Volumen der Kugel mit Radius $r = \sqrt{m_x^2 + m_y^2 + m_z^2}$ bestimmen:

$$N = \frac{4}{3}\pi r^3. \tag{A.5}$$

Für r setzen wir das Ergebnis aus Gleichung (A.4) ein und erhalten:

$$N = \frac{4}{3}\pi\left(\frac{2L\nu}{c}\right)^3. \tag{A.6}$$

https://doi.org/10.1515/9783111152622-007

Um die Moden pro Volumen und Frequenzeinheit zu erhalten, muss durch L^3 dividiert sowie die Ableitung nach ν gebildet werden:

$$\frac{1}{L^3}\frac{dN}{d\nu} = 3 \cdot \frac{4}{3}\pi\frac{2^3 L^3 \nu^{3-1}}{L^3 c^3} = \frac{32\pi\nu^2}{c^3}. \tag{A.7}$$

Man sieht, wie sich dadurch die Potenz von ν um eins verringert. Der Vorfaktor 32 in Gleichung (A.7) ist jedoch noch falsch. In obiger Rechnung wurde über den gesamten k-Raum integriert, obwohl lediglich in *einem* Oktanten die Vielfachen (m_x, m_y, m_z) alle positiv sind.[1] Zusätzlich weist jede Schwingung noch zwei Polarisationsrichtungen auf. Das führt dann endgültig auf den Vorfaktor $\frac{32 \cdot 2}{8} = 8$, und die gesuchte spektrale Modendichte lautet:

$$n(\nu) = \frac{\text{Modenzahl}}{\text{Volumen und Frequenz}} = \frac{8\pi\nu^2}{c^3}. \tag{A.8}$$

A.2 Details zu Plancks Herleitung des Strahlungsgesetzes

Bis 1899 galt das Wien'sche Strahlungsgesetz als experimentell glänzend bestätigt, aber theoretisch nur ungenügend begründet. Im Jahr 1899 konnte Max Planck eine strengere Herleitung dieses Gesetzes vorlegen, das aber schon zum Zeitpunkt dieser Veröffentlichung durch die Messungen von Lummer und Pringsheim kompromittiert wurde (siehe unsere Diskussion in Abschnitt 2.1.5). Wir skizzieren hier einige Details der Planck'schen Herleitung des Wien'schen Gesetzes und ihrer Modifikation, die schließlich zum Planck'schen Strahlungsgesetz führte. Das Wien'sche Strahlungsgesetz hat die Form:

$$\rho_{\text{Wien}} = \frac{8\pi\nu^3}{c^3}\frac{\alpha}{e^{\beta\nu/T}}. \tag{A.9}$$

Wie in Abschnitt 2.1.5 beschrieben, modellierte Planck den schwarzen Körper als Ansammlung von (geladenen) harmonischen Oszillatoren und konnte zeigen, dass deren mittlere Energie $E(T, \nu)$ mit der spektralen Energiedichte wie folgt zusammenhängt:[2]

$$\rho(T, \nu) = \frac{8\pi\nu^2}{c^3}E(T, \nu). \tag{A.10}$$

Planck untersuchte nun den Zusammenhang zwischen der Entropie S und der Energie E, um das Wien'sche Gesetz zu begründen. Aus der Thermodynamik ist die Beziehung

---

[1] Um diesen Faktor 8 war das Resultat in Rayleigh (1905) zu groß – die Korrektur erfolgte durch James Jeans (1905, S. 98) und hat dem Strahlungsgesetz seinen Doppelnamen eingebracht.

[2] Eine übersichtliche Herleitung dieser Beziehung gibt Longair (2013, S. 32ff), dessen Darstellung wir in diesem Kapitel auch sonst folgen.

$$\frac{dS}{dE} = \frac{1}{T} \tag{A.11}$$

bekannt. Wählt man die Entropiefunktion $S = -\frac{E}{\beta v} \ln \frac{E}{ave}$ (mit e der Euler'schen Zahl), wird man mithilfe der Gleichungen (A.11) und (A.10) gerade auf das Wien'sche Strahlungsgesetz geführt (Planck hat diesen Ausdruck natürlich gewonnen, indem er das Wien'sche Gesetz in Gleichung (A.11) eingesetzt hat). Interessant ist nun die Betrachtung der zweiten Ableitung der Entropie:

$$\frac{d^2S}{dE^2} = -\frac{1}{\beta v}\frac{1}{E}. \tag{A.12}$$

Da β, v und E positiv sind, ist die zweite Ableitung also immer negativ. Dadurch nimmt aber die Entropie gerade ein Maximum im thermodynamischen Gleichgewicht an (Longair, 2013, S. 39). Planck (1899) behauptete nun, dass „irgend eine [...] abweichende Form des Energieverteilungsgesetzes" (*ibid.* S. 118) auf eine Entropiefunktion führe, die dem 2. Hauptsatz widerspräche. Er folgerte:

> Ich glaube hieraus schliessen zu müssen, dass die im § 17 gegebene Definition der Strahlungsentropie und damit auch das Wien'sche Energievertheilungsgesetz eine notwendige Folge der Anwendung des Principes der Vermehrung der Entropie auf die elektromagnetische Strahlungstheorie ist und dass daher die Grenzen der Gültigkeit dieses Gesetzes, falls solche überhaupt existiren, mit denen des zweiten Hauptsatzes der Wärmetheorie zusammenfallen. Natürlich gewinnt eben dadurch die weitere experimentelle Prüfung dieses Gesetzes ein um so grösseres principielles Interesse. (Planck, 1899, S. 118)

Die letzte Bemerkung macht bereits deutlich, dass Planck die Messungen an der PTR aufmerksam verfolgte. Diese führten schließlich im Oktober 1900 zur endgültigen Widerlegung des Wien'schen Strahlungsgesetzes – aber waren damit tatsächlich auch die „Grenzen der Gültigkeit" für den 2. Hauptsatz aufgezeigt?

Tatsächlich konnte Planck im Oktober 1900 zeigen, dass auch andere Ausdrücke mit dem Prinzip der Entropievermehrung verträglich waren. Die Messungen von (unter anderen) Rubens und Kurlbaum hatten für große Wellenlängen den Zusammenhang $E \propto T$ ergeben. Die damaligen Autoren (etwa Rubens und Kurlbaum selber) bemerkten an dieser Stelle, dass der Zusammenhang $E \propto T$ dem „Rayleigh-Gesetz" entspricht (also dem Rayleigh–Jeans-Gesetz mit Dämpfungsfaktor). Dies ist das Körnchen Wahrheit in der ansonsten falschen Darstellung, dass Planck zwischen Wien und Rayleigh–Jeans interpoliert habe.

Daraus folgt jedoch die Gleichung (A.11):

$$\frac{dS}{dE} \propto \frac{1}{E} \quad \Rightarrow \quad \frac{d^2S}{dE^2} \propto \frac{1}{E^2}. \tag{A.13}$$

Es lag also die Situation vor, dass für kleine Wellenlängen die zweite Ableitung der Entropie sich wie $1/E$ (vgl. Gleichung (A.12)) und für große Wellenlängen wie $1/E^2$ verhält. Die naheliegende Kombination dieser Anforderungen (die auch von Planck gewählt wurde) führt aber auf den Ausdruck:

$$\frac{d^2S}{dE^2} = -\frac{a}{E(b+E)}. \tag{A.14}$$

Hier steuert der Parameter b welcher Zusammenhang gilt – also $\propto 1/E^2$ für $E \gg b$ und $\propto 1/E$ für $E \ll b$.[3] Die Integration der Gleichung (A.14) führt nun fast unmittelbar auf das Planck'sche Strahlungsgesetz:

$$\frac{dS}{dE} = -\int \frac{a}{E(b+E)} dE = -\frac{a}{b}[\ln E - \ln(b+E)] = \frac{1}{T}, \tag{A.15}$$

woraus $E = \frac{b}{e^{b/aT}-1}$ folgt. Einsetzen in Gleichung (A.10) führt auf die spektrale Energiedichte:

$$\rho = \frac{8\pi v^2}{c^3} \frac{b}{e^{b/aT} - 1}. \tag{A.16}$$

Es müssen allerdings noch die Faktoren sortiert werden. Durch Koeffizientenvergleich mit dem Wien'schen Strahlungsgesetz (Gleichung (A.9)) im Bereich großer Frequenzen findet man $a = \alpha/\beta$ sowie $b = \alpha v$. Das Strahlungsgestz kann also mithilfe dieser Konstanten auch so geschrieben werden

$$\rho = \frac{8\pi v^3}{c^3} \frac{\alpha}{e^{\beta v/T} - 1}, \tag{A.17}$$

und unterscheidet sich vom Wien'schen Gesetz lediglich durch die „–1" im Nenner.

Der nächste Schritt bestand in der Begründung dieses Ausdrucks, d. h. der Begründung der spezifischen Entropiefunktion, die auf dieses Strahlungsgesetz führt. Diese haben wir noch gar nicht angegeben. Aus nochmaliger Integration der Gleichung (A.15) folgt jedoch:

$$S = -a\left[\frac{E}{b}\ln\frac{E}{b} - \left(1+\frac{E}{b}\right)\ln\left(1+\frac{E}{b}\right)\right]. \tag{A.18}$$

Diesen Ausdruck konnte Planck mithilfe des kombinatorischen Arguments motivieren, das in Abschnitt 2.1.5 dargestellt wird.

---

3 Die Konstante b muss also proportional zur Frequenz sein. Man findet (siehe unten) $a = \alpha/\beta$ sowie $b = \alpha v$, mit α und β den Parametern aus dem Wien'schen Gesetz (Gleichung 2.4). Die zweite Ableitung der Entropie ist also auch hier immer negativ, wodurch der 2. Hauptsatz „gerettet" ist.

Literatur

Aitchison, I. J., MacManus, D. A. und Snyder, T. M. (2004). Understanding Heisenberg's "magical" paper of July 1925: A new look at the calculational details. *Am. J. Phys.* **72**(11): 1370–1379.

Amorós, J. L., Buerger, M. J. und Amorós, M. L. (1974). *The Laue Method*. New York: Academic Press.

Arabatzis, T. (2019). *Representing Electrons: A Biographical Approach to Theoretical Entities*. Chicago: University of Chicago Press.

Araujo, V. S., Coutinho, F. A. B. und Fernando Perez, J. (2004). Operator domains and self-adjoint operators. *Am. J. Phys.* **72**(2): 203–213.

Ashcroft, N. W. und Mermin, N. D. (1976). *Solid State Physics*. New York: Saunders College Publishing.

Aspect, A. (2022) Alain Aspect's speech at the Nobel Prize banquet, 10 December 2022. https://www.nobelprize.org/prizes/physics/2022/aspect/speech/.

Aspect, A., Grangier, P. und Roger, G. (1981). Experimental tests of realistic local theories via Bell's theorem. *Phys. Rev. Lett.* **47**(7): 460–463.

Badino, M. (2015). *The Bumpy Road – Max Planck from Radiation Theory to the Quantum (1896–1906)*. Heidelberg, Berlin: Springer.

Balakrishnan, V. (2022). Particle in a box: A basic paradigm in quantum mechanics – Part 1. *Resonance* **27**(7): 1135–1353.

Ballentine, L. E. (1970). The statistical interpretation of quantum mechanics. *Rev. Mod. Phys.* **42**(4): 358–381.

Ballentine, L. E. (1998). *Quantum Mechanics*. London: World Scientific.

Becker, A. (2018). *What is Real?* London: John Murray.

Bell, J. S. (1964). On the Einstein–Podolsky–Rosen paradox. *Physics Physique Fizika* **1**: 195–200.

Bell, J. S. (1966). On the problem of hidden variables in quantum mechanics. *Rev. Mod. Phys.* **38**(3): 447–452.

Belloni, M. und Robinett, R. W. (2014). The infinite well and Dirac delta function potentials as pedagogical, mathematical and physical models in quantum mechanics. *Phys. Rep.* **540**(2): 25–122.

Bernstein, L. (1976). *The Unanswered Question: Six Talks at Harvard* (Vol. 33). Cambridge (MA): Harvard University Press.

Bernstein, J. (1991). *Quantum Profiles*. Princeton: Princeton University Press.

Bethe, H. (1928). Theorie der Beugung von Elektronen an Kristallen. *Ann. Phys.* **392**(17): 55–129.

Biedenharn, L. C. (1983). The „Sommerfeld Puzzle" revisited and resolved. *Found. Phys.* **13**(1): 13–34.

Bleck-Neuhaus, J. (2022). Der Franck-Hertz-Versuch. In: Heering, P. (Hrsg.), *Kanonische Experimente der Physik*. Berlin, Heidelberg: Springer.

Blum, A., Jähnert, M., Lehner, C. und Renn, J. (2017). Translation as heuristics: Heisenberg's turn to matrix mechanics. *Stud. Hist. Philos. Sci. B* **60**: 3–22.

Bodenmann, S. (2009). Newtons Apfel & Co. – Zur Kategorisierung des Mythos in den Naturwissenschaften. In: Bodenmann, S. und Splinter, S. (Hrsg.) *Mythen–Helden–Symbole: Legitimation, Selbst- und Fremdwahrnehmung in der Geschichte der Naturwissenschaften, der Medizin und der Technik* (S. 1–46). München: Martin Meidenbauer Verlag.

Bohm, D. (1951). *Quantum Theory*. Englewood Cliffs, NJ: Prentice-Hall.

Bohm, D. (1952). A suggested interpretation of the quantum theory in terms of "hidden" variables. *Phys. Rev.* **85**(2): 166–179 (Teil 1); 180–193 (Teil 2).

Bohr, N. (1913). On the constitution of atoms and molecules. *Philos. Mag.* **26**: 1–25 (1. Teil, Juli), 476–502 (2. Teil, Sep.) und 857–875 (3. Teil, Nov.).

Bohr, N. (1918) On the quantum theory of line spectra. *D. Kgl. Danske Vidensk. Selsk. Skrifter, naturvidensk. og matem. Afd., 8. Række. IV.1*. Nachdruck in: *Niels Bohr Collected Works, Vol. 3*, herausgegeben von L. Rosenfeld und J. Rud Nielsen, North-Holland, New York, 1981, S. 67–184.

Bohr, N. (1928). Das Quantenpostulat und die neuere Entwicklung der Atomistik. *Naturwissenschaften* **16**(15): 245–257.

Bohr, N. (1935). Can quantum-mechanical description of physical reality be considered complete? *Phys. Rev.* **48**(8): 696–702.

https://doi.org/10.1515/9783111152622-008

Bohr, N. (1949). Discussion with Einstein on epistemological problems in atomic physics. In: Schilpp, P. A. (Hrsg.), *Albert Einstein: Philosopher-Scientist*. The Library of Living Philosophers, Vol. VII (S. 201–241). La Salle: Open Court.

Bohr, N. (1964). *Das Bohrsche Atommodell*. Hermann, F. (Hrsg.), *Dokumente der Naturwissenschaft – Abteilung Physik* (Vol. 5). Stuttgart: Ernst Battenberg Verlag.

Boltzmann, L. (1877). Über die Beziehung zwischen dem Zweiten Hauptsätze der mechanischen Wärmetheorie und der Wahrscheinlichkeitsrechnung resp. den Sätzen über das Wärmegleichgewicht. *Sitz.ber. Kais. Akad. Wiss. Wien Math. Naturwiss. Kl.* **76**: 373–435. Nachgedruckt in: *Ludwig Boltzmann, Wissenschaftliche Abhandlungen, Bd. II* (Leipzig, 1909) S. 164–223.

Bonneau, G., Faraut, J. und Valent, G. (2001). Self-adjoint extensions of operators and the teaching of quantum mechanics. *Am. J. Phys.* **69**(3): 322–331.

Born, M. (1926a). Zur Quantenmechanik der Stoßvorgänge. *Z. Phys.* **37**: 863–867.

Born, M. (1926b). Quantenmechanik der Stoßvorgänge. *Z. Phys.* **38**: 803–827.

Born, M. (1927). Physical aspects of quantum mechanics. *Nature* **119**: 354–357.

Born, M., Heisenberg, W. und Jordan, P. (1926). Zur Quantenmechanik. II. *Z. Phys.* **35**(8–9): 557–615.

Born, M. und Jordan, P. (1925). Zur Quantenmechanik. *Z. Phys.* **34**: 858.

Born, M. und Jordan, P. (1930). *Elementare Quantenmechanik: Zweiter Band der Vorlesungen über Atommechanik*. Berlin: Springer.

Born, M. und Wolf, E. (1986). *Principles of Optics* (6th Edition). Oxford: Pergamon Press.

Bragg, W. L. (1913b). The diffraction of short electromagnetic waves by a crystal. *Proc. Camb. Philos. Soc.* **17**: 43–57.

Brandt, H. D. und Dahmen, H. D. (2015). *Quantenmechanik in Bildern*. Berlin: Springer.

Bray, A., Horton, C., Barr, T., Windham, R. und Wallace, D. (2019). *Star Wars^{TM} – Das ultimative Buch*. London: Dorling Kindersley.

Bricmont, J. (2016). *Making Sense of Quantum Mechanics*. Berlin: Springer.

Brown, L. M. (2006). Paul A. M. Dirac's *The Principles of Quantum Mechanics*. *Phys. Perspect.* **8**: 381–407.

Brown, H. R. und Martins, R. D. A. (1984). De Broglie's relativistic phase waves and wave groups. *Am. J. Phys.* **52**(12): 1130–1140.

Brush, S. G. (1974). Should the history of science be rated X. *Science* **183**: 1164–1172.

Brush, S. G. (2003). *The Kinetic Theory of Gases, History of Modern Physical Sciences*. London: Imperial College Press.

Brush, S. G. (2015). *Making 20th Century Science: How Theories Became Knowledge (with Ariel Segal)*. Oxford: Oxford University Press.

Busch, P. und Falkenburg, B. (2009). Heisenberg uncertainty Relation (Indeterminacy Relations). In: Greenberger, D., Hentschel, K. und Weinert, F. (Hrsg.), *Compendium of Quantum Physics*. Berlin, Heidelberg: Springer.

Busch, P., Heinonen, T. und Lahti, P. (2007). Heisenberg's uncertainty principle. *Phys. Rep.* **452**(6): 155–176.

Calbick, C. J. (1963). The discovery of electron diffraction by Davisson and Germer. *Phys. Teach.* **1**(2): 63–91.

Callender, C. (2023). Quantum mechanics: Keeping it real? *Br. J. Philos. Sci.* **74**(4): 837–851.

Cardwell, D. S. L. (1975). Review of H. G. J. Moseley: *The Life and Letters of an English Physicist, 1887–1915*, by J. L. Heilbron. *Technol. Cult.* **16**(4): 658–660.

Carson, C., Kojevnikov, A. und Trischler, H. (2011). *Weimar Culture and Quantum Mechanics. Selected Papers by Paul Forman and Contemporary Perspectives on the Forman Thesis*. London: World Scientific.

Chambers, D. W. (1983). Stereotypic images of the scientist: The draw-a-scientist test. *Sci. Educ.* **67**(2): 255–265.

Chang, H. (2015). Cultivating contingency – A case for scientific pluralism. In: *Soler et al. (2015)* (S. 359–382).

Chevalley, C. (1999). Why do we find Bohr obscure? In: Greenberger, D., Reiter, W. L. und Zeilinger, A. (Hrsg.), *Epistemological and Experimental Perspectives on Quantum Physics*. Vienna Circle Institute Yearbook (Vol. 7). Dordrecht: Springer.

Cintio, A. und Michelangeli, A. (2021). Self-adjointness in quantum mechanics: A pedagogical path. *Quantum Stud. Math. Found.* **8**(3): 271–306.

Clauser, J. F. (2002). Early history of Bell's theorem. In: Bertlmann, R. und Zeilinger, A. (Hrsg.), *Quantum [Un]speakables* (S. 61–98). Berlin, Heidelberg: Springer.

Clauser, J. F., Horne, M. A., Shimony, A. und Holt, R. A. (1969). Proposed experiment to test local hidden-variable theories. *Phys. Rev. Lett.* **23**: 880–884.

Compton, A. H. (1923). A quantum theory of the scattering of X-rays by light elements. *Phys. Rev.* **21**(5): 483–502.

Cunningham, A. und Williams, P. (1993). De-centring the 'big picture': The origins of modern science and the modern origins of science. *Br. J. Hist. Sci.* **26**(4): 407–432.

Cushing, J. T. (1994). *Quantum Mechanics: Historical Contingency and the Copenhagen Hegemony*. Chicago: University of Chicago Press.

Darrigol, O. (1988). Statistics and combinatorics in early quantum theory. *Hist. Stud. Phys. Biol. Sci.* **19**(1): 17–80.

Darrigol, O. (2001). The historians' disagreement over the meaning of Planck's quantum. *Centaurus* **43**: 219–239.

Das, R. (2015). Wavelength- and frequency-dependent formulations of Wien's displacement law. *J. Chem. Educ.* **92**(6): 1130–1134.

Davisson, C. und Germer, L. H. (1927). Diffraction of electrons by a crystal of nickel. *Phys. Rev.* **30**(6): 705–740.

de Broglie, L. (1924). *Recherches sur la théorie des Quanta*. Paris: Masson et Cie. https://theses.hal.science/tel-00006807/document.

de la Madrid, R. (2005). The role of the rigged Hilbert space in Quantum Mechanics. *Eur. J. Phys.* **26**: 287–312.

Debye, P. (1915). Zerstreuung von Röntgenstrahlen. *Ann. Phys.* **351**(6): 809–823.

Debye, P. und Scherrer, P. (1916). Interferenzen an regellos orientierten Teilchen im Röntgenlicht. I. *Nachr. Ges. Wiss. Goett., Math.-Phys. Kl.*: 1–15.

Del Santo, F. (2022). The foundations of quantum mechanics in post-war Italy's cultural context. In: Freire, O. Jr., Bacciagaluppi, G., Darrigol, O., Hartz, T., Joas, C., Kojevnikov, A. und Pessoa, O. Jr. (Hrsg.), *The Oxford Handbook of the History of Quantum Interpretations* (S. 641–665). Oxford: Oxford University Press.

Del Santo, F. und Schwarzhans, E. (2022). „Philosophysics" at the University of Vienna: The (Pre-) history of foundations of quantum physics in the Viennese cultural context. *Phys. Perspect.* **24**(2): 125–153.

Deltete, R. (1999). Helm and Boltzmann: Energetics at the Lübeck Naturforscherversammlung. *Synthese* **119**(1): 45–68.

Dewdney, C. (2023). Rekindling of de Broglie–Bohm pilot wave theory in the late twentieth century: A personal account. *Found. Phys.* **53**(1): 24.

Dieks, D. (2017). Von Neumann's impossibility proof: Mathematics in the service of rhetorics. *Stud. Hist. Philos. Sci. B* **60**: 136–148.

Dirac, P. A. M. (1925). The fundamental equations of quantum mechanics. *R. Soc. Lond. A* **109**: 642–653.

Dirac, P. A. M. (1927a). The physical interpretation of the quantum dynamics. *Proc. R. Soc. Lond., Ser. A* **113**(765): 621–641.

Dirac, P. A. M. (1927b). The quantum theory of the emission and absorption of radiation. *Proc. R. Soc. Lond., Ser. A* **114**(767): 243–265.

Dirac, P. A. M. (1929). Quantum mechanics of many-electron systems. *Proc. R. Soc. Lond., Ser. A* **123**(792): 714–733.

Dirac, P. A. M. (1939). A new notation for quantum mechanics. *Math. Proc. Camb. Philos. Soc.* **35**(3): 416–418.

Dose, V. (2005). Die Bayes'sche Variante. *Phys. J.* **4**(8/9): 67–72.

Duncan, A. und Janssen, M. (2019). *Constructing Quantum Mechanics: Volume 1: The Scaffold: 1900–1923*. Oxford: Oxford University Press.

Duncan, A. und Janssen, M. (2023). *Constructing Quantum Mechanics Volume 2: The Arch, 1923–1927*. Oxford: Oxford University Press.

d'Espagnat, B. (1976). In: *Conceptual Foundations of Quantum Mechanics* (2nd Edition). Reading (MA): Benjamin.

Eckert, M. (2012). Disputed discovery: The beginnings of X-ray diffraction in crystals in 1912 and its repercussions. *Acta Crystallogr. A, Found. Crystallogr.* **68**(1): 30–39.

Eckert, M. (2013a). Sommerfeld's Atombau und Spektrallinien. In: *Research and Pedagogy: A History of Quantum Physics through Its Textbooks*, Berlin: Max-Planck-Gesellschaft zur Förderung der Wissenschaften.

Eckert, M. (2013b). *Arnold Sommerfeld. Atomphysiker und Kulturbote 1868–1951.* Wallstein: Göttingen.

Eddington, A. S. (1925). LXXXIV. On the derivation of Planck's law from Einstein's equation. *Philos. Mag.* **50**: 803–808.

Egdell, R. G. und Bruton, E. (2020). Henry Moseley, X-ray spectroscopy and the periodic table. *Philos. Trans. R. Soc. A* **378**(2180), 20190302.

Ehrenfest, P. (1927). Bemerkung über die angenäherte Gültigkeit der klassischen Mechanik innerhalb der Quantenmechanik. *Z. Phys.* **45**(7–8): 455–457.

Ehrenfest, P. (1931). Ansprache zur Verleihung der Lorentzmedaille an Professor Wolfgang Pauli am 31. Oktober 1931. In: Enz, C. P. und v. Meyenn, K. (Hrsg.), *Wolfgang Pauli: Das Gewissen der Physik* (S. 43–48). Wiesbaden: Vieweg: Braunsachweig. 1988.

Ehrenfest, P. (1932). Einige die Quantenmechanik betreffende Erkundigungsfragen. *Z. Phys.* **78**(7): 555–559.

Ehrenfest, P. und Kamerlingh Onnes, H. (1915). Vereinfachte Ableitung der kombinatorischen Formel, welche der Planckschen Strahlungstheorie zugrunde liegt. *Ann. Phys.* **351**(7): 1021–1024.

Einstein, A. (1905). Über einen die Erzeugung und Verwandlung des Lichtes betreffenden heuristischen Gesichtspunkt. *Ann. Phys.* **322**(6): 132–148.

Einstein, A. (1906). Zur Theorie der Lichterzeugung und Lichtabsorption. *Ann. Phys.* **325**(6): 199–206.

Einstein, A. (1907). Die Plancksche Theorie der Strahlung und die Theorie der spezifischen Wärme. *Ann. Phys.* **327**(1): 180–190.

Einstein, A. (1911). Eine Beziehung zwischen dem elastischen Verhalten und der spezifischen Wärme bei festen Körpern mit einatomigem Molekül. *Ann. Phys.* **339**(1): 170–174.

Einstein, A. (1916). Zur Quantentheorie der Strahlung. *Mitt. Phys. Ges., Zürich* **16**: 47–62.

Einstein, A. (1917). Zur Quantentheorie der Strahlung. *Phys. Z.* **18**: 121–128.

Einstein, A. (1922). Über ein den Elementarprozeß der Lichtemission betreffendes Experiment. In: *Königlich Preußische Akademie der Wissenschaften (Berlin) Sitzungsberichte* (S. 882–883). Nachdruck in: Michel Janssen et al. (Hrsg.) *The Collected Papers of Albert Einstein*, Vol. 7, The Berlin Years: Writings, 1918–1921, Princeton, 2002 (S. 483–487).

Einstein, A. (1998). *The Collected Papers of Albert Einstein, Volume 8, Part A: The Berlin Years: Correspondence, 1914–1918.* Schulmann, R., Kox, A. J., Janssen, M. und Illy, J. (Hrsg.). Princeton: Princeton University Press.

Einstein, A. (2009). *The Collected Papers of Albert Einstein, Volume 12: The Berlin Years: Correspondence, January–December 1921.* Rosenkranz, Ze'ev, Sauer, Tilman, Illy, József und Holmes, Virginia Iris (Hrsg.). Princeton: Princeton University Press.

Einstein, A. (2013). *The Collected Papers of Albert Einstein, Volume 13: The Berlin Years: Writings & Correspondence, January 1922–March 1923.* Rosenkranz, Ze'ev, Illy, József und Sauer, Tilman (Hrsg.). Princeton: Princeton University Press.

Einstein, A. (2015). *The Collected Papers of Albert Einstein, Volume 14: The Berlin Years: Writings & Correspondence, April 1923–May 1925.* Kormos-Buchwald, D., Illy, J., Rosenkranz, Z., Sauer, T. und Moses, O. (Hrsg.). Princeton: Princeton University Press.

Einstein, A., Hedwig und Max Born (1972). *Briefwechsel 1916–1955.* Reinbek: Rowohlt.

Einstein, A. und Ehrenfest, P. (1922). Quantentheoretische Bemerkungen zum Experiment von Stern und Gerlach. *Z. Phys.* **11**(1): 31–34.

Einstein, A., Podolsky, B. und Rosen, N. (1935). Can quantum-mechanical description of physical reality be considered complete? *Phys. Rev.* **47**: 777–780.

Eisberg, R. und Resnick, R. (1985). *Quantum Physics* (2. Auflage). New York: John Wiley & Sons.

Elsasser, W. (1925). Bemerkungen zur Quantenmechanik freier Elektronen. *Naturwissenschaften* **13**: 711.

Espahangizi, K. M. (2009). Auch das Elektron verbeugt sich: Das Davisson-Germer Experiment als Erinnerungsort der Physik. In: Bodenmann, S. und Splinter, S. (Hrsg.), *Mythen-Helden–Symbole: Legitimation, Selbst- und Fremdwahrnehmung in der Geschichte der Naturwissenschaften, der Medizin und der Technik* (S. 47–70). München: Martin Meidenbauer Verlag.

Etter, M. und Dinnebier, R. E. (2014). A century of powder diffraction: A brief history. *Z. Anorg. Allg. Chem.* **640**(15): 3015–3028.

Ewald, P. P. (1969). The myth of myths; comments on P. Forman's paper on "the discovery of the diffraction of X-rays in crystals". *Arch. Hist. Exact Sci.* **6**: 72–81.

Falkenburg, B. (2012). Atom. In: Kirchhoff, T. (Redaktion): *Lexikon naturphilosophischer Grundbegriffe*. http://www.naturphilosophie.org/grundbegriffe/.

Fara, P. (2015). Myth 6. That the Apple Fell and Newton Invented the Law of Gravity, Thus Removing God from the Cosmos. In: Numbers, R. L. und Kampourakis, K. (Hrsg.), *Newton's Apple and Other Myths About Science* (S. 48–56). Cambridge, MA und London, England: Harvard University Press.

Fedak, W. A. und Prentis, J. J. (2002). Quantum jumps and classical harmonics. *Am. J. Phys.* **70**(3): 332–344.

Fermi, E. (1926). Argomenti pro e contro la ipotesi dei quanti di luce. *Nuovo Cimento* **3**: 47–54. Nachgedruckt in: Emilio Segrè (Hrsg.), *The Colected Papers of Enrico Fermi. Vol. 1 Italy 1921–1938*. University of Chicago Press: Chicago (S. 201–206).

Fermi, E. (1932). Quantum theory of radiation. *Rev. Mod. Phys.* **4**(1): 87–132.

Feynman, R. P. (2006). *QED: The Strange Theory of Light and Matter*. Princeton: Princeton University Press.

Filk, T. (2019). *Quantenmechanik (nicht nur) für Lehramtsstudierende*. Berlin, Heidelberg: Springer Spektrum.

Fischer, G. (2011). In: *Lernbuch lineare Algebra und analytische Geometrie*, Wiesbaden. Berlin, Heidelberg: Springer Spektrum.

Fließbach, T. (2009). *Mechanik – Lehrbuch zur Theoretischen Physik I* (6. Auflage). Heidelberg: Springer Spektrum.

Fließbach, T. (2018). *Quantenmechanik – Lehrbuch zur Theoretischen Physik III* (6. Auflage). Heidelberg: Springer Spektrum.

Forman, P. (1969). The discovery of the diffraction of X-rays by crystals; a critique of the myths. *Arch. Hist. Exact Sci.* **6**(1): 38–71.

Franck, J. und Hertz, G. (1914). Über Zusammenstöße zwischen Elektronen und den Molekülen des Quecksilberdampfes und die Ionisierungsspannung desselben. *Verh. Dtsch. Phys. Ges.* **16**: 457. Nachgedruckt in Physikalische Blätter, **23**(7): 295–301 (1967).

Franklin, A. (2016). Physics textbooks don't always tell the truth. *Phys. Perspect.* **18**: 3–57.

Freedman, S. J. und Clauser, J. F. (1972). Experimental test of local hidden-variable theories. *Phys. Rev. Lett.* **28**(14): 938–941.

Freire Junior, O. (2015). *The Quantum Dissidents: Rebuilding the Foundations of Quantum Mechanics (1950–1990)*. Berlin: Springer.

Friebe, I. (2024). Schrödinger: Neue Erkenntnisse zu einer aufgeheizten Debatte (Pressemitteilung der Humboldt-Universität, Berlin). https://www.hu-berlin.de/de/pr/nachrichten/november-2024/nr-241126-2.

Friebe, C., Kuhlmann, M., Lyre, H., Näger, P. M., Passon, O. und Stöckler, M. (2018). *Philosophie der Quantenphysik* (2. korrigierte und verbesserte Auflage). Heidelberg: Springer-Spektrum.

Friedrich, B. und Herschbach, D. (1998). Space quantization: Otto Stern's lucky star. *Daedalus* **127**(1): 165–191.

Friedrich, W., Knipping, P. und Laue, M. (1912). Interferenz-Erscheinungen bei Röntgenstrahlen. *Sitz.ber. Math.-Phys. Kl. K. Bayer. Akad. Wiss. München*: 303–322; Nachgedruckt in: *Naturwiss.* 361–367 (1952).

Fuchs, C. A., Mermin, N. D. und Schack, R. (2014). An introduction to QBism with an application to the locality of quantum mechanics. *Am. J. Phys.* **82**(8): 749–754.

Garbaczewski, P. und Karwowski, W. (2004). Impenetrable barriers and canonical quantization. *Am. J. Phys.* **72**: 924–933.

Gearhart, C. A. (1996). Specific heats and the equipartition law in introductory textbooks. *Am. J. Phys.* **64**(8): 995–1000.

Gearhart, C. A. (2002). Planck, the quantum, and the historians. *Phys. Perspect.* **4**: 170–215.

Gearhart, C. A. (2009). Specific heats. In: Greenberger, D., Hentschel, K. und Weinert, F. (Hrsg.), *Compendium of Quantum Physics*. Berlin, Heidelberg: Springer.

Gearhart, C. A. (2014). The Franck–Hertz experiments, 1911–1914. Experimentalists in search of a theory. *Phys. Perspect.* **16**: 293–343.

Gehrenbeck, R. K. (1978). Electron diffraction: Fifty years ago. *Phys. Today* **31**(1): 34–41.

Gerlach, W. und Stern, O. (1922). Der experimentelle Nachweis der Richtungsquantelung im Magnetfeld. *Z. Phys.* **9**(1): 349–352.

Gerry, C. und Knight, P. (2005). *Introductory Quantum Optics*. Cambridge (UK): Cambridge University Press.

Ghirardi, G., Rimini, A. und Weber, T. (1986). Unified dynamics for microscopic and macroscopic systems. *Phys. Rev. D* **34**(2): 470–491.

Gieres, F. (2000). Mathematical surprises and Dirac's formalism in quantum mechanics. *Rep. Prog. Phys.* **63**(12): 1893.

Gieryn, T. (1983). Boundary-work and the demarcation of science from non-science: Strains and interests in professional ideologies of scientists. *Am. Sociol. Rev.* **48**(6): 781–795.

Glauber, R. J. (1963). Coherent and incoherent states of the radiation field. *Phys. Rev.* **131**(6): 2766–2788.

Glauber, R. J. (2007). *Quantum Theory of Optical Coherence: Selected Papers and Lectures*. Weinheim: Wiley-VCH.

Gondran, M. und Gondran, A. (2014). Measurement in the de Broglie–Bohm interpretation: Double-slit, Stern–Gerlach, and EPR-B. *Phys. Res. Int.* **2014**, 605908 (16 pp.)

Gooday, G. und Mitchell, D. J. (2013). Rethinking 'classical physics'. In: Buchwald, J. und Fox, R. (Hrsg.), *The Oxford Handbook of the History of Physics* (S. 721–764). Oxford: Oxford University Press.

Granovskiĭ, Ya. I. (2004). Sommerfeld formula and Dirac's theory. *Usp. Fiz. Nauk* **174**: 577–578.

Griffith, D. J. (2005). *Introduction to Quantum Mechanics* (2nd Edition). Pearson: Upper Saddle River (NJ).

Hacking, I. (1987). Was there a probabilistic revolution 1800–1930. In: Krüger, L., Daston, L. und Heidelberger, L. J. (Hrsg.), *The Probabilistic Revolution. Vol. 1. Ideas in History*. Cambridge (MA): MIT Press.

Haga, H. und Wind, C. H. (1899). Die Beugung der Röntgenstrahlen. *Ann. Phys.* **304**(8): 884–895.

Hagmann, J. G. (2015). Wie sich die Physik Gehör verschaffte. *Phys. J.* **14**(11): 43–46.

Haken, H. und Wolf, H. C. (2013). *Atom- und Quantenphysik: Einführung in die experimentellen und theoretischen Grundlagen*. Heidelberg: Springer.

Harrison, D. (1982). Bell's inequality and quantum correlations. *Am. J. Phys.* **50**: 811–816.

Hartree, D. R. (1928). The wave mechanics of an atom with a non-Coulomb central field. Part I. Theory and methods. *Math. Proc. Camb. Philos. Soc.* **24**(1): 89–110.

Healey, R. (2013). Physical composition. *Stud. Hist. Philos. Sci. B* **44**(1): 48–62.

Heering, P. (2022). *Kanonische Experimente der Physik*. Berlin, Heidelberg: Springer.

Heering, P. und Kremer, K. (2018). Nature of science. In: Krüger, D., Parchmann, I. und Schecker, H. (Hrsg.), *Theorien in der naturwissenschaftsdidaktischen Forschung* (S. 105–119). Berlin, Heidelberg: Springer.

Heilbron, J. L. (1981). Rutherford–Bohr atom. *Am. J. Phys.* **49**(3): 223–231.

Heilbron, J. L. (2013). Was there a scientific revolution? In: Buchwald, J. und Fox, R. (Hrsg.), *The Oxford Handbook of the History of Physics* (S. 7–24). Oxford: Oxford University Press.

Heilbron, J. L. und Rovelli, C. (2023). Matrix mechanics mis-prized: Max Born's belated nobelization. *Eur. Phys. J. H* **48**(1): 11. 24pp.

Heinicke, S. (2019). Physikunterricht aus Perspektive von Mädchen – und Jungen. In: Durchardt, D. et al. (Hrsg.), *Vielfältige Physik* (S. 27–40). Berlin, Heidelberg: Springer.

Heinicke, S. und Schlummer, P. (2020). Unsere Geschichte der Physik und ihrer Fehlerkultur. *Nat.wiss. Unterr., Phys.* **177/178**: 19–22.

Heisenberg, W. (1925). Über quantentheoretische Umdeutung kinematischer und mechanischer Beziehungen. *Z. Phys.* **33**: 879–893.

Heisenberg, W. (1926). Quantenmechanik. *Naturwissenschaften* **14**(45): 989–994 (Vortrag auf der Versammlung Deutscher Naturforscher und Ärzte, Düsseldorf 23.9.1926).

Heisenberg, W. (1927). Über den anschaulichen Inhalt der quantentheoretischen Kinematik und Mechanik. *Z. Phys.* **43**: 172–198.

Heisenberg, W. (1930). *Die physikalischen Prinzipien der Quantentheorie*. Stuttgart: S. Hirzel Verlag.

Heisenberg, W. (1968). Ausstrahlung von Sommerfelds Werk in der Gegenwart. *Phys. Bl.* **24**(12): 530–537.

Held, C. (1994). The meaning of complementarity. *Stud. Hist. Philos. Sci. A* **25**(6): 871–893.

Helrich, C. S. (2021). *Quantum Theory – Origins and Ideas*. Berlin, Heidelberg: Springer.

Hentschel, K. (2003). Das Märchen vom Zauberer im weißen Kittel: Mythen um berühmte Experimente und Experimentatoren. *Phys. Unserer Zeit* **34**(5): 225–231.

Hentschel, K. (2017). *Lichtquanten – Die Geschichte des komplexen Konzepts und mentalen Modells von Photonen*. Berlin: Springer.

Hessenbruch, A. (2002). A brief history of X-rays. *Endeavour* **26**(4): 137–141.

Hettner, G. (1922). Die Bedeutung von Rubens Arbeiten für die Plancksche Strahlungsformel. *Naturwissenschaften* **10**: 1033–1038.

Hilgevoord, J. (1996). The uncertainty principle for energy and time. *Am. J. Phys.* **64**(12): 1451–1456.

Hilgevoord, J. (1998). The uncertainty principle for energy and time. II. *Am. J. Phys.* **66**(5): 396–402.

Hilgevoord, J. (2002). Time in quantum mechanics. *Am. J. Phys.* **70**(3): 301–306.

Hilgevoord, J. (2005). Time in quantum mechanics: A story of confusion. *Stud. Hist. Philos. Sci. B* **36**(1): 29–60.

Hoffmann, D. (2000). On the experimental context of Planck's foundation of quantum theory. In: Büttner, J., Darrigol, O., Hoffmann, D. und Renn, J. (Hrsg.), *Revisiting the Quantum Discontinuity*. Berlin: MPI-Preprint 150.

Houchmandzadeh, B. (2020). The Hamilton–Jacobi equation: An alternative approach. *Am. J. Phys.* **88**(5): 353–359.

Howard, D. (2004). Who invented the "Copenhagen Interpretation"? A study in mythology. *Philos. Sci.* **71**(5): 669–682.

Howard, D. (2021). Complementarity and decoherence. In: Jaeger, G., Simon, D., Sergienko, A. V., Greenberger, D. und Zeilinger, A. (Hrsg.), *Quantum Arrangments: Contributions in Honor of Michael Horne* (S. 151–175). Cham: Springer.

Hoyningen-Huene, P. (1994). Emergenz versus Reduktion. In: *Analyomen: Proceedings of the 1st Conference „Perspectives in Analytical Philosophy"*. Meggle, G. und Wessels, U. (Hrsg.) (S. 324–332). Boston, Berlin: de Gruyter.

Hoyningen-Huene, P. (2009). Systematizität als das, was Wissenschaft ausmacht. *Inf. Philos.* **37**(1): 22–27.

Hull, A. W. (1917). A new method of X-ray crystal analysis. *Phys. Rev.* **10**(6): 661–696.

Hund, F. (1972). *Geschichte der physikalischen Begriffe*. Manheim: B. I. Hochschultaschenbuch.

Hájek, A. (2023). Interpretations of probability. In: Zalta, E. N. und Nodelman, U. (Hrsg.), *The Stanford Encyclopedia of Philosophy (Winter 2023 Edition)*. https://plato.stanford.edu/archives/win2023/entries/probability-interpret/.

Höttecke, D. (2001). *Die Natur der Naturwissenschaften historisch verstehen: Fachdidaktische und wissenschaftshistorische Untersuchungen*. Berlin: Logos.

Höttecke, D. und Henke, A. (2010). Über die Natur der Naturwissenschaften lehren und lernen – Geschichte und Philosophie im Chemieunterricht? *Nat.wiss. Unterr., Chem.* **21**(Heft 4+5): 2–7. Themenheft Natur der Naturwissenschaften.

Inamura, T. T. (2016). Nagaoka's atomic model and hyperfine interactions. *Proc. Jpn. Acad. Ser. B* **92**(4): 121–134.

Ingold, G. L. (2023). Von Einzelgängern und Teamplayern: wie sich Fermionen und Bosonen in unserer Alltagswelt bemerkbar machen. In: Fink, H. und Kuhlmann, M. (Hrsg.), *Unbestimmt und relativ? Das Weltbild der modernen Physik* (S. 113–125). Berlin, Heidelberg: Springer.

Jackiw, R. (1998). Remembering John Bell. In: Amati, D. und Ellis, J. (Hrsg.), *Quantum Reflections*. Cambridge: Cambridge University Press.

Jacobi, M. (2014). Der durchleuchtete Kristall. *Phys. Unserer Zeit* **45**(6): 271.

James, J. und Joas, C. (2015). Subsequent and subsidiary? Rethinking the role of applications in establishing quantum mechanics. *Stud. Hist. Nat. Sci.* **45**(5): 641–702.

Jammer, M. (1966). *The Conceptual Development of Quantum Mechanics*. New York: Mc Graw-Hill.

Jeans, J. H. (1905). On the partition of energy between matter and Æther. *Philos. Mag. Ser. 6* **10**(55): 91–98.

Joas, C. und Lehner, C. (2009). The classical roots of wave mechanics: Schrödinger's transformations of the optical-mechanical analogy. *Stud. Hist. Philos. Sci. B* **40**(4): 338–351.

Joos, E., Zeh, H. D., Kiefer, C., Giulini, D. J., Kupsch, J. und Stamatescu, I. O. (2013). *Decoherence and the Appearance of a Classical World in Quantum Theory* (2. Auflage). Heidelberg: Springer.

Kaiser, D. (2011). *How the Hippies Saved Physics: Science, Counterculture, and the Quantum Revival*. New York: WW Norton.

Kaiser, D. (2015). History: From blackboards to bombs. *Nature* **523**(7562): 523–525.

Karbach, M. (2017). *Mathematische Methoden der Physik*. Berlin: De Gruyter.

Kasten, P. (2015). Strukturaufklärung von Kristallpulver. *Phys. Unserer Zeit* **4**(46): 174–179.

Keiler, A. (1978). Bernstein's „The unanswered question" and the problem of Musical competence. *Music. Q.* **64**(2): 195–222.

Kennard, E. H. (1927). Zur Quantenmechanik einfacher Bewegungstypen. *Z. Phys.* **44**(4): 326–352.

Keppeler, S. (2004). Die „alte" Quantentheorie, Spinpräzession und geometrische Phasen. *Phys. J.* **3**(4): 45–49.

Klassen, S. (2011). The photoelectric effect: Reconstructing the story for the physics classroom. *Sci. Educ.* **20**: 719–731.

KMK (Kultusministerkonferenz, Hrsg.) (2020) Bildungsstandards im Fach Physik für die allgemeine Hochschulreife. Beschluss vom 18.6.2020.

Kojevnikov, A. (2002). Einstein's fluctuation formula and the wave-particle duality. In: Balashov, Y. und Vizgin, V. (Hrsg.), *Einstein Studies in Russia*. Einstein Studies (Vol. 10, S. 181–228). Boston: Birkhäuser.

Kojevnikov, A. (2020). *The Copenhagen Network – The Birth of Quantum Mechanics from a Postdoctoral Perspective*. Berlin und Heidelberg: Springer.

Kragh, H. (1982). Erwin Schrödinger and the wave equation: The crucial phase. *Centaurus* **26**(2): 154–197.

Kragh, H. (1985). The fine structure of hydrogen and the gross structure of the physics unity, 1916–26. *Hist. Stud. Phys. Sci.* **15**(2): 67–125.

Kragh, H. (1987). *An Introduction to the Historiography of Science*. Cambridge: Cambridge University Press.

Kragh, H. (2000). Max Planck: The reluctant revolutionary. *Phys. World* **13**(12): 31–35.

Kragh, H. (2001). *Quantum Generations: A History of Physics in the Twentieth Century*. Cambridge (US): Princeton University Press.

Kragh, H. (2003). Magic number: A partial history of the fine-structure constant. *Arch. Hist. Exact Sci.* **57**(5): 395–431.

Kragh, H. (2014). The names of physics: Plasma, fission, photon. *Eur. Phys. J. H* **39**(3): 263–281.

Kragh, H. (2022). Reception and impact. In: Kragh, H. (Hrsg.), *Niels Bohr – On the Constitution of Atoms and Molecules*. Classic Texts in the Sciences. Cham: Birkhäuser.

Kronig, R. D. L. (1926). Spinning electrons and the structure of spectra. *Nature* **117**: 550.

Kuhn, T. S. (1976). *Die Struktur wissenschaftlicher Revolutionen*. Frankfurt a. M.: Surkamp.

Kuhn, T. S. (1978). *Black-Body Radiation and the Quantum Discontinuity, 1894–1912*. Chicago: University of Chicago Press (Edition from 1987 with a new afterword).

Kuhn, W. und Strnad, J. (1995). *Quantenfeldtheorie*. Braunschweig: Vieweg.

Landau, H. und Pollak, H. (1961). Prolate spheroidal wave functions, Fourier analysis and uncertainty II. *Bell Syst. Tech. J.* **40**(1): 65–84.

Landsman, N. P. (2007). Between classical and quantum. In: Butterfield, J. und Earman, J. (Hrsg.), *Handbook of the Philos. Sci.: Philosophy of Physics, Part A* (S. 417–553). Amsterdam: Elsevier.

Landé, A. (1921). Über den anomalen Zeemaneffekt (Teil I). *Z. Phys.* **5**: 231–241.

Lederman, N. G. (2007). Nature of science: Past, present, and future. In: Abell, S. K. und Lederman, N. G. (Hrsg.), *Handbook of Research on Science Education* (S. 831–880). New York: Routledge.

Lederman, L. M. (together with Teresi, D.) (2006). *The God Particle: If the Universe is the Answer, What is the Question?* Boston: Houghton Mifflin Harcourt.

Lenard, P. (1903). Über die Absorption von Kathodenstrahlen verschiedener Geschwindigkeit. *Ann. Phys.* **317**: 714–744.

Lesk, A. M. (1980). Reinterpretation of Moseley's experiments relating K_α line frequencies and atomic number. *Am. J. Phys.* **48**(6): 492–493.

Lichtenberg, G. C. (1793). Sudelbuch J Nr. 860. In: Promies, W. (Hrsg.), *Lichtenberg – Schriften und Briefe*. Frankfurt a. Main: Zweitausendeins, 2001.

Lloyd, D. R. (2015). What was measured in Millikan's study of the photoelectric effect? *Am. J. Phys.* **83**(9): 765–772.

Longair, M. S. (2013). *Quantum Concepts in Physics*. Cambridge: CUP.

Lummer, O. und Pringsheim, E. (1899). 1. Die Vertheilung der Energie im Spectrum des schwarzen Körpers und des blanken Platins; 2. Temperaturbestimmung fester glühender Körper. (Vorgetragen in der Sitzung vom 3. November 1899) A. König (Hg.), *Verhandlungen der Deutschen Physikalische Gesellschaft*. **1**(12): 215–235, Verlag Johann Ambosius Barth: Leipzig.

Lummer, O. und Pringsheim, E. (1900). Ueber die Strahlung des schwarzen Körpers für lange Wellen. *Verh. Dtsch. Phys. Ges.* **2**: 163–180 (Vorgetragen in der Sitzung vom 2. Februar 1900).

Lyre, H. (2017). Der Begriff der Information: Was er leistet und was er nicht leistet. In: Pietsch, W., Wernecke, J. und Ott, M. (Hrsg.), *Berechenbarkeit der Welt? Philosophie und Wissenschaft im Zeitalter von Big Data* (S. 477–493). Wiesbaden: Springer VS.

Mach, E. (1872). *Die Geschichte und die Wurzel des Satzes von der Erhaltung der Arbeit*. Prag: J. G. Calve'sche Univ. Buchhandlung.

Maudlin, T. (1995). Three measurement problems. *Topoi* **14**: 7–15.

Maudlin, T. (2011). *Quantum Non-locality and Relativity: Metaphysical Intimations of Modern Physics*. New York: John Wiley & Sons.

McComas, W. F. (1996). Ten myths of science: Reexamining what we think we know about the nature of science. *Sch. Sci. Math.* **96**(1): 10–16.

McCormmach, R. (1970). H. A. Lorentz and the electromagnetic view of nature. *Isis* **61**(4): 459–497.

Mead, M. und Métraux, R. (1957). Image of the scientist among high-school students: A pilot study. *Science* **126**(3270): 384–390.

Medawar, P. (1963). Is the scientific paper a fraud? *Listener* **70**: 377–378.

Mermin, N. D. (2012). Quantum mechanics: Fixing the shifty split. *Phys. Today* **65**(7): 8.

Mermin, N. D. (2022). There is no quantum measurement problem. *Phys. Today* **75**(6): 62–63.

Merton, R. K. (1968). The Matthew effect in science: The reward and communication systems of science are considered. *Science* **159**(3810): 56–63.

Metzler, G. (1996). Welch ein deutscher Sieg. *Vierteljahrschrift Zeitgesch.* **44**: 173.

Millikan, R. A. (1916). A direct photoelectric determination of Planck's "h". *Phys. Rev.* **7**(3): 355–388.

Millikan, R. A. (1926). The last fifteen years of physics. *Proc. Am. Philos. Soc.* **65**(2): 68–78. Nachgedruckt in: Robert A. Millikan (1971) *Science and the New Civilization*. New York: Freeport (S. 114–134).

Millikan, R. A. (1950). *The Autobiography of Robert A. Millikan*. New York: Prentice Hall.

Milonni, P. W. (1984). Why spontaneous emission? *Am. J. Phys.* **52**(4): 340–343.

Moon, P. B. (1977). George Paget Thomson. *Biogr. Mem. Fellows R. Soc.* **23**: 529–556.

Moore, W. J. (1989). *Schrödinger – Life and Thought*. Cambridge: CUP.

Moseley, H. G. J. (1913). XCIII. The high-frequency spectra of the elements. *Philos. Mag.* **26**(156): 1024–1034.

Mott, N. F. (1930). *An Outline of Wave Mechanics*. Cambridge: Cambridge University Press.

Muthukrishnan, A., Scully, M. O. und Zubairy, M. S. (2003). The concept of the photon – revisited. *Opt. Photonics News* **14**(10): 18–27.

Müller, R. und Greinert, F. (2023). *Quantentechnologien*. Berlin: De Gruyter.

Müller, R. und Wiesner, H. (1997). Die Heisenbergsche Unbestimmtheitsrelation im Unterricht. *Phys. Sch.* **35**(11): 380–384.

Nagaoka, H. (1904). Kinetics of a system of particles illustrating the line and the band spectrum and the phenomena of radioactivity. *Philos. Mag.* **7**(41): 445–455.

Navarro, J. (2010). Electron diffraction chez Thomson: Early responses to quantum physics in Britain. *Br. J. Hist. Sci.* **43**(2): 245–275.

Newton, T. D. und Wigner, E. P. (1949). Localized states for elementary systems. *Rev. Mod. Phys.* **21**(3): 400–406.

Nolting, W. (2009). *Grundkurs Theoretische Physik 5/1 Quantenmechanik – Grundlagen*. Berlin, Heidelberg: Springer.

Nolting, W. (2012). *Grundkurs Theoretische Physik 5/2 Quantenmechanik – Methoden und Anwendungen*. Berlin, Heidelberg: Springer.

Norsen, T. (2018). On the explanation of Born-rule statistics in the de Broglie–Bohm pilot-wave theory. *Entropy* **20**(6): 422.

Norton, J. D. (2008). The dome: An unexpectedly simple failure of determinism. *Philos. Sci.* **75**: 786–798.

Norton, J. D. (2016). How Einstein did not discover. *Phys. Perspect.* **18**(3): 249–282.

Näger, P. M. (2023). Paradoxien der Quantenmechanik: Das Einstein–Podolsky–Rosen-Paradox. In: Bauer, A. M., Damschen, G. und Siebel, M. (Hrsg.), *Paradoxien – Grenzdenken und Denkgrenzen von A(llwissen) bis Z(eit)* (S. 97–124). Paderborn: Brill mentis.

Näger, P. M. und Stöckler, M. (2018). Verschränkung und Nicht-Lokalität: EPR, Bell und die Folgen. In: *Friebe et al. (2018)* (S. 107–185).

Obituaries (1928). *Nature* **122**: 103.

Okun, L. B. (1989). The concept of mass. *Phys. Today* **42**(June): 31–36.

Paschen, F. (1916). Bohrs Heliumlinien. *Ann. Phys.* **355**: 901–940.

Passon, O. (2010). *Bohmsche Mechanik – eine elementare Einführung in die deterministische Interpretation der Quantenmechanik*. Frankfurt a. M.: Harri Deutsch.

Passon, O. (2018). On a common misconception regarding the de Broglie–Bohm theory. *Entropy* **20**(6): 440.

Passon, O. (2021). Kelvin's clouds. *Am. J. Phys.* **89**: 1037.

Passon, O. und Grebe-Ellis, J. (2017). Planck's radiation law, the light quantum, and the prehistory of indistinguishability in the teaching of quantum mechanics. *Eur. J. Phys.* **38**(3), 035404.

Pauli, W. Jr. (1925). Über den Zusammenhang des Abschlusses der Elektronengruppen im Atom mit der Komplexstruktur der Spektren. *Z. Phys.* **31**: 765–783.

Pauli, W. Jr. (1933). Die Allgemeine Prinzipien der Wellenmechanik. In: *Handbuch der Physik*, 2. Auflage, Band 24. 1. Teil (S. 83–272). Berlin: Springer.

Pauli, W. Jr. (1979). *Wissenschaftlicher Briefwechsel mit Bohr, Einstein, Heisenberg u. a., Volume 1 (1919–1929)*. Hermann, A. et al. (Hrsg.). Berlin: Springer.

Perry, M. F. (2007). Remembering the oil-drop experiment. *Phys. Today* **60**(5): 56–60.

Planck, M. (1899) Über irreversible Strahlungsvorgänge. Sitzungsberichte der Königlich Preußischen Akademie der Wissenschaften zu Berlin. 1899, Erster Halbband 5: 440 (Verl. d. Kgl. Akad. d. Wiss., Berlin).

Planck, M. (1900a). Über eine Verbesserung der Wien'schen Spectralgleichung. *Verh. Dtsch. Phys. Ges.* **2**: 202–204.

Planck, M. (1900b). Zur Theorie des Gesetzes der Energieverteilung im Normalspectrum. *Verh. Dtsch. Phys. Ges.* **2**: 237–245.

Planck, M. (1942). Selbstdarstellung. In: *Aus der Arbeit von Plenum und Klassen der Akademie der Wissenschaften der DDR.* Bd. 8, 1983, Heft 14, S. 1–16.

Planck, M. (2001/1920). Die Entstehung und bisherige Entwicklung der Quantentheorie. In: Roos, H. und Hermann, A. (Hrsg.), *Vorträge Reden Erinnerungen* (S. 25–40). Berlin, Heidelberg: Springer.

Planck, M. (2001/1924). Vom Relativen zum Absoluten. In: Roos, H. und Hermann, A. (Hrsg.), *Vorträge Reden Erinnerungen* (S. 103–117). Berlin, Heidelberg: Springer.

Popper, K. R. (1935). *Logik der Forschung: zur Erkenntnistheorie der moderner Naturwissenschaft.* Berlin: Springer (Diese Arbeit erschien bereits im Herbst 1934, nennt jedoch das Jahr 1935 als Erscheinungsdatum).

Pusey, M., Barrett, J. und Rudolph, T. (2012). On the reality of the quantum state. *Nat. Phys.* **8**: 475–478.

Rao, M. P. (2022). *Quantum Chemistry.* Boca Raton, London & New York: CRC Press.

Rayleigh, J. W. (1897). XLV. On the propagation of waves along connected systems of similar bodies. *Philos. Mag.* **44**(269): 356–362.

Rayleigh, J. W. (1900). Remarks upon the law of complete radiation. *Philos. Mag.* **49**: 539–540.

Rayleigh, J. W. (1905). The dynamical theory of gases and of radiation. *Nature* **72**: 54.

Rechenberg, H. (2010). *Heisenberg – die Sprache der Atome.* Heidelberg: Springer.

Reed, M. und Simon, B. (1980). *Methods of Modern Mathematical Physics: Functional Analysis (Vol. 1).* San Diego: Academic Press.

Reid, A. (1928). The diffraction of cathode rays by thin celluloid films. *Proc. R. Soc. Lond., Ser. A* **119**(783): 663–667.

Riordan, M., Hoddeson, L. und Herring, C. (1999). The invention of the transistor. *Rev. Mod. Phys.* **71**(2): 336–345.

Ritchmyer, F. K. (1934). *Introduction to Modern Physics.* New York: McGraw-Hill.

Robertson, H. P. (1929). The uncertainty principle. *Phys. Rev.* **34**: 163–164.

Robotti, N. (2013). The discovery of X-ray diffraction. *Rend. Lincei* **24**: 7–18.

Robson, R. E., Hildebrandt, M. und White, R. D. (2014). Ein Grundstein der Atomphysik. *Phys. J.* **13**(3): 43–49.

Rossiter, M. W. (1993). The Matthew Matilda effect in science. *Soc. Stud. Sci.* **23**(2): 325–341.

Roth, K. (2020). Harry räumt auf: Henry (Harry) Moseley (1887–1915). *Chem. Unserer Zeit* **54**(5): 302–315.

Rudnick, J. und Tannhauser, D. S. (1976). Concerning a widespread error in the description of the photoelectric effect. *Am. J. Phys.* **44**(8): 796–798.

Russo, A. (1981). Fundamental research at Bell Laboratories: The discovery of electron diffraction. *Hist. Stud. Phys. Sci.* **12**(1): 117–160.

Rutherford, E. (1915). Henry Gwyn Jeffreys Moseley. *Nature* **96**: 33–34.

Sakurai, J. J. (1994). *Modern Quantum Mechanics (rev. ed.).* Reading: Addison-Wesley.

Sarfatti, J. (2013). Notes on the hippies who saved physics. *Phys. Today* **66**(2): 9.

Scarani, V. (2019). *Bell Nonlocality.* Oxford: Oxford University Press.

Scerri, E. R. (2013). The trouble with the aufbau principle. *Educ. Chem.* **50**(6): 24–26.

Scerri, E. (2019). Looking backwards and forwards at the development of the periodic table. *Chem. Int.* **41**(1): 16–20.

Schirrmacher, A. (2003). Das leere Atom. Instrumente, Experimente und Vorstellungen zur Atomstruktur um 1903. In: Hashagen, U., Blumtritt, O. und Trischler, H. (Hrsg.), *Circa 1903 – Artefakte in der Gründungszeit des Deutschen Museums* (S. 127–152). München: Deutsches Museum.

Schirrmacher, A. (2012). Ein physikalisches Konzil. *Phys. J.* **11**(1): 39–42.

Schirrmacher, A. (2014). Die Physik im Großen Krieg. *Phys. J.* **13**(7): 43–48.

Schlosshauer, M. und Camilleri, K. (2011). What classicality? Decoherence and Bohr's classical concepts. *AIP Conf. Proc.* **1327**(1): 26–35.

Schmidt-Böcking, H., Schmidt, L., Lüdde, H. J., Trageser, W., Templeton, A. und Sauer, T. (2016). The Stern–Gerlach experiment revisited. *Eur. Phys. J. H* **41**: 327–364.

Schrödinger, E. (1922). Dopplerprinzip und Bohrsche Frequenzbedingung. *Phys. Z.* **23**: 301–303.

Schrödinger, E. (1926). Quantisierung als Eigenwertproblem. *Ann. Phys.* **79**: 361–376 (Erste Mitteilung). Ann. Phys. **79**: 489–527 (Zweite Mitteilung). Ann. Phys. **80**: 437–490 (Dritte Mitteilung). Ann. Phys. **81**: 109–139 (Vierte Mitteilung).

Schrödinger, E. (1926b). Über das Verhältnis der Heisenberg–Born–Jordanschen Quantenmechanik zu der meinen. *Ann. Phys.* **79**: 734–756.

Schrödinger, E. (1929). Was ist ein Naturgesetz? *Naturwissenschaften* **17**(1): 9–11.

Schrödinger, E. (1935). Die gegenwärtige Situation in der Quantenmechanik. *Naturwissenschaften* **23**(48): 807–812 (1. Teil).

Schrödinger, E. (1935b). Die gegenwärtige Situation in der Quantenmechanik. *Naturwissenschaften* **23**(49): 823–828 (2. Teil).

Schwabl, F. (2007). *Quantenmechanik (QM I)*. (7. Auflage). Heidelberg, Berlin: Springer.

Schwarz, W. E. (2007). Recommended questions on the road towards a scientific explanation of the periodic system of chemical elements with the help of the concepts of quantum physics. *Found. Chem.* **9**(2): 139–188.

Schwarz, W. E. (2010). The full story of the electron configurations of the transition elements. *J. Chem. Educ.* **87**(4): 444–448.

Schweber, S. (2011). Review of „How the hippies saved physics: Science, counterculture, and the quantum revival". *Phys. Today* **64**(9): 59–60.

Schweber, S. S. (2015). Hacking the quantum revolution: 1925–1975. *Eur. Phys. J. H* **40**: 53–149.

Schütz, W. (1969). Persönliche Erinnerungen an die Entdeckung des Stern–Gerlach–Effektes. *Phys. Bl.* **25**(8): 343–345.

Seth, S. (2007). Crisis and the construction of modern theoretical physics. *Br. J. Hist. Sci.* **40**(1): 25–51.

Shapin, S. (1989). The invisible technician. *Am. Sci.* **77**(6): 554–563.

Siegbahn, M. (1927). Nobel Prize in Physics 1927 – Presentation Speech. Available online: http://www.nobelprize.org/nobel_prizes/physics/laureates/1927/press.html.

Smoluchowski, M. (1912). Experimentell nachweisbare, der üblichen Thermodynamik widersprechende Molekularphänomene. *Phys. Z.* **13**: 1069.

Soler, L., Trizio, E. und Pickering, A. (2015). *Science as It Could Have Been: Discussing the Contingency/Inevitability Problem*. Pittsburgh: University of Pittsburgh Press.

Sommerfeld, A. (1969). *Atombau und Spektrallinien* (8. Auflage). Braunschweig: Vieweg.

Sommerfeld, A. (2013). Die Bohr-Sommerfeldsche Atomtheorie: Sommerfelds Erweiterung des Bohrschen Atommodells 1915/16 (kommentiert von Michael Eckert). In: Breidbach, O. und Jost, J. (Hrsg.), *Klassische Texte der Wissenschaft*. Heidelberg: Springer.

Staley, R. (2005). On the co-creation of classical and modern physics. *Isis* **96**(4): 530–558.

Stauffer, D. (1993). *Theoretische Physik*. Heidelberg: Springer.

Steinle, F. (1997). Entering new fields: Exploratory uses of experimentation. *Philos. Sci.* **64**: 65–74.

Steinle, F. (2004). Exploratives Experimentieren. Charles Dufay und die Entdeckung der zwei Elektrizitäten. *Phys. J.* **3**(6): 47–52.

Stern, O. (1926). Zur Methode der Molekularstrahlen. I. *Z. Phys.* **39**(10–11): 751–763.

Straumann, N. (2001). Schrödingers Entdeckung der Wellenmechanik. In: Vortrag auf dem Symposium: *Schrödinger's Wavemechanics 75 Years After* (Universität Zürich, 24.–25. April 2001), arXiv:quant-ph/0110097.

Stuewer, R. H. (2000). The Compton effect: Transition to quantum mechanics. *Ann. Phys.* **512**(11–12): 975–989.

Stöckler, M. und Kuhn, W. (1986). Deduktionen und Interpretationen. Erklärungen der Planckschen Strahlungsformel in physikinterner, wissenschaftstheoretischer und didaktischer Perspektive. In: Kuhn, W. (Hrsg.), *Frühjahrstagung 1986, DPG - FA Didaktik der Physik* (S. 13–51).

Thomson, J. J. (1904). On the structure of the atom: An investigation of the stability and periods of oscillation of a number of corpuscles arranged at equal intervals around the circumference of a circle; with application of the results to the theory of atomic structure. *Philos. Mag.* **7**(39): 237–265.

Thomson, G. P. (1925). XIV. A physical interpretation of Bohr's stationary states. *Lond. Edinb. Dublin Philos. Mag. J. Sci.* **50**(295): 163–164.

Thomson, G. P. (1927). The diffraction of cathode rays by thin films of platinum. *Nature* **120**(3031): 802.

Thomson, G. P. (1928). Experiments on the diffraction of cathode rays. *Proc. R. Soc. Lond., Ser. A* **117**(778): 600–609.

Thomson, G. P. und Reid, A. (1927). Diffraction of cathode rays by a thin film. *Nature* **119**: 890.

Trageser, W. (2022). *Der Stern–Gerlach-Versuch*. Berlin, Heidelberg: Springer.

Uffink, J. und Hilgevoord, J. (1993). Inwieweit gibt die Ungleichung $\Delta p \Delta q \geq \frac{1}{2}\hbar$ den mathematischen Inhalt des Unbestimmtheitsprinzips wieder? In: Geyer, B. et al. (Hrsg.), *Werner Heisenberg – Physiker und Philosoph*. Heidelberg: Springer.

Uhlenbeck, G. E. und Goudsmit, S. (1925). Ersetzung der Hypothese vom unmechanischen Zwang durch eine Forderung bezüglich des inneren Verhaltens jedes einzelnen Elektrons. *Naturwissenschaften* **13**(47): 953–954.

Uhlenbeck, G. E. und Goudsmit, S. (1926). Spinning electrons and the structure of spectra. *Nature* **117**: 264–265.

van den Broek, A. (1911). The number of possible elements and Mendeléff's "cubic" periodic system. *Nature* **87**(2177): 78.

van Strien, M. (2021). Was physics ever deterministic? The historical basis of determinism and the image of classical physics. *Eur. Phys. J. H* **46**(1): 1–20.

Vaupel, E. (2014). Krieg der Chemiker: Die chemische Industrie im Ersten Weltkrieg. *Chem. Unserer Zeit* **48**(6): 460–475.

Vickers, P. (2012). Historical magic in old quantum theory? *Eur. J. Philos. Sci.* **2**: 1–19.

von Meyenn, K. (1988). Paulis Briefe als Wegbereiter wissenschaftlicher Ideen. In: Enz, C. P. und v. Meyenn, K. (Hrsg.), *Wolfgang Pauli: Das Gewissen der Physik* (S. 20–39). Braunschweig, Wiesbaden: Vieweg.

von Neumann, J. (1932). *Mathematische Grundlagen der Quantenmechanik*. Berlin: Springer.

Wallace, D. (2012). *The Emergent Multiverse: Quantum Theory According to the Everett Interpretation*. Oxford (UK): Oxford University Press.

Weinert, F. (1995). Wrong theory – right experiment: The significance of the Stern–Gerlach experiments. *Stud. Hist. Philos. Sci. B* **26**(1): 75–86.

Weingart, P. (2009). Frankenstein in Entenhausen. In: Hüppauf, B. und Weingart, P. (Hrsg.), *Frosch und Frankenstein. Bilder als Medium der Popularisierung von Wissenschaft* (S. 387–406). transcript Verlag: Bielefeld.

Werner, R. F. (2014). Comment on 'What Bell did'. *J. Phys. A* **47**(42), 424011.

Wheaton, B. R. (1983). *The Tiger and the Shark: Empirical Roots of Wave-Particle Dualism*. Cambridge: Cambridge University Press.

Whitaker, M. A. B. (1979). History and quasi-history in physics education. *Phys. Educ.* **14**: 108–112 (Teil 1) und 239–242 (Teil 2).

Whitaker, M. A. B. (1999). The Bohr–Moseley synthesis and a simple model for atomic X-ray energies. *Eur. J. Phys.* **20**(3): 213–220.

Whitaker, M. A. B. (2004). The EPR paper and Bohr's response: A re-assessment. *Found. Phys.* **34**: 1305–1340.

Wien, W. (1896). Ueber die Energievertheilung im Emissionsspectrum eines schwarzen Körpers. *Ann. Phys.* **294**: 662–669.

Wien, W. und Lummer, O. (1895). Methode zur Prüfung des Strahlungsgesetzes absolut schwarzer Körper. *Ann. Phys.* **292**(11): 451–456.

Wigner, E. P. (1970). On hidden variables and quantum mechanical probabilities. *Am. J. Phys.* **38**: 1005–1009.

Wilson, M. (2009). Determinism and the mystery of the missing physics. *Br. J. Philos. Sci.* **60**: 173–193.

Wilson, M. (2013). What is classical mechanics anyway? In: Batterman, R. (Hrsg.), *The Oxford Handbook and of Philosophy of Physics*. Oxford: Oxford University Press.

Xia, Z. (1992). The existence of noncollision singularities in Newtonian systems. *Ann. Math.* **135**: 411–468.

Stichwortverzeichnis

https://doi.org/10.1515/9783111152622-009

www.ingramcontent.com/pod-product-compliance
Lightning Source LLC
Chambersburg PA
CBHW082107220326
41598CB00066BA/5664